Die Wettbewerbsaufsicht im Medienbereich zwischen Entwicklung und Neuorientierung

Europäische Hochschulschriften
Publications Universitaires Européennes
European University Studies

Reihe II
Rechtswissenschaft

Série II Series II
Droit
Law

Bd./Vol. 3175

PETER LANG
Frankfurt am Main · Berlin · Bern · Bruxelles · New York · Oxford · Wien

Thomas Fischl

Die Wettbewerbsaufsicht im Medienbereich zwischen Entwicklung und Neuorientierung

PETER LANG
Europäischer Verlag der Wissenschaften

Die Deutsche Bibliothek - CIP-Einheitsaufnahme

Fischl, Thomas:

Die Wettbewerbsaufsicht im Medienbereich zwischen Entwicklung und Neuorientierung / Thomas Fischl. - Frankfurt am Main ; Berlin ; Bern ; Bruxelles ; New York ; Oxford ; Wien : Lang, 2001
(Europäische Hochschulschriften : Reihe 2, Rechtswissenschaft ; Bd. 3175)
Zugl.: Regensburg, Univ., Diss., 2001
ISBN 3-631-38057-7

D 355
ISSN 0531-7312
ISBN 3-631-38057-7

www.peterlang.de

Meiner Familie

Vorwort

Die vorliegende Untersuchung wurde im Wintersemester 2000/01 von der rechtswissenschaftlichen Fakultät der Universität Regensburg als Dissertation angenommen. Die nach Abschluß des Manuskripts im Herbst 2000 erschienene Rechtsprechung und Literatur sowie die legislativen Akte der Europäischen Gemeinschaft konnten größtenteils bis Januar 2001 berücksichtigt werden.

An erster Stelle gilt mein Dank meinem Doktorvater und Erstgutachter Herrn Prof. Dr. Gerrit Manssen für die wissenschaftliche Betreuung der Arbeit und die vielfältige Unterstützung. Er hat das Werk mit wertvollen Anregungen und konstruktiver Kritik kontinuierlich begleitet.

Besonderer Dank gebührt daneben Herrn Richter am Bundesverfassungsgericht Prof. Dr. Udo Steiner. Er hat nicht nur das Zweitgutachten übernommen, sondern ließ mir darüberhinaus jederzeit guten Rat und in schweren Tagen auch Zuspruch zuteil werden.

Meinen Eltern, die mir meinen Lebensweg geebnet und es verstanden haben, meine Talente zu wecken, schulde ich mehr als den hier möglichen Dank. Sie haben zudem die Promotion mit ihrer Großzügigkeit erst ermöglicht. Gewidmet ist das Buch meinen Eltern, meinem Bruder Manfred und meiner Schwester Susanne.

Auch sonst habe ich von vielen Unterstützung erfahren, insbesondere dadurch, daß sie einzelne Passagen gelesen und mir konstruktive Ratschläge gegeben haben. All meinen Freunden, die mich in dieser Zeit begleitet haben, danke ich von ganzem Herzen.

Regensburg, im März 2001

Thomas Fischl

Inhaltsübersicht:

Inhaltsverzeichnis:

1. Kapitel: Einführung

1. Anlaß der Untersuchung

Von der Erfindung der Kunst des Buchdrucks bis zum Internet war es ein weiter Weg. Die Phasen zwischen bedeutsamen Neuentwicklungen werden indes durch die Fortschritte der heutigen Zeit in der Technik der Verarbeitung und des Transports von Daten aller Art immer kürzer. Die fundamentalen Umwälzungen in der „Kunst" der Datenübertragung revolutionieren und vervielfältigen die Möglichkeiten ihrer Nutzung. Sie bergen ein Potential in sich, das dasjenige von Erfindungen früherer Epochen in vielerlei Hinsicht in den Schatten stellt.

Wie all diese Trends den Markt im Laufe des kommenden Jahrzehnts formen werden, kann noch nicht genau vorausgesagt werden. Sicher ist, daß sich bisher funktional getrennte Medienformen immer weiter annähern. Die Märkte für Rundfunk, Telekommunikation und neue audiovisuelle Medien sind immer schwerer voneinander zu unterscheiden. Die bisherige klare Trennung wird immer mehr von neuen, funktionsübergreifenden Produkten und Diensten verwischt. Fernsehen, Radio, Internet und Telefon wachsen zusammen. Diese digitale Revolution wird allgemein unter dem Stichwort „Konvergenz der Medien" zusammengefaßt. „Konvergenz"[1] ist dabei das Schlagwort der medienpolitischen Debatte der vergangenen Monate.

Das Phänomen der Konvergenz ist relativ neu, und es bestehen verschiedene Ansichten über die gesellschaftlichen und volkswirtschaftlichen Auswirkungen. Bei der Deutung des Begriffs „Konvergenz" ist auf dessen unterschiedliche Ebenen hinzuweisen. Zu differenzieren ist vor allem zwischen technischer, inhaltlicher und rechtlicher Konvergenz.[2] Grund dafür ist, daß aus der Tatsache der Übertragung von Daten durch eine neuartige, sich überschneidende Technik und nicht durch die früher gebräuchlichen Übertragungsplattformen noch keine Feststellung über die Annäherung der Inhalte getroffen werden kann. Die Beschränkung der Meinungsvielfalt hat aber unmittelbar Einfluß auf den anzuwendenden regulativen Rahmen, der durch die Rechtsordnung bestimmt wird.

Über die Art und Weise, in der eine Gesellschaft den technischen Fortschritt nutzen kann, entscheidet dementsprechend auch nicht die Technik, sondern die Wirtschafts- und Medienordnung. Die Entwicklung des Rechts muß mit dem Fortschritt der Technik Schritt halten. Die globale Verfügbarkeit der neuen Informations- und Kommunikationstechniken hat dazu geführt, daß denjenigen Staaten eine Führungsrolle im internationalen Wettbewerb zuwächst, die den technischen Fortschritt nicht als Gefahr für hergebrachte Aufsichtsformen und

---

1 Nach Duden, Das Fremdwörterbuch, bedeutet konvergieren: sich nähern, zusammenlaufen, demselben Ziel zustreben.

2 Vgl. dazu jüngst Hoffmann-Riem/Schulz/Held, Konvergenz der Regulierung, S. 19 ff.

etablierte Institutionen betrachten, sondern ihn als Motor des gesellschaftlichen und wirtschaftlichen Fortschritts verstehen.
Der nationale und europäische Aufsichtsrahmen für den Bereich der Kommunikation, insbesondere die Organisation der Wettbewerbsaufsicht, sind jedoch nicht adäquat auf die Umwälzungen der Technik vorbereitet. Die Marktaufsicht ist geprägt durch ein hohes Maß an Unübersichtlichkeit, die zu einem großen Teil von der Vielzahl zuständiger Gremien mit erheblicher Kompetenzüberschneidung herrührt. Dieser hohe Grad an Zersplitterung der Marktaufsicht führt dazu, daß Entscheidungen in ineffizienter Weise getroffen werden. Zudem wird in der gegenwärtigen Aufsichtsstruktur immer noch die traditionelle Trennung zwischen den hergebrachten Übertragungsplattformen aufrechterhalten, während die Märkte konvergieren. Infolgedessen ist in Europa und Deutschland eine Diskussion in Gang gekommen, die auf die wettbewerbsbehindernden Wirkungen der gegenwärtigen Aufsichtsordnung hinweist und eine Überarbeitung des Regulierungsrahmens der Wettbewerbskontrolle verlangt.

2. Gegenstand der Arbeit

Die Kontrolle des Wettbewerbs im Bereich der Medien und Kommunikation in ökonomischer und publizistischer Hinsicht ist ein Komplex, der vielfältige Fragestellungen berührt. Zu berücksichtigen ist, daß dies juristisch interpretiert ein Sektor mit interdisziplinärem Charakter ist. Zu beachten ist bei der Betrachtung der Wettbewerbsaufsicht unter anderem Verfassungsrecht, allgemeines Wettbewerbsrecht, Medien- und Telekommunikationsrecht, und zwar sowohl im Gemeinschaftsrecht als auch im nationalen Recht. Hinzu kommt, daß beim Blick auf die Kompetenzordnung im Kommunikationsbereich deutlich wird, daß das föderale System der Bundesrepublik Deutschland berührt ist. Die Gesetzgebungszuständigkeiten liegen teilweise beim Bund (etwa für das Recht der Wirtschaft) und zu einem wesentlichen Teil auch bei den Ländern (z.B. für den Rundfunk). Darüberhinaus werden bei Mediensachverhalten stets gesellschaftspolitische Fragen berührt.
Besondere Schwierigkeiten ergeben sich zudem aus der Aktualität des Themenbereichs. Insbesondere der Bereich des Internets ist dadurch gekennzeichnet, daß dort Zeitspannen von wenigen Monaten genügen, um außergewöhnliche Entwicklungen hervorzubringen, für die in anderen, konservativeren Gebieten mehrere Jahre benötigt werden.[3] Eine zukunftsfähige Rechtsordnung muß jedoch in der Lage sein, auch für derartige Innovationen eine adäquate Lösung bereit zu halten und die Fortschritte der Technik schon durch die Abstraktheit ihrer Normen zu erfassen. Die Aktualität des Gegenstands der Arbeit läßt sich über-

[3] Vgl. auch eine Äußerung des Vorstandsvorsitzenden der Bertelsmann AG, Middelhoff, im SPIEGEL 30/1999, S. 78: „Im Internet zählen drei Monate mehr als ein Jahr".

dies daran erkennen, daß die Diskussion in der juristischen Literatur in ständigem Fluß ist. Der technische Wandel dauert an, damit einher gehen mitunter auch Anpassungen der rechtlichen Marktaufsicht. Aktualität heißt somit mithin für den Verfasser, auf beweglichem Untergrund gewissermaßen mobile Ziele anzuvisieren.
Gerade in der jetzigen Phase, in der die Weichen für eine multimediale Welt in der Zukunft gestellt werden, kommt der effektiven Durchsetzung der marktregulierenden bzw. -deregulierenden Verpflichtung gegenüber den Medienunternehmen eine besondere Bedeutung zu. Das setzt eine entsprechende institutionelle Ausgestaltung des gesamten Kommunikationsrechts voraus. Gegenwärtig zeigen sich jedoch massive Divergenzen zwischen den Anforderungen der Medienmärkte und der Marktaufsicht. Insbesondere die Zersplitterung der Kompetenzen und die Gremienvielfalt führen zu ineffizienten Entscheidungsprozessen. Die Organisation der Aufsicht stößt daher insgesamt auf Kritik und wirft eine Reihe von formellrechtlichen und materiellrechtlichen Fragen auf, die in dieser Arbeit aufgegriffen werden. Bei der Realisierung der Anforderungen, die die technische Konvergenz an die Neugestaltung stellt, sind insbesondere die verfassungsrechtlichen Vorgaben, also das föderale Gerüst der Rundfunkaufsicht und die Aufteilung der Gesetzgebungszuständigkeiten und Verwaltungskompetenzen auf Bund und Länder, sowie die Rolle der Europäischen Gemeinschaft und deren Vorstellungen zu beachten.
Die vorliegende Untersuchung konzentriert sich aus Praktikabilitätserwägungen auf den Bereich der Wettbewerbsaufsicht im Bereich der Kommunikation. Dies erscheint deshalb gerechtfertigt, weil die Kontrolle des Wettbewerbs sowohl in ökonomischer als auch in publizistischer Hinsicht für das Funktionieren der Kommunikationsmärkte und damit für deren Zukunftstauglichkeit im wesentlichen verantwortlich ist. Die Wettbewerbsordnung setzt für die Medienunternehmen den Rahmen für die Investitionsentscheidung auf dem Markt. Gesamtstimmig kann ein überarbeitetes Konzept der Wettbewerbsaufsicht jedoch nur dann sein, wenn es im Einklang steht mit der übrigen Medienmarktaufsicht. In verkürzter Form ist daher neben der Neuordnung der Wettbewerbsaufsicht auch die Neugestaltung der verbleibenden Marktaufsicht Gegenstand der Arbeit.

3. Gang der Darstellung

Ausgangspunkt der Untersuchung ist die Darstellung des kompetenzrechtlichen Rahmens zur Kontrolle des Medien- und Telekommunikationsbereichs, die die verfassungsrechtlichen Leitlinien bei der Regelung aller Mediensachverhalte umfassen. Der erste Abschnitt enthält eine eingehende Analyse der Verteilung der Zuständigkeiten nach deutschem Recht (Seite 5 ff.), während der sich anschließende zweite Teil versucht, einen Überblick über den gemeinschaftsrecht-

lichen Rahmen für die gesetzliche Regelung von Kommunikation zu geben (Seite 32 ff.).
Kapitel drei wendet sich dem gegenwärtigen formellen und materiellen Recht der Kontrolle des Wettbewerbs im gesamten Kommunikationsrecht zu. Nach ersten allgemeinen Überlegungen zum Medienkonzentrationsrecht und der Klärung einiger Grundbegriffe des Wettbewerbsrechts (Seite 69 ff.) wird die gegenwärtige Rechtslage für die einzelnen Übertragungsplattformen Rundfunk (Seite 78 ff.), Telekommunikation (Seite 124 ff.) sowie Tele- und Mediendienste (S. 141 ff.) vorgestellt. Berücksichtigung findet dabei auch die aktuelle europarechtliche Regulierungsordnung. Eine nähere Betrachtung verdient dabei insbesondere das Verhältnis der verschiedenen Aufsichtsbehörden bei der Anwendung des deutschen und gemeinschaftlichen Wettbewerbsrechts. Konkurrenz- und Abgrenzungsfragen ergeben sich vor allem bei der publizistischen Wettbewerbskontrolle nach dem Rundfunkstaatsvertrag (S. 81 ff.) und der ökonomischen Wettbewerbsaufsicht nach dem GWB (S. 92 ff.) sowie bei der Anwendung der sektorspezifischen Regeln und dem allgemeinen Wettbewerbsrecht im Bereich der Telekommunikation (S. 129 ff. u. S. 136 ff.).
Bevor eine Bewertung der in den Kapiteln zwei und drei ermittelten Ergebnisse vorgenommen werden kann, werden zu Beginn des vierten Kapitels ausgewählte Probleme der nationalen Medienregulierung in einem europaweiten Markt eingehend diskutiert (S. 151 ff.). Maßgebend sind dabei die Anforderung der Kommunikationsmärkte an eine effiziente Marktaufsicht. Im Anschluß daran werden alternative Ansätze für eine Reform der Wettbewerbsaufsicht vorgestellt (S. 168 ff.). Abschließend werden diese einer Bewertung unterzogen und auf ihre rechts- und wirtschaftspolitische Durchsetzbarkeit untersucht (S. 184 ff.). Dabei geht es vorwiegend um die Frage der Überwindung verfassungsrechtlicher Hürden. Die daraus abzuleitenden rechtspolitischen Handlungsempfehlungen sind nicht in erster Linie am Grundsatz des mutmaßlichen und voraussichtlichen Kompromisses bei der Gesetzgebung orientiert, sondern vor allem an der wettbewerbspolitischen Plausibilität ausgerichtet. Sie sollen einen Beitrag zur Diskussion um die Novellierung der Wettbewerbsaufsicht im Sektor der Kommunikation leisten.

2. Kapitel: Der kompetenzrechtliche Rahmen zur Kontrolle des Medien- und Telekommunikationsbereichs

1. Die Kompetenzverteilung nach deutschem Verfassungsrecht

Im Bundesstaat mit seinen Ebenen des Gesamtstaates und der Gliedstaaten ist die Verteilung der staatlichen Aufgaben und Kompetenzen zwischen Bund und Ländern eine der wichtigsten zu lösenden Aufgaben. Von der Ausgewogenheit des Verteilungsprinzips hängt nachhaltig die Funktionstauglichkeit des Bundesstaates ab. Das Bundesverfassungsgericht hat die Kompetenzaufteilung als wichtige Ausformung des bundesstaatlichen Prinzips und als Element zusätzlicher funktionaler Gewaltenteilung bezeichnet.[4]

a) Allgemeines

aa) Der institutionelle Charakter der Grundrechte

Materielle Grundrechte werden heute vielfach nicht mehr nur als subjektive Freiheitsrechte aufgefaßt, die dem Gesetzgeber Schranken setzen, sondern zugleich als objektive Garantien, die gesetzlich auszugestalten sind.[5] Dem liegt folgende Überlegung zugrunde: Die Grundrechte enthalten im allgemeinen Freiheiten, die der Selbstverwirklichung des Individuums dienen, also subjektivrechtliche, individuelle Handlungsrechte sind. Die subjektiv-rechtliche Bedeutung der Rundfunkfreiheit des Art. 5 Abs. 1 S. 2 GG liegt in dem Schutz vor staatlicher Beherrschung, also im Gebot der Staatsferne.[6] Daneben gibt es aber nach dieser Vorstellung auch Verbürgungen von Befugnissen, die im Interesse der Verwirklichung von Rechten und Interessen Dritter gegen den Zwang und Interventionen des Staates abgeschirmt sind. Der Sinn von Freiheit kann demnach auch darin liegen, einem Rechtssubjekt Handlungs-, Gestaltungs- und Entscheidungsautonomie zuzuerkennen, weil entweder ein öffentliches Interesse an einem daraus hervorgegangenen geistigen oder gegenständlichem Produkt besteht oder weil die Abschirmung von Handlungsbefugnissen der Gewährleistung des Rechts- und Freiheitsstatus Dritter und den Interessen der Demokratie dient.[7]

---

4 BVerfG, Urt. v. 10.12.1980, E 55, 274 (318); Pieroth, in: Jarass/Pieroth, GG, Art. 30 Rdnr. 1.

5 Vgl. hierzu eingehend Arndt, JZ 1965, 337 (338); Ehmke, Wirtschaft und Verfassung, S. 26.

6 BVerfG, Urt. v. 16.6.1981, E 57, 295 (320); eingehend zum Verhältnis von subjektivem und objektivem Gehalt der Rundfunkfreiheit siehe jüngst Bohl, Konzentrationskontrolle in den elektronischen Medien, S. 31 ff.

7 Eingehend dazu Niepalla, Die Grundversorgung durch die öffentlich-rechtlichen Rundfunkanstalten, S. 21 ff.

Das Bundesverfassungsgericht hat bereits in seiner frühen Rechtsprechung die wesentlichen Bestimmungen in dem Grundrechtsteil der Verfassung als „wertentscheidende Grundsatznormen“ qualifiziert und ihnen damit eine objektivrechtliche Stellung zugewiesen.[8] So hat es etwa bei Art. 5 Abs. 1 GG die Meinungsfreiheit als „objektives Prinzip der Gesamtrechtsordnung“ betont,[9] wobei wiederum die Freiheit des Rundfunks als „Medium“ dieses verfassungsrechtlich geschützten Prozesses freier Meinungsbildung eine besondere Position einnimmt.[10] Somit wird damit gerade derjenige, der sich eigentlich vom entsprechenden Schutzbereich eines Grundrechts fernhalten soll, nämlich der Staat, dazu verpflichtet, die Grundfreiheit zu sichern und folglich auch zu ordnen. Die Rolle des Staates zeichnet sich daher in diesen Fällen durch seine Januskköpfigkeit aus.[11]

bb) Das Verhältnis materieller Verfassungsgarantien zu formellen Gesetzgebungskompetenzen

Das bedeutet jedoch nicht zwingend, daß Bundesgrundrechte die Aufgabe gesetzlicher Ausgestaltung oder Konkretisierung dem Bundesgesetzgeber anvertrauten. Im bundesstaatlich strukturierten Deutschland gelten etwa hinsichtlich der Kompetenz zur Regelung des Kommunikationsbereichs grundsätzlich zunächst die Bestimmungen des Grundgesetzes über die Verteilung der Kompetenzen zwischen Bund und Ländern, jedenfalls vorbehaltlich etwaiger europarechtlicher Beschränkungen nationaler Regelungskompetenzen.

Bundesstaatlichkeit verlangt nach verfassungsrechtlicher Verteilung der staatlichen Kompetenzen zwischen Gesamtstaat und Gliedstaaten.[12] Art. 30 GG gibt den Grundtenor der föderativen Ordnung nach deutscher Tradition wider. Danach ist die Ausübung der staatlichen Befugnisse und die Erfüllung der staatlichen Aufgaben Sache der Länder, soweit das Grundgesetz keine andere Regelung trifft oder zuläßt.

Art. 70 GG enthält die Grundregel[13] für die Verteilung der Gesetzgebungsbefugnisse zwischen Bund und Ländern. Danach sind grundsätzlich die Länder zur Gesetzgebung befugt. Dem Bund muß damit die Gesetzgebungsbefugnis durch das Grundgesetz verliehen werden, dies wird rechtstechnisch überwiegend im

---

8 BVerfG, Urt. v. 23.10.1952, E 2, 1 (12).

9 BVerfG, Urt. v. 15.1.1958, E 7, 198 (204); bestätigt in BVerfG, Urt. v. 16.6.1981, E 57, 295 (320).

10 BVerfG, Urt. v. 28.2.1961, E 12, 205 (260); Urt. v. 16.6.1981, E 57, 295 (320).

11 Vgl. dazu Hesse, Rundfunkrecht, S. 111; Ricker/Schiwy, Rundfunkverfassungsrecht, B Rdnr. 117.

12 Dazu Bothe, in: AK-GG, Art. 30 Rdnr. 1 ff.

13 BVerfG, Urt. v. 7.5.1963, E 16, 64 (79): „Grundregel unserer bundesstaatlichen Verfassung“.

Sinne eines Regel-Ausnahme-Verhältnisses[14] oder einer Zuständigkeitsvermutung[15] zugunsten der Länder gesehen. Dennoch liegt das Schwergewicht der Gesetzgebung nicht erst heute beim Bund, es kam ihm aufgrund der Fülle und Bedeutung der ihm zugewiesenen Materien schon zur Zeit des Erlasses des Grundgesetzes zu.[16]

Nun wäre es allerdings ein Fehlverständnis, die Kompetenznormen der Art. 70 ff. GG lediglich im Sinne von Befugniszuweisungen zu verstehen.[17] Jedenfalls kann man nicht mehr von der älteren Auffassung ausgehen, Gesetzgebungszuständigkeiten und materielle Verfassungsgarantien seien streng getrennt zu beurteilen.[18]

Grundsätzlich kann man annehmen, daß ein Begriff, der im Grundrechtsteil der Verfassung verwendet ist, eine identische Bedeutung auch in der entsprechenden Kompetenznorm erfährt.[19] Ermächtigung zum Tätigwerden und materielle Verfassungsgarantie liegen darum sehr eng zusammen. Wie oben schon angedeutet, obliegt es daneben dem Gesetzgeber (des Bundes oder der Länder), wegen des objektiv-rechtlichen Gehalts eines Grundrechts eine der materiellen Garantie entsprechende, funktionsfähige Ordnung zu schaffen. Diese Wechselbeziehung von materieller Garantie und Regelungskompetenz macht es notwendig, im Falle einer Veränderung des Schutzbereichs materieller Verfassungsgarantien die Frage zu stellen, ob sich damit nicht auch der Anwendungsbereich der entsprechenden Gesetzgebungskompetenz verschiebt. Dies dürfte jedenfalls bei Grundrechten, deren Ausgestaltung durch eine explizite Kompetenznorm geregelt ist, und bei denen die Identität von Grundrecht und Kompetenznorm hinsichtlich des fraglichen Begriffs gegeben ist, ohne Zweifel der Fall sein. Ein Grund dafür, etwa die bisher weitgehend anerkannte Deckungsgleichheit von materiellem und kompetenzrechtlichem Pressebegriff aufzugeben, ist nicht ersichtlich.

---

14 Pieroth, in: Jarass/Pieroth, Art. 70 Rdnr. 1; Stettner, in: Dreier (Hrsg.), Grundgesetz-Kommentar, Bd. 2, Art. 70 Rdnr. 39.

15 Stern, Staatsrecht I, 1977, S. 504; Maunz, in: Maunz/Dürig, Art. 70 Rdnr. 29; a.A. Degenhart, in: Sachs, GG, Art. 70 Rdnr. 1; zum Meinungsstand siehe eingehender Stettner, in: Dreier (Hrsg.), Grundgesetz-Kommentar, Bd. 2, Art. 70 Rdnr. 40 (m.w.N. in Fn. 139).

16 Siehe dazu Maunz, in: Maunz/Dürig, Art. 70 Rdnr. 30.

17 So auch die allgemeine Ansicht in Literatur und Rechtsprechung. Stellvertretend für viele seien hier genannt: Lerche, JZ 1972, 468 (473); Stern, Staatsrecht I, 1977, S. 97; BVerfG, Urt. v. 24.4.1985, E 69, 1 (21).

18 Vgl. dazu Stettner, Grundfragen einer Kompetenzlehre, S. 80 ff.

19 Speziell zur Bedeutungsgleichheit des Pressebegriffs in Art. 5 Abs. 1 S. 2 GG und Art. 75 Abs. 1 Nr. 2 GG bei Degenhart, in: Sachs, GG, Art. 75 Rdnr. 26; Maunz, in: Maunz/Dürig, Art. 75 Rdnr. 85 f.

cc) Zur Dogmatik der Kompetenzkonflikte

aaa) Die Kompetenzverteilung im Kommunikationsbereich

Wendet man sich der Frage nach der Kompetenzverteilung im Kommunikationsbereich zu, so stößt man für das Rundfunkwesen im Grundgesetz auf keine ausdrückliche Kompetenzzuweisung an den Bund zu dessen Regelung. Die fragliche Zuständigkeit liegt damit gemäß den Art. 30 und 70 GG zunächst grundsätzlich bei den Landesgesetzgebern.
Die herkömmlichen Medien Presse und Rundfunk werden im Grundgesetz durch die eigenständigen Grundrechte der Presse- und Rundfunkfreiheit in Art. 5 Abs. 1 S. 2 GG geschützt. Hinsichtlich der neuen Kommunikations- und Informationstechnologien stellt sich sogleich die Frage des dort maßgeblichen Grundrechtsschutzes. Handelt es sich um eine neue Form des Rundfunks oder eine neue Form der Telekommunikation? Von der Frage, ob die Rundfunkfreiheit der verfassungsrechtliche Rahmen ist, innerhalb dessen die neuen Kommunikationsdienste rechtlich auszugestalten sind, hängt die Frage ab, ob der Bund oder die Länder zur Gesetzgebung zuständig sind.
Es besteht Einigkeit darüber, daß diese neuen Kommunikationsdienste und ihre vielfältigen Nutzungsformen Regelungsbedarf auslösen.[20] Ob die neuen Dienste nicht konsequenterweise einer ähnlichen, positiven gesetzlichen Ordnungsgebung bedürfen, wie dies die Länder für den privaten Rundfunk gewährleistet haben, kann an dieser Stelle offengelassen werden. Jedenfalls geht man auch insoweit konform, als die vom Bundesverfassungsgericht für die Veranstaltung von Rundfunk klassischen Zuschnitts entwickelten Maßstäbe nicht schematisch auf die neuen Dienste übertragen werden können.[21]
Sieht man die neuen Kommunikationsformen als vom erweiterten Schutzbereich der Rundfunkfreiheit erfaßt, so wird zu prüfen sein, ob dies nicht zur Folge hat, daß sich auch die Kompetenz der Länder zur Regelung des Rundfunkwesens, die mangels Erwähnung des Rundfunks in den Katalogen der Art. 73 und 74 GG grundsätzlich bei ihnen liegt, ebenso weit erstreckt. Zwar legt das Bundesverfassungsgericht die Kompetenzkataloge grundsätzlich im Sinne von Verfassungstradition und Kontinuität aus, doch sucht das Gericht diese auch offen gegenüber neuen Entwicklungen und neuen Kompetenzfragestellungen zu halten.[22] Dies hat das Bundesverfassungsgericht auch schon einmal im Bereich der Rundfunktechnik judiziert,[23] so daß eine Ausweitung der Kompetenzen der Länder auf die neuen Dienste auf diesem Wege jedenfalls vorstellbar ist.

---

20 Zum Regelungsbedarf siehe z.B. Koch, NJW-CoR 1997, 302; Flechsig, ZUM 1996, 835 (835 f.); Roßnagel, NVwZ 1998, 1 (1 f.).

21 Vgl. statt vieler: Ricker/Schiwy, Rundfunkverfassungsrecht, B Rdnr. 33.

22 Vgl. dazu Scholz, in: Starck (Hrsg.), Bundesverfassungsgericht und Grundgesetz, Bd. II, S. 252 (265 f.).

23 BVerfG, Urt. v. 28.2.1961, E 12, 205 (225 ff.).

bbb) Grundsätzlicher Ausschluß einer Doppelzuständigkeit von Bund und Ländern

Der bisherige Befund hat ergeben, daß der Bund mangels ausdrücklicher grundgesetzlicher Zuweisung keine rundfunkrechtlichen Regelungen erlassen darf. Da allerdings der Kommunikationsbereich nicht notwendig durch seinen Rundfunkbezug, wohl aber immer durch die wirtschaftliche Dimension bestimmt wird, ist nicht ausgeschlossen, daß sich der Bundesgesetzgeber von einer ihm zustehenden Materie her, wie etwa der Wirtschaft oder Telekommunikation, dem Komplex „Multimedia“ nähert.

Das Grundgesetz beabsichtigt durch die Art. 70 ff. GG eine nahtlose Abgrenzung der Gesetzgebungszuständigkeiten von Bund und Ländern unter Ausschluß echter kumulativer Doppelzuständigkeiten.[24] Dies schließt jedoch den Kompetenzkonflikt und die Kompetenzüberschneidung naturgemäß nicht aus. Da sich hier der zu regelnde Bereich zwischen massenkommunikativem Rundfunk und Individualkommunikation bewegt, verschiedene technische und inhaltliche Mittel kombiniert werden und rasch von einem zum anderen Mittel übergegangen wird, könnte man ein und dieselbe Frage unter dem Gesichtspunkt einer Bundeskompetenz bundesgesetzlich oder unter dem Gesichtspunkt einer Landeskompetenz landesgesetzlich regeln.

Als Lösungsmöglichkeit für den Konflikt einer alternativen Bundes- und Landeskompetenz für dieselbe Materie könnte man auf Art. 31 GG zurückgreifen, wonach das Bundesrecht das Landesrecht bricht. Dies wird von einem Teil der Literatur favorisiert[25]. Grundrechtsdogmatisch soll besagtes mit Hilfe der Figur der sogenannten Doppelzuständigkeit geschehen. Angenommen wird dabei eine echte Kompetenzüberschneidung, bei der sich dann der Bund allerdings kraft des Art. 31 GG jederzeit durchsetzen könnte.

Das Bundesverfassungsgericht lehnt dies unter Hinweis auf das System der verfassungsrechtlichen Kompetenznormen und deren Abgrenzungsfunktion ausdrücklich ab. Danach muß eine Materie entweder dem einen oder dem anderen Bereich zugeordnet werden. Dies ergebe sich schon allein aus Art. 70 Abs. 2 GG.[26]

Letztere Auffassung ist der Annahme eines „Doppelregimes“ vorzuziehen. Art. 31 GG gilt nur in den Fällen, in denen Normen mit konkurrierendem Geltungs-

---

[24] Vgl. Dreier, in: Dreier (Hrsg.), Grundgesetz-Kommentar, Bd. 2, Art. 31 Rdnr. 23.

[25] Vgl. Scholz, in: Starck (Hrsg.), Bundesverfassungsgericht und Grundgesetz, Bd. II, S. 252 (256); Pestalozza, DÖV 1972, 181 (189 f.); Wolfrum, DÖV 1982, 674 (676); Brohm, DÖV 1983, 525 (528).

[26] Vgl. dazu den Beschluß des BVerfG v. 28.11.1973, E 36, 193 (202 f.); ferner BVerfG, Urt. v. 19.10.1982, E 61, 149 (204); ebenso Maunz, in: Maunz/Dürig, Art. 74 Rdnr. 9; Kunig, in: v. Münch/Kunig, Art. 70 Rdnr. 12; Bethge, Herbert, Landesrundfunkordnung und Bundeskartellrecht, S.26; Rengeling, Gesetzgebungszuständigkeit, in: Isensee/Kirchhof (Hrsg.), HStR IV, § 100 Rdnr. 39.

anspruch den gleichen Sachverhalt regeln und ihre Heranziehung zu unterschiedlichen Rechtsfolgen führt.[27] Nur dann kann das Bundesrecht vorrangige Geltung vor dem Landesrecht beanspruchen. Das Rundfunkrecht, das Recht der Wirtschaft und der Telekommunikation – um nur einige der in Betracht kommenden Kompetenztitel zu nennen – normieren aber vielmehr eigenständige Regelungsbereiche, für die der jeweilige Gesetzgeber die alleinige Gesetzgebungskompetenz hat.[28] Daneben liegt bei einer Kompetenzüberschreitung des Bundes beziehungsweise der Länder in Bereichen des Art. 74 GG schon nach Art. 72 GG Nichtigkeit vor, auf Art. 31 GG muß insoweit gar nicht zurückgegriffen werden.[29]

Die Konfliktlage bleibt dadurch jedoch noch unbewältigt. Nicht alle Regelungssachverhalte lassen sich abstrakt voneinander abgrenzen. Folge davon ist, daß sich auf einen Regelungsgegenstand mehrere Gesetzgebungskompetenzen anwenden lassen. Scharfe Abgrenzungen durchschneiden womöglich einheitliche Lebenszusammenhänge und verlangen somit nach einer Lösung, die es ermöglicht, Kriterien für die Zuordnung zu dem Kompetenzbereich des Bundes oder der Länder zu finden.

Die Auflösung dieser Kollision kann erfolgen entweder durch ein ergänzendes Nebeneinander zweckverschiedener Regelungen von Bund und Ländern,[30] oder durch die Anwendung von Kompetenzausübungsschranken, die sich vor allem aus dem Grundsatz der wechselseitigen Pflicht des Bundes und der Länder zu bundesfreundlichem Verhalten[31] und teilweise auch aus dem der Verhältnismäßigkeit[32] ergeben. Ein Weg zur Vermeidung der Trennung einheitlicher Lebenssachverhalte besteht auch noch darin, das fragliche Gebiet im ganzen dem Kompetenzbereich zuzurechnen, mit dem es den größeren Sachzusammenhang aufweist.[33]

---

27 Vgl. BVerfG, Beschl. v. 4.6.1969, E 26, 116 (135); BVerfG, Beschl. v. 29.1.1974, E 36, 342 (363).

28 Jarass unterscheidet bei der Bewältigung von Kompetenzkonflikten zwei Stufen: die Stufe der Kompetenzqualifikation und die Stufe der Kompetenzausübung. Vgl. Jarass, Kartellrecht und Landesrundfunkrecht, S. 39.

29 Vgl. dazu Maunz, in: Maunz/Dürig, Art. 74 Rdnr. 9.

30 Siehe dazu Bullinger, in: Bullinger/Mestmäcker, Multimediadienste, S. 138 f.

31 Vgl. Jarass, Kartellrecht und Landesrundfunkrecht, S. 40 f., 45 ff.; eingehend zum Grundsatz der Bundestreue als Maßstab der Zwischenländerkooperation Schuler-Harms, Rundfunkaufsicht im Bundesstaat, S. 146 ff.

32 Vgl. dazu Hoffmann-Riem, Rundfunkrecht und Wirtschaftsrecht – ein Paradigmawechsel in der Rundfunkverfassung?, S. 13 (30), in: Hoffmann-Riem (Hrsg.), Rundfunk im Wettbewerbsrecht; Jarass, Kartellrecht und Landesrundfunkrecht, S. 47 ff.; kritisch zu diesen Lösungsansätzen Dreier, in: Dreier (Hrsg.), Grundgesetz-Kommentar, Bd. 2, Art. 31 Rdnr. 61.

33 So vorgeschlagen von Bullinger, AöR 1971, 237 (248 f.).

dd) Gesetzgebungskompetenzen

Mit dem Aufkommen der neuen Informations- und Kommunikationsdienste stellte sich in der Folge die konkrete Frage, ob der Bund oder die Länder kompetenzrechtlich dazu legitimiert sind, die zur Veranstaltung neuer Kommunikationsdienste und kommunikativer Nutzungsformen erforderlichen rechtlichen Rahmenbedingungen festzulegen. Der Ansatzpunkt liegt dabei in den Kompetenzkatalogen der Art. 73, 74 und 75 GG, von denen aus in weiterer Folge die Ableitung einer Kompetenz des Bundes zur Gesetzgebung im Bereich der Kommunikation möglich erscheint.

aaa) Originäre Gesetzgebungskompetenzen

Schwierigkeiten bereitet vor allem die Beantwortung der Frage, ob der Bund aus einer seiner Gesetzgebungskompetenzen die Zuständigkeit dafür ableiten kann, die grundsätzliche Zulässigkeit der neuen Dienste und ihre leitenden Grundsätze zu bestimmen. In erster Linie in Betracht kommen dabei die ausschließliche Zuständigkeit für die Telekommunikation nach Art. 73 Nr. 7 GG, die konkurrierende Zuständigkeit für die Wirtschaft gemäß Art. 74 Abs. 1 Nr. 11 GG und für die Verhütung des Mißbrauchs wirtschaftlicher Machtstellung nach Art. 74 Abs. 1 Nr. 16 GG sowie die Rahmenkompetenz für die Presse gemäß Art. 75 Abs. 1 Nr. 2 GG.[34]

bbb) Querschnittskompetenzen

Die erweiternde Wahrnehmung der sogenannten „Querschnittskompetenzen“[35] bezüglich des Gesamtsachverhaltes „Multimedia“ durch den Bund war im wesentlichen unstrittig. Dazu zählen die ausschließliche Kompetenz für das Urheberrecht nach Art. 73 Nr. 9 GG, die konkurrierende Kompetenz für das Bürgerliche Recht und das Strafrecht nach Art. 74 Abs. 1 Nr. 1 GG, sowie die Gesetzgebungszuständigkeiten für den Jugendschutz nach Art. 74 Abs. 1 Nr. 7 GG und den Datenschutz, etwa nach Art. 73 Nr. 7 GG. Hier wird dem Bund die Befugnis zugewiesen, bestimmte fachliche Aspekte allgemein zu regeln. Dabei ist es von

---

34 Bullinger/Mestmäcker teilen in ihrem Rechtsgutachten für das Bundesministerium für Bildung, Wissenschaft, Forschung und Technologie v. Mai 1996 die Kompetenzen des Bundes für Multimediadienste in Hauptkompetenzen – zu ihnen zählen die eben angeführten Kompetenztitel mit Ausnahme von Art. 74 Abs. 1 Nr. 16 GG – und Querschnittskompetenzen ein. Siehe Bullinger/Mestmäcker, Multimediadienste, S. 143. Scholz hingegen spricht von zentralen und akzidentiellen bzw. akzessorischen Bundeskompetenzen, vgl. Scholz, Audiovisuelle Medien und bundesstaatliche Gesetzgebungskompetenz, S. 9.

35 Vgl. neben den vorherigen Nachweisen noch Gersdorf, Neue Dienste zwischen den Gesetzgebungskompetenzen von Bund und Ländern, epd/Kirche und Rundfunk v. 8.6.1996, Nr. 44, 22 (23); Stammler, Dieter, Plädoyer für eine nationale Kommunikationspolitik, epd/Kirche und Rundfunk v. 21.8.1996, Nr. 65, 5 (6).

jeher eine Selbstverständlichkeit, daß etwa die Normen des Strafrechts und des Bürgerlichen Rechts in allen Lebenssachverhalten Anwendung finden.[36] Entscheidend ist, daß der Bund in diesen Bereichen lediglich bereits bestehende Gesetzeswerke im Hinblick auf die neuen Dienste anpassen will.
Zu berücksichtigen ist jedoch aber auch, daß diese Gesetzgebungskompetenz nur soweit reicht, als die Länder nicht für entsprechende Regelungen einen größeren Sachzusammenhang mit ihren ausschließlichen Kompetenzen in Anspruch nehmen können. Dies muß indes wieder zwangsläufig zu Abgrenzungsschwierigkeiten führen, da es etwa eine verfassungsrechtlich besonders geschützte Landeskompetenz für „Rundfunk" nicht gibt. Das Grundgesetz kennt Länderkompetenzen nur dort, wo Bundeskompetenzen nicht bestehen oder nicht in Anspruch genommen werden.

ee) Einordnung der neuen Medien

Ausgangspunkt der Problematik der Streitfrage, ob Bund oder Ländern die originäre Regelungskompetenz für die neuen Kommunikationsformen zusteht, waren deren diesbezüglich diametral entgegengesetzte jeweilige Standpunkte. Der Bund behauptete, daß seine verfassungsrechtliche Grundlage zur originären Regelung zumindest eines Teils der neuen Dienste aus der Kompetenz für Wirtschaftsrecht, insbesondere aus dem Teilbereich des Gewerbes gemäß Art. 74 Abs. 1 Nr. 11 GG rühre.[37]
Die Länder hingegen gingen in kompetenzieller Hinsicht von einem gänzlich anderen Ansatz aus. Sie waren der Auffassung, es handele sich insgesamt nicht um wirtschaftliche Sachverhalte, sondern sie betrachteten die neuen Dienste als zum Bereich der „Medien" gehörend, der primär der Rundfunk- und Kulturfreiheit zuzuschlagen sei und damit der alleinigen Gesetzgebungskompetenz der Länder unterfiele.
Als Mitte der 90er Jahre die ersten Bestrebungen des Bundes zum Erlaß eines Multimediagesetzes bekannt wurden, entzündete sich daran eine heftige politische Kontroverse. Die Länder kündigten erheblichen politischen und rechtlichen Widerstand an und drohten sogar mit einer Klage vor dem Bundesverfassungsgericht.[38] In Anbetracht der Tatsache, daß ein Konfrontationskurs, ein verfassungsrechtlicher Streit, der erst in ein, zwei oder mehreren Jahren vom Bundesverfassungsgericht letztverbindlich entschieden werden könnte, die Entwicklung der Zukunftsbranche „Multimedia" in Deutschland vielleicht auf Jahre lähmen

36 Maunz, in: Maunz/Dürig, Art. 74 Rdnr. 16.

37 Zum medienpolitischen Streitstand zwischen Bund und Ländern zusammenfassend Weber, Streitobjekt Multimedia, FAZ v. 17.5.1996, S. 14.

38 Vgl. zur politischen Kontroverse epd/Kirche und Rundfunk v. 11.5.1996, Nr. 36, 11 (11 f.); Ministerpräsident Beck, zit. in: epd/Kirche und Rundfunk v. 1.6.1996, Nr. 42, 6 (6 f.).

und viele potentielle Anbieter ins Ausland treiben würde, kamen Bund und Länder im Juli 1996 überein, den Konflikt durch hochrangige Verhandlungskommissionen[39] selbst beizulegen. Am 18.12.1996 wurde schließlich eine politische Vereinbarung getroffen, in der die Kompetenzen in diesem Bereich abgegrenzt wurden.[40] Nach diesem Kompromiß verfährt derzeit die Staatspraxis.[41]
Bedenken bestehen jedoch dahingehend, ob diese von Bund und Ländern erzielte Übereinkunft auf Dauer tragfähig ist.[42] Gesetzgebungskompetenzen sind unverzichtbar, Bund und Länder können darüber nicht verfügen. Folglich ist es unumgänglich, daß sich Bund und Länder in ihrer Übereinkunft sachgerecht über die verfassungsrechtlichen Zuständigkeiten geeinigt haben, um sich nicht dem Vorwurf des Verfassungsverstoßes auszusetzen und um beständige Rechtssicherheit zu erreichen. Denn führen beispielsweise strukturelle Veränderungen dazu, daß sich die Reichweiten von Gesetzgebungskompetenzen verschieben, ist es schon von Anfang an unentbehrlich zu wissen, welches Gesetz für welchen Dienst verbindlich ist.[43]
Unter Berücksichtigung dieses Gesichtspunktes ist es daher notwendig, die Problematik, ob dem Bund oder den Ländern die Gesetzgebungskompetenz zusteht, eingehender zu betrachten. Keine zentrale Bedeutung kommt dabei der Frage der Querschnittskompetenzen zu, weshalb sich die weiteren Überlegungen auf die Untersuchung beschränken, ob der Bund für die neuen Dienste eine Hauptkompetenz innehat.

ff) Inhaltliche Maßstäbe des Verfassungsrechts

Entsprechend der kompetenzrechtlichen und grundrechtlichen Dimension des verfassungsrechtlichen Rundfunkbegriffs hat die Zuordnung zum „Rundfunk" kompetenzrechtliche Konsequenzen. In den letzten maßgeblichen Entscheidungen des Bundesverfassungsgerichts hat sich dazu zunehmend ein materielles Kompetenzverständnis herausgeschält, das eng mit den grundrechtlichen Dimensionen der Rundfunkfreiheit und des Vorbehalts des Gesetzes verbunden

39 Beteiligt waren Ministerpräsidenten und Bundesminister.

40 Zum Wortlaut dieser Vereinbarung siehe Engel-Flechsig, ZUM 1997, 231 (231).

41 Nur am Rande sei insoweit bemerkt, daß selbstverständlich ein „Kompetenzhandel" zwischen Bund und Ländern verfassungsrechtlich ausgeschlossen ist. Verfassungskompetenzen sind von der in der Verfassung bestimmten staatlichen Instanz wahrzunehmen; sie können nicht per „Vereinbarung" auf eine andere staatliche Instanz übertragen werden. Von daher konnte es von Verfassungs wegen bei dem angestrebten politischen Kompromiß nicht um eine Festlegung von Kompetenzen, sondern nur um eine einvernehmliche Interpretation von den Kompetenztiteln zugrundeliegenden Tatbestandsmerkmalen gehen. Vgl. dazu auch Bullinger, ZUM 1996, 749 (756).

42 Zweifel äußert auch Manssen, Archiv PT 1998, 236 (237).

43 In diesem Sinne auch Müller-Using/Lücke, Archiv PT 1997, 101 (103).

ist.[44] Werden die Grenzen des Rundfunks eng gezogen, so verbleibt dem Bund ein größerer Kompetenzraum, den er weitgehend frei von den aus der Rundfunkfreiheit resultierenden verfassungsrechtlichen Anforderungen gestalten kann. Ein weiter Rundfunkbegriff eröffnet den Ländern einen größeren Kompetenzraum, innerhalb dessen dann aber auch rundfunkrechtliche Anforderungen stärkeres Gewicht erlangen.[45]

Will man die Frage beantworten, wie weit die Länderkompetenz für den Rundfunk reicht, muß man daher zunächst einige allgemeine Überlegungen zum Inhalt und zur Reichweite der Rundfunkfreiheit des Art. 5 Abs. 1 S. 2 GG anstellen. Die Skizzierung des Hintergrunds der Auseinandersetzungen um die neuartigen Medien und ihre rechtspolitische Bedeutung ist unumgänglich, wenn man den rechtlichen Rahmen der Wettbewerbsaufsicht bewerten will. Besondere Bedeutung kommt dem Rundfunk durch seine von Verfassungs wegen dem Gesetzgeber eingeräumten Ausgestaltungsspielraum zu.[46] In ihrer Zwischenlage zwischen der Massenkommunikation nach Art des Rundfunks und der reinen Individualkommunikation nach Art eines Telefongesprächs stehen die neuen Informations- und Kommunikationsdienste nicht naturgegeben unter dem Schutz der Rundfunkgarantie. Vielmehr können sie ganz oder teilweise in den Schutzbereich anderer Garantien fallen. Es wäre daher kaum zu rechtfertigen, den Blick nur auf die Rundfunkgarantie zu richten und zu prüfen, ob sie in dehnender Interpretation auch auf diese Multimediadienste anwendbar ist. Berücksichtigt werden muß daher auch das grundsätzliche Verhältnis zur Telekommunikationsfreiheit des Art. 87 f Abs. 1 GG in Verbindung mit den Wirtschaftsfreiheiten und zur Pressefreiheit nach Art. 5 Abs. 1 S. 2 GG.

aaa) Die Rundfunkfreiheit gemäß Art. 5 Abs. 1 S. 2 GG

Die Rundfunkfreiheit ist als verfassungsmäßig geschütztes Grundrecht in Art. 5 Abs. 1 S. 2 des Grundgesetzes fixiert. Danach wird „... die Freiheit der Berichterstattung durch Rundfunk und Film ... gewährleistet".

Trotz der engen Fassung des Wortlautes („Berichterstattung") besteht in Rechtsprechung und Rechtslehre Einigkeit, daß Art. 5 Abs. 1 S. 2 GG die Freiheit des

---

44 BVerfG, Urt. v. 16.6.1981, E 57, 295 (320 f.); BVerfG, Urt. v. 4.11.1986, E 73, 118 (152 ff.); BVerfG, Beschl. v. 24.3.1987, E 74, 297 (323 ff.).

45 In Anbetracht dieser Fragestellung wird der Rundfunkbegriff in der einschlägigen Literatur teilweise gar als „Kompetenzbeschaffer" für den Gesetzgeber bezeichnet, vgl. Pieper, ZUM 1995, 552 (555); vorsichtiger Röger, ZRP 1997, 203 (209).

46 Siehe dazu das Sechste Rundfunkurteil, BVerfG, Urt. v. 5.2.1991, E 83, 238 (315): „Die Rundfunkfreiheit des Art. 5 Abs. 1 S. 2 GG ermächtigt ihre Träger nicht zu beliebigem Gebrauch. Als dienende Freiheit wird sie nicht primär im Interesse der Rundfunkveranstalter, sondern im Interesse freier individueller und öffentlicher Meinungsbildung gewährleistet". Zur Konzeption der Medienfreiheiten im Grundgesetz auch jüngst Degenhart, K&R 2000, 49 (50 ff.).

Rundfunks umfassend schützt, mithin nicht nur auf die Freiheit der Berichterstattung beschränkt ist, sondern sich gleichermaßen auf jede Art von Meinungsäußerung, wie beispielsweise künstlerische und unterhaltende Darbietungen, erstreckt.[47]

Das Grundgesetz verwendet den Begriff des „Rundfunks", ohne ihn jedoch zu definieren. Wie weit der sachliche Schutzbereich der Rundfunkfreiheit reicht, ist indes primär eine Frage der Definition. An die Begriffsbestimmung von „Rundfunk" wird in erster Linie die Anforderung gestellt, deutlich die Unterschiede zur Presse herauszuarbeiten. Teils wird dazu ausgeführt, daß Rundfunk die Veranstaltung und Verbreitung von Darbietungen aller Art für die Allgemeinheit mit Hilfe elektrischer Schwingungen sei.[48] Daneben wird aber auch auf publizistische Unterschiede abgestellt, indem für den Rundfunk charakteristisch sei, daß der Rundfunkteilnehmer durch eine planvolle Abfolge von Sendungen in ein Gesamtprogramm eingebunden und nach Möglichkeit davon abgehalten wird, es wieder abzuschalten oder auf ein anderes Programm zu wechseln.[49] Üblicherweise jedoch werden die Definition im Rundfunkgebührenstaatsvertrag vom 5.12.1974 und ihre Aktualisierung in § 2 Abs.1 RStV herangezogen. In der überarbeiteten Fassung[50] heißt es danach:

> *„Rundfunk ist die für die Allgemeinheit bestimmte Veranstaltung und Verbreitung von Darbietungen aller Art in Wort, in Ton und in Bild unter Benutzung elektromagnetischer Schwingungen ohne Verbindungsleitung oder längs oder mittels eines Leiters. Der Begriff schließt Darbietungen ein, die verschlüsselt verbreitet werden oder gegen besonderes Entgelt empfangbar sind".*[51]

Diese Definition knüpft an das Erste Fernsehurteil[52] des Bundesverfassungsgerichts aus dem Jahre 1961 an. Das Bundesverfassungsgericht hat in jenem Urteil und danach in ständiger Rechtsprechung den Rundfunk entsprechend dem

---

47 BVerfG, Urt. v. 27.7.1971, E 31, 314 (326); vgl. dazu auch Bremer/Esser/Hoffmann, Der Rundfunk in der Verfassungs- und Wirtschaftsordnung in Deutschland, S. 28, m.w.N. in Fn. 48.

48 Degenhart, in: Dolzer/Vogel (Hrsg.), BK, Art. 5 Abs.1 und 2, Rdnr. 667.

49 Bullinger, AfP 1996, 1 (7).

50 Der Rundfunkstaatsvertrag wurde zuletzt in größerem Umfang geändert durch den dritten Rundfunkänderungsstaatsvertrag vom September 1996, abgedruckt zuzüglich der Begründungsprotokolle in MP Dok. I/1996, 1 ff.; die jüngsten Änderungen (in Kraft seit 1.4.2000 u. 1.1.2001) wurden durch den vierten sowie fünften Rundfunkänderungsstaatsvertrag vorgenommen, die jedoch weniger weitgehend ausfielen, verfügbar jeweils unter der Homepage der Landesmedienanstalten http://www.alm.de.

51 Vgl. § 2 Abs. 1 RStV, abgedruckt in: Ring, Medienrecht, C-0 und MP Dok. I/1996, S. 1 ff.

52 BVerfG, Urt. v. 28.2.1961, E 12, 205 (223, 226, 242, 260): ... Rundfunk als die „Verbreitung von Nachrichten und Darbietungen aller Art in Wort, Ton und Bild an die Allgemeinheit mit dem Ziel der Einflußnahme auf die öffentliche Meinung und der Mitbildung dieser öffentlichen Meinung mittels Funkanlagen ...".

Wortlaut des Art. 5 Abs.1 S. 2 GG wie Presse und Film als Massenkommunikation und damit als Mittel zu Meinungsordnung eingeordnet, gerade aber wegen der dem Rundfunk eigenen Besonderheiten gegenüber anderen Massenmedien, insbesondere der Presse,[53] herausgehoben. Wegen seiner Eigenschaft als unentbehrliches Mittel für das Gemeinwesen verlangte das Gericht von den Bundesländern eine Gesetzgebung, die hinsichtlich der Schaffung der Voraussetzung für Pluralität der hohen Bedeutung des Rundfunks gerecht wird. Im übrigen hat es klargestellt, daß es den Rundfunkbegriff nicht als statischen Begriff verstanden wissen will, der sich in einer ein für allemal gültigen Definition erfassen läßt, sondern als einen angesichts der technischen Entwicklung modifizierbaren.[54] Damit ist es möglich, auch neue Kommunikationstechniken in den Schutz der Rundfunkfreiheit miteinzubeziehen, was angesichts der Aufgabe der Medienfreiheiten, nämlich die freie Meinungsbildung mit Hilfe einer umfassenden Meinungsvielfalt zu sichern, wohl gerechtfertigt erscheint. Auch in der amtlichen Begründung zu § 2 RStV ist festgelegt, daß der Rundfunkbegriff dynamisch und am normativen Funktionszweck orientiert zu interpretieren sei.[55] Eine abschließende Definition wird somit nicht getroffen. Überdies könnten die Länder in einem Staatsvertrag den in der Verfassung des Bundes statuierten Begriff des Rundfunks mangels eigener Zuständigkeit im übrigen gar nicht normativ festlegen.[56]

Ob es sich bei allen neuen Kommunikationsdiensten grundsätzlich um Rundfunk im verfassungsrechtlichen Sinn handelt,[57] respektive welche der neuartigen Kommunikationsformen letztlich zum Rundfunk gehören, soll an dieser Stelle nicht abschließend entschieden werden. Unbestritten dürfte sein, daß zumindest einige der neuen Dienste unter die Garantie der Rundfunkfreiheit fallen, so etwa die dem klassischen Hör- und Rundfunk ähnlichen Mediendienste.[58] Der Kern des Problems, das den aktuellen Streit um die kompetenzrechtliche Zuordnung der neuen Dienste prägt, ist jedoch die Frage, ob die aktuelle Grundgesetzregelung eine Medienaufsicht durch eine einzige (Bundes-)Behörde trägt. Darauf soll im Rahmen der Überprüfung der Wettbewerbsaufsicht auf ihre Zukunftstauglichkeit eingegangen werden.[59] Im gegebenen Zusammenhang, in dem

---

[53] BVerfG, Urt. v. 27.7.1971, E 31, 314 (326); BVerfG, Urt. v. 16.6.1981, E 57, 295 (322 f.).

[54] Vgl. BVerfG, Beschl. v. 24.3.1987, E 74, 297 (350 f.); BVerfG, Urt. v. 5.2.1991, E 83, 238 (302).

[55] Die amtliche Begründung zum Staatsvertrag über den Rundfunk im vereinten Deutschland ist abgedruckt in: Hartstein/Ring/Kreile/Dörr/Stettner, Rundfunkstaatsvertrag, S. 121 ff.

[56] Vgl. Paptistella, DÖV 1978, 495 (497).

[57] Eine umfassende allgemeine Darstellung der Rundfunkfreiheit findet sich in Rikker/Schiwy, Rundfunkverfassungsrecht, B Rdnr. 1 ff.

[58] Dazu siehe eingehender auch Seite 144.

[59] Siehe dazu Seite 147 ff.

die grundrechtlichen Implikationen des verfassungsrechtlichen Rundfunkbegriffs im Vordergrund stehen, bedarf diese Frage keiner abschließenden Erörterung.

bbb) Die Telekommunikationsfreiheit

Der im Zusammenhang mit der umfassenden Reform des Post- und Telekommunikationsrechtes (Postreform II) in die Verfassung neu eingefügte Art. 87 f GG bestimmt in seinem Absatz 1: „Nach Maßgabe eines Bundesgesetzes, das der Zustimmung des Bundesrates bedarf, gewährleistet der Bund im Bereich des Postwesens und der Telekommunikation flächendeckend angemessene und ausreichende Dienstleistungen".
Der Begriff „Telekommunikation" ersetzt entsprechend dem international üblichen Sprachgebrauch seinen terminologischen Vorgänger, den Begriff des „Fernmeldewesens".[60] Eine inhaltliche Änderung ist mit diesem Begriffswechsel nicht verbunden.[61] Wie schon das Bundesverfassungsgericht im Ersten Fernsehurteil zunächst vorsichtig festgestellt hat, meint der Begriff „Fernmeldewesen" nur den technischen Bereich der Verbreitung von Rundfunk.[62] Er betrifft den sendetechnischen Akt der Übermittlung von Daten, also das „Senden" und „Empfangen". Rundfunk dagegen betrifft den Bereich der Organisation von Rundfunkanstalten sowie die inhaltliche Gestaltung der Rundfunksendungen.[63]
Der Bereich Post und Telekommunikation wird in der Verfassung in unterschiedlichen Normen erfaßt. Art. 73 Nr. 7 GG weist diesen Bereich der ausschließlichen Gesetzgebungskompetenz des Bundes zu. In diesem Gesamtgeflecht kommt aber auch Art. 87 f GG eine kompetentielle Bedeutung zu.[64] Insofern tritt Art. 87 f GG dem Art. 73 Nr. 7 GG an die Seite. Dem Bundesgesetzgeber wird in Absatz 1 der Norm die Pflicht auferlegt, eine Grundversorgung mit Telekommunikationsdienstleistungen zu gewährleisten. Der Staat als Adressat dieses telekommunikativen Grundversorgungsauftrags kann sich jedoch entsprechend Art. 87 f Abs. 2 S. 1 GG auch darauf beschränken, die Dienstleistungen durch private Unternehmen erbringen zu lassen und lediglich den gesetzlichen Rahmen für diese Tätigkeit der Privaten vorzugeben.
Zu beachten ist indes, daß Art. 87 f Abs. 2 GG mehr ist als eine bloße Regelung der Verwaltungskompetenzen im Verhältnis von Bund und Ländern. Wie eben gezeigt, stellt die Norm eine objektive Garantie privatwirtschaftlicher Dienste der Telekommunikation dar. Vor der Postreform II waren die Telekommunikationsleistungen als grundsätzlich staatliche Daseinsvorsorge garantiert, eine Pri-

60 Windthorst, in: Sachs, GG, Art. 87 f Rdnr. 6.
61 Begr. RegE, BT-Dr. 12/7269, S. 4; Lerche, in: Maunz/Dürig, Art. 87 f Rdnr. 50.
62 BVerfG, Urt. v. 28.2.1961, E 12, 205 (226).
63 Maunz, in: Maunz/Dürig, Art. 73 Rdnr. 120.
64 Lerche, in: Maunz/Dürig, Art. 87 f Rdnr. 13.

vatisierung war ausgeschlossen.[65] Jetzt sind diese Dienstleistungen in die Marktwirtschaft entlassen, mit der Folge, daß die grundrechtlichen Wirtschaftsfreiheiten der Art. 12 und 2 GG einschlägig sind, soweit nicht der staatlichen Gewährleistungspflicht des Art. 87 f Abs. 1 GG Vorrang zukommt.[66] Durch die Privatisierung entsteht somit ein neuer erweiterter Bereich der Wirtschaft, in dem die Wirtschaftsfreiheiten voll gelten. Ein grundrechtlich geschützter Raum wird nicht unmittelbar über Art. 87 f Abs. 2 GG geschaffen, sondern in Verbindung mit den Wirtschaftsfreiheiten. Infolgedessen kann es zu Kollisionen der wirtschaftsfernen Rundfunkgarantie mit einer nun gleichermaßen verfassungsrechtlichen Garantie in Gestalt des Art. 87 f Abs. 2 S. 1 GG in Verbindung mit den Wirtschaftsfreiheiten kommen. Die Konsequenz daraus ist, daß die Rundfunkgarantie nicht ohne weiteres zu Lasten der privatwirtschaftlich freien Telekommunikation dehnend interpretiert werden kann.[67]
Schwierigkeiten ergeben sich ebenso hinsichtlich der Abgrenzung Sendetechnik im allgemeinen und Organisation des Rundfunks. Auch wenn man von der unstrittigen Prämisse ausgeht, daß Art. 87 f GG lediglich die fernmeldetechnische Seite der Kommunikation erfaßt, ist das Verhältnis Telekommunikation zu Rundfunk damit noch nicht eindeutig festgelegt. Zum einen kann bekanntlich die Entwicklung der Technik die inhaltlichen Fragen beeinflussen, der wechselseitige Einfluß von Technik und inhaltlichem Rundfunk ist nach wie vor Tatsache, zum anderen ist allerdings auch die Anwendbarkeit des Rundfunkbegriffs nicht grundsätzlich auf die neuen Kommunikationsdienste, wie zum Beispiel die Mediendienste, ausgeschlossen.[68]
Zusammenfassend ist daher festzustellen, daß die neuen Informations- und Kommunikationsdienste auch von der Telekommunikationsfreiheit, jedenfalls in Verbindung mit der allgemeinen Handels- und Gewerbefreiheit, umspannt sind. Inwiefern sich dies auf die Wettbewerbsaufsicht im Medienbereich niederschlägt, wird weiter unten Gegenstand der Untersuchung sein.[69]

ccc) Die Pressefreiheit

Der verfassungsrechtliche Rundfunkbegriff kann nicht ohne weiteres die gesamte elektromagnetisch übertragene Massenkommunikation für sich in An-

---

65 Die als erforderlich betrachteten Verfassungsänderungen wurden durch das Gesetz zur Änderung des Grundgesetzes vom 30.8.1994 (BGBl. 1994 I, S. 2245) vorgenommen. Art. 87 GG a.F. wies dem Bund die Telekommunikation zu eigener Verwaltung zu. Siehe dazu auch Seite 127 f.

66 Vgl. dazu Bullinger/Mestmäcker, Multimediadienste, S. 83.

67 In diesem Sinne auch Bullinger/Mestmäcker, S. 84.

68 Siehe dazu schon soeben Seite 14. Vgl. dazu auch Röger, ZRP 1997, 203 (205); Hoffmann-Riem, AfP 1996, 9 (14); zum Verhältnis der neuen Teledienste zum Rundfunkbegriff auch Müller-Using/Lücke, Archiv PT 1995, 32 ff.

69 Siehe dazu das 4. Kapitel ab Seite 147 ff.

spruch nehmen, da zu letzterer auch die „elektronische“ Presse gehört. Der expandierende Rundfunkbegriff stieße hier auf rundfunkexterne verfassungsrechtliche Schutzzonen wie den Bereich der Pressefreiheit nach Art. 5 Abs. 1 S. 2 GG, die nicht einfach annektiert werden können. Der Begriff der Presse im Sinne von Art. 75 Abs. 1 Nr. 2 GG entspricht dem des Art. 5 Abs. 1 S. 2 GG. Ein Grund dafür, die bisher weitgehend anerkannte Deckungsgleichheit von materiellem und kompetenzrechtlichem Pressebegriff aufzugeben, ist auch nicht ersichtlich. Die Zuordnung zur „Presse“ würde die Rahmengesetzgebungskompetenz des Bundes gemäß Art. 75 Abs. 1 Nr. 2 GG eröffnen und damit die Anwendbarkeit der vom Bundesverfassungsgericht zum Rundfunk entwickelten inhaltlichen, organisatorischen und verfahrensrechtlichen Erfordernisse ausschließen. Aus diesem Grund ist auf die Frage einzugehen, wie weit die neuen Kommunikationsformen unter dem verfassungsrechtlichen Schutz der der Rundfunkfreiheit benachbarten Pressefreiheit stehen.

Der Begriff der Presse ist weit und formal aufzufassen. Er bezieht sich grundsätzlich auf alle zur Verbreitung geeigneten Druckerzeugnisse.[70] Das entscheidende Kriterium ist das gedruckte Wort, das die Presse von den technischen Modalitäten unterscheiden soll, die unter den Rundfunk- und Filmbegriff fallen.[71] Ausgehend von dieser Definition erfaßt der Pressebegriff daher auch Schallplatten, Videobänder und ähnliches. Jede andere Handhabung würde das Gebot des lückenlosen Grundrechtsschutzes verfehlen, so daß dies wohl gerechtfertigt erscheint.[72] Der Schutzbereich der Pressefreiheit reicht von der Beschaffung der Information bis zur Verbreitung der Nachrichten und Meinungen.[73]

Der persönliche Schutzbereich der Pressefreiheit umfaßt alle Personen, zu welchen neben den natürlichen Personen auch fast ausnahmslos alle juristischen Personen und sonstige Vereinigungen zählen, und Unternehmen, die in enger organisatorischer Bindung zu den geschützten Tätigkeiten stehen.[74]

In erster Linie ist Art. 5 Abs. 1 S. 2 GG ein individuelles staatsgerichtetes Abwehrrecht. Nach traditionellem Verständnis verbindet sich damit eine grundsätzlich unbeschränkte Gründungs- und Verbreitungsfreiheit als Jedermannsfreiheit. Daneben tritt jedoch ein objektiver Gehalt, der eine Institutsgarantie darstellt[75] und früher als Garantie des Instituts „Freie Presse“ bezeichnet wurde.[76]

70 Vgl. Bethge, in: Sachs, GG, Art. 5 Rdnr. 68.

71 Degenhart, BK, Art. 5 Abs. 1 und 2 Rdnr. 296 ff.

72 Vgl. Bethge, in: Sachs, GG, Art. 5 Rdnr. 68; etwas restriktiver Jarass, in: Jarass/Pieroth, GG, Art. 5 Rdnr. 20.

73 Vgl. BVerfG, Beschl. v. 6.10.1959, E 10, 118 (121).

74 Jarass, in: Jarass/Pieroth, GG, Art. 5 Rdnr. 23.

75 Vgl. BVerfG, Beschl. v. 25.1.1984, E 66, 116 (135), BVerfG, Beschl. v. 6.6.1989, E 80, 124 (133).

76 Vgl. Jarass, in: Jarass/Pieroth, GG, Art. 5 Rdnr. 18.

Für den vorliegenden Untersuchungsgegenstand ist in diesem Zusammenhang beachtlich und genügt es an dieser Stelle auch, daß es nicht ausgeschlossen ist, daß die elektromagnetische Verbreitung von Informationen annexweise unter den Schutz der Pressefreiheit fällt, soweit sie der Presse funktionell oder strukturell entspricht oder nahesteht.[77] Deutlich wird dies, wenn man sich dazu ein konkretes Beispiel vor Augen führt. Bei bisher unproblematisch dem Presserecht unterfallenden Erzeugnissen (Tages- oder Wochenzeitungen) kann man sich durchaus fragen, ob dieser Sachverhalt als sogenanntes „Electronic Publishing", dem Abrufen der Zeitungen, ob vollständig oder in Auszügen, gegenüber der gedruckten Fassung – falls existierend - unverändert oder umgestaltet, von Online-Datenbanken auf PC-Bildschirme, weiter dem Presserecht zuzuordnen ist. Auch bei den sogenannten Teletexten (Videotext, Bildschirmtext und Kabeltext)[78] scheint es nicht abwegig, daß diese wegen ihrer gewissen Affinität zu den herkömmlichen Presseerzeugnissen dem Pressebegriff zugeordnet werden müssen, da auch sie wie Ton- und Bewegtbildsendungen durch Verteil- Zugriffs- und Abruftechniken verbreitet werden können. Funktionell könnte es sich dabei folglich um Pressesurrogate handeln.
Als Konsequenz ergäbe sich daraus, daß sich möglicherweise die Presserechtsrahmenkompetenz des Bundes gemäß Art. 75 Abs. 1 Nr. 2 GG und nicht die Länderkompetenz für den Rundfunk auf diese Form der Massenkommunikation erstrecken würde.[79] Wie schon der Umfang der Rundfunkfreiheit und der Telekommunikationsfreiheit ist dies wiederum bei den kompetenzrechtlichen Problemen der Neuordnung der Wettbewerbsaufsicht der Medien zu berücksichtigen.

gg) Kompetenzkonflikt zwischen Bund und Ländern im Kommunikationsbereich

Ist damit in Grundzügen geklärt, welche inhaltlichen verfassungsrechtlichen Vorgaben für neue Kommunikationssysteme zu beachten sind, so stellt sich die weitere Frage, wem die Gesetzgebungskompetenz für die Nutzungsinhalte zusteht. Zunächst ist zu differenzieren, bei welchen Regelungsbereichen hinsichtlich des Gesamtkomplexes „Neue Medien" sich ein Kompetenzkonflikt eigentlich entzündet hatte. Unstreitig war im wesentlichen die erweiternde Wahrnehmung der oben schon angesprochenen sogenannten Querschnittskompetenzen des Bundes für Strafrecht, Bürgerliches Recht, Datenschutz, Jugendschutz und

77 Für nicht ausgeschlossen hält dies Scherer, AfP 1996, 213 (217).

78 Vgl. zur Begriffsbestimmung König, Die Teletexte, S. 5, 7.

79 Dafür etwa Gersdorf, Der verfassungsrechtliche Rundfunkbegriff im Lichte der Digitalisierung der Telekommunikation, S. 143 ff., 164 f. m.w.N.; Müller-Using/Lücke, Archiv PT 1995, 32 (40); Bullinger/Mestmäcker, Multimediadienste, S. 62; skeptisch dagegen etwa Schulz, ZUM 1996, 487 (496).

Urheberrecht zur Regelung der entsprechenden Aspekte bei den neuen Diensten. Die nachstehenden Ausführungen beziehen sich demgemäß nicht darauf, erörtert werden soll vielmehr die Frage, ob dem Bund darüberhinaus die verfassungsrechtlich erforderliche originäre Gesetzgebungskompetenz für den Kommunikationsbereich oder jedenfalls eines Teilbereichs davon zustehen kann.

aaa) Art. 73 Nr. 7 GG

Nicht zu bestreiten ist ein besonderes Spannungsverhältnis zwischen der vorerwähnten Gesetzgebungskompetenz der Länder für den Rundfunk aus Art. 30 und 70 GG und der Gesetzgebungshoheit des Bundes für die Telekommunikation aus Art. 73 Nr. 7 GG.

Wendet man sich der Frage nach der Kompetenzverteilung im Rundfunkbereich zu, so stößt man unweigerlich auf das Erste Fernsehurteil des Bundesverfassungsgerichts aus dem Jahr 1961.[80] Im Hinblick darauf, daß Rundfunk das Vorhandensein und den Betrieb entsprechender Fernmeldeeinrichtungen zur Voraussetzung hat, konnte, unter Zugrundelegung der Kompetenzen des Bundes für das Telekommunikationswesen (ehemals: Fernmeldewesen), der weitergehende Schluß auf eine Gesetzgebungskompetenz des Bundes auch für das Rundfunkwesen gezogen werden. In der Entscheidung jedoch hat das Bundesverfassungsgericht die Telekommunikationskompetenz des Bundes gemäß Art. 73 Nr. 7 GG als eine allein auf die technische Seite der Signalübermittlung bezogene Kompetenz angesehen.[81] Danach ist für die Kommunikation in Form des „Rundfunks" die Telekommunikationskompetenz so weit eingeschränkt, daß sie nicht die Befugnis zu inhaltlicher und organisatorischer Regelung, also die „kulturelle" Seite des Rundfunks, umfaßt.[82]

Soweit jedoch von den neuen Kommunikationsformen einzelne den Kriterien der Massenkommunikation, und insbesondere damit des Rundfunkbegriffs, nicht entsprechen, treten sie funktionell an die Stelle oder in die Nähe von elektromagnetischer Individualkommunikation. Demnach könnten sie in der Folge in die Regelungskompetenz des Bundes, primär gemäß Art. 73 Nr. 7 GG, fallen.[83] Vor allem in der Zusammenschau mit dem „Direktrufurteil" des Bundesverfassungsgerichts[84] liege diese Schlußfolgerung nahe. Der Umstand, daß das Bundesverfassungsgericht in diesem Urteil mit großer Selbstverständlichkeit eine „Total"-Kompetenz des Bundes aus Art. 73 Nr. 7 GG angenommen und die Probleme

---

80 BVerfG, Urt. v. 28.2.1961, E 12, 205.

81 BVerfG, Urt. v. 28.2.1961, E 12, 205 (225).

82 BVerfG, Urt. v. 28.2.1961, E 12, 205 (228 f.).

83 Diese Auffassung wird gelegentlich vertreten, vgl. Ferger/Junker, DÖV 1981, 439 (441); auch das Gutachten von Bullinger/Mestmäcker, Multimediadienste, stützt eine Bundeskompetenz für Multimediadienste unter anderem auch auf die ausschließliche Bundeskompetenz für das Recht der Telekommunikation, vgl. S. 142 ff.

84 BVerfG, Urt. v. 12.10.1977, E 46, 120.

der Regelungskompetenz im Rahmen des Fernsehurteils gar nicht erst in Erwägung gezogen hatte, müsse zu diesem Ergebnis führen.[85] Die Argumentation bezogen auf dieses Urteil ist allerdings etwas fragwürdig. In dem 1977 ergangenen Direktrufurteil war die zentrale Frage, über die das Gericht zu befinden hatte, ob die digitale Nachrichtenübertragung unter den Begriff des Fernmeldewesens fällt, nicht hingegen, ob die Fernmeldekompetenz auch die Zuständigkeit zur Reglementierung von Informationsinhalten umfaßt. Es ging nicht um die grundsätzliche Abgrenzung von Individual- und Massenkommunikation und damit um die entsprechende Abgrenzung der Kompetenzen von Bund und Ländern.

Nicht zu vergessen ist jedoch, daß die Telekommunikationskompetenz seit jeher in der allgemeinen Regelungskompetenz des Bundes stand, was wohl dazu geführt hat, daß auch das Bundesverfassungsgericht im Ersten Fernsehurteil nicht in der Lage war, ein Urteil „ohne argumentative innere Spannungen"[86] zu judizieren. Zum einen sei Rundfunk nach deutscher Tradition eine staatliche Aufgabe, zum anderen wird es aber abgelehnt, aus dieser Tradition seit der Weimarer Reichsverfassung den Schluß auf eine umfassende Regelungskompetenz des Bundes für die gesamte, auch überindividuelle Telekommunikation abzuleiten.[87]

Die Auffassung unterstützend, wonach Art. 73 Nr. 7 GG eine geeignete Kompetenznorm sein könnte, ließe sich auch noch anfügen, daß der Bund lediglich für den Rundfunk - als zentralem Element der politischen und kulturellen Eigenständigkeit der Länder - nach Ansicht des Bundesverfassungsgerichts im wesentlichen auf die technische Seite beschränkt werden sollte.[88] Im Umkehrschluß muß jedoch auch betont werden, daß sich diese Meinung nur dann aufrechterhalten läßt, wenn die betreffenden Kommunikationsverfahren von ihrer inhaltlichen Struktur gesehen vornehmlich als Fernmeldedienste im Sinne des Art. 73 Nr. 7 GG aufzufassen sind, ansonsten müßte gemäß der Grundregel der Art. 30 und 70 GG die Länderzuständigkeit angenommen werden.[89]

Art. 70 GG räumt den Ländern aber keine allgemeine Medienkompetenz ein, die sie auch dann ins Feld führen könnten, wenn es sich nicht um Rundfunk handelt. Nur wenn man davon sprechen könnte, daß die Informations- und Kommunikationsdienste überwiegend ein kulturelles Phänomen seien, ergibt sich eine Landeskompetenz mangels Bundeskompetenz aus Art. 70 GG. Im Rundfunk ist die Information durch den Anbieter überindividuell konzipiert, so daß die individu-

---

85 Ferger/Junker, DÖV 1981, 439 (440).

86 Diese Formulierung verwenden Bullinger/Mestmäcker, Multimediadienste, S. 146.

87 Vgl. BVerfG, Urt. v. 28.2.1961, E 12, 205 (243 f.): „Die Veranstaltung von Rundfunksendungen ist nach der deutschen Rechtsentwicklung eine öffentliche Aufgabe. Wenn sich der Staat mit dieser Aufgabe in irgendeiner Form befaßt, wird sie zu einer staatlichen Aufgabe. (...) Die Veranstaltung von Rundfunksendungen gehört in Deutschland seit 1926 herkömmlich zu den Aufgaben der öffentlichen Verwaltung".

88 BVerfG, Urt. v. 28.2.1961, E 12, 205 (225 ff.).

89 In diesem Sinne dann auch Ferger/Junker, DÖV 1981, 439 (440).

elle Entscheidung zur Wahrnehmung der generell bestehenden Zugangsmöglichkeit jeweils zum gleichen Informationserlebnis führt.
Schließlich wird nur die massenkommunikative Vermittlung von Informationen und Meinungen unter Nutzung elektromagnetischer Schwingungen vom Rundfunkbegriff erfaßt,[90] die Einwirkungsmöglichkeit des Adressaten darf sich somit lediglich auf die Entscheidung über das „Ob" und „Wann" des Informationskonsums beschränken. Betrachtet man die heute schon bekannten Informations- und Kommunikationsdienste vor diesem Hintergrund genauer, wird plausibel, daß in diesem Bereich von Rundfunk nur ausnahmsweise gesprochen werden kann. So kann stark bezweifelt werden, ob bei den neuen Abrufdiensten im Audio- und Videobereich, bei denen der Teilnehmer eine gewünschte Sendung über eine Datenleitung aus einem Datenspeicher abruft, in dem Maße, wie der Abruf interaktiv ausgestaltet ist, eine Verbreitung von Sendungen gleichen Inhalts an die Teilnehmer vorliegt.
Wie gezeigt, ist die ausschließliche Bundeskompetenz für die Telekommunikation grundsätzlich umfassend zu verstehen und nur für den Bereich des Rundfunks im wesentlichen auf ihre technische Seite beschränkt. Nur soweit die Länder in ihrer Kulturkompetenz berührt sind, was nur dann der Fall sein kann, wenn es sich bei der fraglichen Kommunikationsform um einen rundfunkähnlichen Dienst handelt, ist unstreitig die Länderkompetenz gemäß Art. 70 GG eröffnet. Als Kernfrage kristallisiert sich damit die Problematik heraus, ob das Sachgebiet „Medien" grundsätzlich eine überwiegend kulturelle Erscheinung ist. „Kulturelle Erscheinung" heißt dabei auf dem Gebiet der Medien inhaltliche Eignung zum Einfluß auf die Bildung der Meinung der Allgemeinheit über publizistisch relevante Sachverhalte.[91]

bbb) Art. 74 Abs. 1 Nr. 11 GG

Gegen die Annahme, daß es sich bei dem Themenbereich „Medien" um eine überwiegend kulturelle Erscheinung handelt, spricht ebenfalls die Tatsache, daß die Dienste und Angebote der Medienbranche grundsätzlich auch einen kommerziellen und damit wirtschaftlichen Aspekt haben, sofern sie vom Betreiber des Dienstes zumindest auch zur Gewinnerzielung veranstaltet werden. Einschlägig für die Begründung einer Regelungskompetenz des Bundes könnte daher auch Art. 74 Abs. 1 Nr. 11 GG sein, der dem Bund die konkurrierende Gesetzgebung auf dem Gebiet des Rechts der Wirtschaft zuweist. Der Bezug zur ausschließlichen Gesetzgebungskompetenz für die Telekommunikation nach Art. 73 Nr. 7 GG entsteht dabei durch Art. 87 f Abs. 1 und 2 GG, der dem Bundesgesetzgeber die Pflicht auferlegt, eine Grundversorgung mit Telekommuni-

---

90 BVerfG, Urt. v. 28.2.1961, E 12, 205 (225 ff.).
91 Vgl. dazu auch Dörr, ZUM 1996, 617 (625).

kationsleistungen durch privatwirtschaftliche Anbieter zu gewährleisten.[92] Zur Sicherung der Funktionsfähigkeit des ökonomischen Wettbewerbs ist der Bund durch die Gesetzgebungskompetenz des Art. 74 Abs. 1 Nr. 16 GG aufgerufen. Von der verfassungsrechtlichen Zielsetzung her ist der Gesetzgeber somit auch bei der Mißbrauchsabwehr wirtschaftlicher Macht im Medienbereich gefordert.
Zunächst einmal sollte man sich in Erinnerung rufen, daß dieser Ansatz zur Begründung von Gesetzgebungskompetenzen des Bundes im Medienbereich kein grundsätzlich neues Phänomen beschreibt. Ohne Zweifel ergibt sich eine erhebliche wirtschaftliche Bedeutung auch für den Rundfunk im klassischen Sinne. Dieser Doppelcharakter als Kultur- und Wirtschaftsgut hat bereits in der Vergangenheit zu entsprechenden Kompentenzkonflikten zwischen dem Bund und den Ländern geführt. Ein Beispiel dafür ist die alte Diskussion um die Frage, ob und inwieweit der Bund die Rundfunkwerbung regeln dürfe. In den sechziger Jahren wurde damals vom Bund der Standpunkt vertreten, daß der erwerbswirtschaftliche Charakter der betreffenden Werbetätigkeit im Vergleich zum rundfunkrechtlichen Bezug klar im Vordergrund stehe.[93] In der Lehre und später auch in der Rechtsprechung[94] ist dieser Argumentation jedoch mit Vehemenz widersprochen worden. In auffälliger Parallele werden ähnliche Sichtweisen auch in aktuellen Diskussionen vertreten, so etwa bei der heute fraglichen Kompetenz hinsichtlich der neuen Dienste.
Grundsätzlich wird die Bundeswirtschaftskompetenz gemäß Art. 74 Abs. 1 Nr. 11 GG vom Bundesverfassungsgericht und der herrschenden Lehre sehr weit verstanden.[95] Hierzu gehören alle das wirtschaftliche Leben oder die wirtschaftliche Betätigung regelnden Normen auch für einzelne Wirtschaftszweige, zum Beispiel für wirtschaftliche Betätigungen mit Hilfe der Telekommunikation.[96] Dabei ist auch der Begriff des „Gewerbes" umfassend zu verstehen.[97] Die grundsätzliche Vermutung für die Landesgesetzgebungskompetenz ist bei Kommunikationsdiensten zu kommerziellen Zwecken entsprechend schwach ausgeprägt.[98]

---

92 Siehe dazu auch Seite 17; vgl. ferner Bullinger/Mestmäcker, Multimediadienste, S. 157.

93 Siehe zu dem Ganzen ausführlich Gabriel-Bräutigam, Rundfunkkompetenz und Rundfunkfreiheit, S. 128 ff.

94 Vgl. dazu Bethge, Landesrundfunkordnung und Bundeskartellrecht, S. 22, m.w.N.; Gabriel-Bräutigam, Rundfunkkompetenz und Rundfunkfreiheit, S. 131, m.w.N.; jetzt auch BVerfG, Urt. v. 22.2.1994, E 90, 60 (105): „Die Gesetzgebungskompetenz für den Rundfunk liegt gemäß Art. 70 Abs. 1 GG bei den Ländern. Sie schließt die Kompetenz zur Regelung der Rundfunkfinanzierung ein".

95 BVerfG, Beschl. v. 15.12.1970, E 29, 402 (409); BVerfG, Beschl. v. 24.2.1976, E 41, 344 (352); Maunz, in: Maunz/Dürig, GG, Art. 74 Rdnr. 44 und 130.

96 Degenhart, in: Sachs, GG, Art. 74 Rdnr. 41 f.

97 Maunz, in: Maunz/Dürig, GG, Art. 74 Rdnr. 140.

98 Maunz, in: Maunz/Dürig, GG, Art. 74 Rdnr. 44.

Diesen Prämissen folgend drängt sich die Frage auf, ob nicht die Entwicklung der insbesondere privaten Rundfunkveranstalter zu Dienstleistungsunternehmen mit primär wirtschaftlicher Zielsetzung dazu führen muß, zumindest auch Art. 74 Abs. 1 Nr. 11 GG stärker in die Erwägungen über die Begründung einer Kompetenz des Bundes zur Regelung einzelner Aspekte des Rundfunkwesens einzubeziehen. Denn Tatsache ist, daß in Zukunft bei der Veranstaltung von Rundfunk in Deutschland neben der kulturellen Seite und der Seite des Rundfunks als einem wichtigen Instrument zur politischen Meinungsbildung immer stärker ein wirtschaftlicher Aspekt in den Vordergrund tritt.[99] Dieser Entwicklung bezüglich der verfassungsrechtlichen Gesetzgebungskompetenzen für die neuen Medien haben sich auch die Länder als Voraussetzung für die Grundsatzeinigung letztlich nicht verweigert und damit eine originäre Regelungskompetenz des Bundes für einen Teil der Kommunikationsdienste aus dem Recht der Wirtschaft im Grunde nach anerkannt.[100]

ccc) Kompetenz für die Rechtsverhältnisse der Presse aus Art. 75 Abs. 1 Nr. 2 GG

Daneben könnte in bestimmten Fällen als weiterer Ansatzpunkt für eine entsprechende Regelungskompetenz des Bundes Art. 75 Abs. 1 Nr. 2 GG in Frage kommen. Er sieht eine Gesetzgebungskompetenz des Bundes bezüglich der allgemeinen Rechtsverhältnisse der Presse vor. Daß bestimmte Sachverhalte mindestens möglicherweise auch dem Presserecht unterfallen könnten, wurde weiter oben schon erläutert. Es liegt auf der Hand, daß, wenn sich die materielle Verfassungsgarantie der Pressefreiheit auf die technisch modernisierte Form der elektronischen Presse erstrecken kann, dies auch für die korrespondierende Gesetzgebungskompetenz nach Art. 75 Abs. 1 Nr. 2 GG gelten kann.[101]
Der Grundgesetzgeber hat auf diesem Gebiet dem Bund jedoch lediglich eine Rahmenkompetenz zugewiesen. Das bedeutet, daß das Bundesgesetz in jedem Fall seinen Rahmencharakter deutlich machen muß. Dieser Rahmen muß in der Folge ausfüllungsfähig und auch ausfüllungsbedürftig sein beziehungsweise auf eine solche Auffüllung hin angelegt sein und somit den Ländern über die normale Rahmengesetzgebung hinaus einen breiten Raum für eigene gesetzgeberische Gestaltung lassen.[102] Dabei ist der Bund allerdings nicht auf den Erlaß von Richtlinien beschränkt, vielmehr kann er auch Normen erlassen, die für jeder-

99 In diesem Sinne auch Bullinger, ZUM 1996, 749 (752) und Ricker/Schiwy, Rundfunkverfassungsrecht, B Rdnr. 222.

100 Siehe die Grundsatzeinigung vom 18.12.1996, abgedruckt bei Engel-Flechsig, ZUM 1996, 231.

101 Gersdorf, Hubertus, Der verfassungsrechtliche Rundfunkbegriff im Lichte der Digitalisierung der Telekommunikation, S. 165 f.

102 BVerfG, Urt. v. 1.12.1954, E 4, 115 (129).

mann unmittelbar verbindlich sind, sofern sie nur Regelungsspielraum für die Länder übrig lassen.[103]
Ferner muß nach dem durch die letzte Verfassungsreform 1994[104] verschärften Art. 72 Abs. 2 GG eine bundesgesetzliche Regelung „erforderlich" sein. Dies ergibt sich aus den Verweisungen in Art. 75 Abs. 1 S. 1 GG auf Art. 72 GG im allgemeinen und in Art. 75 Abs. 1 S. 2 GG auf Art. 72 Abs. 3 GG im besonderen. Es besteht folglich eine enge Bindung zwischen den beiden Artikeln. An der „Erforderlichkeit" kann es beispielsweise fehlen, wenn die Länder von sich aus zu einer hinreichend einheitlichen Regelung finden, die auch dem Regelungsanliegen des Bundes Rechnung trägt.[105]
Art. 75 Abs. 1 Nr. 2 GG ist eine der wenigen Kompetenzbestimmungen in den Katalogen der Art. 73 ff. GG, die der Bund im wesentlichen nicht ausgeschöpft hat.[106] Ein Presserechtsrahmengesetz ist nicht erlassen worden, so daß die Länder insoweit von einer Vorgabe des Bundes befreit sind. Im übrigen kann man an dieser Stelle noch anmerken, daß der Bund zwar ein Bundesfilmförderungsgesetz[107] erlassen hat, wobei für den Film bis zu seiner Streichung im Jahr 1994[108] auch die Rahmengesetzgebungskompetenz in Art. 75 Abs. 1 Nr. 2 GG festgelegt war, bemerkenswerterweise die Kompetenz damals aber aus Art. 74 Abs. 1 Nr. 11 GG geschöpft wurde und nicht aus Art. 75 Abs. 1 Nr. 2 GG. Dies muß als Hinweis darauf verstanden werden, daß im Medienbereich bestimmte Sachverhalte vom wirtschaftlichen Aspekt dominiert werden, obwohl unzweifelhaft auch ein „kultureller Anteil" vorhanden ist.[109]
Mit dem Staatsvertrag über die Mediendienste[110] haben die Länder eine Regelung getroffen, die prinzipiell dazu geeignet ist, auch die elektronische Presse zu erfassen.[111] Dies ist den Ländern grundsätzlich auch gestattet. Sie sind jedoch dazu angehalten, die bundesverfassungsrechtlich gewährleistete Pressefreiheit zu beachten und soweit noch keine Rahmengesetzgebungsvorschriften des Bundes bestehen, müssen sie jederzeit mit einer zulässigen bundesgesetzlichen Rahmenregelung rechnen und ihr nach Art. 31 GG weichen.

---

103 BVerfG, Urt. v. 1.12.1954, E 4, 115 (130).
104 Vgl. 42. Gesetz zur Änderung des Grundgesetzes v. 27.10.1994 (BGBl. 1994 I, S. 3146).
105 Vgl. Stettner, in: Dreier (Hrsg.), Grundgesetz-Kommentar, Bd. 2, Art. 72 Rdnr. 18.
106 Maunz, in: Maunz/Dürig, GG, Art. 75 Rdnr. 97.
107 BGBl. 1967 I, S. 1352; BGBl. 1986 I, S. 2046; BGBl. 1992 I, S. 2135.
108 BGBl. 1994 I, S. 3146 f.
109 Die Filmförderung unterfällt weiterhin dem Recht der Wirtschaft im Sinne von Art. 74 Abs. 1 Nr. 11 GG, vgl. dazu auch Maunz, in: Maunz/Dürig, GG, Art. 74 Rdnr. 135 und Art. 75 Rdnr. 114.
110 Staatsvertrag über Mediendienste (MDStV), abgedr. z.B. in: BayGVBl. 1997, 225; in MP Dok. I/1997, 17 ff.; abrufbar im Internet unter http://www.iid.de/iukdg/gesetz/mdstv.html.
111 Zum Anwendungsbereich eingehender siehe weiter unten auf Seite 144.

ddd) Zwischenergebnis

Eine klare Abgrenzung der Kompetenzen zwischen Bund und Ländern ist somit auch nicht für den Teil der Kommunikation möglich, der den Neuen Medien zugerechnet werden kann. Es müßte für jede einzelne Kommunikationsdienstleistung festgestellt werden, ob bei ihr der kulturelle oder wirtschaftliche Anteil „überwiegt". Zu berücksichtigen wäre weiter, ob es sich um Massen- oder Individualkommunikation im einzelnen handelt. Für die Aufteilung der Kompetenzen hinsichtlich der neuen Dienste gilt jedoch insgesamt nichts anderes als für die Abgrenzung der Zuständigkeiten beim Rundfunk.

b) Die Kollision von Rundfunkrecht und Wettbewerbsrecht

Das Bundesverfassungsgericht hat wiederholt darauf hingewiesen, daß die Aufgabe der Rundfunkfreiheit, der Erhalt und der Sicherung derselben, eine „positive Ordnung" erfordere.[112] Es seien materielle, organisatorische und prozedurale Regelungen notwendig, die gewährleisten, daß die Vielfalt der Themen und Meinungen, die auch in der Gesellschaft insgesamt eine Rolle spielten, im Programm aufgenommen und wiedergegeben würden. Gleichzeitig solle sichergestellt werden, daß der Rundfunk weder dem Staat noch einzelnen gesellschaftlichen Gruppen ausgeliefert werde. Wie der Gesetzgeber seine Aufgabe erfüllen wolle, sei in den von der Garantie gezogenen Grenzen von ihm selbst zu bestimmen.[113]

Dem Gesetzgeber obliegt zunächst die Entscheidung über die Grundlinien der Rundfunkordnung. Er hat dafür Sorge zu tragen, daß das Gesamtangebot der inländischen Programme der bestehenden Meinungsvielfalt im wesentlichen entspricht und daß die in Betracht kommenden Kräfte zu Wort kommen können.[114] Dies kann nur gewährleistet werden, wenn ein in hohem Maße ungleichgewichtiger Einfluß einzelner Veranstalter oder Programme auf die Bildung der öffentlichen Meinung ausgeschlossen wird. In diesem Zusammenhang prägte das Bundesverfassungsgericht den Terminus von der „Verhinderung vorherrschender Meinungsmacht".[115]

Zur Erfüllung der bundesverfassungsgerichtlichen Aufgabe der Sicherung der Meinungsvielfalt sind dem Gesetzgeber zwei Organisationsmodelle zur Wahl gestellt. Ihm ist es dabei überlassen, ob er sich für eine binnen- oder eine außen-

---

112 BVerfG, Urt. v. 16.6.1981, E 57, 295 (319 f.); BVerfG, Beschl. v. 24.3.1987, E 74, 118 (153); BVerfG, Urt. v. 5.2.1991, E 83, 238 (315).

113 BVerfG, Urt. v. 5.2.1991, E 83, 238 (315).

114 Vgl. BVerfG, Urt. v. 4.11.1986, E 73, 118 (153); BVerfG, Urt. v. 16.6.1981, E 57, 295 (320 f.).

115 Vgl. BVerfG, Urt. v. 4.11.1986, E 73, 118 (160, 172).

pluralistische Organisationsstruktur entscheidet.[116] Von den öffentlich-rechtlichen Rundfunkanstalten war das Modell binnenpluralistischer Organisation bereits bekannt.[117] Es besagt, daß jedes einzelne Voll- oder Spartenprogramm in sich ausgewogen sein muß. Nach dem außenpluralen Organisationsmodell vergrößert sich durch Zulassung verschiedener, auch privater Rundfunkveranstalter das Programmangebot.[118] Dies würde bedeuten, daß nicht notwendig jedes Einzelprogramm in sich ausgewogen ist, dafür jedoch alle Programme in ihrer Gesamtheit.[119]

Für den privaten Rundfunk ist weder das binnenplurale noch das außenplurale Modell in einem Bundesland oder im Rundfunkstaatsvertrag für den bundesweiten Rundfunk in reiner Form verwirklicht. Üblicherweise hat sich der Gesetzgeber für ein Wechselmodell entschieden,[120] das zunächst von dem einzelnen Veranstalter den beschriebenen Binnenpluralismus verlangt und ab einer bestimmten Anzahl von zugelassenen Veranstaltern zu einem Außenpluralismus übergeht.[121]

In diesem Zusammenhang stellt sich nach allem die Frage, ob auch die neuen Kommunikationsdienste einer Kontrolle hinsichtlich der Sicherung der Meinungsvielfalt unterliegen müssen. Eine staatliche Vielfaltssicherung kommt hier jedenfalls soweit in Betracht, als die fraglichen Dienste dem Rundfunkbegriff zuzurechnen sind. Bekanntlich ist der Rundfunkbegriff im Sinne des Art. 5 Abs. 1 GG nicht statisch zu interpretieren,[122] so daß die Einordnung wenigstens eines Teils der neuen Formen der Kommunikation, etwa der Mediendienste, unter den Rundfunkbegriff gerechtfertigt erscheint. Ist dies der Fall, so behält auch in diesem Bereich das Grundanliegen des Bundesverfassungsgerichts, der Vielfalt der bestehenden Meinungen in möglichster Breite und Vollständigkeit Ausdruck zu verleihen, seine Gültigkeit. Zuzugeben ist indes, daß bei diesen neuen Diensten die Gefahren für die Meinungsvielfalt ungleich geringer sind. Evident ist denn auch, daß der Teilnehmer etwa beim elektromagnetischen Abruf oder Zugriff auf Filme, einzelne Zeitungsseiten oder andere Texte nicht in ein zeitlich ablau-

---

116 Generell zur Unterscheidung von Binnen- und Außenpluralismus vgl. Hartstein/Ring/Kreile/Dörr/Stettner, Rundfunkstaatsvertrag, § 20 Rdnr. 6 ff.

117 Ausführlich zum Binnenpluralismus vgl. Schuster, Meinungsvielfalt in der dualen Rundfunkordnung, S. 141 ff.

118 Eingehender zur Notwendigkeit und den Inhalten einer gesetzlichen Regelung in Form des außenpluralistischen Modells von Rundfunkveranstaltungen in privatrechtlicher Ausgestaltung bei Stender, „Staatsferne" und „Gruppenferne" in einem außenpluralistisch organisierten privaten Rundfunksystem, S. 1 ff.

119 Vgl. Hartstein/Ring/Kreile/Dörr/Stettner, Rundfunkstaatsvertrag, § 20 Rdnr. 7.

120 Das Bundesverfassungsgericht hat diese Mischform zwischen den beiden Modellen ausdrücklich als mit Art. 5 Abs. 1 GG vereinbar erklärt. Vgl. BVerfG, Urt. 5.2.1991, E 83, 238 (239).

121 Vgl. dazu Ricker/Schiwy, Rundfunkverfassungsrecht, C Rdnr. 48 ff.

122 Siehe dazu eingehender Seite 14.

fendes Gesamtprogramm eingebunden wird, massenmediale Effekte also nur sehr begrenzt hervorgerufen werden.[123]
Soweit es bei den Diensten an rundfunkmäßiger Meinungsmacht fehlt, besteht für den klassischen Rundfunkauftrag noch weniger Entwicklungsraum. Bei diesen Formen dürften sich insoweit keine Ausgestaltungserfordernisse ergeben.[124]

c) Gesetzgebungskompetenzen zur Verhinderung multimedialer Meinungsmacht

Rundfunkrecht unterliegt gemäß Art. 30 und 70 GG als Gesetzgebungsmaterie dem Zuständigkeitsbereich der Länder. Dies ergab die bisherige Prüfung und ist auch seit dem Ersten Fernsehurteil[125] unbestritten. Als auch kulturelles Phänomen ist der Rundfunk Teil der Kultushoheit der Länder. Die Regelungskompetenz umfaßt alle Tätigkeiten, die mit der Veranstaltung und Verbreitung von Rundfunk im Zusammenhang stehen. Die Kompetenz erfaßt daher grundsätzlich auch die der Rundfunkveranstaltung vor- und nachgelagerten Stufen wirtschaftlichen Handelns. Darunter fällt gleichermaßen die Befugnis, die notwendigen Maßnahmen zur Verhinderung freiheitsgefährdender publizistischer Konzentrationen, d. h. einer Konzentration von Meinungsmacht, im Bereich des Rundfunks zu treffen.[126] Unter Umständen kann deshalb ebenso an wirtschaftliche Tatbestände angeknüpft werden, ohne an kompetenzrechtliche Grenzen zu stoßen.[127]
Nach Art. 70 Abs. 1 und Art. 74 Abs. 1 Nr. 11, 16 GG hat allerdings der Bundesgesetzgeber zur Sicherung der Funktionsfähigkeit des ökonomischen Wettbewerbs das Gesetz gegen Wettbewerbsbeschränkungen (GWB) geschaffen. Es fußt insbesondere auf Art. 74 Abs. 1 Nr. 16 GG, der die „Verhütung des Mißbrauchs wirtschaftlicher Machtstellungen" der konkurrierenden Gesetzgebungskompetenz des Bundes zuweist. Der Bund hat von dieser Kompetenzzuweisung damit umfassend Gebrauch gemacht.
Der (Bundes-) Gesetzgeber ist somit von seiner Zielsetzung her auf die Mißbrauchsabwehr wirtschaftlicher Macht beschränkt. Auch wirtschaftliche Tatbestände im Bereich des Rundfunks sind davon grundsätzlich miterfaßt.[128] Unter Berufung auf das Bundesverfassungsgericht wird jedoch allgemein davon ausgegangen, daß es einen publizistischen und ökonomischen Wettbewerb gibt.[129]

---

[123] Vgl. dazu Bullinger, AfP 1996, 1 (7 f.).
[124] Vgl. Degenhart, in: BK, Art. 5 Abs. 1 und 2 Rdnr. 869.
[125] BVerfG, Urt. v. 28.2.1961, E 12, 205 (225 ff.).
[126] BVerfG, Urt. v. 4.11.1986, E 73, 118 (178).
[127] Vgl. Bremer/Esser/Hoffmann, Der Rundfunk in der Verfassungs- und Wirtschaftsordnung in Deutschland, S. 77; Jarass, Kartellrecht und Landesrundfunkrecht, S. 19 f.
[128] Vgl. Engels, ZUM 1996, 44 (46).
[129] BVerfG, Beschl. v. 24.3.1987, E 74, 297 (332, 335); Degenhart, in: BK, Art. 5 Abs. 1 und 2 Rdnr. 874; Hesse, JZ 1988, 499.

Der publizistische Wettbewerb ist dabei dem Rundfunkrecht zuzuordnen, der ökonomische hingegen dem allgemeinen Wirtschaftsrecht, insbesondere dem Kartellrecht. Da auch die Teilnehmer am publizistischen Wettbewerb an demselben nicht effektiv partizipieren können, wenn sie nicht über eine wirtschaftliche Basis verfügen, wird von ihnen in der Regel eine breite ökonomische Grundlage angestrebt, so daß der publizistische Wettbewerb sich notwendigerweise auch auf die wirtschaftliche Ebene erstreckt.[130] Die damit entstehenden Verschränkungen zwischen wirtschaftlichem und publizistischem Wettbewerb führen zu Konkurrenz-, und damit zu Kompetenzproblemen.

Vor diesem Hintergrund ist die Frage zu beantworten, ob und wieweit der Bund die Befugnis hat, mit Hilfe der Vorschriften des Wettbewerbsrechts auf Sachverhalte einzuwirken, für die das Land als Inhaber der Kultus- und Rundfunkhoheit die alleinige Gesetzgebungskompetenz hat. Die Anwendbarkeit und Reichweite des Bundeskartellrechts ist fraglich bei der publizistischen Konzentration im Bereich von Rundfunkunternehmen, deren Tätigkeit sich ansonsten nach Landesrecht richtet.

Bedenkt man, daß der Bundesgesetzgeber die ihm zugewiesene Kompetenz mit dem GWB umfassend ausgeübt hat, könnte man den Schluß ziehen, daß für den Landesgesetzgeber, sofern er die Bekämpfung wirtschaftlicher Machtstellungen beabsichtigt, kein Raum mehr bleibt. Bei sich widersprechenden Regelungen könnte somit der Geltungsvorrang des Bundesrechts gemäß Art. 31 GG gegeben sein.

Die Annahme einer Doppelzuständigkeit führt jedoch zu den oben schon geklärten allgemeinen Kompetenzabgrenzungsschwierigkeiten.[131] Auf der Stufe der Kompetenzqualifikation, ergo der Frage, ob die eine Kompetenz der anderen vorgeht,[132] kommt es damit entscheidend auf die Zielsetzung des gesetzgeberischen Handelns an.[133] Ziel des Kartellrechts ist die Aufrechterhaltung des ökonomischen Wettbewerbs als Ordnungselement der Wirtschaftsordnung durch Bekämpfung von Beschränkungen des Wettbewerbs, die durch die Wettbewerber selbst hervorgerufen werden.[134] Die Regelungsziele des Rundfunkrechts werden durch die oben schon genannten Verfassungsgrundsätze vorgegeben, die vom Bundesverfassungsgericht entwickelt worden sind. Die Sicherung der Meinungsvielfalt im Rundfunk ist damit die wichtigste Vorgabe.[135]

---

130 Vgl. Degenhart, in: BK, Art. 5 Abs. 1 und 2 Rdnr. 874.

131 Vgl. auch Seite 9.

132 Zu den Begriffen der Kompetenzqualifikation und Kompetenzausübung vgl. schon Ossenbühl, Rundfunk zwischen nationalem Verfassungsrecht und europäischem Gemeinschaftsrecht, S. 26 ff.

133 Vgl. Jarass, Kartellrecht und Landesrundfunkrecht, S. 39 f.

134 Emmerich, Kartellrecht, S. 2 ff.; Immenga/Mestmäcker, in: Immenga/Mestmäcker, GWB-Kommentar, Einl. Rdnr. 1.

135 Siehe dazu Seite 27.

Damit wird deutlich, daß das Rundfunkrecht mitsamt seinen Konzentrationsregelungen nicht den ökonomischen, sondern den Meinungsmarkt kontrollieren soll. Es geht weniger um die Verhinderung des Mißbrauchs wirtschaftlicher Macht, als um die Unterbindung der Entstehung von publizistischem Machtpotential. Die Kompetenznorm des Art. 74 Abs. 1 Nr. 11, 16 GG wird folglich insoweit von der Kompetenz der Länder, die am Grundrecht des Art. 5 Abs. 1 S. 2 GG ausgerichtet ist, überlagert, weshalb das GWB dahingehend kompetenzkonform auszulegen ist, als es die fraglichen Regelungsgegenstände nicht erfaßt. Auf dieser Stufe kann man zu Recht von der Ablehnung der Doppelzuständigkeit ausgehen. Ein bestimmtes Gesetz kann nur unter eine Kompetenzmaterie fallen. Ergänzend sei hier nur hinzugefügt, daß damit natürlich nichts über das Spannungsverhältnis von GWB und TKG ausgesagt ist, dessen jeweiliger Anwendungsbereich zu einer gesonderten Problematik führt.[136]

Kommt es gleichwohl auf der Ebene der Kompetenzausübung zu Konflikten, etwa wenn sich ein Bundes- und ein Landesgesetz in ihren praktischen Auswirkungen widersprechen, kommt die Anwendung von Kompetenzausübungsschranken in Betracht.[137] Gedacht wird dabei an den Grundsatz der Bundestreue[138] und teilweise auch den Grundsatz der Verhältnismäßigkeit.[139] Für den Bund ergibt sich daraus, daß er im Falle einer Kompetenzkollision auf die Nutzung seiner Kompetenz verzichten muß, wenn andernfalls das Land in seiner gesetzgeberischen Zuständigkeit betroffen wäre und dem Bund ein Zurückstehen zugemutet werden kann.[140]

136 Vgl. dazu Seite 129.

137 Siehe dazu allgemein schon Seite 9.

138 Vgl. Jarass, Kartellrecht und Landesrundfunkrecht, S. 40 f., 45 ff.; eingehend zum Grundsatz der Bundestreue als Maßstab der Zwischenländerkooperation Schuler-Harms, Rundfunkaufsicht im Bundesstaat, S. 146 ff.

139 Ossenbühl, Rundfunk zwischen nationalem Verfassungsrecht und europäischem Gemeinschaftsrecht, S. 35 ff.; Hoffmann-Riem, Rundfunkrecht und Wirtschaftsrecht – ein Paradigmawechsel in der Rundfunkverfassung?, in: ders. (Hrsg.), Rundfunk im Wettbewerbsrecht, S. 13 (30).

140 Jarass, Kartellrecht und Landesrundfunkrecht, S. 60.

2. Der europarechtliche Rahmen für die gesetzliche Regelung von Kommunikation

a) Einleitung

Neben der Betrachtung der Kompetenzverteilung nach deutschem Recht sind auch die europarechtlichen Aspekte des Medien- und Telekommunikationsrechts zu beachten. Zu Recht wird in jüngster Zeit den medienrechtlichen Aktivitäten der EU bzw. der EG[141] große Beachtung geschenkt. Der tatsächliche Grund für die immer größere Bedeutung des internationalen und europäischen Rechts gerade für diesen Bereich liegt auf der Hand. Die Satellitentechnik hat das bisher streng an den nationalen Grenzen orientierte Rundfunksystem in Europa tiefgreifend verändert. Hinzu kommt eine von der Verbreitung des Computers ermöglichte Beteiligung auch einzelner an den neuen Diensten. Diese Neuerungen werden den Siegeszug der Satellitentechnik und die damit verbundenen Grenzüberschreitungen noch verstärken und zunehmende Schwierigkeiten bei der Abgrenzung von Massenkommunikation und Individualkommunikation mit sich bringen. Indessen hatte auch das Bundesverfassungsgericht bereits im Jahre 1961 erkannt, daß sich „Funkwellen nicht an Ländergrenzen halten"[142] und so schon früh die Weichen für eine globale Medienordnung gestellt. Die Internationalisierung des Medienangebotes und des Medienwettbewerbs erfordert insbesondere im Zuge der europäischen Integration und der Schaffung des Gemeinsamen Marktes in Europa die Anpassung der überlieferten nationalen Rundfunkordnungen an die veränderten Bedingungen der Kommunikation.[143]
Angesichts eines wachsenden Verflechtungsgrades europäischer und internationaler Medienunternehmen und der Erwartung neuer Konzentrationsschübe sowohl im Zuge des weiteren Ausbaus des europäischen Binnenmarktes als auch der mit großer Geschwindigkeit voranschreitenden Digitalisierung der Übertragungswege wird die Europäische Gemeinschaft zu prüfen haben, inwieweit sie auf ihrer Ebene Maßnahmen ergreifen kann und soll, um diese Entwicklung kontrollieren und erforderlichenfalls korrigieren zu können, und ob das Gemeinschaftsrecht geeignete Instrumentarien bereit hält, um derartige die Meinungsvielfalt gefährdende Medienkonzentrationen zu verhindern.[144] Entsprechend ihrem traditionellen Binnenmarktkonzept verfolgt daher die Europäische Gemeinschaft das Ziel, die Herausbildung eines europaweiten Medien- und Kommu-

---

141 Wenn von der EU die Rede ist, wird meist undifferenziert damit die EG gemeint. Es ist jedoch genau zu unterscheiden. Die EU ist nur eine Rechtsebene; daneben stehen die drei Europäischen Gemeinschaften (EG, EGKS, EURATOM) als selbständige juristische Personen. Es geht im folgenden um die Kompetenz der Europäischen Gemeinschaft als eigenständiger Organisation.

142 BVerfG, Urt. v. 28.2.1961, E 12, 205 (225).

143 In diesem Sinne schon Mestmäcker, ZUM 1986, 63 (65, 68).

144 Vgl. Wagner, AfP 1992, 1; Dörr, ZUM 1993, 10 (14).

nikationsmarktes zu unterstützen und zu fördern. In Anbetracht der vielfältigen Aktivitäten der Europäischen Union auf dem Gebiet der Medien hat die Frage, aus welchen Normen des Gemeinschaftsrechts Kompetenzen der Union zur Regelung des Rundfunkwesens herzuleiten sind, an Bedeutung gewonnen.

b) Europäischer Rechtsrahmen für die Informationsgesellschaft

aa) Anwendbarkeit des EG-Vertrages im Rundfunk- und Kommunikationswesen

Der im Oktober 1997 verabschiedete Vertrag von Amsterdam[145] ist nach erfolgreichem Abschluß der Ratifikationsverfahren[146] in den einzelnen Mitgliedstaaten am 1. Mai 1999 in Kraft getreten. Dieser stellt nach der Verabschiedung der Einheitlichen Europäischen Akte 1986 sowie dem Vertrag von Maastricht 1992 die dritte Vertragsrevision des EWG-Vertrags[147] im europäischen Integrationsprozeß dar und spiegelt die im Rahmen der Maastricht-II-Verhandlungen erzielten Ergebnisse wider.

Auch nach dem Inkrafttreten des Amsterdamer Vertrages ist die Europäische Gemeinschaft nicht mit einer – einem souveränen Staat vergleichbaren – unbegrenzten Rechtsetzungsgewalt ausgestattet. Der EG-Vertrag enthält immer noch keinen ausdrücklichen Kompetenzverteilungskatalog, wie ihn etwa das Grundgesetz (Art. 73 ff.) kennt. Dennoch sind bei der Bestimmung der Kompetenzen auf dem Gebiet des Kommunikationswesens in Deutschland aufgrund der Einbindung Deutschlands in die Europäische Gemeinschaft auch die einschlägigen Vorschriften des EG-Rechts beachtlich.

Das Gemeinschaftsrecht beansprucht umfassenden Vorrang vor dem nationalen Recht jeder Rangstufe. Dies ist ständige Rechtsprechung des EuGH seit seiner

---

145 Gemäß den vertraglichen Vorgaben in Art. N, Abs. 2 (alt) des Vertrages über die Europäische Union (EUV) fand 1996/1997 eine Konferenz zur Revision des Unionsvertrages statt. Sie führte am 2.10.1997 zur Unterzeichnung des Vertrages von Amsterdam. Mit ihm sind erhebliche inhaltliche und formelle Änderungen der EU-/EG-Gründungsverträge verbunden. So werden z.B. sämtliche Artikel des EG-Vertrages und des EU-Vertrages neu numeriert. Abgedruckt ist der Vertrag von Amsterdam in ABl. EG Nr. C 340 S. 1 ff, konsolidierte Fassung des Vertrages über die Europäische Union ABl. EG Nr. C 340 S. 145 ff.

146 Zum Ratifikationsverfahren vgl. Koenig/Pechstein, Die EU-Vertragsänderung, in: Europarecht 1998, 130, (147 ff.).

147 Vertrag zur Gründung der Europäischen Wirtschaftsgemeinschaft v. 25.3.1957, BGBl. II, S. 766; jetzt EG-Vertrag, so die neue Bezeichnung des EWG-Vertrages. Der EG-Vertrag (EG) gilt seit Inkrafttreten des Vertrages über die Europäische Union („Vertrag von Maastricht") vom 7.2.1992 (EUV). Dessen Art. G enthält in den Nummern 1 bis 84 die Bestimmungen zur Änderung des EWG-Vertrages. Der EUV ist zusammen mit der geänderten vollständigen Fassung des EG-Vertrages abgedruckt in ABl. EG Nr. C 224/1 ff. v. 31.8.1992.

berühmten Entscheidung Costa/ENEL.[148] Der Vorrang des Gemeinschaftsrechts ist ein Anwendungsvorrang, der nicht zur Nichtigkeit der entgegenstehenden internen Rechtsnorm führen muß. Das Gemeinschaftsrecht verlangt lediglich, daß die zur Entscheidung berufenen Stellen jede - auch verfassungsrechtliche - entgegenstehende Bestimmung aus eigener Entscheidungsbefugnis unangewendet lassen.[149] Zwar ist diese Auffassung nicht unumstritten, wie auch die verfassungsrechtlichen Diskussionen in einzelnen Mitgliedstaaten der EG, insbesondere auch in Deutschland im Zusammenhang mit der „Solange"-Rechtsprechung des Bundesverfassungsgerichts[150] zeigen, jedoch hinsichtlich der Auffassung vom grundsätzlichen Vorrang des Gemeinschaftsrechts vor einzelstaatlichem Recht nur konsequent. Dieser Anwendungsvorrang wird inzwischen von den nationalen Gerichten akzeptiert.[151]

Nach einhelliger und zutreffender Auffassung enthalten die Gemeinschaftsverträge keine generelle Ermächtigung zum Erlaß von Rechtsakten, so daß die Gemeinschaft nur auf der Grundlage einer Kompetenznorm des Vertrages tätig werden darf.[152] Diesen Grundsatz legt nunmehr Art. 5 Abs. 1 EG nieder. Er besagt nicht, daß die Gemeinschaft nur über im einzelnen positiv umschriebene Befugnisse verfügt, er hat jedoch zu Folge, daß die Gemeinschaft keine Allzuständigkeit zur Vornahme von Rechtshandlungen hat. Allgemein wird der in Art. 5 Abs. 1 EG niedergelegte und auch in anderen Vorschriften wie etwa Art. 249 EG zum Ausdruck kommende Grundsatz als Prinzip der begrenzten Einzelermächtigung bezeichnet (die sogenannte „compétance d´attribution).[153] Dieser steht aber nicht der Annahme entgegen, daß es im Gemeinschaftsrecht noch die ausnahmsweise Möglichkeit der Ableitung impliziter Kompetenzen aus einzelnen ausdrücklich zugewiesenen Kompetenzen[154] sowie der Vertragsabrundungskompetenz des Art. 308 EG[155] gibt.

Ohne die komplexe europarechtliche Problematik voll ausloten zu wollen, soll daher auf die Frage eingegangen werden, wie sich eine europäische Medien- und Kommunikationsordnung, so weit sie denn existiert, wegen des Vorrangs des europäischen Rechts vor dem einzelstaatlichem Recht auf die Bestandskraft einer mitgliedstaatlichen Medienordnung auswirkt. Eine vor allem für Deutsch-

---

148 EuGH, Urt. v. 15.7.1964, Rs. 6/64 - Costa/ENEL, Slg. 1964, 1251 (1270).

149 EuGH, Urt. v. 9.3.1978, Rs. 106/77 - Simmenthal II, Slg. 1978, 629 (644).

150 BVerfG, Beschl. v. 29.5.1974, E 37, 271; BVerfG, Beschl. v. 22.10.1986, E 73, 339; Scholz, NJW 1990, 941 ff.

151 Zuleeg, in: von der Groeben/Thiesing/Ehlermann (Hrsg.), Kommentar zum EU-/EG-Vertrag, Art. 1 Rdnr. 24.

152 Schweitzer/Hummer, Europarecht, Rdnr. 335 ff.; Streinz, Europarecht, 3. A., Rdnr. 436 f.; von Bogdandy/Nettesheim, in: Grabitz/Hilf, Kommentar zur Europäischen Union, Art. 3 b Rdnr. 3.

153 Zum Begriff siehe Ipsen, Europäisches Gemeinschaftsrecht, S. 425 ff.

154 Grundlegend zur „implied-powers"-Doktrin siehe Nicolaysen, EuR 1966, 129 ff.

155 Vgl. dazu Oppermann, Europarecht, Rdnr. 437 f.

land nicht einfach zu beantwortende Frage, verfügt es doch über eine besonders ausdifferenzierte Kommunikationsordnung. Entgegengesetzt kann man auch die Frage stellen, ob nicht die europäische Rechtsordnung Regelungen enthält, die eine Art „Medienverfassung“ bilden und damit gegebenenfalls an die Stelle der mitgliedstaatlichen Medienverfassung tritt respektive diese ergänzt.

bb) Die Problematik der europäischen Medienfreiheit

aaa) Die Ausgangslage

Im Gegensatz zu den meisten Verfassungen der Mitgliedstaaten enthält der EG-Vertrag keinen umfangreichen Grundrechtskatalog. Zwar wurde von der juristischen Literatur[156] und sogar vom Europäischen Parlament[157] seit längerem ein solcher angemahnt, mit dem Inkrafttreten des Maastrichter Vertrages über die Europäische Union ist jedoch lediglich mit Art. F Abs. 2 EUV eine Bestimmung eingeführt worden, die erstmals ausdrücklich den Grundrechtsschutz erwähnt. Bemerkenswert ist allerdings die jüngste Entwicklung auf dem Gebiet der europäischen Grundrechte. Auf dem EU-Gipfel in Nizza im Dezember 2000 wurde eine Charta der Grundrechte der Europäischen Union einstimmig angenommen. Der darin enthaltene Grundrechtskatalog ist jedoch unverbindlich und dient lediglich als Ausdruck einer allgemeinen Überzeugung der Mitgliedstaaten.[158]
Es findet sich daher auch kein ausdrücklich normiertes Grundrecht der Rundfunkfreiheit, wie es Art. 5 Abs. 1 S. 2 GG für den Bereich des deutschen Verfassungsrechts trifft. Der EuGH schützt jedoch die Grundrechte als Bestandteil der allgemeinen Rechtsgrundsätze des Gemeinschaftsrechts. Die allgemeinen Rechtsgrundsätze gehören zu den Rechtsquellen des Gemeinschaftsrechts, wie sich aus Art. 288 Abs. 2 EG ergibt. Damit sind sie Teil des Rechts, das der EuGH gemäß Art. 220 EG zu wahren hat.[159]
Als fontes cognoscendi[160] berücksichtigt er dabei die im Wege wertender Rechtsvergleichung zu ermittelnden gemeinsamen Verfassungsüberlieferungen der Mitgliedstaaten sowie die von den Mitgliedstaaten abgeschlossenen völker-

156 für die Ausarbeitung eines solchen Katalogs Langguth, EuZW 1991, 393 f.; Hilf, EuR 1991, 19.

157 vgl. Europäisches Parlament, Erklärung der Grundrechte und Grundfreiheiten, Abl. EG 1989 Nr. C 120/51.

158 Näher dazu sogleich auf Seite 37.

159 Inzwischen erkennt der EuGH in ständiger Rechtsprechung an, daß die Grundrechte zu den allgemeinen Rechtsgrundsätzen gehören, die er zu wahren habe; st. Rspr. seit EuGH, Urt. v. 12.11.1969, Rs. 29/69 - Stauder, Slg. 1969, 419 (425); EuGH, Urt. v. 17.12.1970, Rs. 11/70 – Internationale Handelsgesellschaft, Slg. 1970, 1125 (1135).

160 Dauses, EuZW 1995, 425, 430.

rechtlichen Verträge zum Schutz der Menschenrechte, an erster Stelle die EMRK, wie an Art. 6 Abs. 2 EUV zu erkennen ist.[161]

bbb) Die Bedeutung des Art. 10 EMRK

Insbesondere wirkt sich die Bestimmung des Art. 10 EMRK auf den Medien- und Rundfunkbereich aus. In erster Linie garantiert sie jedem das Recht auf freie Meinungsäußerung. Dieses Recht schließt die Freiheit der Meinung und die Freiheit zum Empfang und zur Mitteilung von Nachrichten oder Ideen ohne Eingriffe öffentlicher Behörden und ohne Rücksicht auf Landesgrenzen ein.[162] Während bei Art. 5 Abs. 1 S. 2 GG das Bundesverfassungsgericht in ständiger Rechtsprechung davon ausgeht, daß die Rundfunkfreiheit als dienende Freiheit zu verstehen sei,[163] wird die Rundfunkfreiheit des Art. 10 Abs. 1 EMRK vom Europäischen Gerichtshof für Menschenrechte, der für die Auslegung der Europäischen Konvention für Menschenrechte zuständig ist,[164] vorrangig als individuelle Rundfunkveranstaltungsfreiheit angesehen.[165] Es besteht jedoch ein Trend dahingehend, auch die europäischen Grundrechte allgemein, entsprechend einem Teil der deutschen Grundrechte, in zunehmendem Maße auch als objektivrechtliche Normen aufzufassen, die es ermöglichen, Individualgrundrechte in pluralistischer Weise auszugestalten.[166] Dies würde bedeuten, daß die Gemeinschaft gewisse Schutzpflichten hinsichtlich des einschlägigen Grundrechts hat. In Erwägung zu ziehen ist daher der Erlaß von Regelungen, die das Grundrecht in objektiv-rechtlicher Weise absichern. Beachtenswürdig ist dabei, daß eine solche Sicht mittlerweile auch ihren Niederschlag in der Rechtsprechung, so-

161 Die Bundesrepublik Deutschland hat die Europäische Menschenrechtskonvention (MRK) mitunterzeichnet (siehe BGBl. 1952 II, S. 686, 953). Die Bezeichnung „Europäische" ist nicht amtlich, aber inzwischen üblich und zur Unterscheidung von anderen Menschenrechtskonventionen - etwa der amerikanischen - durchaus angebracht. Vgl. dazu auch Frowein/Ulsamer, Europäische Menschenrechtskonvention und nationaler Rechtsschutz, S.35 ff.

162 Der Wortlaut von Art. 10 Abs. 1 EMRK lautet: „Jede Person hat das Recht auf freie Meinungsäußerung. Dieses Recht schließt die Freiheit der Meinung und die Freiheit zum Empfang und zur Mitteilung von Nachrichten oder Ideen ohne Eingriffe öffentlicher Behörden und ohne Rücksicht auf Landesgrenzen ein. Dieser Artikel schließt nicht aus, daß die Staaten Rundfunk-, Lichtspiel- oder Fernsehunternehmen einem Genehmigungsverfahren unterwerfen".

163 BVerfG, Urt. v. 5.2.1991, E 83, 238 (315).

164 Holznagel, Rundfunkrecht in Europa, S. 153.

165 Eur. Court H. R., case of Groppera Radio AG and Others, judgment of 28 March 1990, Series A no. 173; auch EuGRZ 1990, 255; vgl. dazu monographisch Astheimer, Rundfunkfreiheit – ein europäisches Grundrecht, S. 136 f.; jüngst dazu Degenhart, K&R 2000, 49 (53 f.).

166 Astheimer/Moosmayer, ZUM 1994, 395 (404); Gersdorf, AöR 1994, 400 (411 ff.); vgl. dazu auch Ricker/Schiwy, Rundfunkverfassungsrecht, H Rdnr. 65.

wohl in derjenigen des Europäischen Gerichtshofs für Menschenrechte[167] als auch in der des EuGH[168] gefunden hat.
Eine Übertragung der im deutschen Verfassungsrecht festzustellenden Überlegungen, aus den Grundrechtsvorschriften des Grundgesetzes Handlungsaufträge des Staates abzuleiten, ist auf das Gemeinschaftsrecht jedoch nicht ohne weiteres möglich. Dies würde die Grundlagen des EG-Vertrages verändern, denn die Umdeutung von Grundrechten oder grundrechtsähnlichen Rechten in Handlungsermächtigungen bedeutete die Durchbrechung des Vertragsprinzips der begrenzten Einzelermächtigung.[169]
Resümierend kann folglich festgehalten werden, daß sich die Gemeinschaft an die Vorgaben der Rundfunkfreiheit des Art. 10 EMRK halten muß, wenn sie eine europäische Medienordnung durch Richtlinien oder Verordnungen entwerfen will. Ansonsten wäre ein Konflikt mit dem EuGH vorprogrammiert.

ccc) Die EU-Charta der Grundrechte

Unmittelbare Auswirkungen für die europäische Gesetzgebung und Rechtsprechung ergeben sich überdies auch nicht daraus, daß am 18.12.2000 im Amtsblatt der EG die neue Charta der Grundrechte der Europäischen Union bekanntgemacht wurde.[170] Bei der Zusammenstellung des neuen Grundrechtekatalogs sind neben den bewährten Grundsätzen auch jene Rechte berücksichtigt worden, die sich aus den gemeinsamen verfassungsmäßigen Überlieferungen der Mitgliedstaaten als allgemeine Grundsätze des Rechts der Union ergeben und die nach der vom EuGH praktizierten Methode abgeleitet werden (z.B. die Solidaritätsrechte der Art. 27 ff. der Charta).[171]
Besonders bemerkenswert ist hinsichtlich des Gegenstandes der vorliegenden Untersuchung, daß in Art. 11 der Charta neben der Freiheit der Meinungsäußerung und Informationsfreiheit (Abs. 1) in dessen Abs. 2 die Achtung der Freiheit der Medien und ihrer Pluralität festgeschrieben ist. Art. 11 der Charta entspricht dabei Art. 10 EMRK und erläutert überdies in Abs. 2 die Auswirkungen der Meinungs- und Informationsfreiheit hinsichtlich der Freiheit der Medien. Art 11 Abs. 2 der Charta stützt sich insbesondere auf die Rechtsprechung des EuGH

---

167 Ansatzweise in Eur. Court H. R., case of Groppera Radio AG and Others, judgment of 28 March 1990, Series A no. 173; abgedruckt auch in EuGRZ 1990, 255.

168 EuGH, Urt. v. 25.7.1991, Rs. C-288/89 – Stichting Collectieve Antennenvoorziening Gouda, Slg. 1991, I-4007 (4043).

169 In diesem Sinne auch Thorn, Fernsehen ohne Grenzen – Plädoyer für eine europäische Rundfunkordnung, in: FS für Deringer, S. 585 (599).

170 ABl. EG Nr. C 364/1 v. 18.12.2000

171 Zur aktuellen Diskussion der EU-Grundrechte-Charta vgl. Alber/Widmaier, EuGRZ 2000, 497 ff; Zuleeg, EuGRZ 2000, 511 ff.; Grigolli, The European Legal Forum 2000/01, 2 ff.

bezüglich des Fernsehens.[172] Dieser jetzt vorgestellte Grundrechtekatalog ist für die Organe der EG jedoch unverbindlich.

cc) Die Einordnung der Medien in das Gefüge des Gemeinschaftsrechts

aaa) Kommunikation als grenzüberschreitende Dienstleistung

Das primäre Gemeinschaftsrecht unterscheidet im Gegensatz zum deutschen Recht nicht zwischen Telekommunikation und Rundfunk beziehungsweise anderen Medien. Da die vorstehenden Begriffe im EG-Vertrag nicht erwähnt sind, stellt sich die grundlegende Frage nach deren gemeinschaftsrechtlicher Einordnung. Um das Ziel eines europäischen Medienmarktes zu erreichen, kommt vorrangig die Verwirklichung des freien Dienstleistungssektors in Betracht. Die Dienstleistungsfreiheit nach Art. 49 EG sieht vor, daß Beschränkungen dieses Verkehrs durch die Mitgliedstaaten aufzuheben sind. Als Dienstleistung ist gemäß Art. 50 EG jede grenzüberschreitende[173] entgeltliche Leistung zu verstehen, soweit sie nicht Waren- oder Kapitalverkehr darstellt respektive unter die Freizügigkeit von Arbeitnehmern zu subsumieren ist. Seit jeher wird zumindest die Veranstaltung und Verbreitung von Rundfunk seitens der EG selbst unter die Art. 49 ff. EG fallend angesehen. So hat der EuGH seit seiner ersten Entscheidung zum Fernsehen 1974[174] in ständiger Rechtsprechung festgestellt, daß Ausstrahlungen von Fernsehsendungen als Dienstleistungen anzusehen sind.[175] Im Fall „Sacchi“ erkannte der EuGH darauf noch ohne nähere Begründung, so wie auch die Kommission sowohl in ihrem Grünbuch „Fernsehen ohne Grenzen“[176] als auch mit der Vorlage des Richtlinienentwurfs zur „Koordinierung bestimmter Rechts- und Verwaltungsvorschriften der Mitgliedstaaten über die Ausübung der Fernsehtätigkeit“[177] ohne nähere Erläuterung davon ausgeht, daß Rundfunksendungen Dienstleistungen im Sinne des (damals) EWG-Vertrages sind. In späteren Entscheidungen begründet der EuGH diesbezüglich aber seine Entscheidungen,[178] so daß mittlerweile kaum noch angezweifelt werden kann, daß

---

172 Wegweisend war in dieser Hinsicht EuGH, Urt. v. 25.7.1991, Rs. C-288/89 – Stichting Collectieve Antennenvoorziening Gouda, Slg. 1991, I-4007; vgl. dazu die Grundrechte-Charta der EU mit Erläuterungen in EuGRZ 2000, 559 (561 f.).

173 EuGH, Urt. v. 18.3.1980, Rs. 52/79 – Debauve, Slg. 1980, 833 (855).

174 EuGH, Urt. v. 30.4.1974, Rs. 155/73 – Sacchi, Slg. 1974, 409 (428 f.).

175 Vgl. EuGH, Urt. v. 18.3.1980, Rs. 52/79 – Debauve, Slg. 1980, 833 (855); EuGH, Urt. v. 26.4.1988, Rs. 352/85 – Kabelregeling/Bond van Adverteerders, Slg. 1988, 2085 (2131).

176 Kommission der Europäischen Gemeinschaften, Fernsehen ohne Grenzen. Grünbuch über die Errichtung des Gemeinsamen Marktes für den Rundfunk, insbesondere über Satellit und Kabel, KOM (84) 300 endg. v. 14.6.1984.

177 ABl. EG Nr. L 298/23 v. 17.10.1989, in der Fassung der Berichtigung gemäß ABl. EG Nr. L 331/51 v. 16.11.1989.

178 EuGH, Urt. v. 26.4.1988, Rs. 352/85 – Kabelregeling/Bond van Adverteerders, Slg. 1988, 2085 (2138 f.).

der Rundfunk Elemente einer Dienstleistung aufweist. Dieser Rechtsprechung des EuGH kommt entscheidende Bedeutung zu. Der Gerichtshof hat gemäß Art. 220 EG die Aufgabe, die Wahrung des Rechts bei der Auslegung und Anwendung des EG-Vertrages zu sichern. Ihm obliegt damit die Jurisdiktionshoheit. Dies bedeutet, daß die Entscheidungen des EuGH, auch wenn in diesen das Europarecht einmal fehlerhaft ausgelegt werden sollte, für die seiner Rechtsprechungsgewalt unterworfenen Mitgliedstaaten verbindlich sind.[179]
Folge davon ist, daß sich Rechtsetzungskompetenzen der Gemeinschaft nach den Art. 55, 47 Abs. 2 EG ergeben. Nicht festgestellt ist damit jedoch, welche Kompetenz im Einzelfall von der Dienstleistungsfreiheit erfaßt wird und ob die Gemeinschaft alle Punkte regeln darf, die den Rundfunk betreffen.

bbb) Der Kulturaspekt der Medienordnung

Auch bei der elektromagnetischen Übermittlung von Informationen anderer Art als im Bereich des Fernsehens handelt es sich gemeinschaftsrechtlich um Dienstleistungen im Sinne der Art. 49 - 55 EG.[180] Multimediadienste stehen technisch und wirtschaftlich zwischen Rundfunk und individueller Telekommunikation. Demnach gelten die für Gewährleistung der Dienstleistungsfreiheit maßgeblichen Grundsätze auch für das Feld der neuen Medien. Gleichzeitig müssen jedoch ihre Besonderheiten berücksichtigt werden.
In der Vergangenheit war umstritten – jedenfalls in der deutschen Literatur, nicht hingegen, wie soeben erwähnt, in der europäischen Rechtsprechung -, ob die Veranstaltung und Verbreitung von Rundfunk nicht insgesamt aus der Dienstleistungsfreiheit herausfällt. Man ging davon aus, daß der Rundfunk vorrangig unter kulturellen und nicht unter wirtschaftlichen Gesichtspunkten zu sehen sei. Den Ordnungsprinzipien der Wirtschaftsgemeinschaft wurden die Besonderheiten des Rundfunks als Kulturgut gegenübergestellt, welches von der Gemeinschaft überhaupt nicht geregelt werden durfte.[181] Mit dem Maastrichter Vertrag hat in Art. 3 EG, der die Tätigkeitsfelder der EG beschreibt, aber keine kompetenzverleihende Norm darstellt, ein neuer Buchstabe q) Eingang gefunden, der „die Entfaltung des Kulturlebens in den Mitgliedstaaten" als neues

---

179 Vgl. dazu eingehend Dörr/Beucher/Eisenbeis/Jost, Die Einflüsse europarechtlicher Entwicklungen auf das Bund-Länder-Verhältnis im Rundfunkwesen, S. 23 ff. m.w.N.

180 Dörr, NJW 1995, 2263 (2265); Tettenborn, EuZW 1997, 462 (463 f.), ders., MMR 1998, 18 (19).

181 Vgl. zu diesem Streit Delbrück, Die Rundfunkhoheit der deutschen Bundesländer im Spannungsfeld zwischen Regelungsanspruch der Europäischen Gemeinschaft und nationalem Verfassungsrecht, S. 26 f.; Mestmäcker, Über den Einfluß von Ökonomie und Technik auf Recht und Organisation der Telekommunikation und der elektronischen Medien, in: ders. (Hrsg.), Kommunikation ohne Monopole II, 1995, S. 162 ff.

Aufgabenfeld benennt.[182] Daneben wurde ein neuer Art. 151 EG unter der Überschrift „Kultur“ eingefügt. Dadurch ist jetzt klargestellt, daß die Gemeinschaft die kulturellen Aspekte mitberücksichtigen darf und sogar muß, allerdings ist damit noch keine endgültige Aussage darüber getroffen, auf welche Kompetenznorm die Gemeinschaft ihr Handeln stützen kann.

dd) Die Kompetenzen der EG auf dem Gebiet des Kommunikationswesens

Nach einer verbreiteten, aber nicht unumstrittenen Auffassung ist der Bund von Verfassungs wegen ermächtigt, Hoheitsrechte auch dann auf supranationale Einrichtungen zu übertragen, wenn er staatsintern nicht Inhaber der entsprechenden Kompetenz ist, die Länder also Regelungen der Europäischen Union hinzunehmen hätten, für die der Bund entsprechende Befugnisse auf die Gemeinschaft übertragen hat.[183] Daher ist es geboten nachzufragen, ob in diesem Fall der Europäischen Gemeinschaft kraft des EG-Vertrages – und nur dieser käme als Rechtsgrundlage in Betracht – eine Befugnis zur Rechtsetzung im Kommunikationsbereich zukommt.

aaa) Das Fehlen einer ausdrücklich normierten Kompetenz

Nach dem Enumerationsprinzip des EG-Vertrages bedürfen alle gemeinschaftsrechtlichen Aktivitäten auch auf dem Gebiet des Medien- und Kommunikationsrechts und mit Wirksamkeit ihm gegenüber bestimmter Handlungsermächtigungen. Ausgangspunkt des Kompetenzproblems bildet die Überlegung, daß es eine ausdrückliche Rundfunk-, Medien- oder Kommunikationskompetenz für die Gemeinschaft, sieht man von den Ansätzen im neuen Art. 151 Abs. 2 EG ab, nicht gibt.[184] Seit jeher ist die Europäische Gemeinschaft eine Organisation mit primär wirtschaftlicher Zielsetzung. Daran hat sich auch nach Maastricht und Amsterdam nichts geändert, so daß im Primärrecht entsprechend vorwiegend „wirtschaftsrechtliche“ Vorschriften enthalten sind. Demgemäß könnte die Gemeinschaft keine Regelungen auf dem „Multimediagebiet“ erlassen.
Einzig auf dem Gebiet der Telekommunikation ist eine Kompetenz der Gemeinschaft weitgehend unbestritten. Die Harmonisierung des Telekommunikationsrechts auf europäischer Ebene hatte im wesentlichen die Liberalisierung dieses Sektors zum Ziel und wurde auf Art. 86 Abs. 3 EG für Richtlinien der Europäischen Kommission und Art. 95 EG für Richtlinien des Europäischen Parlaments und des Rates gestützt. Während Art. 95 EG eine allgemeine binnenmarktbezogene Harmonisierungskompetenz gewährt, weist Art. 86 Abs. 3 EG einen spezi-

---

182 In der konsolidierten Fassung des Vertrages von Amsterdam ist dieser Punkt nunmehr unter Art. 3 q) EG zu finden, vormals war dies Art. 3 p) EG.

183 Pernice, in: Dreier (Hrsg.), Grundgesetz-Kommentar, Bd. 2, Art. 23 Rdnr. 85.

184 Vgl. auch Dörr/Beucher/Eisenbeis/Jost, Die Einflüsse europarechtlicher Entwicklungen auf das Bund-Länder-Verhältnis im Rundfunkwesen, S. 5.

fischen Wettbewerbsbezug auf, begrenzt auf die in Art. 86 Abs. 1 EG genannten öffentlichen und monopolistischen Unternehmen.[185] Der Europäische Gerichtshof hat die Kompetenz der Kommission aus Art. 86 Abs. 3 EG in bezug auf die „Diensterichtlinie" bestätigt.[186]

bbb) Der Umfang der Kulturkompetenz des Art. 151 EG

Die Diskussion der EG-Kompetenzen auf dem Gebiet des Multimediarechts wurde in erster Linie im Bereich des Rundfunkrechts geführt. Sie verlief zwischen den Eckpunkten Rundfunk als Kulturgut und Rundfunk als Wirtschaftsgut, jeweils mit der Folge weitgehender Ablehnung oder Bejahung entsprechender EG-Kompetenzen. Geboten scheint eine Betrachtungsweise, die beide Dimensionen des Rundfunks zugleich berücksichtigt.[187] Dies erscheint umso gerechtfertigter, seitdem in den EG-Vertrag der Art. 151 eingefügt worden ist. Danach ist die Europäische Gemeinschaft nunmehr berechtigt, „einen Beitrag zur Entfaltung der Kulturen der Mitgliedstaaten" zu leisten. Er ist der einzige Artikel im XII. Titel, welcher mit „Kultur" überschrieben ist und im dritten Teil des EG-Vertrages zu finden, welcher wiederum den Politiken der Gemeinschaft gewidmet ist. Damit stellt sich die Frage, ob damit eine Regelungskompetenz der EG für den Medienbereich über die rein wirtschaftlichen Aspekte hinaus auch für dessen kulturelle Komponente geschaffen wurde.
Zunächst ist festzustellen, daß auch im neuen Art. 151 EG expressis verbis weder von Rundfunk noch anderen Medien die Rede ist. Allerdings bezieht die Vorschrift des Art. 151 Abs. 2 EG den audiovisuellen Bereich in die Kulturpolitik mit ein. Der audiovisuelle Bereich ist sicherlich weiter zu verstehen als bloß der Bereich des Rundfunks, er umfaßt grundsätzlich die mediale Verbreitung geistiger Werke.[188] Indessen geht aber aus der Norm deutlich hervor, daß dieser Bereich nur insoweit erfaßt wird, als damit künstlerisches und literarisches Schaffen gemeint ist. Andere Komponenten der Medien, etwa ein reines Spartenprogramm wie die ausschließliche Übertragung von Sport durch das Fernsehen, werden dagegen von Art. 151 Abs. 2 EG nicht umfaßt.[189]

---

185 BeckTKG-Komm/Schuster, § 1 Rdnr. 3; Stögmüller, CR 1998, 733 (734).

186 EuGH, Urt. v. 17.11.1992, Rs. C-271/90, C-281/90 und C-289/90 – Spanien/Kommission, Slg. 1992, I-5833 (5865). Die „Diensterichtlinie" („Richtlinie der Kommission über den Wettbewerb auf dem Markt der Telekommunikationsdienste" RL 90/388/EWG, ABl. EG Nr. L 192/10 v. 24.7.1990) war die Grundlage für die vollständige Deregulierung. Sie wurde durch mehrere Einzelrichtlinien ergänzt und geändert. Vgl. auch Bartosch ZUM 1998, 209 (212)

187 Vgl. Eberle, AfP 1993, 422 (429).

188 Eberle, AfP 1993, 422 (425); ders., Das Fernsehen im Zugriff des europäischen Rechts, in: FS für Thieme, S. 939 (950); Dörr, K&R 1999, 97 (98).

189 In ähnlicher Form auch Eberle, AfP 1993, 422 (425), der als Beispiel einen europäischen Nachrichtenkanal anführt.

Freilich macht der Wortlaut des Art. 151 Abs. 2 EG klar, daß es sich nur um eine eingeschränkte Kompetenznorm handeln kann. Der Gemeinschaft wurden nur in geringem Umfang Kompetenzen übertragen, Art. 151 Abs. 2 EG gestattet ausschließlich die „Unterstützung" und „Ergänzung" mitgliedstaatlicher Tätigkeiten. Damit handelt es sich lediglich um komplementäre Kompetenzen, die den Mitgliedstaaten keine der bisher bestehenden Handlungsmöglichkeiten entzieht.[190] Schließlich wird die Gemeinschaft durch Art. 151 Abs. 5 EG im kulturellen Bereich auf Fördermaßnahmen beschränkt. Unter Fördermaßnahmen sind neben Maßnahmen organisatorischer Hilfestellung in erster Linie solche finanzieller Natur zu verstehen.[191] Dadurch wird zum Ausdruck gebracht, daß die Achtung des „gemeinsamen kulturellen Erbes" Europas und die prinzipielle Zuständigkeit der Mitgliedstaaten für die Kulturpolitik eine Harmonisierung der Rechts- und Verwaltungsvorschriften geradezu ausschließt. Dies heißt jedoch nicht, daß andere Ziele der Gemeinschaft als die Förderung der Kultur nicht aufgrund anderer Artikel des EG-Vertrages angestrebt werden dürfen, und daß solche Maßnahmen sich nicht auf den eben genannten Bereich auswirken dürfen. Das ergibt sich daraus, daß mehrere Kompetenzbereiche einschlägig sein könnten; zum einen die Kulturkompetenz des Art. 151 EG und zum anderen etwa die Dienstleistungskompetenz der Art. 49 ff. EG. Dies entspricht auch der bisherigen Rechtsprechung des Europäischen Gerichtshofes, wonach sich die Verfolgung von der Gemeinschaft gesetzten Zielen auf Bereiche auswirken darf, für die sie als solche nicht zuständig ist.[192]

Die Medien- und Kulturpolitik bleibt somit auch nach Einführung einer Kulturkompetenz zugunsten der Gemeinschaft grundsätzlich Aufgabe der Mitgliedstaaten. Daraus kann man folgern, daß die Gemeinschaft im Medienbereich keine Regelungen erlassen darf, die im Schwerpunkt den kulturellen Sektor der Medien berühren, es sei denn, es handelt sich um Fördermaßnahmen. Aus Art. 151 EG ergibt sich damit keine Kompetenz der Gemeinschaft, die in der Lage wäre, eine Rechtfertigung des Erlasses von Rechtsakten zu ermöglichen, die die Mitgliedstaaten binden, insbesondere nicht von Richtlinien oder gar Verordnungen.[193]

---

190 Schwartz, AfP 1993, 409 (417); Stauffenberg/Langenfeld, ZRP 1992, 252 (254 f.).

191 Bohr/Albert, ZRP 1993, 61 (65); vgl. dazu auch Fischer, in: Lenz, EGV- Kommentar, Art. 151 Rdnr. 10.

192 Vgl. beispielsweise EuGH, Urt. v. 13.7.1983, Rs. 152/82 – Forcheri, Slg. 1983, 2323 (2336); EuGH, Urt. v. 27.9.1988, Rs. 235/87 – Matteucci, Slg. 1988, 5589 (5610).

193 Vgl. hierzu auch Fischer, in: Lenz, EGV-Kommentar, Art. 151 Rdnr. 14.

ccc) Medien im Spannungsfeld zwischen Kommunikation und Dienstleistung

(1) Die Wirtschaftskompetenzen im Rahmen der Dienstleistungsfreiheit

Die bisherigen Ausführungen ergaben, daß dem Rundfunk ohne Zweifel eine gewisse wirtschaftliche Dimension innewohnt und Elemente einer Dienstleistung aufweist.[194] Begründet werden daher Regelungskompetenzen der EG nach den Art. 55, 47 Abs. 2 EG. Fraglich ist im wesentlichen lediglich, wie weit diese Ermächtigungen der Gemeinschaft gehen, denn angesichts der Rechtsprechung des EuGH[195] bestehen Zweifel nur über den Umfang der Geltung der Vorschriften des Gemeinschaftsrechts auf den Medienbereich.[196] Dies gilt sowohl für die Bestimmungen des EG-Vertrages als auch die Bestimmungen des sekundären Gemeinschaftsrechts, die auf eine Liberalisierung des grenzüberschreitenden Wirtschaftsverkehrs zielen und daher durchaus die Medien berühren und erfassen können.

Im Ergebnis ist aus diesem Grunde festzuhalten, daß nur eine vermittelnde Auffassung, also eine weder die Medienkompetenz der Gemeinschaft vollkommen negierende noch befürwortende Ansicht, der vielschichtigen Rechtslage in Bezug auf die Verteilung der Handlungsermächtigungen im Medienbereich zwischen EG und EG-Mitgliedstaaten gerecht werden kann.[197] Dadurch ist gewährleistet, daß insbesondere die wirtschaftlichen Sachverhalte, die der Gemeinschaft durch den EG-Vertrag als ihr eigener Regelungsbereich zugewiesen sind, berücksichtigt werden, daneben wird aber auch sichergestellt, daß der nicht vergemeinschaftete Sachbereich, die „kulturellen“ Aspekte der Medien, den Mitgliedstaaten belassen wird.[198]

---

194 Siehe dazu Seite 38.

195 Siehe dazu die Entscheidungen „Debauve“ und „Sacchi“ v. EuGH; vgl. Fn. 173 und Fn. 174.

196 Siehe dazu Herrmann, EWS 1991, 269 (272).

197 Vertreter einer solchen vermittelnden Auffassung sind z.B. Ricker/Schiwy, Rundfunkverfassungsrecht, H Rdnr. 13; Eberle, AfP 1993, 422 (425); Degenhart, ZUM 1992, 449 (452 f.).

198 Die Befürworter der EG-Kompetenzen bezüglich der Medien, insbesondere des Rundfunks argumentieren, daß kulturelle Leistungen und Dienstleistungen keine Gegensätze seien, sondern Dienstleistungen den Oberbegriff bilde; so z.B. Schwartz, ZUM 1991, 155 (164) und Kewenig, JZ 1990, 458 (464). Dagegen spricht jedoch schon das Prinzip der begrenzten Einzelermächtigung. Unhaltbar ist auch diejenige Auffassung, die jedwede EG-Kompetenz ablehnt. Sie unterbewertet den eminent wirtschaftlichen Charakter des Rundfunks und verkennt die Reichweite der der EG im wirtschaftlichen Sektor eingeräumten Befugnisse, vgl. etwa Delbrück, Die Rundfunkhoheit der deutschen Bundesländer im Spannungsfeld zwischen Regelungsanspruch der Europäischen Gemeinschaft und nationalem Verfassungsrecht, S. 28.

(2) Die Grenzen europäischer Medienpolitik

Nicht einfach zu beantworten ist hingegen die Frage, wie die genannten Komponenten der Medien, die kulturelle und die wirtschaftliche, voneinander zu unterscheiden sind. Dies liegt daran, daß gemeinschaftliche Querschnittskompetenzen beziehungsweise funktionale Zuständigkeiten, um solche handelt es sich bei den Kompetenzen der Gemeinschaft aus Art. 55, 47 Abs. 2 EG, gegenüber mitgliedstaatlichen Sachzuständigkeiten abzugrenzen sind.[199] Beide Zuständigkeiten sind nur schwer miteinander zu vergleichen, was eine Abgrenzung bei Überlappung beziehungsweise Aufeinandertreffen mühevoll macht. Es ist daher umstritten, wie die Kompetenzen zwischen der Gemeinschaft und den Mitgliedstaaten exakt abgesteckt werden müssen.
Die Aufstellung von genauen Regeln für eine der vermittelnden Auffassung gerecht werdenden Kompetenzabgrenzung ist bislang nicht gelungen. In der Literatur werden dabei verschiedene Lösungsansätze diskutiert, ohne jedoch zu einem geglückten Ergebnis zu gelangen.[200] In der Regel wird dabei versucht, auf die Antworten zurückzugreifen, die schon die föderalen Verfassungen für diese Fragestellungen gefunden haben, etwa auf die Theorie vom „Regelungsschwerpunkt", und diese auf das Verhältnis zwischen Gemeinschaft und den Mitgliedstaaten entsprechend zu übertragen.[201]

(a) Das Subsidiaritätsprinzip

Darüberhinaus wird versucht, mit Hilfe des in Art. 5 EG niedergelegten Subsidiaritätsprinzips das Problem der Kompetenzabgrenzung zu bewältigen. Dieses Prinzip besagt, daß die Gemeinschaft (nur) „innerhalb der Grenzen der ihr in diesem Vertrag zugewiesenen Befugnisse und gesetzten Ziele tätig" wird (Art. 5 Abs. 1 EG). Es legt somit das Zuständigkeitssystem der Gemeinschaft fest und begrenzt ihre Zuständigkeit ausdrücklich auf die vertraglich genannten[202], wobei ansonsten die Gemeinschaft nur tätig wird, „ sofern und soweit die Ziele der in Betracht gezogenen Maßnahmen auf Ebene der Mitgliedstaaten nicht ausreichend erreicht werden können und daher wegen ihres Umfangs oder ihrer Wirkungen besser auf Gemeinschaftsebene erreicht werden können" (Art. 5 Abs. 2 EG).

---

199 Siehe dazu auch Klein/Beckmann, DÖV 1990, 179 (187).

200 Vgl. Dörr/Beucher/Eisenbeis/Jost, Die Einflüsse europarechtlicher Entwicklungen auf das Bund-Länder-Verhältnis im Rundfunkwesen, S. 192 f.

201 Vgl. dazu auch oben Seite 9; die unterschiedlichen Lösungsansätze sind zusammengetragen und einer kritischen Würdigung unterzogen bei Ress, Kultur und Europäischer Binnenmarkt, S. 48.

202 Schwartz, AfP 1993, 409 (410)

Der Wortlaut des in dieser Weise formulierten Subsidiaritätsprinzips läßt aber deutlich erkennen, daß dieses, um als Kompetenzqualifikationsregelung[203] den Mitgliedstaaten genügend Schutz zu gewähren, nicht ausreicht. Eine dahingehend präzisere und klarere Formulierung wäre erforderlich.[204] Nach dem Wortlaut muß es trotz des Zusammenspiels von Abs. 2 zu Abs. 1 eher als ein die Kompetenzausübung regelndes Prinzip verstanden werden. Es regelt also allein die Ausübung der der Gemeinschaft durch den Vertrag zugewiesenen konkurrierenden Zuständigkeiten und die Ausübung der Zuständigkeiten der Mitgliedstaaten und damit nicht die Kompetenzverteilung.[205]

(b) Der Grundsatz der Gemeinschaftstreue und das Verhältnismäßigkeitsprinzip

Auch aus dem Grundsatz der Gemeinschaftstreue und aus dem in Art. 5 Abs. 3 EG festgelegten Verhältnismäßigkeitsprinzip lassen sich nicht mehr als Anhaltspunkte für Kompetenzausübungsschranken herleiten. Zwar wird der Grundsatz der Gemeinschaftstreue, der dem Art. 10 EG entnommen wird,[206] von der Rechtsprechung des EuGH in erster Linie als allgemeine Kompetenzvermutung zugunsten der Gemeinschaft verstanden,[207] jedoch muß hier auf der anderen Seite auch eine Treue- und Fürsorgepflicht der Gemeinschaft gegenüber den Mitgliedstaaten folgen, nach dem diese bei ihrer rechtsetzenden und –anwendenden Tätigkeit auf die elementaren nationalen Verfassungsprinzipien Rücksicht zu nehmen hat.[208] Der Verhältnismäßigkeitsgrundsatz besagt hingegen nur, daß bei der Ausübung aller EG-Zuständigkeiten nicht über das zur Erreichung

---

203 Zu diesen Begrifflichkeiten siehe schon Seite 10 und vor allem Jarass, Kartellrecht und Landesrundfunkrecht, S. 39.

204 Vgl. Dörr/Beucher/Eisenbeis/Jost, Die Einflüsse europarechtlicher Entwicklungen auf das Bund-Länder-Verhältnis im Rundfunkwesen, S. 66; kritisch Rupp, ZRP 1993, 211 (212 f).; Konow, DÖV 1993, 405 (407).

205 Siehe nur Huber, Recht der Europäischen Integration, § 10 Rdnr. 24; Koenig/Haratsch, Europarecht, Rdnr. 58; Schwartz, AfP 1993, 409 (411, m.w.N.) und wohl auch Konow, DÖV 1993, 405 (411); a.A. Schmidhuber, DVBl. 1993, 417 (418), für den das Subsidiaritätsprinzip für die Gemeinschaftsebene kompetenzbegründend, für die Mitgliedstaaten und ihre Untergliederungen kompetenzerhaltend wirkt, wobei er differenzierend hinzufügt, daß das Subsidiaritätsprinzip nicht nur für die Entscheidung, ob die Gemeinschaft tätig werden soll, sondern auch wie bzw. in welchem Ausmaß sie gegebenenfalls tätig wird, Aussagen trifft und ihr damit schließlich die Funktion eines Kompetenzausübungskriteriums zuspricht. Er trifft hier eine zwar treffende, aber für die Auflösung des Kompetenzkonfliktes ebenso wenig hilfreiche Definition.

206 Vgl. Bleckmann, DVBl. 1976, 483 ff.

207 Vgl. EuGH, Urt. v. 31.3.1971, Rs. 22/70, Slg. 1971, 263, 275 f.; Urt. v. 12.7.1973, Rs. 2/73 – Riseria Luigi Geddo, Slg. 1973, 865 (878).

208 Siehe dazu Dörr/Beucher/Eisenbeis/Jost, Die Einflüsse europarechtlicher Entwicklungen auf das Bund-Länder-Verhältnis im Rundfunkwesen, S. 58 f.

der Ziele notwendige Maß hinausgegangen werden darf. Das bedeutet insbesondere, daß für nationale Entscheidungen so viel Raum wie möglich gelassen werden soll.[209] Der Verhältnismäßigkeitsgrundsatz taugt deshalb nur sehr bedingt als Kompetenzabgrenzungskriterium.[210]
Daraus ergibt sich, daß eine im Moment halbwegs befriedigende Lösung hinsichtlich der Kompetenzabgrenzungsfrage nur mit Hilfe einer Kopplung der hier angesprochenen Grundsätze zu erreichen ist und stets für den Einzelfall konkret geprüft und beantwortet werden muß. Das heißt, daß die Entscheidung darüber, ob ein bestimmter Sachverhalt auf Gemeinschaftsebene oder auf Ebene des einzelnen Mitgliedstaates zu regeln ist, sich an der Gesamtheit der genannten Grundsätze messen lassen und einer Prüfung anhand ihrer Maßstäbe standhalten muß. In diesem Sinne ist wohl auch das Bundesverfassungsgericht zu verstehen, wenn es in seinem entscheidenden „Maastricht-Urteil" vom 12.10.1993[211] betont, daß auch bei der Mitgliedschaft in einer supranational organisierten zwischenstaatlichen Gemeinschaft eine vom Volk ausgehende Legitimation und Einflußnahme gewährleistet sein muß, und entsprechend dem hieraus folgenden Prinzip der begrenzten Einzelermächtigung vehement die strikte Handhabung des (eng auszulegenden) Subsidiaritätsprinzips und des Verhältnismäßigkeitsgrundsatzes einfordert.[212] Ob diese Lösung auch für die Zukunft weiter tragfähig sein kann, oder ob an dem Kompetenzgefüge zur Verbesserung der Aufsichtsstrukturen im Medienbereich Änderungen vorgenommen werden sollten, kann an dieser Stelle offengelassen werden.

(c) Kompetenzerweiterung über Art. 308 EG?

Aus dem bisher Gesagten ergibt sich, daß es der Gemeinschaft an einer Handlungsermächtigung auf dem Sachgebiet der Medien fehlt. Aus diesem Grunde ergibt sich die Frage, ob für die Gemeinschaft eine Kompetenzerweiterung gemäß Art. 308 EG in Betracht kommt.
Er ermächtigt die EG in dem Fall, daß ein Tätigwerden der EG erforderlich erscheint, einschlägige Vorschriften zu erlassen, um im Rahmen des Gemeinsamen Marktes eines der Ziele der EG zu verwirklichen, und die entsprechenden, hierfür erforderlichen Befugnisse im EG-Vertrag nicht vorgesehen sind. Wie indes der Text des Art. 308 EG deutlich macht, ermächtigt er die Organe aber nicht, der Gemeinschaft neue Ziele zu setzen, oder der Gemeinschaft vom Ver-

---

209 Vgl. Langguth, in: Lenz (Hrsg.), EGV-Kommentar, Art. 5 Rdnr. 30

210 Vgl. zu den Regeln für die Kompetenzabgrenzung auch ausführlich Ricker/Schiwy, Rundfunkverfassungsrecht, H Rdnr. 16 ff.

211 BVerfG, Urt. v. 12.10.1993, E 89, 155.

212 Die Anwendung dieser Prinzipien hat das Bundesverfassungsgericht nunmehr auch im „10. Rundfunkurteil" zur EG-Fernsehrichtlinie spezifisch für den Rundfunkbereich noch einmal bestätigt. Vgl. BVerfG, Urt. v. 22.3.1995, E 92, 203.

trag gesetzte Ziele zu ändern, insbesondere zu erweitern.[213] Man könnte daran denken, die in Art. 3 q) EG genannten Kulturziele in Verbindung mit Art. 2 EG als Ziele im Sinne des Art. 308 EG aufzufassen und somit zu einer Regelungskompetenz der Gemeinschaft im Kulturbereich kommen. Dies würde dann auch den Erlaß von die Mitgliedstaaten verpflichtenden Richtlinien oder Verordnungen umfassen. Dem ist jedoch entgegenzuhalten, daß Art. 3 q) nur einen „Beitrag“ zur Kultur zu leisten erlaubt.[214] Nur ein Beitrag ist also Ziel der Gemeinschaft im Sinne des Art. 308 EG. Damit steht weiter die ursprüngliche wirtschaftliche Zielsetzung des Vertrages im Vordergrund. Möglich sind somit allenfalls Regelungen, die sich zwar auf nicht-wirtschaftliche Aspekte der Medien beziehen, die jedoch für die Verwirklichung des originär wirtschaftlichen Ziels der Verwirklichung des Gemeinsamen Marktes von Bedeutung sind. Art. 308 EG scheidet demzufolge als Sonderermächtigung für die Herstellung einer allgemeinen EU-Medienordnung aus.

ddd) Zwischenergebnis

Grundsätzlich bleibt es somit bei einer Regelungszuständigkeit der Mitgliedstaaten bei der Medien- und Kulturpolitik. Daran konnte auch die Einführung einer Kulturkompetenz zugunsten der Gemeinschaft über Art. 151 EG nichts ändern. Zwar kann die Gemeinschaft geltend machen, daß ihr Wirtschaftskompetenzen zustehen, die auch den kulturellen Bereich der Medien berühren können, jedoch muß sie bei der Ausübung dieser Kompetenzen strenge Kompetenzausübungsschranken wie etwa das Subsidiaritätsprinzip beachten. Eine Kompetenzerweiterung über Art. 308 EG kommt nicht in Betracht.

ee) Kompetenzen der EG zur Verhinderung multimedialer Meinungsmacht

aaa) Die Entfaltung der europäischen Medienkonzentrationskontrolle

Die Medienlandschaft in Europa wird zunehmend von Fusionen und engen Kooperationen der „Großen“ in der Medienwirtschaft geprägt. Daher gewinnt zusehends auch die Perspektive einer europaweiten Pluralismussicherung an Bedeutung. Angesichts dieser verstärkt auftretenden diagonalen und vertikalen Verflechtungen von Medienunternehmen im grenzüberschreitenden Raum überrascht es folglich nicht, daß die Europäische Kommission damit begann, über geeignete medienspezifische Instrumente zur Begrenzung von Konzentrationsprozessen im Medienbereich nachzudenken. Seit 1992 versucht die Kommission nunmehr, die Entwicklung hin zu mehr Konzentration in den Griff zu bekom-

---

213 Schwartz, in: von der Groeben/Thiesing/Ehlermann (Hrsg.), Kommentar zum EU-/EG-Vertrag, Art. 235 Rdnr. 19.

214 Vgl. dazu auch Schwartz, in: von der Groeben/Thiesing/Ehlermann (Hrsg.), Kommentar zum EU-/EG-Vertrag, Art. 235 Rdnr. 22.

men. Eine „Medienkonzentrationsrichtlinie“ konnte bis jetzt von der EU-Kommission noch nicht vorgelegt werden. Bislang gibt es nur ein Grünbuch „Pluralismus und Medienkonzentration“,[215] das 1992 vorgelegt wurde; der Bundesrat hatte jedoch daraufhin 1993 deutlich gemacht, daß er keine Notwendigkeit für eine Regelung der Medienkonzentration durch die EU sieht.[216] Dies bedeutet, daß auf EU-Ebene für den Medienbereich nur die Fusionskontrollverordnung aus dem Jahr 1989 gilt.[217]

Immerhin wurden von der EU-Kommission jedoch Versuche unternommen, der Problematik der europaweiten Medienkonzentration Rechnung zu tragen. Dies geschah nach den zahlreichen Aufforderungen des Europäischen Parlaments an die Kommission seit der Diskussion des Grünbuchs im Jahre 1994. Danach sollte die Kommission aufgefordert werden, über eine Richtlinie die nationalen Regelungen zur Medienkonzentration zu harmonisieren.[218] Es existieren bisher zwei interne Arbeits-Entwürfe der zuständigen Generaldirektion XV der Kommission. Im Herbst 1996 wurde ein erster inoffizieller Entwurf einer Richtlinie vorgelegt, der nach kritischen Stellungnahmen aus dem Kreis der betroffenen Medien zurückgezogen wurde. Daraufhin wurde im März 1997 ein neuer inoffizieller Entwurf einer Richtlinie des Europäischen Parlaments und des Rates zum Medieneigentum im Binnenmarkt präsentiert.[219] Auch dieser Vorschlag stieß wiederum auf Widerstand. Die Proteste, die vor allem auf Seiten der großen Zeitungsverlegerverbände aufkamen,[220] bewegten schließlich die Kommission, die entscheidende Aussprache über den Entwurf der Medienkonzentrationsrichtlinie von der Tagesordnung zu nehmen.[221]

Ziel des Richtlinienvorschlages ist die Vereinheitlichung der mitgliedstaatlichen Regelungen zur Pluralismussicherung. Ob eine solche Harmonisierung überhaupt sinnvoll und erforderlich ist, soll an späterer Stelle der Untersuchung be-

215 Vgl. KOM (92), 480 endg. v. 23.12.1992.

216 Stellungnahme des Bundesrats zum Grünbuch der Kommission über Pluralismus und Medienkompetenz v. 7.5.1993. Vgl. Dörr, NJW 1995, 2263 (2264).

217 Auf die materiellen Vorschriften der einzelnen Akte der EU-Organe und ihre jeweiligen Auswirkungen und Regelungsziele wird weiter unten zurückzukommen sein. Vgl. Seite 58 und Seite 108 ff.

218 Entschließung des Europäischen Parlaments Nr. A 3-0435/93, ABl. EG 1994 Nr. C 44/177; Vgl. Dörr, MP 1996, 87 (89).

219 Zu dessen Inhalt vgl. bei Bohl, Konzentrationskontrolle in den elektronischen Medien, S. 238 f.

220 Der Bund Deutscher Zeitungsverleger (BDZV) und der Europäische Zeitungsverlegerverband (ENPA) faßten ihre Vorbehalte in umfangreichen Stellungnahmen zusammen und gaben sie allen EU-Kommissionsmitgliedern zur Kenntnis. Vgl. N.N., Zeitungsverleger sind gegen EU-Barrieren für Rundfunk-Beteiligung, epd medien Nr. 12 v. 19.2.1997.

221 Vgl. N.N., EU-Kommissare stellen Konzentrationsrichtlinie in Frage, BDZV intern Nr. 10/97 v. 21.3.1997, S. 1.

wertet werden.[222] Es bleibt jedoch die Frage, woraus sich eine Kompetenzgrundlage der EG zur Verhinderung multimedialer Meinungsmacht herleiten läßt. Zu prüfen ist damit in diesem Abschnitt nicht in erster Linie, ob der EG allgemein eine Kompetenz zur Regelung des Medienbereichs zukommt, sondern ob sie ermächtigt ist, unerwünschter Medienkonzentration entgegenzuwirken.
Nachdem im Grünbuch der Kommission „Pluralismus und Medienkonzentration im Binnenmarkt" von 1992 eine Gemeinschaftskompetenz für Aktionen zum Zwecke der Pluralismussicherung noch verneint wurde, da das Ziel der Aufrechterhaltung des Medienpluralismus weder ein Gemeinschaftsziel sei, noch im EG-Vertrag Befugnisse dafür vorgesehen seien,[223] wurde eine dahingehende Kompetenz der Gemeinschaft vom Wirtschafts- und Sozialausschuß der Europäischen Gemeinschaft in dessen Stellungnahme zum Grünbuch weitaus positiver gesehen. Auch er betont, daß die Kompetenzen der EG sich vorrangig auf die Herstellung und das Funktionieren des Binnenmarktes beziehen, darüberhinaus müsse aber auch die Verwirklichung und Sicherung von Grundrechten gewährleistet sein, so daß zur Sicherung der Meinungsfreiheit und Meinungsvielfalt die Grenzen der Medienkonzentration durch eine Gemeinschaftsmaßnahme festgelegt werden sollten.[224] Ansatzpunkt dieser Sichtweise ist offenbar, daß eine Pluralismussicherung auf Gemeinschaftsebene schon als für sich gesehen notwendig erachtet und auch für rechtlich möglich gehalten wird, die Befugnisnormen mithin gleichsam den überschießenden Auftrag der Verwirklichung und Sicherung von Grundrechten beinhalten.[225] Wegen der Gefahren der Medienkonzentration sei eine kompetenzrechtliche Enthaltsamkeit der Gemeinschaft verfehlt.[226] Zu suchen ist daher nach Vorschriften, die eine tragfähige Grundlage für diesen Standpunkt darstellen könnten.
Die Problematik, mit der man bei der Suche nach einer einschlägigen Kompetenznorm konfrontiert wird, ist mit den unterschiedlichen Auffassungen von Kommission und Wirtschafts- und Sozialausschuß mehr als angedeutet. Es ist

---

222 Siehe dazu das 4. Kapitel ab Seite 147 ff.
223 Vgl. KOM (92), 480 endg., S. 57.
224 Stellungnahme des Wirtschafts- und Sozialausschusses zum Grünbuch der Kommission „Pluralismus und Medienkonzentration im Binnenmarkt", ABl. EG 1993 Nr. C 304/17 (20).
225 Vgl. auch Ress/Bröhmer, Europäische Gemeinschaft und Medienvielfalt, S. 26.
226 In diesem Sinne müssen zwangsläufig die vielen Aufforderungen des Europäischen Parlaments an die Kommission zum Erlaß einer entsprechenden Richtlinie zu deuten sein, die das Europäische Parlament trotz der gegenteiligen Auffassung der Kommission, wie sie in deren Grünbuch zum Ausdruck kommt, an jene richtet. Die Frage der Gemeinschaftskompetenzen bzw. deren Grenzen spielen dabei für das Europäische Parlament nur eine untergeordnete Rolle, ihr geht es primär um die Verwirklichung der Sicherung des Pluralismus.

der ökonomische und publizistische Mischcharakter der Medienveranstaltung,[227] der die Konzentrationskontrolle im Medienwesen prägt und sie in zwei unterschiedliche Regelungsbereiche spaltet. Das wettbewerbliche Instrumentarium richtet sich gegen wirtschaftliche Konzentrationsvorgänge, die den ökonomischen Wettbewerb auf den mit der Medienveranstaltung zusammenhängenden Märkten beschränken. Demgegenüber wendet sich die medienspezifische Konzentrationskontrolle gegen die Entstehung vorherrschender Meinungsmarkt in Rundfunk und anderen Medien und dient der Aufrechterhaltung eines pluralistischen Medienwesens.

Die Voraussetzungen der Aufnahme und Ausübung einer Medienveranstaltung werden durch beide Regelungsbereiche bestimmt, die aber jeweils verschiedenen Kompetenzbereichen unterfallen.

bbb) Der Rückgriff auf die Freiheit des Warenverkehrs über Art. 95 Abs. 1 S. 2 EG

Der Vollständigkeit halber soll zunächst auf eine mögliche Kompetenz der Gemeinschaft zur Verhinderung multimedialer Meinungsmacht unter Rückgriff auf die Freiheit des Warenverkehrs über Art. 95 Abs. 1 S. 2 EG eingegangen werden. Anlaß dazu gibt auch der Richtlinienvorschlag der Kommission zum Medieneigentum im Binnenmarkt aus dem Jahr 1997, in den eine Vorschrift eingefügt war, die die Einschränkung der Verteilung von Tageszeitung aus fremden Mitgliedstaaten verbot. Die Kommission sah sich daher genötigt, Art. 95 Abs. 1 S. 2 EG als zusätzliche Rechtsgrundlage anzuführen.

Zuzugeben ist der Kommission, daß hier die Warenverkehrsfreiheit im Bereich der Tageszeitungen tatsächlich betroffen sein könnte. Fraglich bleibt jedoch, wie sich eine konzentrationsrechtliche Vorschrift, die das Eigentum an Tageszeitungen betreffen müßte und nicht nur die Einschränkung deren Verteilung anordnen dürfte, auf die Verbringung von Tageszeitungen über die Grenzen hinweg auswirken könnte. Eine Richtlinie, die nationale Konzentrations- und Zugangsbeschränkungen im Medienbereich harmonisieren soll, wird folglich keine Auswirkungen auf die Freiheit des Warenverkehrs haben, so daß eine Gemeinschaftskompetenz mit Hilfe eines Rückgriffs auf die Warenverkehrsfreiheit über Art. 95 Abs. 1 S. 2 EG mangels Einschlägigkeit ausscheidet.[228]

---

227 Speziell zur Rundfunkveranstaltung als kulturpolitischer und wirtschaftlicher Mischtatbestand siehe Liehr, Die Niederlassungsfreiheit zum Zwecke der Rundfunkveranstaltung und ihre Auswirkungen auf die deutsche Rundfunkordnung, S. 95 ff.

228 *Ress* und *Bröhmer* nehmen sich in ihrem Gutachten zusätzlich noch der Frage an, ob Art. 95 EG eine zulässige Kompetenzgrundlage für eine Verbotsvorschrift sein kann, die rein hypothetische zukünftige Sachverhalte betrifft, verneinen dies im Unterschied zur Kommission und lehnen eine Gemeinschaftskompetenz auch auf diesem Wege ab; siehe Ress/Bröhmer, Europäische Gemeinschaft und Medienvielfalt, S. 27 ff. Mangels

ccc) Der Rückgriff auf die Niederlassungsfreiheit über Art. 47 Abs. 2 EG

Die Kommission stellt in ihrem Grünbuch zur Medienkonzentration fest, daß die unterschiedlichen nationalen Regeln zur Aufrechterhaltung des Medienpluralismus durch Antikonzentrationsbestimmungen ein Hindernis für das Funktionieren des Binnenmarktes darstellten. Diese Regeln führten zu Beschränkungen der Niederlassungsfreiheit von Medienunternehmen, erschwerten die Erbringung von Mediendienstleistungen und verursachten Wettbewerbsbeschränkungen und –verzerrungen.[229] Gemeinschaftsrechtliche Maßnahmen mit dem Ziel der Pluralismussicherung seien aber nicht möglich.[230] Folgt man der Wertung der Kommission und sucht nach einer Regelungskompetenz der EG für eine Medienkonzentrationskontrolle zur Herstellung des Binnenmarktes anstelle mit dem Ziel der Pluralismussicherung, kommt als eine Ermächtigungsgrundlage für eine europäische Konzentrationskontrollregelung Art. 47 Abs. 2 EG in Betracht.

(1) Der Anwendungsbereich der Niederlassungsfreiheit

Art. 47 Abs. 2 EG gilt nach seinem Wortlaut für alle selbständigen, in der Regel gegen Entgelt ausgeübten Tätigkeiten und damit auch für die Tätigkeiten der Medien. Es kommt nicht darauf an, ob die Tätigkeit Waren (wie Zeitungen, Bücher) oder Dienstleistungen (wie Hör- oder Fernsehsendungen) zum Gegenstand hat.

Eine darauf gestützte Maßnahme würde insofern wirken, als sie nicht nur eine zweite, lediglich das Recht der Mitgliedstaaten überlagernde Rechtsordnung schaffen, sondern direkt in einzelstaatliche Rechte eingreifen würde. Harmonisierungsmaßnahmen gelten daher immer für alle Unternehmen eines Wirtschaftszweiges, die Kompetenz zur Regelung der Niederlassungsfreiheit regelt folglich auch Sachverhalte, die nicht grenzüberschreitend wirken.[231] Ergänzend muß hier wohl angefügt werden, daß im Medienbereich eine Abgrenzung von nationalen und grenzüberschreitenden Sachverhalten ohnehin nur schwer vorstellbar ist; jedes Rundfunkprogramm ist im Grunde auch im Ausland zu emp-

---

Betroffenheit der Warenverkehrsfreiheit ist darauf im Rahmen dieser Untersuchung aber nicht einzugehen.

229 Vgl. Grünbuch „Pluralismus und Medienkonzentration im Binnenmarkt", KOM (92), 480 endg., S. 97 f.

230 Die Kommission äußert sich dazu in folgender Weise: „Das einzige Ziel der Aufrechterhaltung des Medienpluralismus an sich stellt weder ein Gemeinschaftsziel dar, noch gehört dies zu den im EWG-Vertrag oder dem Vertrag über die Europäische Union vorgesehenen Befugnissen der Gemeinschaft". Vgl. Grünbuch KOM (92), 480 endg., S. 57.

231 Vgl. Troberg, in: von der Groeben/Thiesing/Ehlermann (Hrsg.), Kommentar zum EU-/EG-Vertrag, Art. 57 Rdnr. 32.

fangen, viele Produkte der Printmedien sind in allen Mitgliedstaaten erhältlich.[232]
Greift man an dieser Stelle auf die Regeln hinsichtlich der Niederlassungsfreiheit zurück, gebietet Art. 14 EG, durch Harmonisierung nationaler Regelungen zu verhindern, daß Medienunternehmen aus einem Mitgliedstaat bei der Niederlassung in einem anderem Mitgliedstaat beeinträchtigt werden. Die Harmonisierung nationaler Vorschriften wird grundsätzlich jedoch immer auch zu einer Vereinfachung der Rechtslage – die natürlich in ihren Einzelheiten weiterhin kompliziert bleiben kann - und damit der Erleichterung der Niederlassung in einem anderen Mitgliedstaat führen; unterschiedliche einzelstaatliche Regelungen fallen weg, die Unternehmen müssen sich nur noch mit dem gemeinschaftlich vorgegebenen Recht auseinandersetzen.[233] Man könnte daher den Schluß ziehen, daß die Gemeinschaft, gestützt auf diese Argumentation, im Bereich der Niederlassungsfreiheit alles regeln kann und darf, was in irgendeiner Weise eine wirtschaftliche Tätigkeit auch außerhalb des eigenen Staates erleichtert.
Diese Konklusion wäre allerdings etwas kurzsichtig und würde mit dem im Gemeinschaftsvertrag festgelegten „Prinzip der begrenzten Einzelermächtigung" kollidieren. Die Harmonisierungskompetenz der Gemeinschaft besagt, daß von den Zuständigkeiten nur in dem Rahmen Gebrauch gemacht werden darf, in dem tatsächlich bestehende Hindernisse abgebaut oder verhindert werden sollen. Art. 47 Abs. 2 EG gibt folglich keine schrankenlose Harmonisierungsbefugnis, sondern nur solche, bei der diese Freiheiten aufgrund eines vom Vertrag oder vom Gerichtshof anerkannten Grundes eingeschränkt werden dürfen. Die Beseitigung der Europa trennenden Schranken, nicht aber die Harmonisierung aller unterschiedlicher Rechtsvorschriften ist das Ziel.[234]

(2) Kompetenzgrenzen

Bei der Suche nach geeigneten materiellen Kriterien für die Abgrenzung der Kompetenzen gerät man in Schwierigkeiten. Eine Möglichkeit bestünde darin, an den Grad der Intensität der Beeinträchtigung des Unternehmens bei dessen Niederlassung anzuknüpfen. Ist es verhältnismäßig leicht, sich auf die Vorschrift des Gastlandes einzustellen, soll keine Regelungskompetenz der Gemeinschaft bestehen, wird das Unternehmen jedoch durch die mitgliedstaatlichen Vorschriften in seiner Tätigkeit unmittelbar und nicht nur unwesentlich behindert,

232 Siehe auch Ress/Bröhmer, Europäische Gemeinschaft und Medienvielfalt, S. 33 f.
233 Vgl. Liehr, Die Niederlassungsfreiheit zum Zwecke der Rundfunkveranstaltung und ihre Auswirkungen auf die deutsche Rechtsordnung, S. 250.
234 Vgl. Taschner, in: von der Groeben/Thiesing/Ehlermann (Hrsg.), Kommentar zum EU-/EG-Vertrag, Art. 100 Rdnr. 16 und 18; Lenz, EuGRZ 1993, 57 (60 f.).

wäre die Harmonisierungsbefugnis der EG eröffnet.[235] Dies würde bei der vorliegenden Konstellation bedeuten, daß die Niederlassung eines Medienunternehmens in einem anderen Mitgliedstaat durch die nationalen Medienkonzentrationsregelungen entweder vollkommen unmöglich bzw. erheblich erschwert sein müßte. Wegen der nicht exakt zu bestimmenden Begrifflichkeiten wird eine Bewertung dabei grundsätzlich von den Umständen des Einzelfalls abhängen.
Nach der von der Kommission im Grünbuch vertretenen Auffassung wird die Niederlassungsfreiheit durch die unterschiedlichen nationalen Konzentrationsregelungen in ausreichendem Maße – also kompetenzbegründend - behindert, dies versucht sie auch durch Beispiele zu veranschaulichen.[236] Schon diesen Umstand allein läßt die Kommission und in ähnlicher Weise zum Teil auch die Literatur[237] ausreichen, um eine Regelungszuständigkeit der Gemeinschaft zu begründen.
Zu geringe Berücksichtigung findet bei dieser Sichtweise jedoch der Sinn und Zweck der Regelung des Art. 47 Abs. 2 EG. Einen ersten Ansatzpunkt für dessen Auslegung liefert schon der Wortlaut der Vorschrift. Sie lautet: „Um die Aufnahme und Ausübung selbständiger Tätigkeiten zu erleichtern" (Wortlaut des Zweckes von Abs. 2, der im Abs. 1 niedergelegt ist), „erläßt der Rat (...) Richtlinien zur Koordinierung der Rechts- und Verwaltungsvorschriften der Mitgliedstaaten über die Aufnahme und Ausübung selbständiger Tätigkeiten". Danach erfaßt die Norm auch die nationalen Vorschriften über den Zugang zum Eigentum an den Medien. Für die Herstellung oder das Funktionieren des Binnenmarktes werden weder einheitliche noch inhaltlich angeglichene Vorschriften gefordert. Der Erwerb und die Nutzung der Medien sollen lediglich erleichtert und vereinfacht werden. Die bloße Divergenz der innerstaatlichen Vorschriften begründet für sich allein somit noch keine Kompetenz für eine europäische Regelung. Zweck der Harmonisierung ist nicht die Vereinheitli-

---

235 Vgl. Troberg, in: von der Groeben/Thiesing/Ehlermann (Hrsg.), Kommentar zum EU-/EG-Vertrag, Art. 57 Rdnr. 33. In der Vorauflage (4. Auflage) wird die Problematik nur wenig ausführlicher, dafür jedoch weit deutlicher und verständlicher dargestellt, vgl. Art. 57 Rdnr. 29.

236 Die Kommission führt etwa die abweichenden Ansätze der Mitgliedstaaten hinsichtlich zulässiger Beteiligungslimits oder der Zahl der kontrollierten Medienunternehmen an. Daneben bewirke das in den Mitgliedstaaten angewendete Verwaltungsverfahren Rechtsunsicherheit, da durch die Einräumung von Ermessensentscheidungsbefugnissen und Ausnahmemöglichkeiten und durch die Verwendung auslegungsbedürftiger Rechtsbegriffe (z.B. Pluralismus) das Verfahren intransparent sei, so daß nationale Anbieter tendenziell im Vorteil seien und grenzüberschreitende Operateure abgeschreckt würden. Vgl. Ress/Bröhmer, Europäische Gemeinschaft und Medienvielfalt, S. 32 f.

237 Siehe Bender, Cross-Media-Ownership, S. 321, der eine Kompetenz der Gemeinschaft insoweit bejaht, als die Beseitigung von Binnenmarkthemmnissen als Regelungsziel gewählt wurde.

chung der in den nationalen Regelungen vorgesehenen Voraussetzungen der Niederlassung, sondern nur die Abschaffung jeder Diskriminierung aus Gründen der Staatsangehörigkeit.[238] Mit anderen Worten besteht eine Harmonisierungskompetenz nur dann, wenn EG-ausländische Medienunternehmen durch nationale Konzentrationsregelungen faktisch diskriminiert werden.
Wie eben schon kurz angedeutet, kann die EG im Rahmen des Art. 47 Abs. 2 EG nur Maßnahmen erlassen, die Hindernisse für die Niederlassungsfreiheit beseitigen. Dies hat der Europäische Gerichtshof jüngst in einem Urteil zu Art. 47 Abs. 2 EG ausdrücklich festgestellt.[239] Ausgeschlossen sind daher Vorschriften, die nicht der Beseitigung von Hindernissen dienen, sondern weitere Klippen für die Unternehmen verursachen. Zwar ist es grundsätzlich nicht ausgeschlossen, daß auch Harmonisierungsmaßnahmen, die in erster Linie das Recht der Mitgliedstaaten aneinander angleichen, der Beseitigung von Hindernissen förderlich sind, doch muß dies nicht notwendig der Fall sein.

(3) Medienkonzentrationsregeln als Niederlassungsbeschränkungen

Überträgt man diese Prämissen auf den vorliegenden Sachverhalt, so muß man feststellen, daß es sich bei den Auswirkungen einer europäischen Medienkonzentrationsregelung jedenfalls erst einmal um das Gegenteil von dem handelt, was Harmonisierungsmaßnahmen anstreben, die eine Vereinfachung des Rechts herbeiführen sollen. Medienkonzentrationsvorschriften schränken ja sämtlich den Erwerb und die Nutzung von Medien ein. Kompetenzprobleme müssen sich daher in der Folge dann ergeben, wenn es bei den vorgesehenen EG-Regelungen ausschließlich um die Angleichung der unterschiedlichen nationalen Konzentrationsvorschriften geht. Bei der Koordinierung von Vorschriften wird es im Ergebnis oft zu geringeren Marktfreiheiten kommen, als dies unter dem gültigen innerstaatlichen Recht der Fall war. Jedenfalls gilt dies für diejenigen Mitgliedstaaten, die eine liberalere Gesetzgebung ihr eigen nennen.[240] Kommt es zu keiner direkten Vereinfachung der Rechtslage in allen Mitgliedstaaten, müßte man eine Regelungskompetenz der EG, die allein auf Art. 47 Abs. 2 EG gestützt ist, folglich verneinen.
Bei der Bejahung einer Kompetenz der Gemeinschaft ist daher Zurückhaltung geboten. Die Wahl der Beseitigung von Binnenmarkthemmnissen als Rege-

---

238 Auf den vorliegenden Sachverhalt übertragbar ist dabei eine Entscheidung des Europäischen Gerichtshofes, der in diesem Sinne bei der Verwirklichung der Niederlassungsfreiheit für selbständige Tätigkeiten auf dem Gebiet der Immobiliengeschäfte entschieden hat. Vgl. EuGH, Urt. v. 28.1.1992, Rs. C-330/90 u. 331/90 - Brea und Palacios, Slg. 1992, I-323 (338).

239 Vgl. EuGH, Urt. v. 13.5.1997, Rs. 233/94 – Deutschland/Parlament und Rat, Slg. 1997, I-2405 (2451).

240 Vgl. auch Ress/Bröhmer, Europäische Gemeinschaft und Medienvielfalt, S. 40.

lungsziel allein kann noch keine Kompetenz begründen.[241] Dies erscheint richtig, auch wenn dem Rat bei der Einschätzung der Auswirkungen der mitgliedstaatlichen Regelungen auf den Binnenmarkt ein weiter Ermessensspielraum zuzugestehen ist.[242] In der harmonisierenden Gemeinschaftsregelung müßte aber deutlich zum Ausdruck kommen, warum ohne Harmonisierung ein Vertrauen auf den Grundsatz der Inländergleichbehandlung nicht ausreichend wäre und daß dem Bürger ansonsten bei der Durchsetzung der Niederlassungsfreiheit Schwierigkeiten bereitet würden.[243] In einem solchen Fall wäre eine Kompetenz aus Art. 47 Abs. 2 EG zur Regelung der Medienkonzentration, die allerdings nur bei ökonomischer Intention greifen würde, gegeben. Auf diese Weise kann auch am nachhaltigsten dem Subsidiaritätsprinzip entsprochen werden, indem eine weitere Einschränkung der Regelungsbefugnis der Mitgliedstaaten vermieden wird.[244]

Nicht bezweifelt werden kann aber wohl, daß durch die Verschiedenheit der Vorschriften Hindernisse für den Binnenmarkt im Bereich der Niederlassungsfreiheit zumindest im Bereich des Möglichen sind. In Betracht kommen dabei etwa Fälle, in denen Unternehmen aus schwach regulierten Ländern mit weniger restriktiven Konzentrationsbestimmungen eine starke Wettbewerbsposition erlangen, die es ihnen gestattet, auch den Markt anderer Länder zu beherrschen. Nicht vollkommen auszuschließen ist ebenso, daß nationale Konzentrationskontrollvorschriften zugunsten nationaler Veranstalter protektionistisch wirken. Daß für eine Kompetenz der Gemeinschaft aus Art. 47 Abs. 2 EG auch eine potentielle Gefahr der Beeinträchtigung ausreichen muß, zeigt überdies ein Vergleich mit der lex generalis des Art. 94 EG, für dessen Einschlägigkeit es der EuGH ausreichen ließ, daß die in den Mitgliedstaaten existierenden Unterschiede in den Rechts- und Verwaltungsvorschriften „das Funktionieren des Gemeinsamen Marktes zu beeinträchtigen geeignet sind".[245] Der überwiegende Teil der Lite-

---

241 So aber Bender, Cross-Media-Ownership, S. 321.

242 Langeheine, in: Grabitz/Hilf, Kommentar zur Europäischen Union, Art. 100 Rdnr. 36. Zentrale Befugnisnorm zur Angleichung von Niederlassungsbedingungen für Medienveranstalter ist zwar Art. 47 Abs. 2 EG, der zur Koordinierung der Rechts- und Verwaltungsvorschriften der Mitgliedstaaten ermächtigt; als speziellere Norm geht Art. 47 Abs. 2 EG in seinem Anwendungsbereich den Art. 94 (ex-Artikel 100) und 95 EG vor, die ebenfalls zur Rechtsangleichung ermächtigen. Die Bewertung des Ermessensspielraums von Kommission und Rat muß jedoch bei der lex generalis und der lex specialis analog erfolgen.

243 In diesem Sinne auch Ress/Bröhmer, Europäische Gemeinschaft und Medienvielfalt, S. 40 f.; insgesamt sprechen sie der Gemeinschaft eine Kompetenz zur Rechtsangleichung in diesem Bereich aber weitgehend ab.

244 Ress/Bröhmer, Europäische Gemeinschaft und Medienvielfalt, S. 40 f.; Eberhartinger, EWS 1997, 43 (46).

245 EuGH, Urt. v. 16.12.1976, Rs. 33/76 – Rewe-Zentralfinanz eG und Rewe-Zentral AG, Slg. 1976, 1989 (1998); vgl. auch Langeheine, in: Grabitz/Hilf, Kommentar zur Europäischen Union, Art. 100 Rdnr. 35.

ratur fordert dafür eine spürbare, potentielle und kausale negative Auswirkung der nationalen Regelung,[246] für die aber meines Erachtens die einer Konzentrationsregelung grundsätzlich immanente Eigenschaft der Beschränkung eines freien Marktes ausreichen soll.[247]

Freilich handelt es sich bei den Behinderungen der Niederlassungsfreiheit bisher um eher potentielle Gefahren für den Binnenmarkt. Da es aber ausreicht, wenn gemeinschaftsrechtliche Maßnahmen eine Erleichterung der Niederlassung zum Ziel haben, ist es der Gemeinschaft in Rückgriff auf die Niederlassungsfreiheit gestattet, maßvolle Maßnahmen zu ergreifen. Zwar lassen sich Vorschriften zum Schutz des Meinungspluralismus nicht als Binnenmarktziel einordnen, so daß keine vornehmlich publizistisch wirkenden Regelungen getroffen werden können. Dagegen müssen aber Vorschriften mit ökonomischer Intention, die der Verwirklichung des Gemeinsamen Marktes dienen, auch gemäßigte Auswirkungen auf den publizistischen Wettbewerb haben dürfen.

ddd) Die Anknüpfung an die Dienstleistungsfreiheit über Art. 55, 47 Abs. 2 EG

Nach dem bisherigen Befund der Untersuchung steht fest, daß der Betrieb von Medien gewisse Elemente einer Dienstleistung aufweist und daher Regelungskompetenzen der EG nach den Art. 55, 47 Abs. 2 EG begründet werden.[248] Damit ergibt sich die Frage, wie groß der Umfang der Kompetenzen der EG auf dem Gebiet des Medienkonzentrationsrechts aus Art. 55 EG ist.

Nach Ansicht der Kommission ist die Freiheit des Dienstleistungsverkehrs und damit das Funktionieren des Binnenmarktes durch die verschiedenen Regelungen der Mitgliedstaaten zur Sicherung der Meinungsvielfalt in erster Linie auf dem Gebiet des Rundfunks bedroht. Dies rührt daher, daß einer Rundfunk-

---

246 Vgl. Kahl, in: Calliess/Ruffert (Hrsg.), EUV/EGV, Art. 94 Rdnr. 9 m.w.N.

247 A. A. sind Ress/Bröhmer, nach denen kein Anlaß und vor allem keine Berechtigung besteht, nur mögliche Niederlassungsbeschränkungen zu bekämpfen. Zwar scheint die Annahme von *Ress* und *Bröhmer*, daß gegenwärtig ein solches Hindernis für das Funktionieren des Binnenmarktes eher potentieller Natur sei, nicht ganz abwegig. In der Tat erscheint mithin sogar die Möglichkeit wahrscheinlicher, daß innerstaatliche Konzentrationsbeschränkungen wegen der nationalen Struktur der Medienmärkte in erster Linie inländische Unternehmer treffen und ausländischen Mitbewerbern Zugangschancen eröffnen, die sonst praktisch nicht bestünden. Dies nehmen *Ress* und *Bröhmer* zum Anlaß, darauf hinzuweisen, daß der Schutz des Medienpluralismus nicht auf dem Umweg einer gegenwärtig nicht gegebenen faktischen Niederlassungsbehinderung zum Regelungsziel gemacht werden darf und verneinen folglich eine Kompetenz der Gemeinschaft aus Art. 47 Abs. 2 EG. Dagegen ist jedoch einzuwenden, daß die Gefahr von Beeinträchtigungen der Funktion des Binnenmarktes auch nicht ganz von der Hand zu weisen ist. Vgl. Ress/Bröhmer, Europäische Gemeinschaft und Medienvielfalt, S. 37 ff.

248 Siehe dazu Seite 43.

dienstleistung immanent ist, daß sie ohne weiteres grenzüberschreitend erbracht werden kann und weder der Dienstleister noch der Dienstleistungsempfänger ihren Handlungsort grenzüberschreitend verlagern müssen (sog. Korrespondenzdienstleistung). Infolgedessen ergeben sich für den Gesetzgeber bei der Regulierung dieses Bereiches Schwierigkeiten, da die Staaten unmittelbaren Zugriff nur auf die in ihrem Staatsgebiet ansässigen Personen haben.[249] Nahe liegt vor allem, daß etwa ein Medienunternehmer versucht, konzentrationsrechtliche Vorschriften eines Mitgliedstaates zu umgehen, indem er sich in einem anderen Mitgliedstaat niederläßt, wo es keine ihm hinderliche Vorschrift gegen Medienkonzentration gibt, um von dort über Satellit in einen anderen Mitgliedstaat zu senden. Vorstellbar wäre auch, daß ein Mitgliedstaat versucht, auch im Ausland niedergelassene Medienunternehmen den inländischen Regeln zu unterwerfen.[250]

Zu bedenken ist aber, daß im Rahmen des Dienstleistungskapitels des EG-Vertrages nur die Ausübung der Tätigkeiten angesprochen ist, wogegen Art. 47 EG als zusätzlichen Zweck der Koordinierung die Erleichterung der Aufnahme der Tätigkeiten nennt.[251] Daraus folgt zunächst, daß die Harmonisierungsbefugnisse der Gemeinschaft im Bereich der Dienstleistungsfreiheit nicht weiter gehen können, als die im Rahmen der Niederlassungsfreiheit. Ebenso wie bei der Niederlassungsfreiheit müssen die Maßnahmen der Gemeinschaft zum Schutz der Freiheit des Dienstleistungsverkehrs daher eine Erleichterung des grenzüberschreitenden Dienstleistungsverkehrs zu erreichen suchen und dürfen sich nicht auf die bloße Vereinheitlichung des Rechtsrahmens beschränken. Die Grenze einer Gemeinschaftskompetenz ist hier wohl an der Stelle zu setzen, wo der Zweck der Regelung nicht mehr allein die Dienstleistung, im konkreten Fall die Vereinfachung der Zulassungsvorschriften zum Rundfunk, sondern weitere Belange erfaßt, die in den Zuständigkeitsbereich der Mitgliedstaaten fallen, wie eben der Schutz des Pluralismus.[252] Grundsätzlich ist eine Gemeinschaftskompetenz zumindest bei grenzüberschreitenden Zusammenschlüssen damit zu bejahen.

Ein weiterer interessanter Ansatzpunkt, der jedoch für die Verneinung einer Gemeinschaftskompetenz über die Dienstleistungsfreiheit spräche, wird von *Ress* und *Bröhmer* einer näheren Betrachtung unterzogen. Sie stellen darauf ab, daß die Dienstleistungsfreiheit durch die innerstaatlichen Konzentrationsregelungen im Bereich der Medien nur mittelbar betroffen sei. Vorrangig gehe es um die Berührung der Niederlassungsfreiheit, denn die Dienstleistungsfreiheit sei

249 Vgl. Ress/Bröhmer, Europäische Gemeinschaft und Medienvielfalt, S. 41.

250 Vgl. Grünbuch KOM (92), 480, S. 61 ff.

251 Troberg, in: von der Groeben/Thiesing/Ehlermann (Hrsg.), Kommentar zum EU-/EG-Vertrag, Art. 66 Rdnr. 4.

252 Vgl. auch Troberg, in: von der Groeben/Thiesing/Ehlermann (Hrsg.), Kommentar zum EU-/EG-Vertrag, Art. 66 Rdnr. 6.

nur dadurch betroffen, daß ein ausländischer Medienunternehmer, der sich im Inland niederlassen möchte und dabei die nationalen konzentrationsrechtlichen Vorschriften verletzen würde, seine grenzüberschreitende Sendetätigkeit einschränken müsse, um seine Niederlassungsabsicht doch noch realisieren zu können. Wegen der nur mittelbaren Betroffenheit der Freiheit des Dienstleistungsverkehrs seien daher nur geringfügig eingreifende Regelungen durch die Gemeinschaft möglich.[253] Wie beim Rückgriff auf die Niederlassungsfreiheit kommen *Ress* und *Bröhmer* auch hier weitgehend nicht zu einer Gemeinschaftskompetenz.
Diese Argumentationsweise bestätigt im Grunde jedoch lediglich, daß die Kompetenzen hinsichtlich der Dienstleistungsfreiheit eben keine weitergehenden Befugnisse erteilen, als die der Niederlassungsfreiheit. Darüberhinaus dürfte der Regelfall eher die Verhinderung der Weiterverbreitung der Sendungen durch den Mitgliedstaat sein, ohne daß dabei auch Niederlassungsfreiheit eines Medienunternehmens betroffen sein wird, etwa wenn es um die bloße Verweigerung der Einspeisung ausländischer Programme in das inländische Kabelnetz geht.

eee) Der Rückgriff auf wettbewerbsrechtliche Kompetenznormen

Die am 21.9.1990 in Kraft getretene Fusionskontrollverordnung[254] stellt ein Instrumentarium dar, mit dem die Kommission Fusionen flächendeckend und ohne Beschränkung auf bestimmte Branchen überwachen und gegebenenfalls untersagen kann. Die Verordnung ist ohne weiteres auch auf Medienunternehmen anwendbar[255] und kann deshalb grundsätzlich auch zur Verhinderung von Medienkonzentration bzw. zur Sicherung der Medienvielfalt beitragen, enthält jedoch keine auf die spezifischen Verhältnisse der Medien zugeschnittenen Sonderregeln. Allerdings hat schon der Verordnungsgeber erkannt, daß die Regelung zu diesem Zweck möglicherweise unzureichend ist. Er hat den Mitgliedstaaten in Art. 21 Abs. 3 der Verordnung die Möglichkeit eröffnet oder erhalten, zur Sicherung der Medienvielfalt zusätzliche Vorkehrungen zu treffen.[256] Dadurch wird auch deutlich, daß eine gemeinschaftsrechtliche Medien-

253 Vgl. Ress/Bröhmer, Europäische Gemeinschaft und Medienvielfalt, S. 42 f.

254 Verordnung Nr. 4064/89/EWG des Rats v. 21.12.1989 über die Kontrolle von Unternehmenszusammenschlüssen, ABl. EG 1990 Nr. L 257/13 (im folgenden kurz: Fusionskontrollverordnung).

255 Vgl. Emmerich, Kartellrecht, S. 490.

256 Dazu heißt es in einer Mitteilung der Kommission an den Rat und das Parlament vom 21.2.1990 über ihre Politik im audiovisuellen Bereich: „Das Wettbewerbsrecht der Gemeinschaft (insbesondere Art. 85 und 86 des Vertrages) kann auch nicht alle Situationen abdecken, in denen der Pluralismus, insbesondere im Falle von Multimedia-Konzernen, bedroht sein könnte. Ebenso trifft die am 21.12.1989 erlassene Verordnung über Unternehmenszusammenschlüsse nur die wichtigen Zusammenschlüsse, die

konzentrationskontrolle eine Spezialregelung der Fusionskontrolle für Veranstalter im Kommunikationsbereich wäre.[257]
Dies hat zwingend auch Auswirkungen auf die Frage der Kompetenzen. Die Fusionskontrollverordnung ist neben Art. 308 EG (damals Art. 235 EG) auch auf Art. 83 EG (vormals Art. 87 EG) gestützt.[258] Folgerichtig müßte dann auch eine rein medienspezifische Konzentrationskontrolle auf die gleiche Befugnisnorm wie die allgemeinen Fusionsvorschriften des Gemeinschaftsrechts begründet werden, zumindest jedoch müßte sie neben eventuell anderen anwendbaren Kompetenzregelungen genannt werden.[259] Eine Einschränkung der Anwendbarkeit dieser Kompetenznorm muß in einem gewissen Rahmen erfolgen, da wegen der medienspezifischen Besonderheiten der Medienbereich nicht ausschließlich am Maßstab des allgemeinen Fusionsrechts gemessen werden kann. Der Medienpluralismus wurzelt zum einen in der Verbürgung der Menschen- und Individualgrundrechte der Meinungs- und Informationsfreiheit, zum anderen hat er seine Grundlage in der demokratischen Verfaßtheit der Mitgliedstaaten. Die Gemeinschaft ist verpflichtet, neben der kulturellen Identität der Mitgliedstaaten, zu der gemäß Art. 151 EG auch der audiovisuelle Bereich zu zählen ist, nach Art. 6 Abs. 1 und 2 EU-Vertrag auch die Demokratie und die Grundrechte achten. Das Prinzip des ökonomischen Wettbewerbs ist zwar lediglich als ein Grundsatz der Europäischen Gemeinschaft in Art. 3 g) EG verankert und durch die Art. 81 ff. EG ausgestaltet, weshalb ihm ein geringerer Stellenwert als der Meinungsvielfalt zukommt, die Berücksichtigung demokratischer und grundrechtlicher Prinzipien ist jedoch auch im Rahmen des Wettbewerbsrechts möglich, so daß die vollkommene Mißachtung wettbewerbsrechtlicher Kompetenzvorschriften nicht als richtig erscheint.
Die europäische Fusionskontrolle findet nur auf Zusammenschlüsse von „gemeinschaftsweiter Bedeutung" Anwendung.[260] Würde die Verordnung in erster Linie nationale Sachverhalte betreffen, wäre sie nicht von der Rechtsgrundlage gedeckt, die Maßnahmen zur Verwirklichung der in den Art. 81 f. EG festgelegten Zielen ermöglichen soll. Werden rein medienbezogene Konzentrationsvorschriften der Gemeinschaft erlassen, so müssen sie daher ebenso Fusionen von gemeinschaftsweiter Bedeutung regeln. Anderenfalls käme Art. 83 EG als

den Wettbewerb auf dem betreffenden Markt beeinträchtigen". Vgl. KOM (90), 78 endg., S. 19.

257 Vgl. dazu auch Liehr, Die Niederlassungsfreiheit zum Zwecke der Rundfunkveranstaltung und ihre Auswirkungen auf die deutsche Rundfunkordnung, S. 255.

258 Siehe die 8. Begründungserwägung zur Fusionskontrollverordnung, ABl. EG 1990 Nr. L 257/13 (14).

259 Vgl. auch Ress/Bröhmer, Europäische Gemeinschaft und Medienvielfalt, S. 46.

260 Vgl. Art. 1 Abs. 1 und 2 der Fusionskontrollverordnung, ABl. EG 1990 Nr. L 257/13 (16); siehe dazu auch Axster, Die Europäische Fusionskontrolle, in: Festschrift für Quack, S. 567 (572 ff.).

Rechtsgrundlage nicht in Frage, die Regelungen wären rechtswidrig.[261] Die Anwendbarkeit von Art. 83 EG als Rechtsgrundlage ist damit wenigstens bedingt anzuerkennen.

fff) Zwischenergebnis

Im Ergebnis ist festzustellen, daß eine Kompetenz der Gemeinschaft zur Verhinderung multimedialer Meinungsmacht sowohl aus einem Rückgriff auf die Niederlassungsfreiheit nach Art. 47 Abs. 2 EG als auch durch eine Anknüpfung an die Dienstleistungsfreiheit nach Art. 55, 47 Abs. 2 EG und an wettbewerbsrechtliche Kompetenznormen grundsätzlich gegeben ist. Nach der hier vertretenen Auffassung ist das Binnenmarktkonzept, also eine Medienkonzentrationskontrolle mit ökonomischer Intention, als Kompetenzanknüpfung für tragfähig anzusehen. Berücksichtigt werden muß jedoch die alleinige und ausschließliche Zuständigkeit der Mitgliedstaaten hinsichtlich des Schutzes des Pluralismus. Letzterer darf nicht auf dem Umweg einer behaupteten faktischen Grundfreiheitsbehinderung zum Regelungsziel gemacht werden.
Im übrigen ist die Kompetenz aus Art. 47 Abs. 2 EG auch nicht beschränkt auf die Regelung von Sachverhalten mit Gemeinschaftsbezug. Ein Unterschied zwischen inländischen und ausländischen Verhältnissen würde der Vorstellung des Binnenmarktes entgegenlaufen. Die Koordinierung würde ins Leere gehen, ließe man zu, daß ein Mitgliedstaat, indem er auf strengeren Anforderungen für seine reinen Inlandssachverhalte besteht, das Harmonisierte nachgerade wieder abwertet. Durch die Harmonisierung soll gerade keine zweite, nur überlagernde Rechtsordnung entstehen.[262] Die Eingrenzung der Gemeinschaftskompetenzen kann jedoch auf anderem Wege erfolgen, etwa durch Kompetenzausübungsschranken wie dem Subsidiaritätsprinzip.

ff) Die Ausübung der Zuständigkeiten durch die Europäische Gemeinschaft

Mit dem Maastrichter Vertrag ist eine Unterscheidung zwischen konkurrierenden und ausschließlichen Zuständigkeiten der Gemeinschaft in den EG-Vertrag eingeführt worden. Jedoch schon die Unterscheidung zwischen ausschließlicher und nicht-ausschließlicher Zuständigkeit der Gemeinschaft bereitet erhebliche Probleme, weil die Gemeinschaftsverträge selbst diese Unterscheidung nicht kennen und somit keine Aussage darüber enthalten, welche Kompetenzen ausschließlich der Gemeinschaft zustehen und welche nicht. Daher fragt sich insbesondere, ob eine gemeinschaftsrechtliche Kompetenz zum Handeln in Bezug auf die Vermeidung von Medienkonzentration in die alleinige Zuständigkeit der Gemeinschaft fällt. Die Beantwortung dieser Frage hat vor allem Einfluß darauf,

261 Vgl. auch Ress/Bröhmer, Europäische Gemeinschaft und Medienvielfalt, S. 46.
262 Siehe dazu Bröhmer, in: Calliess/Ruffert, EUV/EGV, Art. 47 Rdnr. 8 m.w.N.

welche und gegebenenfalls inwieweit bestehende Kompetenzausübungsschranken die Zuständigkeit der Gemeinschaft einschränken.
Zu betrachten gilt es hier zuvorderst die zentrale Kompetenzausübungsschranke im EG-Vertrag, das Subsidiaritätsprinzip, daneben die Regelungsgehalte von Art. 151 Abs. 4 und 5 EG und Art. 295 EG. Auf weitere Versuche der Literatur, die Deregulierungskompetenzen der Gemeinschaft durch immanente Schranken zu begrenzen, soll hier nicht eingegangen werden.[263] Stichworte sind hier etwa das Prinzip der Organentscheidung,[264] der Verhältnismäßigkeitsgrundsatz,[265] die Theorie der nationalen Repräsentation,[266] die Pflicht zur Rücksichtnahme auf die Verfassungen der Mitgliedstaaten[267] und die Theorie des Regelungsschwerpunkts.[268] Hinsichtlich der Kompetenzausübungsschranken des Verhältnismäßigkeitsprinzips und des Grundsatzes der Gemeinschaftstreue sei auf die vorherigen allgemeinen Ausführungen[269] verwiesen; Besonderheiten ergeben sich bei der Medienkonzentrationskontrolle insoweit nicht.

aaa) Die Europäische Medienkonzentrationskontrolle als Anwendungsfall des Subsidiaritätsprinzips

Gemäß der Bestimmung des Art. 5 Abs. 2 EG ist Bedingung für die Anwendung des Subsidiaritätsprinzips das Vorliegen einer nicht-ausschließlichen Gemeinschaftskompetenz. Das Schrifttum unterteilt die bestehenden Gemeinschaftskompetenzen in ausschließliche, konkurrierende und parallele Kompetenzen.[270] Im Bereich der ausschließlichen Kompetenzen ist das Subsidiaritätsprinzip nicht anwendbar, wie sich aus dem Umkehrschluß des Wortlauts des Art. 5 Abs. 2 EG ergibt. Bei der parallelen Kompetenz ist sowohl die Gemeinschaftsregelung als auch die innerstaatliche Regelung gültig, so daß sich der Rechtsunterworfene an beide Vorschriften halten muß.[271] Lediglich wenn es um Bereiche der konkurrie-

263 Eine detaillierte Darstellung der unterschiedlichen Theorien und ihrer Vertreter findet sich bei: Dörr/Beucher/Eisenbeis/Jost, Die Einflüsse europarechtlicher Entwicklungen auf das Bund-Länder-Verhältnis im Rundfunkwesen, S. 52 ff; eingehend auch Bohl, Konzentrationskontrolle in den elektronischen Medien, S. 241 ff.

264 Everling, Gestaltungsbedarf des Europäischen Rechts, EuR 1987, 214 (232 ff.).

265 Ipsen, Der „Kulturbereich" im Zugriff der Europäischen Gemeinschaft, in: Fiedler/Ress (Hrsg.), Gedächtnisschrift für Geck, S. 339 (352).

266 Ress, Kultur und Europäischer Binnenmarkt, S. 50 ff.

267 Steindorff, Grenzen der EG-Kompetenzen, S. 91.

268 Ossenbühl, Rundfunk zwischen nationalem Verfassungsrecht und europäischem Gemeinschaftsrecht, S. 31.

269 Siehe oben Seite 45.

270 Vgl. von Bogdandy/Nettesheim, in: Grabitz/Hilf, Kommentar zur Europäischen Union, Art. 3 b Rdnr. 11 m.w.N.; Koenig/Haratsch, Europarecht, Rdnr. 57.

271 Siehe Deckert/Lilienthal, EWS 1999, 121 (122).

renden Zuständigkeit geht, kommt ein Vorrang mitgliedstaatlicher Regelungsmacht durch die Anwendung des Subsidiaritätsprinzips in Betracht.[272]
Der EG-Vertrag zählt die einzelnen Bereiche nicht auf, so daß anhand der Auslegung nach Systematik, Wortlaut und Zweck der einzelnen Vorschriften ermittelt werden muß, ob eine konkurrierende oder ausschließliche Zuständigkeit gegeben ist.[273] Unzutreffend wäre es, bestimmte Politikbereiche insgesamt als der ausschließlichen oder der nicht-ausschließlichen Zuständigkeit unterfallend zu betrachten.[274]
Eine ausschließliche Zuständigkeit besteht für die Herstellung der in Art. 14 EG genannten vier Grundfreiheiten.[275] Dieser These kann insofern selbstverständlich nichts entgegengesetzt werden, solange man betont, daß eben nur die Gemeinschaft in der Lage ist, den Binnenmarkt zu verwirklichen, da die Mitgliedstaaten in ihrer Rechtsetzung auf das jeweilige Staatsgebiet beschränkt sind. Zu bedenken ist dabei aber, daß sich letztlich immer auf die eine oder andere Weise ein Binnenmarktbezug herstellen läßt und somit konkurrierende Zuständigkeiten die Ausnahme wären. Folge davon wäre, daß das Subsidiaritätsprinzip des Art. 5 Abs. 2 EG im wesentlichen leerliefe.[276] Aufgabe des Subsidiaritätsprinzips ist es jedoch, die Mitgliedstaaten vor einer überflüssigen Aushöhlung autonomer Handlungsspielräume zu schützen,[277] mit anderen Worten die Gemeinschaftskompetenzen nach möglichst objektiven Kriterien zu begrenzen. Aus diesem Grund scheint eine enge Auslegung geboten.[278] Bestehen noch wenigstens nationale Restkompetenzen, kommt eine ausschließliche Zuständigkeit der Gemeinschaft damit nicht in Frage.[279]
Wie sich aus den obigen Ausführungen ergibt, kann nur eine vermittelnde Auffassung der Rechtslage hinsichtlich der Handlungsermächtigungen im Medienbereich gerecht werden.[280] Schon für eine allgemeine Medienordnung ergibt sich keine umfassende Kompetenz der Gemeinschaft aus dem EG-Vertrag, was insbesondere auf den Verbleib der Zuständigkeiten bei den Mitgliedstaaten im Be-

---

272 Vgl. auch Schellenberg, DZWir 1994, 410 (411).
273 Siehe Deckert/Lilienthal, EWS 1999, 121 (121 f.); Schellenberg, DZWir 1994, 410 (411).
274 Schwartz, AfP 1993, 409 (413).
275 Schwartz, AfP 1993, 409 (411).
276 So auch Ress/Bröhmer, Europäische Gemeinschaft und Medienvielfalt, S. 53.
277 Siehe von Bogdandy/Nettesheim, in: Grabitz/Hilf, Kommentar zur Europäischen Union, Art. 3 b Rdnr. 19.
278 A. A. z. B. Liehr, Die Niederlassungsfreiheit zum Zwecke der Rundfunkveranstaltung und ihre Auswirkungen auf die deutsche Rundfunkordnung, S. 253, der eine ausschließliche Zuständigkeit der Gemeinschaft annimmt.
279 Zur Diskussion um den Begriff der „ausschließlichen Zuständigkeit“ siehe eingehend Calliess, EuZW 1995, 693 ff.
280 Vgl. Seite 43.

reich der Kultur zurückzuführen ist.[281] Auch bei den Regelungen zur Medienkonzentration ergeben sich neben der oben genannten Rechtsgrundlagen der Gemeinschaft[282] Kompetenzen der Mitgliedstaaten. Den einzelnen Staaten obliegt der Schutz des Pluralismus, zu dessen Durchsetzung sie Vorschriften erlassen können, die gerechtfertigterweise auch den Bereich der Medienkonzentration erfassen können, da es sich beim Schutz des Medienpluralismus um einen zwingenden Grund des Allgemeininteresse im Sinne der Cassis-Rechtsprechung des EuGH handelt.[283] Die bestehenden nationalen Regelungen sind damit gemeinschaftsrechtskonform, die Gemeinschaft hat folglich keine ausschließliche Kompetenz bei der Verhinderung multimedialer Meinungsmacht inne. Das Subsidiaritätsprinzip ist anwendbar.

bbb) Der Regelungsgehalt des Art. 151 EG

(1) Art. 151 Abs. 5 EG

Bei der Bewertung des Umfangs der Kulturkompetenz des Art. 151 EG kommt man ganz allgemein zu dem Ergebnis, daß die Gemeinschaft im Medienbereich keine Regelungen erlassen darf, die im Schwerpunkt den kulturellen Sektor der Medien berühren.[284] Dies liegt an Art. 151 Abs. 5 EG, der jegliche Harmonisierung in diesem Bereich ausschließt. Sieht man als vorrangiges Ziel einer Medienkonzentrationsregelung die Sicherung des Meinungspluralismus an, und rechnet dies wiederum zum Kulturbereich des Art. 151 Abs. 5 EG, dann käme man zu dem Ergebnis, daß eine gemeinschaftsrechtliche Regelung auf diesem Gebiet unzulässig ist.

Unabhängig davon, ob man an dieser Stelle einen engen oder weiten Kulturbegriff[285] zugrunde legt, und sich damit des Problems der Feststellung entledigt, ob der Kulturbereich überhaupt die Meinungsvielfalt aller Kommunikationsformen erfaßt, ist jedenfalls darauf hinzuweisen, daß die Gemeinschaft auch sog. negative Integrationsmaßnahmen beschließen darf, die das kulturpolitische Instrumentarium der Mitgliedstaaten beschneiden, ohne selbst kulturpolitsche Motive zu verfolgen.[286] Zwar kann man sicherlich nicht leugnen, daß die Medien generell und die Sicherung der Meinungsvielfalt speziell auch einen Teil der Kultur

281 Vgl. Seite 41.

282 Vgl. Seite 60.

283 In der Rs. C-368/95 – Vereinigte Familiapress Zeitungsverlags und –vertriebs GmbH, Slg. 1997, I-3689 (3715), Urt. v. 26.6.1997 hat der EuGH zum ersten Mal den Schutz der Meinungsvielfalt (Meinungspluralismus) als zwingendes Allgemeininteresse im Sinne seiner Cassis-Rechtsprechung (EuGH, Urt. v. 20.2.1979, Rs. 120/78 – Rewe-Zentral-AG, Slg. 1979, 649) anerkannt.

284 Siehe dazu Seite 41.

285 Zum Kulturbegriff des Art. 151 EG siehe eingehend Ress/Ukrow, in: Grabitz/Hilf, Kommentar zur Europäischen Union, Art. 128 Rdnr. 11-13.

286 Ress/Ukrow, in: Grabitz/Hilf, Kommentar zur Europäischen Union, Art. 128 Rdnr. 5.

der Mitgliedstaaten bilden, durch allgemeine Medienregelungen wäre jedoch auch der Bereich der Niederlassungs- und Dienstleistungsfreiheit betroffen,[287] vor allem aber ist durch Konzentrationsvorschriften auch der Aspekt der Sicherheit des Wettbewerbs im Binnenmarkt tangiert,[288] so daß man von der Betroffenheit der Kultur allenfalls in einem Teilbereich ausgehen kann.[289] Keinesfalls scheint es jedoch gerechtfertigt, eine schwerpunktmäßig kulturelle Regelung zu unterstellen, die die Einschlägigkeit des Art. 151 Abs. 5 EG zur Folge hätte.

(2) Art. 151 Abs. 4 EG als Kompetenzausübungsschranke

Die sogenannte Kulturverträglichkeitsklausel oder Querschnittsklausel des Art. 151 Abs. 4 EG soll dazu beitragen, daß den kulturellen Belangen in anderen Politikbereichen Rechnung getragen wird.[290] Dies erreicht sie dadurch, indem sie die Mitgliedstaaten am Erlaß kulturregelnder Vorschriften hindert, soweit die Ausstrahlungswirkung gemeinschaftlicher Kompetenzen auf den kulturellen Bereich reicht. Indessen wird auch den Mitgliedstaaten ein kulturpolitischer Freiraum zugestanden, den die Gemeinschaft unangetastet lassen muß, die kulturellen Aspekte und Zwecke der anzugleichenden Vorschriften sind zu berücksichtigen.[291] Eine eigene Kulturpolitik wird der Gemeinschaft folglich nicht zugewiesen.

Dieses Berücksichtigungsgebot hat damit für das gesamte Gemeinschaftsrecht Bedeutung und ist Leitlinie für die Ausübung sämtlicher Kompetenzen der EG.[292] Nicht eindeutig beantwortet wird durch den Wortlaut der Norm jedoch die Frage, ob sie die Kulturkompetenz der Gemeinschaft beschränkt oder nicht. Angesichts der Unschärfe des Wortlauts scheint eine Auslegung nicht ausgeschlossen, welche in Abs. 4 weder eine Erweiterung noch eine Einengung der Zuständigkeit der Gemeinschaft oder deren Ausübung sieht.[293] Nach einer anderen Auffassung wird Art. 151 Abs. 4 EG eng als Kompetenzschranke im Sinne eines „kulturspezifischen Subsidiaritätsprinzips" ausgelegt.[294]

Viel spricht jedoch für ein anderes Verständnis von Art. 151 Abs. 4 EG. Die Kompetenzen der EG müssen so ausgeübt werden, daß sie die Entfaltung kulturrelevanter Belange in den Mitgliedstaaten nicht unnötig beeinträchtigen. Eingriffe durch die Gemeinschaft in die kulturellen Belange der einzelnen Nationen

---

287 Vgl. dazu Seite 38 und Seite 54.

288 Siehe hierzu Seite 58.

289 Vgl. auch Ress/Bröhmer, Europäische Gemeinschaft und Medienvielfalt, S. 60 f.

290 Fechner, in: von der Groeben/Thiesing/Ehlermann, Kommentar zum EU-/EG-Vertrag, Art. 128 Rdnr. 26.

291 Ress/Ukrow, in: Grabitz/Hilf, Kommentar zur Europäischen Union, Art. 128 Rdnr. 58.

292 Vgl. Ress/Ukrow, in: Grabitz/Hilf, Kommentar zur Europäischen Union, Art. 128 Rdnr. 59.

293 In diesem Sinne Schwartz, AfP 1993, 409 (418).

294 Ress/Bröhmer, Europäische Gemeinschaft und Medienvielfalt, S. 61 f.

sind daher nur unter deren schonender Berücksichtigung möglich und damit auf das geringstmögliche Maß beschränkt. Zwar ist die Vorschrift somit insgesamt restriktiv auszulegen, entspricht aber eher dem Verhältnismäßigkeitsgrundsatz und dem Rücksichtnahmegebot als dem Subsidiaritätsprinzip. Dieser Ansatz steht auch in Einklang mit der Gesamtanlage der Norm, die in Abs. 5 mit dem Erfordernis der Einstimmigkeit bei Fördermaßnahmen strenge Verfahrensvoraussetzungen aufstellt. Überdies korrespondiert eine solche Auslegung auch mit dem Inhalt des durch den Amsterdamer Vertrag in Abs. 4 eingefügten Halbsatzes, der auf Abs. 1 Bezug nimmt und wonach der Wahrung und Förderung der Vielfalt der nationalen Kulturen Rechnung getragen werden muß.[295] Dies verdeutlicht, daß die Gemeinschaft zu Maßnahmen berechtigt sein muß, die das kulturpolitische Instrumentarium der Mitgliedstaaten beschneiden. Der Gemeinschaft werden durch Art. 151 Abs. 4 EG inhaltliche Vorgaben bei der Ausübung bestehender Kompetenzen gegeben. Bejahte man eine engere Interpretation der Norm, müßte man letztlich wohl auch eine Kompetenz der EG hinsichtlich der im Jahre 1997 revidierten Fernsehrichtlinie[296] äußerst kritisch sehen.

ccc) Art. 295 EG als Kompetenzausschlußnorm

Weitgehend ungeklärt, weil in der Regel unbeachtet, ist die Problematik, ob die Vorschrift des Art. 295 EG[297] Einfluß auf die Kompetenzen der Gemeinschaft im Hinblick auf eine europaweite Medienkonzentrationsregelung hat. Allein *Ress* und *Bröhmer* werfen in ihrem Gutachten für den Bundesverband Deutscher Zeitungsverleger[298] die Frage auf, ob nationale Konzentrationsregelungen im Medienbereich zur jeweiligen Eigentumsordnung gehören. Wegen der fundamentalen Bedeutung des Medieneigentums für die demokratische Ordnung eines Mitgliedstaates kommen sie schließlich zu dem Ergebnis, daß die Gemeinschaft wohl keine Regelungen erlassen könne, die den Zugang zu Medieneigentum normieren, da diese in die mitgliedstaatlichen Konzeptionen der Eigentumsordnung der Mitgliedstaaten eingriffen und der Gemeinschaft dafür letztlich die demokratische Legitimation fehle.[299]

---

295 Fechner, in: von der Groeben/Thiesing/Ehlermann, Kommentar zum EU-/EG-Vertrag, Art. 128 Rdnr. 28.

296 Richtlinie 89/552/EWG des Rates v. 3.10.1989 zur Koordinierung bestimmter Rechts- und Verwaltungsvorschriften der Mitgliedstaaten über die Ausübung der Fernsehtätigkeit, ABl. EG 1989 Nr. L 298/23, in der Fassung der Berichtigung gemäß ABl. EG 1989 Nr. L 331/51. Revidierte Richtlinie RL 97/36/EG v. 30.6.1997, ABl. EG 1997 Nr. L 202/60.

297 Die Vorschrift lautet: „Dieser Vertrag läßt die Eigentumsordnung in den verschiedenen Mitgliedstaaten unberührt".

298 Dieses Gutachten ist veröffentlicht unter dem Titel „Europäische Gemeinschaft und Medienvielfalt" von Ress/Bröhmer.

299 Vgl. Ress/Bröhmer, Europäische Gemeinschaft und Medienvielfalt, S. 69 ff.

Art. 295 EG enthält einen Vorbehalt zugunsten der Eigentumsordnung in den Mitgliedstaaten.[300] Dies bedeutet, daß die Regelungskompetenz für die Eigentumsordnung bei den einzelnen Mitgliedstaaten verbleibt.[301] In erster Linie zielt die Vorschrift auf Verstaatlichungen ab, also die Überführung von Privateigentum in Gemeineigentum, aber auch umgekehrt. Mithin erfaßt die Eigentumsordnung aber auch die Möglichkeiten zur Beschränkung oder Einziehung von Eigentumsrechten.[302]

Differenziert betrachtet werden muß jedoch zunächst, welche Regelungen überhaupt die Eigentumsordnung eines Mitgliedstaates betreffen können. Für die Bundesrepublik Deutschland ist etwa zu fragen, ob der Anwendungsbereich der Art. 14 und 15 GG eröffnet ist, in denen die deutschen Grundsätze der Eigentumsordnung festgelegt sind.[303] Handelt es sich bei europäischen konzentrationsrechtlichen Vorschriften um solche, die eine weitere Beteiligung an einem anderen Medienunternehmen untersagen, ist die Eigentumsordnung nicht betroffen, da die Freiheit des Erwerbs von Eigentum nicht der Eigentumsgarantie, sondern der allgemeinen Handlungsfreiheit des Art. 2 Abs. 1 GG zuzuordnen ist.[304] Art. 295 EG kommt daher insoweit nicht zum Tragen.

Betroffen ist die Eigentumsordnung allerdings bei Vorschriften, die gesellschaftsrechtliche Beteiligungsverhältnisse durch Zwang regeln oder die Nutzung der Eigentumsposition einschränken,[305] etwa durch den Entzug einer bestehenden Rundfunklizenz. Letzteres stellt mindestens eine faktische Beeinträchtigung des Eigentums dar, die von der Garantie des Eigentums des Art. 14 Abs. 1 GG erfaßt wird.[306] Zweifelhaft ist jedoch schon, ob jedwede Beeinträchtigung der Eigentumsordnung eines Mitgliedstaates den Anwendungsbereich von Art. 295 EG berührt und welche Folgen bei einem Verstoß eintreten. Als Grundsatz ist indessen anerkannt, daß den Mitgliedstaaten insbesondere das Recht zur Verstaatlichung erhalten geblieben ist,[307] also die wesentlichen Elemente der verfassungsrechtlichen Eigentumsvorschriften. Daraus ergibt sich, daß Art. 295 EG

---

300 Schweitzer, in: Grabitz/Hilf, Kommentar zur Europäischen Union, Art. 222 Rdnr. 1.

301 Hochbaum, in: von der Groeben/Thiesing/Ehlermann, Kommentar zum EU-/EG-Vertrag, Art. 222 Rdnr. 6 und 12.

302 Hochbaum, in: von der Groeben/Thiesing/Ehlermann, Kommentar zum EU-/EG-Vertrag, Art. 222 Rdnr. 3 und 5.

303 Hochbaum, in: von der Groeben/Thiesing/Ehlermann, Kommentar zum EU-/EG-Vertrag, Art. 222 Rdnr. 4.

304 Diese Ansicht ist zwar umstritten, stellt aber die wohl herrschende Meinung in der Literatur dar. Vgl. Jarass, in Jarass/Pieroth, GG, Art. 14 Rdnr. 13; Papier, in: Maunz/Dürig, Art. 14 Rdnr. 221 ff. m.w.N. (223).

305 Jarass, in: Jarass/Pieroth, GG, Art. 14 Rdnr. 13.

306 Jarass, in: Jarass/Pieroth, GG, Art. 14 Rdnr. 22.

307 Schweitzer, in: Grabitz/Hilf, Kommentar zur Europäischen Union, Art. 222 Rdnr. 4.

primär die Änderung der Eigentumsordnung (insbesondere Sozialisierung) verhindern soll.[308]
Auch *Ress* und *Bröhmer* kommen in ihrem Gutachten zu dem Ergebnis, daß nicht jede die Eigentumsordnung betreffende Organisationsentscheidung Art. 295 EG betreffen kann, sondern nur solche, die als wesentliche und konstitutive Grundentscheidungen gelten können.[309] Dies schließen sie aus einer Auslegung des Art. 295 EG, die systematisch eng an die Auslegung des in Art. 6 Abs. 3 EUV geregelten Gebots der Achtung der nationalen Identität der Mitgliedstaaten angelehnt ist. Regeln über die Organisation des Medieneigentums gehörten zu den für die demokratische Ordnung wesentlichen Entscheidungen, die aber Teil der Identität der Mitgliedstaaten seien und demnach nach Art. 6 Abs. 3 EUV den Mitgliedstaaten vorbehalten seien.[310] Etwas anderes könne daher auch nicht im Rahmen des Art. 295 EG gelten, so daß dieser dem Erlaß von Vorschriften entgegenstünde, die den Zugang zu Medieneigentum regelten.
Zuzugeben ist dieser Ansicht, daß einiges für die Anlehnung an die Auslegung von Art. 6 Abs. 3 EUV spricht. Gleichwohl scheint auch ein etwas anderer, weniger restriktiver Ansatzpunkt möglich. Anstatt sich an der Auslegung zu Art. 6 Abs. 3 EUV zu orientieren, könnte man auch einen Vergleich mit Art. 151 EG heranziehen. Ebenso wie das Gebot der Achtung der nationalen Identität der Mitgliedstaaten eine Schranke der Kompetenzausübungsansprüche der Gemeinschaft ist[311] und durch den Grundsatz der Subsidiarität ergänzt wird,[312] rundet das Subsidiaritätsprinzip auch das Gebot der Wahrung der Vielfalt der nationalen Kulturen des Art. 151 Abs. 1 und 4 EG ab. Beide Begriffe, nationale Identität und nationale Vielfalt, wurden gleichzeitig mit dem Maastrichter Vertrag in den EG-Vertrag eingefügt.[313] Der Interpretation des Art. 151 Abs. 4 EG entsprechend[314] erscheint daher auch bei Art. 295 EG eine ein wenig gemeinschaftsfreundlichere Auslegung vertretbar. Sind die Eingriffe in die nationalen Eigen-

---

308 Vgl. auch Hochbaum, in: von der Groeben/Thiesing/Ehlermann, Kommentar zum EU-/EG-Vertrag, Art. 222 Rdnr. 1.

309 Vgl. Ress/Bröhmer, Europäische Gemeinschaft und Medienvielfalt, S. 71.

310 *Ress* und *Bröhmer* gehen von der Prämisse aus, daß Medienkonzentrationsvorschriften primär den Demokratieprozeß regeln, auch wenn diese Normen unter einem behaupteten Ziel der Binnenmarktharmonisierung erlassen werden. Das Demokratieprinzip ist wesentlicher Teil der Identität der Mitgliedstaaten, der aber bei einer gemeinschaftsrechtlichen Regelung nur durch die Berücksichtigung der jeweiligen innerstaatlichen Verfaßtheit des Mitgliedstaates entsprechend gewürdigt werden könne. Vgl. Ress/Bröhmer, Europäische Gemeinschaft und Medienvielfalt, S. 68 f.

311 Siehe Beutler, in: von der Groeben/Thiesing/Ehlermann, Kommentar zum EU-/EG-Vertrag, Art. F EUV Rdnr. 20.

312 Vgl. Hilf, in: Grabitz/Hilf, Kommentar zur Europäischen Union, Art. F EUV Rdnr. 14.

313 Siehe Beutler, in: von der Groeben/Thiesing/Ehlermann, Kommentar zum EU-/EG-Vertrag, Art. F EUV Rdnr. 9.

314 Siehe dazu die Betrachtung des Art. 151 Abs. 4 EG als Kompetenzausübungsschranke auf Seite 64.

tumsordnungen auf das geringstmögliche Maß beschränkt und genügen sie dem Verhältnismäßigkeitsgrundsatz, muß die Gemeinschaft auch zur Beschränkung des Medieneigentums befähigt sein. Vor diesem Hintergrund spricht vieles dafür, daß eine verhältnismäßige gemeinschaftsrechtliche Medienkonzentrationsregelung nicht generell von der Kompetenzausschlußnorm des Art. 295 EG verhindert wird.

3. Kapitel: Die Wettbewerbsaufsicht im Medien- und Telekommunikationsrecht – unter Berücksichtigung des Gemeinschaftsrechts

1. Allgemeines

Die deutschen Medien- und Telekommunikationsmärkte sind in Bewegung geraten. In kaum einem anderen Sektor des Dienstleistungsgewerbes sind die Aktivitäten auf dem Markt für Unternehmensbeteiligungen augenblicklich so groß wie im Bereich der Medien- und Telekommunikationsunternehmen.[315] Es zeichnet sich offensichtlich eine Entwicklung ab, die in den USA schon seit längerem ihren Fortgang findet und dort auch schon viel weiter fortgeschritten ist.[316]
Von multimedialen Konzentrationstendenzen im umfassenden Sinne kann in Deutschland jedoch erst seit Mitte der achtziger Jahre gesprochen werden. Die Gründe hierfür sind vor allem in der Technikentwicklung und den normativen Rahmenbedingungen zu sehen, wobei letztere zumeist eine Reaktion auf den jeweiligen Stand der Technik darstellten.
Heute bestehen die technischen Möglichkeiten, die neben Rundfunk und Presse weitere Medienbereiche für eine kommerzielle Nutzung interessant machen. Zwar ist eines der Hauptanliegen medienunternehmerischer Integrationspolitik in Deutschland noch wie vor die Verknüpfung von Presse und Rundfunk, aber das Aktivitätsspektrum der großen Medienkonzerne ist heute so ausgestaltet, daß sie als Multimediakonzerne klassifiziert werden können.[317]
Auch die rechtlichen Rahmenbedingungen, die eine umfassende multimediale Konzentration früher von vornherein nicht zugelassen hätten, sind bereits Mitte der achtziger Jahre entscheidend geändert worden. Die Printmedien waren bis dahin privatrechtlich, der Rundfunk dagegen öffentlich-rechtlich organisiert. Die fehlende Möglichkeit der Veranstaltung privaten Rundfunks verhinderte eine duale Rundfunkordnung. Dies änderte sich mit der Schaffung des heute geltenden Rundfunksystems, das heißt der Zulassung privater Hörfunk- und Fernsehstationen neben den vorhandenen öffentlich-rechtlichen Rundfunkanstalten. Damit erst war das notwendige Spielfeld für multimediale Verflechtungen bereitet.
„Medienverflechtung bezeichnet die zumindest teilweise wirtschaftliche Integrierung technischer und organisatorisch unterschiedlich fungierender Ausdrucks- und Übertragungsmittel der Massenkommunikation: an die Stelle der

---

315 „Es grassiert das Fusionsfieber". Siehe Peter De Thier, Thema des Tages in der Süddeutschen Zeitung v. 23.3.1999, S. 23.

316 Vgl. dazu Spieler, Fusionskontrolle im Medienbereich, S. 112; einen umfassenden Überblick über die Kontrolle multimedialer Unternehmenskonzentration in den Vereinigten Staaten von Amerika liefert Bender, Cross-Media-Ownership, S. 1 ff.

317 Vgl. Luyken, MP 1990, 621 (626 f.).

ökonomischen und/oder publizistischen Konkurrenz tritt die von den vertrags- oder gesellschaftsrechtlich zusammengefaßten Eigentümerbefugnissen ausgehende Koordination der unternehmerischen Entscheidungen".[318] Medienverflechtung in diesem Sinne ist zumindest dann Erscheinungsform von Medienkonzentration, wenn sie durch externes Unternehmenswachstum vollzogen wird. Internes Unternehmenswachstum bzw. Unternehmensdiversifizierung in unterschiedlichen Mediengattungen – z.B. Ausdehnen der Presse in den Rundfunkbereich hinein – erhöht zunächst den Grad der Konzentration der Unternehmen nicht. Diese Trennung der Begriffe ist für die Fusionskontrolle wichtig.[319]
Der Begriff der Konzentration – er umschreibt die Bildung ökonomischer und unternehmerischer Größen und ist daher zunächst einmal ein wirtschaftswissenschaftlicher Faktor – findet seine Bezugsgröße jeweils in einem Markt als dem Ort der Austauschbeziehungen zwischen Konsumenten als Nachfragern und Unternehmen als Anbietern. Die Abgrenzung der Märkte in den im Einzelfall „relevanten" Markt wiederum dient dazu, Wettbewerb zwischen Unternehmen (erfaßt in Marktstrukturen, Wettbewerbsverhalten und Wettbewerbsergebnissen) konkret beschreibbar und analysierbar zu machen. Damit sind Konzentrationsentwicklungen auch im Bereich privatwirtschaftlicher Medien immer im Zusammenhang mit Wettbewerbssituationen und –konzepten zu sehen.[320]

a) Die Konzentrationsarten

Von den vielen Konzentrationsarten, die in der Literatur unterschieden werden,[321] ist für die vorliegende Untersuchung vor allem die Abgrenzung von Betriebs- und Unternehmenskonzentration relevant. Bei ersterer ist „Betrieb" im Sinne einer Produktionseinheit zu verstehen, in der in einem Produktionsprozeß ein Bedarfsgut hergestellt und vertrieben wird. Abzugrenzen davon ist die Unternehmenskonzentration. Als Abgrenzungskriterium wird zum einen das Eigentum verwendet, aber auch die Beherrschung von Unternehmen sowie Unternehmensverflechtungen.[322] Unternehmenskonzentration bedeutet damit Eigentumskonzentration. Sie ist die in dieser Untersuchung in Betracht zu nehmende Konzentrationsart.

318 Kübler, Medienverflechtung, S. 17.

319 Vgl. zu den Begrifflichkeiten auch Lerche, Presse und privater Rundfunk, S. 46 f.

320 Vgl. auch den Bericht des Europäisches Medieninstitutes über die Entwicklung der Meinungsvielfalt und der Konzentration im privaten Rundfunk gemäß § 21 Abs. 6 Staatsvertrag über den Rundfunk im vereinten Deutschland, in: Die Landesmedienanstalten (Hrsg.), Die Sicherung der Meinungsvielfalt, S. 127 (142, 213).

321 Vgl. dazu beispielsweise Arndt/Ollenburg, Begriff und Arten der Konzentration, in Arndt (Hrsg.), Die Konzentration in der Wirtschaft, Bd. 1, S. 3 (22 f.).

322 Arndt/Ollenburg, Begriff und Arten der Konzentration, in Arndt (Hrsg.), Die Konzentration in der Wirtschaft, Bd. 1, S. 3 (24 f.).

Konzentrationsprozesse im Medienbereich bedürfen einer Betrachtung und Analyse unter zwei Aspekten: Medienunternehmen sind zum einen, wie Unternehmen im Industrie- und Dienstleistungsbereich auch, Wirtschaftsunternehmen; sie bewegen sich in ökonomisch definierten Märkten und unterliegen deren Gesetzmäßigkeiten. Das bedeutet: Konzentration von Medienunternehmen besitzt eine wirtschaftsrechtliche und damit kartellrechtliche Komponente. Medienunternehmen sind aber darüberhinaus – und dies unterscheidet sie von anderen Unternehmen – publizistische Einheiten, die Informationen und Meinungen vermitteln. Auch hier finden Konzentrationsprozesse statt, die mit ökonomischen Maßstäben nicht meßbar sind. Das heißt wiederum: Konzentration von Medienunternehmen besitzt daneben auch eine publizistische Komponente, die gesonderter Untersuchung bedarf.

b) Die Konzentrationsrichtung

Die Unternehmenskonzentration läßt sich ferner nach ihrer Richtung unterteilen. Orientiert man sich an den eben genannten Komponenten, kann man die Konzentrationsarten im Medienbereich unter dem publizistischen Aspekt nach intramedialen und intermedialen Verflechtungen,[323] unter dem ökonomischen Aspekt nach horizontalen, vertikalen und diagonalen Verflechtungen unterscheiden.[324] Nicht vergessen werden darf dabei jedoch, daß gerade die auf dem Mediensektor entscheidende publizistische Konzentration selbst nicht unwesentlich durch ökonomische Konzentrationsprozesse mitbestimmt wird, weshalb die hier vorgenommene Differenzierung letztlich unzulänglich bleiben muß.[325] Allgemein läßt sich jedoch formulieren, daß horizontale, vertikale und diagonale Verflechtungen die ökonomische Wirkung, intramediale und intermediale Verflechtungen hingegen die publizistische Wirkung von Konzentration herausstellen sollen. Dies bedeutet, daß es sich im einen Fall um Anbieterkonzentration, im anderen Fall um Angebotskonzentration handelt.

aa) Intramediale und intermediale Konzentration

Von intramedialer bzw. intramediärer Konzentration – beide Begriffe werden in der Literatur parallel gebraucht – spricht man, wenn sich mehrere Veranstalter eines Mediums zusammenschließen. Im Rundfunkbereich etwa wäre dies der Fall, wenn sich zwei oder mehrere Rundfunkunternehmen verbänden und sogenannte „Senderfamilien“ bildeten.

---

323 Näher dazu sogleich.

324 Vgl. dazu Richter, Pressekonzentration und neue Medien, S. 91; Diederichs, Konzentration in den Massenmedien, S. 41; zu den Begrifflichkeiten sogleich unten.

325 Siehe dazu Kantzenbach, Zum Verhältnis von publizistischem und ökonomischem Wettbewerb aus ökonomischer Sicht, in Hoffmann-Riem (Hrsg.), Rundfunk im Wettbewerbsrecht, S. 78.

Wenn von intermedialen bzw. intermediären Verflechtungen gesprochen wird, ist auch heute noch in erster Linie die Verbindung von Presse und Rundfunk gemeint.[326] Hierunter fallen im Zuge der Entwicklungsprozesse im Rundfunkbereich mittlerweile aber auch verwandte Bereiche, wie die Filmwirtschaft, die zahlreiche Übergänge zum Fernsehen aufweist, sowie infolge der zunehmenden Anwendung der Digitaltechnik auch die neuen Medien.
Nimmt man die vorstehenden Konzentrationsformen genauer unter die Lupe, so fällt sehr schnell ins Auge, daß es sich bei dieser Angebotskonzentration vordergründig um ökonomische Verflechtungen handelt. Im Grunde stellt dies auch die Achillesferse der publizistischen Konzentration dar. Ihre Vermeidung soll der Erhaltung des Pluralismus der Meinungen dienen, weshalb dies nur gewährleistet werden kann, wenn idealerweise der Anteil am Gesamtmeinungsmarkt ermittelt werden kann. Ungünstiger ist es, einfach nur die Konzentration des Eigentums an Medienunternehmen für den publizistisch relevanten Sektor zu erfassen.[327]

bb) Horizontale, vertikale und diagonale Konzentration

Überträgt man diese Begrifflichkeiten in eine Unterscheidung nach ökonomischen Kriterien, so ist zwischen horizontalen, vertikalen und diagonalen Verflechtungen zu differenzieren. Von horizontaler Konzentration ist auszugehen, wenn sich im selben geographischen Markt direkt konkurrierende Medienunternehmen zusammenschließen.
Vertikale Konzentration liegt vor, wenn vor- oder nachgelagerte Produktions- und Handelsstufen unternehmerisch integriert werden, was erhebliche Auswirkungen auf alle betroffenen Märkte zu erzeugen vermag. Dies kann etwa bei einer Verflechtung von der dem Rundfunkveranstaltungsbereich vorgelagerten Stufe der Programmproduktion und der nachgelagerten Stufe der Distribution über die notwendigen technischen Infrastrukturen der Fall sein.[328]
Von diagonaler bzw. konglomerater Konzentration im Medienbereich spricht man schließlich, wenn sachlich völlig unterschiedliche Medienmärkte miteinander verknüpft werden. Die beteiligten Unternehmen agieren hier auf unterschiedlichen Märkten. Ein derartiger Zusammenschluß wird klassisch als „cross-ownership" bezeichnet.[329] Ein typischer Fall ist das eben schon erwähnte Enga-

---

326 Vgl. etwa Ricker/Schiwy, Rundfunkverfassungsrecht, E Rdnr. 71.

327 Siehe dazu auch Heinrich, MP 1993, 267 (268).

328 Siehe den Bericht des Europäischen Medieninstitutes über die Entwicklung der Meinungsvielfalt und er Konzentration im privaten Rundfunk gemäß § 21 Abs. 6 Staatsvertrag über den Rundfunk im vereinten Deutschland, in: Die Landesmedienanstalten (Hrsg.), Die Sicherung der Meinungsvielfalt, S. 127 (148 f.).

329 Vgl. z.B. Gassner, Grundzüge des Kartellrechts, S. 6; Holznagel, Rundfunkrecht in Europa, S. 300; Röper, in: Stock/Röper/Holznagel, Medienmarkt und Meinungsmacht, S. 102.

gement der Printmedien im kommerziellen Rundfunk. Die Einbeziehung der neuen Medien in diesen Verflechtungsprozeß fällt ebenso in diesen Bereich.
Bei vergleichender Betrachtung der dargestellten Konzentrationsrichtungen läßt sich der ökonomische Hintergrund der Konzentration von publizistischen Komplexen unschwer erkennen. Während die intramediäre Konzentration auf horizontaler Verflechtung beruht, hat die intermediäre Konzentration ihre Grundlage in vertikalen oder diagonalen bzw. konglomeraten Unternehmenszusammenschlüssen. Diese gerade veranschaulichten Relationen beweisen, daß die publizistischen Auswirkungen der Konzentrationsprozesse eng mit den deren ökonomische Grundlagen bestimmenden Markt- und Wettbewerbsmechanismen verbunden sind[330] und auch von diesen bestimmt werden.

c) Ökonomischer und publizistischer Wettbewerb

Um den Hintergrund etwas aufzuhellen, der das Anwendungsfeld wettbewerbsaufsichtlicher Einzelfragen bestimmt, seien hier zunächst die Erscheinungsformen des Wettbewerbs im Medienbereich skizziert. Nach der Begründung zum Regierungsentwurf des Gesetzes gegen Wettbewerbsbeschränkungen (GWB) ist Wettbewerb als „das Streben zu betrachten, durch eigene Leistung, die nach Qualität oder Preis besser ist als die Leistung anderer Unternehmen, den Verbraucher zum Abschluß eines Vertrages zu veranlassen“.[331] Eine Legaldefinition ist jedoch weder im GWB noch im Gesetz gegen den unlauteren Wettbewerb (UWG) enthalten.
Im Medienbereich treffen u.a. die Systeme der Wirtschaft und der Publizistik aufeinander. Nach beiden Systemen ist die Ermittlung von Konzentrationstendenzen möglich.[332]
Während die Analyse der ökonomischen Konzentration Anhaltspunkte zur Beurteilung der Wettbewerbssituation gewinnen will, strebt die der publizistischen Konzentration nach Anhaltspunkten zur Beurteilung der publizistischen Vielfalt. Dabei sind bei der Messung der publizistischen Konzentration die Wettbewerbsverhältnisse von sekundärem Interesse.[333] Auch wenn sich beide Systeme unterschiedlicher Parameter bedienen, schließen sie einander nicht aus. So kann durch eine Analyse der Konzentration des Eigentums an Medienunternehmen sowohl die ökonomische als auch die publizistische Konzentration ermittelt werden. Zwar betrifft die Konzentration des Medieneigentums nicht unmittelbar die publizistische Vielfalt, es ist aber durch us-amerikanische Studien empirisch

---

330 Vgl. dazu auch Heinrich, MP 1993, 267; Spieler, Fusionskontrolle im Medienbereich, S. 25.
331 BT-Drs. 2/1158, S. 31.
332 Vgl. Heinrich, MP 1992, 338 ff.
333 Heinrich, MP 1992, 338 (342).

belegt, daß eine breite Streuung des Medieneigentums eine verläßliche Bedingung dafür ist.[334]
Folglich muß damit die ökonomische Konzentration von Medienverbundunternehmen zwangsläufig in der Regel eine Abnahme der Vielfalt bedeuten, so daß an dieser Stelle beide Systeme, Wirtschaft und Publizistik, berücksichtigt werden müssen. In welcher Weise solche Marktmacht zugleich vielfaltgefährdende Meinungsmacht entstehen läßt, wird im folgenden zu untersuchen sein.
Wie eben schon angesprochen, ist der Meinungsmarkt nicht dem Wirtschaftsmarkt gleichzusetzen, jedoch können publizistische und ökonomische Interessen nicht immer streng getrennt werden. Vor dem Hintergrund, daß ein pluralistischer Meinungsmarkt zwingend erhalten werden muß und der Staat daher die Pflicht hat, gesetzliche Vorkehrungen zu seinem Schutz zu erlassen,[335] werden mit den Begriffen „publizistischer" und „ökonomischer" Wettbewerb denkbare Wege zur Erreichung dieses Ziels beschrieben.
Erst in seinem sog. fünften Rundfunkurteil unterscheidet das Bundesverfassungsgericht deutlich zwischen publizistischer und wirtschaftlicher Konkurrenz. Es stellt fest: „Marktchancen können eine Frage wirtschaftlicher, nicht aber der Meinungsfreiheit sein".[336] Durch den Sinnzusammenhang zum vorhergehenden Satz der Urteilsbegründung wird die Unterscheidung erst offenkundig, denn gemeint sind mit dem Bezug auf die Marktchancen die „wirtschaftlichen Gründe".[337] Zwar sind auch Medienunternehmen, soweit sie dem privaten Sektor angehören, auf die Erzielung von Gewinn ausgerichtet. Sie unterscheiden sich von Unternehmen anderer Wirtschaftsbereiche jedoch dadurch, daß sie publizistische Aussagen verbreiten und damit ein Recht aus Art. 5 GG wahrnehmen.[338]
In seinen vorherigen Entscheidungen zum Rundfunk unterschied das Bundesverfassungsgericht in gewisser Weise schon ökonomischen und publizistischen Wettbewerb, wenngleich es dies nicht explizit aussprach.[339] In der vierten Rundfunkentscheidung nimmt es sich des Verhältnisses von Kartell- und Rundfunkrecht an und macht deutlich, daß „Tendenzen zur Konzentration rechtzeitig und so wirksam wie möglich entgegengetreten werden" müsse.[340] Es ist davon

334 Vgl. dazu Heinrich MP 1992, 338 (342).
335 Vgl. BVerfG, Urt. v. 4.11.1986, E 73, 118 (157); Beschl. v. 24.3.1987, E 74, 297 (325).
336 BVerfG, Beschl. v. 24.3.1987, E 74, 297 (335).
337 BVerfGE 74, 297 (334).
338 Vgl. dazu auch BVerfGE, 74, 297 (335): „Eine solche Unterbindung freien publizistischen Wettbewerbs und geistiger Auseinandersetzung ist mit dem Grundgedanken der Gewährleistung des Art. 5 Abs. 1 GG nicht vereinbar".
339 Vgl. z.B. BVerfG, Urt. v. 16.6.1981, E 57, 295 (322).
340 BVerfG, Urt. v. 4.11.1986, E 73, 118 (160).

auszugehen, daß diese Entscheidung den argumentiven Hintergrund für die Gegenüberstellung von Rundfunk- und Kartellrecht dargestellt hat.[341]
Feststellen kann man daher, daß auch das Bundesverfassungsgericht von einem Unterschied zwischen publizistischem und wirtschaftlichem Wettbewerb ausgeht, ohne den beiden Begriffen jedoch eine nähere Beschreibung zukommen zu lassen. Großen Einfluß auf Inhalt und Ergebnis des Wettbewerbsprozesses haben der Erfolgsmaßstab und das Ausmaß der Zurechnung von Handlungserfolgen, was entsprechend der Abgrenzung von ökonomischem und publizistischem Wettbewerb dienen kann. In der Anwendung unterschiedlicher Maßstäbe zur Bewertung der Wettbewerbsergebnisse liegt die entscheidende Differenz. Der Erfolgsmaßstab von wirtschaftlichem Wettbewerb kann direkt in Geld ausgedrückt werden, wobei die Zurechnung von Handlungserfolgen in Geld direkt und wesentlich spürbar ist. Publizistischer Wettbewerb hingegen ist Wettbewerb, dessen Erfolgsmaßstäbe publizistische Kategorien, wie vor allem Aktualität, Verläßlichkeit und begrenzt auch Schönheit oder Anspruch sind.[342] Im Unterschied zum wirtschaftlichen Wettbewerb ist die Zurechnung von Handlungserfolgen in Geld beim publizistischen Wettbewerb direkt nur wenig spürbar.[343]
Die genannten Kriterien deuten darauf hin, daß der publizistische Wettbewerb der eigentliche Gradmesser für die Gewährleistung echter Meinungs- und Informationsvielfalt ist. Das Bundesverfassungsgericht jedenfalls sieht dies so, wenn es im fünften Rundfunkurteil von „publizistische(r) Konkurrenz als Lebenselement der Meinungsfreiheit“[344] spricht.
Die Grenze vom wirtschaftlichen Wettbewerb zu dem für den Medienbereich bedeutsamen publizistischen Wettbewerb ist damit fließend, man muß sogar sagen, wirtschaftlicher und publizistischer Wettbewerb bedingen einander, wobei letzterer vom ersteren erheblich stärker beeinflußt wird als umgekehrt.

d) Multimediale Meinungsmacht und ihre Gefahren

Das Entstehen ökonomischen Wettbewerbs ist somit nicht nur ein Mittel unter anderen, sondern für die Gewährleistung von Meinungsvielfalt im Medienbereich geradezu konstituierend. Ohne das Funktionieren von wirtschaftlichem Wettbewerb kann auch publizistischer Wettbewerb nicht gelingen.
Multimediale Unternehmenszusammenschlüsse eröffnen jedoch eine Vielzahl von Gefahren sowohl für den publizistischen als auch den wirtschaftlichen Wettbewerb im jeweiligen Medienbereich. Unter publizistischen Aspekten ist die generelle Entwicklung hin zum Entstehen von multimedialen Medienkon-

---

341 Siehe Hoffmann-Riem, Rundfunkrecht neben Wirtschaftsrecht, S. 29.
342 Heinrich, MP 1993, 267.
343 Vgl. Hoffmann-Riem, Rundfunkrecht neben Wirtschaftsrecht, S. 47 f.
344 BVerfG, Beschl. v. 24.3.1987. E 74, 297 (332).

zernen besonders problematisch. Einzelne Unternehmen haben inzwischen Marktpositionen inne, die ihnen potentiell erheblichen Einfluß auf die veröffentlichte Meinung und damit auch die Meinungsbildung der Bevölkerung eröffnen.[345] Anhand von zwei Beispielen, die bewußt simpel, aber anschaulich sind, läßt sich das mögliche Ausmaß multimedialer Unternehmenskonzentration sehr plastisch verdeutlichen:[346]

> *Beispiel 1:*
> *Ein großer Medienkonzern nimmt mit einer seiner Schallplattenfirmen eine berühmte Pop-Gruppe unter Vertrag. Zeitungen und Zeitschriften des Konzerns berichten über die Gruppe und ihre neuesten Werke, die von Radiosendern des Konzerns bevorzugt gespielt werden und über die Internet-Seiten des Konzerns als komprimierte Dateien auf CD gebrannt werden können. Die passenden Musik-Videos werden in passenden Fernsehprogrammen, an denen der Konzern beteiligt ist, gezeigt.*
>
> *Beispiel 2:*
> *Ein Medienkonzern verpflichtet einen bekannten Romanautor. Sein neuestes Werk erscheint als Vorabdruck in Zeitungen oder Zeitschriften des Konzerns. Die Filmrechte liegen bei einer Produktionsfirma des Konzerns, die den Film über den eigenen TV-Sender ausstrahlen will. Als Videocassette soll der Film über kombinierte AV- und Buchclubs verkauft werden, die gleichfalls zum Konzern gehören.*

In diesen Beispielen deutet sich die eigentliche Problematik an. Denn es stellt sich die Frage, wie weit die Einflußnahme gegen den Mißbrauch wirtschaftlicher Machtstellungen von Medienunternehmen gehen muß, um nicht nur das für den Bereich des Wirtschaftsbetriebes dieser Unternehmen erforderliche und verträgliche Maß gesunden Wettbewerbs zu gewährleisten, sondern um auch sicherzustellen, daß zugleich das erforderliche Maß an publizistischem Wettbewerb, der am Ende über die Vielfalt der vermittelten Meinungen entscheidet, erreicht wird. Die Diskussion hat sich dabei bislang vornehmlich mit den Gefahren der Verflechtung von Presse und Rundfunk auseinandergesetzt,[347] allerdings läßt sich das erkannte Gefahrenpotential nahezu ausnahmslos auf die Verflechtungen im Bereich der neuen Medien übertragen.

---

345 Für den Rundfunkbereich vgl. etwa die Marktanteile in den Jahren 1996 - 1999 der Kirch-Gruppe und CLT-UFA in einer Abbildung bei Jochimsen, K&R 1999, 433 (438).

346 Die Beispiele sind entnommen aus Röper/Pätzold, Medienkonzentration in Deutschland, S. 185. Röper/Pätzold wollen damit allerdings Synergieeffekte im Medienbereich illustrieren, die zu den häufigsten Argumenten für den Erwerb eines Unternehmens aus einem anderen Medienbereich zählen.

347 Vgl. beispielsweise etwa Spieler, Fusionskontrolle im Medienbereich, S. 116 ff.; Kübler, Medienverflechtung, S. 92 ff.

In publizistischer Hinsicht ist etwa zu befürchten, daß es durch Unternehmensfusionen statt zu einer Erweiterung des Medienangebots zu einer Vereinheitlichung der Medieninhalte kommt. Diese unternehmerischen Verbünde gefährden den Meinungspluralismus durch Homogenisierung der redaktionellen Inhalte, wenn beispielsweise die Redaktion der Zeitung und der Sendeprogramme aus Kostengründen denselben Personen anvertraut wird.[348] So weitet sich die Möglichkeit der Einflußnahme des Medieneigentümers auf die Medieninhalte aus. Daneben treten zudem noch mögliche negative Auswirkungen auf den wirtschaftlichen Wettbewerb. Wegen der unbestritten gegebenen Synergieeffekte, die Fusionen und Unternehmensverflechtungen bieten – jedenfalls dann, wenn sie betriebswirtschaftlich Sinn machen -, verfügen die Eigner verschiedener Unternehmen über eine Reihe von Wettbewerbsvorteilen. Bei einer Zunahme der diagonalen Konzentration, wie hier in Form eines Medienverbundes, wiederholen und verstärken sich die Folgen, die der horizontalen und der vertikalen Medienkonzentration jeweils für sich zuzuschreiben sind. So nehmen etwa die Möglichkeiten der Mehrfachverwertung zu, die Möglichkeit und das Motiv, den redaktionellen Teil der Medien für werbliche Zwecke zu mißbrauchen, gewinnt an Gewicht, ferner nimmt die Kontrolle von Aktivitäten durch den Markt ab. Diese Vorteile sind grundsätzlich geeignet, andere Interessenten vom Markt fernzuhalten. Problematisch ist an dieser Stelle jedoch, daß sich der konkrete Nachweis, ob und inwieweit diese Wettbewerbsvorteile zu einer positiven Wirkung führen bzw. geführt haben, nur schwer erbringen läßt.
Um multimediale Unternehmenszusammenschlüsse zu kontrollieren, könnte daher grundsätzlich das bestehende ökonomische Instrumentarium, die kartellrechtlichen Vorschriften, genutzt werden. Es hält Regelungen bereit, die darauf zielen, bestimmte Unternehmenszusammenschlüsse zu verhindern. Wegen der begrenzten Wirksamkeit des kartellrechtlichen Instrumentariums[349] steht für die Medienkonsumenten jedoch die Befürchtung im Vordergrund, daß die Meinungsvielfalt eingeschränkt wird. Immerhin liegt es im Bereich des Möglichen, daß ein Medienunternehmen seine gestärkte Position durch die multimediale Integration dazu mißbrauchen könnte, Qualität, Vielfalt und Leistung zu senken, gleichzeitig aber die Preise für die Konsumenten und die werbetreibende Wirtschaft zu erhöhen. Damit erscheint es wahrscheinlich, daß die publizistische Vielfalt beeinträchtigt und der wirtschaftliche Wettbewerb verzerrt werden. Dies belegt, daß das ökonomische Instrumentarium zwar das erste, jedoch nicht die einzige und vor allem einzig ausreichende Maßnahme für die Sicherung der Vielfalt der Meinungen ist, daß es hier auch eines Instrumentariums publizistischer Fusionskontrolle bedarf, dessen „Aufgreifschwelle" schon bei Anteilen

[348] Vgl. Kübler, Medienverflechtung, S. 93.
[349] Siehe dazu etwa unten auf Seite 147 ff.

ansetzen muß, die noch weit unter einer wirtschaftlichen Bedrohlichkeit angesiedelt sind.
Nicht gefolgert werden kann jedoch aus diesem Ergebnis, daß für ein gesondertes Medienkonzentrationsrecht mit eigenen Aufsichtsbehörden eine unbefristete Existenzberechtigung bestünde. Dies heißt lediglich, daß das allgemeine Wettbewerbsrecht in der derzeit gültigen Fassung nicht zur umfassenden Lösung von Fragen in spezifischer Wettbewerbsbereichen geeignet ist. Neben der Beibehaltung eines speziellen Medienkonzentrationsrechts könnte man auch an eine Ergänzung des Kartellrechts um Normen denken, die den Gefahren publizistischer Konzentration Rechnung tragen und damit spezifisches Wettbewerbsrecht überflüssig machen würde.

2. Rundfunk

a) Medienkonzentrationsrecht

Das Problem wachsender Konzentration von wirtschaftlichem und publizistischem Potential in wenigen Händen ist freilich kein neues oder gar erst jetzt erkanntes. An das Karlsruher Niedersachsen-Urteil anknüpfend, in dem das Bundesverfassungsgericht die rechtlichen Grundlagen für das heutige deutsche duale Rundfunksystem gelegt hat und speziell das Entstehen multimedialer Meinungsmacht auf der lokalen und der regionalen Ebene als besonders problematisch eingestuft hatte,[350] haben die Bundesländer Fragen der Entwicklung des öffentlich-rechtlichen und des privaten Rundfunks 1987 erstmals einvernehmlich in dem Staatsvertrag zur Neuordnung des Rundfunkwesens geregelt.[351] Dieser Rundfunkstaatsvertrag sah zweierlei Arten von Vielfaltssicherung vor. Zentrale Vorschrift war in dieser Hinsicht der Art. 8 RStV 1987, der die Sicherung der Meinungsvielfalt gewährleisten sollte. Einmal statuierte er ein relativ lockeres, teils binnen-, teils außenplurales Vielfaltsprinzip und setzte entsprechende programmrechtliche Mindestanforderungen fest (Art. 8 Abs. 1-Abs. 3, Abs. 6). Zum anderen enthielt er erste Vorschriften über eine rundfunkrechtliche Konzentrationskontrolle (Art. 8 Abs. 5).
Um in den neuen und alten Bundesländern ein einheitlich geltendes Rundfunkrecht zu schaffen, haben die Ministerpräsidenten im August 1991 nach nur kurzen Verhandlungen den Staatsvertrag über den Rundfunk im vereinten Deutschland unterzeichnet.[352] Ein weiterer Grund für die Novellierung war die

---

350 4. Rundfunkentscheidung des Bundesverfassungsgerichts, Urt. v. 4.11.1986, E 73, 118 (177).

351 Staatsvertrag zur Neuordnung des Rundfunkwesens v. 1./3.4.1987, abgedr. in MP Dok. II/1987, S. 81 ff.

352 Vgl. Witt, MP 1992, 24 (24 ff.); abgedr. u.a. in MP Dok. IIIa/1991, S. 105 ff.

Anpassung des deutschen Rundfunkrechts an die Fernsehkonvention des Europarats und die EG-Fernsehrichtlinie.[353]
Mit dem Rundfunkstaatsvertrag von 1991 sind die Konzentrationsvorschriften für den bundesweit verbreiteten Rundfunk ergänzt und präzisiert und 1996 zuletzt mit dem 3. Rundfunkänderungsstaatsvertrag, der am 1.1.1997 in Kraft getreten ist,[354] hinsichtlich der Veranstalterkonzentration einer weiteren Modifizierung unterzogen worden. Zwar ist der Rundfunkstaatsvertrag in der Zwischenzeit Gegenstand weiterer Novellierungen geworden, doch sehen die Fassungen des 4. und 5. RÄndStV keine Änderung der medienkonzentrationsrechtlichen Bestimmungen vor. Im Mittelpunkt der zum 1.4.2000 in Kraft getretenen Modifizierung stehen im wesentlichen Fragen des Jugendschutzes, der Werberegulierung sowie der Kabelbelegung im digitalen Fernsehen.[355] Der 5. RÄndStV enthält in erster Linie eine Änderung der Rundfunkgebühr und ist zum 1.1.2001 in Kraft getreten.[356]

aa) Der Rundfunkstaatsvertrag von 1991

Neben den gerade erwähnten Motiven für eine Novellierung des ursprünglichen Rundfunkstaatsvertrages resultierten die Modifizierungen insbesondere daraus, daß sich die normierten Instrumentarien zur Konzentrationskontrolle als wenig effektiv erwiesen.[357] Im Rundfunkstaatsvertrag von 1991 waren gegenüber Art. 8 RStV 1987 umfangreiche Ergänzungen der Konzentrationsvorschriften vorgenommen worden. Hatte etwa der alte RStV die Materie der Sicherung der Meinungsvielfalt nur in einer Vorschrift geregelt, hielt der RStV 1991 nunmehr mit den §§ 20 – 22 schon drei Bestimmungen zu dieser Frage bereit.
Der Rundfunkstaatsvertrag von 1991 verwendet ähnlich seinem Vorgänger jenes lockere programmliche Vielfaltprinzip (§ 20 Abs. 1-Abs. 4). Während § 29 Abs. 2 RStV 1991 noch bestimmte, daß der grundsätzlich auf das Gesamtangebot der Vollprogramme bezogene Vielfaltsstandard für jedes einzelne Programm gilt, „solange nicht mindestens drei in der Bundesrepublik Deutschland veranstaltete private Fernsehvollprogramme von verschiedenen Veranstaltern bundesweit verbreitet werden, die jeweils von mehr als der Hälfte der Teilnehmer empfangen werden können“, verzichtet § 25 RStV 1997 inzwischen auf eine derartige binnenplurale Bestimmung.[358]

---

353 Die Entstehungsgeschichte ist umfassend dokumentiert bei Hartstein/Ring/Kreile/Dörr/Stettner, Rundfunkstaatsvertrag, § 20 Rdnr. 1.
354 Abgedr. in MP Dok. I/1996, S. 1 ff.
355 Der Text der Fassung des 4. RÄndStV ist erhältlich unter http://www.alm.de.
356 Vgl. auch Dörr/Eckl, NJW 1999, 1925 (1932 f.); Hess, AfP 2000, 61 (67 f.).
357 Vgl. v. Wallenberg, ZUM 1992, 387 (387).
358 Eine derartige Regelung wird mittlerweile als entbehrlich angesehen, da drei Vollprogramme gemäß § 20 Abs. 2 RStV 1991 inzwischen dauerhaft am Markt seien. Vgl. dazu Stock, in: Stock/Röper/Holznagel, Medienmarkt und Meinungsmacht, S. 12.

Die Antikonzentrationsbestimmungen des alten § 21 RStV 1991 verbanden mehrere vom Bundesverfassungsgericht gebilligte binnen - und außenpluralistische Ansätze. Überschrieben mit dem jurisdiktorischen Anspruch „Sicherung der Meinungsvielfalt" sollten sie unter ökonomischen Prämissen übermäßige Marktmacht und durch sie bedingte einseitig vorherrschende Meinungsmacht unterbinden. Es handelte sich bei § 21 Abs. 1 – 5 RStV 1991 um Grenzen der Mehrfachprogrammträgerschaft in Hörfunk und Fernsehen, um Beteiligungsgrenzen bei entsprechenden Fernsehprogrammen und um die Zurechnung sonstiger Möglichkeiten der Einflußnahme auf die Programmgestaltung. Multimediale Verflechtungen waren von der Regulierung ausgeklammert. In § 21 Abs. 6 RStV 1991 war lediglich vorgesehen, daß die Landesmedienanstalten regelmäßig einen gemeinsamen Bericht veröffentlichen sollten, welcher die Verflechtungen im Medienbereich berücksichtigen sollte und damit auf die Beobachtung des Komplexes „Cross-Media-Ownership" zugeschnitten war.

Dieses sogenannte „Beteiligungsmodell" war in dem rasch expandierenden deutschen Medienmarkt schon bald an seine Grenzen gestoßen.[359] Es wurde ganz überwiegend als gescheitert betrachtet.[360] Bekanntlich provozierte diese abgestufte Festlegung prozentualer Kapital- und Stimmrechtsbegrenzungen regelrecht zur Umgehung und schuf die dementsprechenden Tatbestände. Der Anreiz zu Umgehungsversuchen wurde durch die teils aktienrechtlichen, teils kartellrechtlichen und teils publizistischen Zurechnungsregeln des § 21 RStV eben nicht abgefangen, sondern eher erhöht.[361] In Verbindung mit dem für die Rundfunkveranstaltung erforderlichen hohen Kapitalinvestment hat der Zwang zur Anbietergemeinschaft einen Anreiz zur Bildung strategischer Allianzen („Senderfamilien") gesetzt und damit das Gegenteil seiner Zwecksetzung, der Konzentrationsbekämpfung, bewirkt.[362] Deutsche Medienunternehmen hatten ihre Beteiligungsmöglichkeiten weitgehend ausgeschöpft, weshalb zu befürchten war, daß das weitere Wachstum des deutschen Medienmarktes, insbesondere des TV-Marktes, vor allem ausländischen Großunternehmen zugute kommen würde. Folge davon wäre eine bedrohliche Gefährdung der Wettbewerbsfähigkeit deutscher Medienunternehmen gewesen.[363]

---

359 Eine umfassende Betrachtung des Wettbewerbs im privaten kommerziellen Rundfunk unter besonderer analytischer Betrachtung des § 21 RStV 1991 ist zu finden bei Clausen-Muradian, Konzentrationstendenzen und Wettbewerb im Bereich des privaten kommerziellen Rundfunks und die Rechtsprobleme staatlicher Rundfunkaufsicht, S. 111 ff.; zur Kritik des Beteiligungsmodells des § 21 RStV 1991 vgl. auch dies., ZUM 1996, 934 (935 ff.); dazu auch noch einmal jüngst Bohl, Konzentrationskontrolle in den elektronischen Medien, S. 90 ff.

360 Vgl. z.B. Niewiarra, ZUM 1993, 2 (5); Kleist, ZUM 1993, 503 (506).

361 Siehe dazu Engel, ZUM 1993, 557 (568).

362 Hege, AfP 1995, 537 (539).

363 Siehe dazu Jochimsen AfP 1999, 24 (26); Kuch, ZUM 1997, 12 (13).

bb) Der Rundfunkstaatsvertrag von 1996

Nachdem den materiellen Regelungen des Rundfunkstaatsvertrages aus dem Jahr 1991 einiges an Kritik widerfahren war, insbesondere auch die mangelnde Effizienz des Verfahrensrechts gerügt worden war,[364] hatte Bayern als Alternative zu diesem bisherigen System vorgeschlagen, Meinungsvielfalt künftig durch ein Zuschaueranteilsmodell zu sichern. Nach längeren Auseinandersetzungen konnten sich die Ministerpräsidenten der Länder im Jahr 1996 im 3. Rundfunkänderungsstaatsvertrag darauf verständigen.[365] Bezugsgröße des Zuschaueranteilsmodells in seiner reinen Form ist allein der demoskopisch zu ermittelnde Zuschaueranteil der bundesweit verbreiteten Fernsehprogramme.[366] Neben der dominierenden Rolle des Zuschaueranteilsmodells sind es Züge der Mediennutzungs- und des Marktzugangsmodells, sowie Ansätze eines binnenpluralistischen Konzepts, die derzeit zur Erreichung dieses Ziels beitragen sollen. Damit stellt das neue Medienkonzentrationsrecht eine Kombination aus den vorweg diskutierten Regelungsmodellen dar, die in den §§ 25 – 34 RStV normiert wurde und nun die Sicherung der Meinungsvielfalt gewährleisten soll.[367]

aaa) Materielles Medienkonzentrationsrecht

Nach dem Zuschaueranteilsmodell ist nicht mehr der Umfang der Beteiligungen an Rundfunkveranstaltern ausschlaggebend für die Konzentrationskontrolle, sondern die publizistische Reichweite, die ein Unternehmen durch diese jetzt unbegrenzten Beteiligungen an Fernsehveranstaltern erzielt. Zunächst steht privater Rundfunk gemäß § 20 Abs. 1 RStV nach den entsprechenden Regelungen der Länder unter einem Zulassungsvorbehalt. Kernstück der neuen Regelungen zur Sicherung der Meinungsvielfalt im Rundfunk ist jedoch § 26 RStV. Das Medienkonzentrationsrecht ist mit dieser Regel grundlegend umgestaltet worden. Nach Abs. 1 der vorstehenden Vorschrift, die den Ausgangspunkt der neuen Konzentrationskontrolle für das bundesweite Fernsehen darstellt, ist es einem Unternehmen nunmehr erlaubt, in der Bundesrepublik Deutschland selbst oder durch ihm zurechenbare Unternehmen bundesweit im Fernsehen eine un-

---

364 Das unzureichende Auskunftsinstrumentarium der Landesmedienanstalten hatte dazu beigetragen, daß die medienrechtliche Konzentrationskontrolle von politischer Rücksichtnahme nicht unbeeinflußt blieb. Eine Zusammenfassung der Kritik am Beteiligungsmodell bei Clausen-Muradian, ZUM 1996, 934 (935 ff.).

365 Zur Entstehungsgeschichte und zum Verfahrensgang des 3. Rundfunkänderungsstaatsvertrages siehe Stock, in: Stock/Röper/Holznagel, Medienmarkt und Meinungsmacht, S. 16 ff.

366 Kübler, MP 1995, 48 (54).

367 Eingehend zur Modelldiskussion siehe Clausen-Muradian, Konzentrationstendenzen und Wettbewerb im Bereich des privaten kommerziellen Rundfunks und die Rechtsprobleme staatlicher Rundfunkaufsicht, S. 150 ff., insbesondere S. 164; ebenso dies., ZUM 1996, 934 (936 ff.).

begrenzte Anzahl von Programmen zu veranstalten, solange es dadurch keine vorherrschende Meinungsmacht erlangt. Wann dies der Fall ist, erläutert Abs. 2, der zwei verschiedene Vermutungstatbestände enthält. Vorherrschende Meinungsmacht wird zum einen vermutet, wenn die einem Unternehmen zurechenbaren Programme im Jahresdurchschnitt einen Zuschaueranteil von 30 % erreichen. Gleiches gilt nach Abs. 2 Satz 2 bei einer geringfügigen Unterschreitung dieser Höchstgrenze, sofern es auf einem medienrelevanten verwandten Markt eine marktbeherrschende Stellung hat oder eine Gesamtbeurteilung seiner Aktivitäten im Fernsehen und auf den medienrelevanten verwandten Märkten ergibt, daß der dadurch erzielte Meinungseinfluß einem Zuschaueranteil von 30 % entspricht.
Aus dieser Regelung wird erkennbar, daß der Gesetzgeber den Begriff der „vorherrschenden Meinungsmacht“ im wesentlichen an die Anzahl der erreichten Zuschauer oder einen diesem entsprechenden oder gleichwertigen Sachverhalt knüpft. Mit § 26 Abs. 2 S. 2 RStV hat er auch erstmals eine Cross-ownership-Regelung eingeführt.
Die Anknüpfung an den Zuschaueranteil wirft indes eine Menge Fragen auf, zu deren Klärung die folgenden Ausführungen beitragen sollen. Zu den wichtigsten Problemen gehören wohl die Fragen, wie der Begriff des „Zuschaueranteils“ exakt zu bestimmen ist, wie „vorherrschende Meinungsmacht“ dokumentiert werden kann und welche Zusammenhänge zwischen Fernsehen und medienrelevanten verwandten Märkten in die Konzentrationsanalyse einzubeziehen sind.[368]

(1) Vorherrschende Meinungsmacht nach § 26 Abs. 2 RStV

§ 26 Abs. 2 RStV enthält zwei Vermutungstatbestände, die selbständig nebeneinander bestehen. Diese staatsvertraglichen Vermutungsregelungen bewirken eine Umkehr der materiellen Beweislast. Es handelt sich dabei um eine widerlegbare Vermutung, d. h. der Unternehmer kann durch entsprechende Darlegung die Vermutung erschüttern (§ 292 S. 1 ZPO analog).[369] Wie oben schon angedeutet, sind die Vermutungstatbestände grundsätzlich in beide Richtungen als offene Beweislastregeln konzipiert. Durch die Grenze von 30 % wird sicher gestellt, daß immer mindestens vier Unternehmen mit Programmen am Markt sind, unter Einschluß der öffentlichen Systeme. Vorherrschende Meinungsmacht eines einzelnen Unternehmens ist damit ausgeschlossen.[370] Diesen Grenzwert erreicht jedoch bisher kein in Deutschland sendendes Unternehmen.

---

368 Eine umfassende Darstellung des materiellen Rechts zur Sicherung der Meinungsvielfalt des RStV, insbesondere der Zurechnungsregeln, nach denen zu beurteilen ist, welche Programme einem Rundfunkunternehmen zuzurechnen sind, ist zu finden bei Bohl, Konzentrationskontrolle in den elektronischen Medien, S. 99 ff., 122 ff.

369 Neft, ZUM 1998, 458 (460); Hess, AfP 1997, 680 (682).

370 Vgl. Kuch, ZUM 1997, 12 (14).

Die Ermittlung der Zuschaueranteile wird durch den Rundfunkstaatsvertrag nicht einem bestimmten System zugeordnet, er definiert den Begriff nicht, er setzt ihn voraus.[371] Gefordert wird nur, daß die Ermittlung aufgrund repräsentativer Erhebungen bei Zuschauern ab drei Jahren nach allgemein anerkannten wissenschaftlichen Methoden durchgeführt wird (§ 27 Abs. 2 RStV). Zurückgegriffen wird bei der Bemessung der Zuschaueranteile in erster Linie auf die heute schon bewährten und angewendeten Meßmethoden, wie etwa die GfK-Fernsehforschung.[372] Ob eine solche Bestimmung der Marktanteile letztlich eine justitiable Grundlage für den Vollzug der neuen Konzentrationsvorschriften darstellt, wird insbesondere von der Qualität der zukünftigen Ermittlungsgutachten abhängen und muß sich in der Praxis erweisen.[373]

Als letzter Schritt ist schließlich zu prüfen, wie die Zurechnung der so erfaßten Zuschaueranteile auf die an den Sendern beteiligten Unternehmen erfolgen soll. Hier greift die Grundsatznorm des § 28 RStV auf Tatbestände des Gesellschafts- und Kartellrechts zurück. Zugerechnet werden gemäß § 28 Abs. S. 1 RStV jedenfalls alle Programme, die das Unternehmen selbst veranstaltet oder die von einem Unternehmen veranstaltet werden, an dem es mit mindestens 25 % der Kapitalanteile beteiligt ist oder einen vergleichbaren Einfluß ausübt (Abs. 2). Beteiligungen, die unterhalb dieser Schwelle liegen, werden von der Kontrolle nicht mehr erfaßt.

§ 28 Abs. 4 RStV enthält die sog. Angehörigenklausel und verweist auf die Grundsätze des Wirtschafts- und Steuerrechts. Danach sollen bei der Prüfung und Bewertung vergleichbarer Einflüsse auf einen Veranstalter auch bestehende Angehörigenverhältnisse berücksichtigt werden.[374] Diese Vorschrift ist aber insofern problematisch, als es nach der zu vergleichbaren Regelungen des Gesellschafts- und Steuerrechts erfolgten Rechtsprechung keinen Erfahrungssatz gibt, wonach Familienangehörige stets gleichgerichtete Interesse verfolgen.[375] Dem-

---

371 Vgl. Hess, AfP 1997, 680 (682).

372 Zur Darstellung des derzeit in Deutschland praktizierten Systems zur Zuschaueranteilserhebung und zur Vorstellung weiterer Systeme siehe etwa Steinmann, Meßinstrumente zur kontinuierlichen Erhebung der Zuschaueranteile – Stand der Meßtechnik, Entwicklungstrends, S. 79 ff., in: Die Landesmedienanstalten (Hrsg.), Zuschaueranteile als Maßstab vorherrschender Meinungsmacht; sowie Darkow, Möglichkeiten und Grenzen der kontinuierlichen Fersehzuschauerforschung, S. 126 ff., in: ebd.

373 Zu einzelnen möglicherweise auftretenden Problemen siehe eingehender Hess, AfP 1997, 680 (682 f.). Kuch hält solche Zweifel wegen vergleichbarer Problemlagen in unserer Rechtsordnung – etwa die Ermittlung der Blutalkoholkonzentration, die ebenfalls Ungenauigkeiten aufweisen kann – für unbegründet, vgl. Kuch, ZUM 1997, 12 (14).

374 Zur Entstehungsgeschichte der Klausel vgl. Stock, in: Stock/Röper/Holznagel, Medienmarkt und Meinungsmacht, S. 38, eingehend zur Angehörigenklausel Schweitzer, ZUM 1998, 597 ff.

375 Vgl. BVerfG, Beschl. v. 12.3.1985, E 69, 188 (206); BGHZ 62, 193, 200 f.; BGHZ 80, 69, 73. Vgl. wegen eines praktischen Anwendungsfalls der Angehörigenklausen

entsprechend hätte man im Grunde auf die gesonderte Erwähnung von Angehörigen im neuen Medienkonzentrationsrecht verzichten können, worauf sich die Länder bei der Gesetzgebung jedoch nicht verständigen konnten.[376]

(2) Einbeziehung medienrelevanter verwandter Märkte

Nachdem früher Versuche gescheitert waren, medienrelevante verwandte Märkte mit in die Betrachtung einzubeziehen und damit eine bundesweite Cross-Ownership-Regelung für Fernsehen und Presse einzuführen, enthält der novellierte Rundfunkstaatsvertrag von 1996 mit § 26 Abs. 2 S. 2 erstmals eine solche Vorschrift.[377] Die Norm bezieht den Printbereich und andere medienrelevante verwandte Märkte in die medienrechtliche Vielfaltskontrolle insoweit ein, als bei einer geringfügigen Unterschreitung der 30 %-Zuschaueranteilsgrenze – aber auch nur dann - die Betätigung eines Unternehmens auf den verwandten Märkten in die Prüfung vorherrschender Meinungsmacht einzubeziehen sind.
Hier mischt sich die Dominanz des Zuschaueranteilsmodells mit dem sog. Mediennutzungsmodell, das ausdrücklich auf der Einbeziehung anderer Medienmärkte in die Ermittlung vorherrschender Meinungsmacht bestand.[378] Die amtliche Begründung nennt als medienrelevante verwandte Märkte beispielhaft Werbung, Hörfunk, Presse, Rechte und Produktion.[379] Für die vorliegende Untersuchung ist an dieser Stelle von besonderem Interesse, ob auch die neuen Mediendienste innerhalb des fraglichen relevanten Marktes liegen können. Die Medienrelevanz dieser Dienstleistungen ist jedenfalls unzweifelhaft bei allen vorkommenden Formen der Dienste gegeben. Das jetzige Modell der Konzentrationskontrolle im Rundfunkstaatsvertrag ist jedoch stark fernsehzentriert,[380] so daß die entscheidende Frage lautet, ob diese medienrelevanten neuen Dienstleistungen zugleich „verwandt“ sind mit dem Fernsehmarkt. Nicht entschieden zu werden braucht hier, welche konkret der in Betracht zu ziehenden Mediendienste dem Anwendungsbereich des Rundfunkstaatsvertrages unterfallen, entscheidend ist, daß bei denjenigen neuen Mediendiensten, bei denen ein rund-

---

auch Seite 152 ff. und Bohl, Konzentrationskontrolle in den elektronischen Medien, S. 162 ff.

376 In der Literatur wird diese Regelung daher auch als „Arabeske am Rande“ bezeichnet, vgl. Kuch, ZUM 1997, 12 (15); Neft, ZUM 1998, 458 (461); Hess, AfP 1997, 680 (684 f.).

377 Vgl. Neft, ZUM 1998, 458 (462 ff.); Kuch, ZUM 1997, 12 (15).

378 Es kommt das Mediennutzungsmodell zu Anwendung, wenn als Bezugsgröße für den Einfluß eines Rundfunkunternehmens nicht mehr nur ein, nämlich der Zuschauermarkt gewählt wird, sondern darüberhinaus auch ein anderer meinungsbildungsrelevanter Markt, etwa der Lesermarkt, berücksichtigt wird. Vgl. dazu Clausen-Muradian, ZUM 1996, 934 (936 f.). Damit offenbart sich auch, daß in den Rundfunkstaatsvertrag von 1996 eine Kombination aus verschiedenen Regelungsmodellen Einzug fand.

379 Amtliche Begründung zu § 26 RÄndStV, abgedr. in MP Dok. I/1996, 38 (47 ff.).

380 Stock, in: Stock/Röper/Holznagel, Medienmarkt und Meinungsmacht, S. 35.

funkspezifischer Regulierungsbedarf – einschließlich vorbeugender Konzentrationskontrolle – anzunehmen ist, der Einzugsbereich des Rundfunkstaatsvertrags eröffnet ist, wenn auch nur zum kleinsten Teil, nämlich in Gestalt der Regelung des § 26 Abs. 2 S. 2 RStV. Vereinfacht wird diese Problematik insofern, als die nicht dem Rundfunkbereich zuzuordnenden Multimedia-Dienste rechtspolitisch abgetrennt[381] und ihnen separate Regelungen vorbehalten wurden.[382] Damit ist natürlich aber nichts darüber ausgesagt, mit Hilfe welcher Unterscheidungsmerkmale man versucht, zwischen rundfunkspezifischen und nicht-rundfunkspezifischen Mediendiensten zu differenzieren.

Die Formulierung von § 26 Abs. 2 S. 2 RStV erlaubt es, die Grenzen des medienrelevanten verwandten Marktes sehr viel weiter und flexibler zu ziehen als im Rahmen der wettbewerbsrechtlichen Zusammenschlußkontrolle. Dafür spricht, daß diese Cross-Ownership-Regelung keine starre Anteilsgrenze bedeutet, sondern einen gewissen Erfassungsspielraum läßt. Die enge Marktabgrenzung des Kartellrechts kann daher nicht zur Bestimmung der Marktbeherrschung auf den verwandten Märkten herangezogen werden. Bei den medienspezifischen Konzentrationsvorschriften geht es um Vielfaltssicherung, um die Verhinderung multimedialer Meinungsmacht, so daß es nicht darauf ankommt, bestimmte Märkte in seine Teilsegmente zu untergliedern.[383]

(3) Folgen der Feststellung vorherrschender Meinungsmacht

Zunächst sei kurz daran erinnert, daß das Erreichen oder die Überschreitung der 30 %-Grenze lediglich die Vermutung vorherrschender Meinungsmacht begründet. Nach § 26 Abs. 3 RStV darf für weitere diesem Unternehmen zurechenbare Programme zunächst einmal keine Zulassung erteilt oder der Erwerb weiterer zurechenbarer Beteiligungen an Veranstaltern nicht als unbedenklich bestätigt werden. Diese Vorschrift normiert ein gesetzliches Verbot, das einer einvernehmlichen Regelung mit den betroffenen Unternehmen nicht zugänglich ist.[384] Bestehen Anhaltspunkte für das Vorliegen von vorherrschender Meinungsmacht bzw. wird diese festgestellt, kann das Medienunternehmen durch geeignete, zur Beseitigung der vorherrschenden Meinungsmacht führende Maßnahmen dieser Situation begegnen.

---

381 Vgl. Kreile, CR 1998, 24 (28).

382 Einschlägig ist auf Bundesebene das Informations- und Kommunikationsdienste-Gesetz (IuKDG) v. 22.7.1997, BGBl. 1997 I, S. 1870 ff.; auf Länderebene besteht ein damit in Grundzügen abgestimmter Staatsvertrag über Mediendienste (MDStV) vor, abgedr. in MP Dok. I/1997, 17 ff.

383 Vgl. dazu Kuch, ZUM 1997, 12 (15).

384 Vgl. Hess, AfP 1997, 680 (685).

(a) Entflechtung

Zur Entschärfung von Umständen, die vorherrschende Meinungsmacht begründen, sieht § 26 Abs. 4 RStV verschiedene Schritte vor, die die Kommission zur Ermittlung der Konzentration im Medienbereich (KEK)[385] mit dem betroffenen Unternehmen erörtert. In erster Linie besteht für das Unternehmen nach § 26 Abs. 4 Nr. 1 RStV die Option, ihm zurechenbare Beteiligungen an Veranstaltern aufzugeben, bis der zurechenbare Zuschaueranteil des Unternehmens hierdurch unter die Grenze von 30 % fällt. Nach § 26 Abs. 4 Nr. 2 RStV kann es ferner seine Marktstellung auf medienrelevanten verwandten Märkten[386] vermindern oder ihm zurechenbare Beteiligungen an Veranstaltern aufgeben, wenn hierdurch die einem Zuschaueranteil von 30 % vergleichbare Stellung vermuteter Meinungsmacht beseitigt wird.

(b) Vielfaltssichernde Maßnahmen

An Stelle von Entflechtungsmaßnahmen kann das Unternehmen aber auch in Erwägung ziehen, nach § 26 Abs. 4 Nr. 3 RStV mögliche veranstalterinterne „vielfaltssichernde Maßnahmen" zu ergreifen. Derartige Maßnahmen sind im einzelnen in den §§ 30 bis 32 RStV geregelt. Zu diesen Möglichkeiten zählen die Einräumung von Sendezeit für unabhängige Dritte und die Einrichtung eines Programmbeirats.

§ 26 Abs. 4 S. 3 RStV enthält schließlich eine Lösung für den Fall, daß sich das betroffene Unternehmen und die KEK überhaupt nicht oder nicht in angemessener Frist auf eine dieser Maßnahmen einigen können. Als letzter Ausweg bleibt für die zuständige Landesmedienanstalt dann nur noch, die Zulassung von so vielen dem Unternehmen zurechenbaren Programmen zu widerrufen, bis keine vorherrschende Meinungsmacht mehr festzustellen ist. Diese Möglichkeit steht ihr auch in Bezug auf multimediale Unternehmensverflechtungen zu. Daß die Landesmedienanstalten nicht weiter gehen können, als die Lizenz zu entziehen, hat schließlich kompetenzrechtliche Ursachen. Sie sind nur insoweit berechtigt zu handeln, als es um den Rundfunk geht. Gesellschaftsrechtliche Beteiligungsverhältnisse durch Zwang zu ändern, fiele in die Kompetenz des Bundes.[387]

(c) Offenlegung multimedialer Unternehmensstrukturen

Wesentliches Problem der Konzentrationskontrolle in der Vergangenheit war das Fehlen von Ermittlungsbefugnissen der Medienaufsicht. Nunmehr finden sich in § 22 RStV Auskunfts- und Ermittlungsbefugnisse, die der Erfüllung der

---

385 Zu Rechtsstellung und Aufgaben der KEK siehe Seite 88.

386 Die hier in Betracht kommenden Märkte sind auf Seite 84 schon kurz angedeutet.

387 Die einzelnen Modalitäten der vielfaltssichernden Maßnahmen unterzieht Hess einer genaueren Betrachtung, in Hess, AfP 1997, 680 (685 ff.).

sich aus den §§ 26 bis 34 RStV ergebenden Aufgaben dienen sollen. Hiermit korrespondieren die nach § 26 Abs. 6 und Abs. 7 RStV von der KEK zu erstellenden Konzentrationsberichte und Programmlisten, die von den zuständigen Landesmedienanstalten veröffentlicht werden. Auch sie dienen der Sicherung der Meinungsvielfalt, zwar nicht unmittelbar wie die soeben genannten Maßnahmen, doch sind sie in der Lage, aufgrund der gesteigerten Unternehmenstransparenz die Vereinfachung der Kontrolle mulitmedialer Konzentration zu bewirken.[388] Als zusätzliche Maßnahme sind, um verstärkte Transparenz herzustellen, in § 23 RStV Publizitäts- und sonstige Vorlagepflichten gesetzlich eingeführt worden. Danach hat jeder Veranstalter jährlich einen Geschäftsbericht zu erstellen und nach Abs. 2 eine Aufstellung seiner Programmbezugsquellen vorzulegen. Die Notwendigkeit der Transparenz auf dem Medienmarkt wird deutlich, wenn man sich vor Augen führt, daß diese Publizitätspflichten nicht nur der Vorbereitung künftiger Regelungen dienen, sondern darüberhinaus auch eine sachgerechte Handhabung der neuen Konzentrationsvorschriften gewährleisten. In dieser Weise tragen sie letztlich nachhaltig dazu bei, die publizistische Vielfalt zu sichern.

bbb) Formelles Medienkonzentrationsrecht

Soweit es um die publizistische Vielfaltssicherung geht, hat mit dem neuen Rundfunkstaatsvertrag nicht nur das materielle Medienkonzentrationsrecht gewichtige Neuerungen erfahren, auch das Verfahren zur staatlichen Durchsetzung der medienspezifischen Konzentrationskontrolle hat sich erheblich geändert. Zentrale Einrichtung, die die Einheitlichkeit bundesweit gewährleisten soll, ist die neue Kommission zur Ermittlung der Konzentration im Medienbereich, kurz KEK genannt. Sie wird ergänzt durch die Konferenz der Direktoren der Landesmedienanstalten (KDLM).[389]

Die Bildung der genannten Organe und die mit ihrer Bildung verknüpften organisatorischen Regelungen gründen in der Überlegung, daß die Zuweisung der Konzentrationsaufsicht auf 15 Landesmedienanstalten[390] bislang mit der Unsicherheit behaftet war, daß die Landesmedienanstalten die Vorschriften zur publizistischen Vielfaltssicherung nach unterschiedlichen Maßstäben anwendeten

388 Vgl. Knothe, ZUM 1997, 6 (9 f.).

389 Eine Darstellung des Verfahrensrechts bei der Konzentrationskontrolle an dieser Stelle würde den Rahmen der Untersuchung sprengen. Es ergeben sich insoweit keine Besonderheiten, aus denen Rückschlüsse für eine neue Ordnung des Rechtsrahmens der Medienkonzentrationskontrolle gezogen werden könnten, so daß darauf verzichtet werden konnte. Eine eingehende Beschreibung des Verfahrensrechts siehe bei Bohl, Konzentrationskontrolle in den elektronischen Medien, S. 71 ff.

390 Berlin und Brandenburg haben auf staatsvertraglicher Basis eine gemeinsame Medienanstalt gegründet. Insgesamt bestehen daher in der Bundesrepublik 15 Landesmedienanstalten.

und durchsetzten. Neben der Überwindung dieser Disfunktionalitäten der bisherigen Rundfunkaufsicht sollten zweckfremde und sachwidrige Einflüsse ausgeschlossen werden. Gewährleistet werden sollte vor allem eine standortunabhängige und damit nicht standortpolitisch motivierte Medienkonzentrationskontrolle.[391]

(1) Die KEK

(a) Der organschaftliche Status

Gemäß § 35 Abs. 2 S. 1 Nr. 1 RStV dient die KEK der jeweils zuständigen Landesmedienanstalt als Organ bei der Überprüfung der Einhaltung der für die privaten Veranstalter geltenden Bestimmungen zur Sicherung der Meinungsvielfalt. Damit soll verdeutlicht werden, daß die KEK weder Organ aller Landesmedienanstalten ist noch als eigene rechtsfähige Anstalt gegründet wird. Sie ist vom Gesetzgeber als „wanderndes" Organ konstruiert und der jeweils handelnden, in ihrer Zuständigkeit grundsätzlich ungeschmälerten Landesmedienanstalt zugeordnet worden.[392] Neben der schon angedeuteten Sicherung der standortunabhängigen Kontrolle dürften auf diese Weise aufwendige Abstimmungsverfahren entfallen, wenn diese Prüfung in das Verfahren der allein für das Lizenzverfahren zuständigen Landesmedienanstalt eingebunden wird.[393]

(b) Bildung und Kompetenzbereich der KEK

Die KEK besteht aus sechs Sachverständigen des Rundfunk- und Wirtschaftsrechts, die – ebenso wie die beiden Ersatzmitglieder – von den Ministerpräsidenten der Länder einvernehmlich für fünf Jahre berufen werden. Drei der berufenen sechs Mitglieder der Kommission müssen die Befähigung zum Richteramt haben (§ 35 Abs. 3 S. 1 und 2 RStV). Satz 3 legt weitere Inkompatibilitätsregeln für die Mitglieder fest, die bei der Auswahl der Sachverständigen beachtet werden müssen. Durch die Dauer der Amtszeit der KEK-Mitglieder sowie durch das Berufungsverfahren soll ihre Unabhängigkeit verfahrensrechtlich abgesichert werden. Dieses Bestreben wird in hohem Maße insbesondere auch dadurch erreicht, daß die Mitglieder der KEK bei der Erfüllung ihrer Aufgaben nicht an Weisungen gebunden sind (§ 35 Abs. 5 RStV). Darüberhinaus soll der Konsenszwang bei der Ausübung der Berufung durch die Ministerpräsidenten der Länder die Ausgewogenheit der Auswahl sicherstellen und wird daher – jedenfalls von

---

391 Vgl. die amtliche Begründung zu § 35 RÄndStV, abgedr. in MP Dok. I/1996, 38 (55 f.); zur Entstehungsgeschichte siehe auch Kuch, ZUM 1997, 12 (13).

392 Vgl. Neft, ZUM 1999, 97 (98), Hess, AfP 1997, 777.

393 Vgl. Kuch, ZUM 1997, 12 (13).

den vertragschließenden Ländern[394] - als „föderalistisch gebrochene Staatsgewalt" in Verbindung mit den anderen Sicherungsvorkehrungen für mit dem aus Art. 5 Abs. 1 S. 2 GG erwachsenden Staatsfernegebot vereinbar erachtet.[395]
Die KEK wird vom Rundfunkstaatsvertrag mit verschiedenen Aufgaben betraut. § 36 Abs. 1 S. 1 RStV weist ihr die abschließende Beurteilung von Fragestellungen der Sicherung von Meinungsvielfalt im Zusammenhang mit der bundesweiten Veranstaltung von Fernsehprogrammen. In diesem Rahmen ist sie insbesondere zuständig für die Prüfung medienkonzentrationsrechtlicher Fragen bei der Entscheidung über eine Zulassung oder Änderung einer Zulassung, bei der Unbedenklichkeitsbestätigung von Veränderungen von Beteiligungen und bei der Erörterung der in § 26 Abs. 4 RStV genannten vielfaltssichernden Maßnahmen.[396] Neben dieser Kernkompetenz sind der KEK nach § 26 Abs. 6 und 7 RStV verschiedene Berichtspflichten auferlegt.[397] Während die Kernkompetenzen der KEK jeweils einen konkreten Prüfungsfall voraussetzen, sind die Berichtspflichten auch dann zu erledigen, wenn im Berichtszeitraum kein Anlaß für eine Einzelfallprüfung vorgelegen hat.[398]
Gemäß § 37 Abs. 1 RStV faßt die KEK ihre Beschlüsse mit der einfachen Mehrheit ihrer gesetzlichen Mitglieder. Die Beschlüsse sind zu begründen. In der Begründung sind die wesentlichen tatsächlichen und rechtlichen Gründe mitzuteilen. Die Beschlüsse der KEK sind gegenüber den anderen Organen der zuständigen Landesmedienanstalt grundsätzlich bindend und deren Entscheidungen zugrundezulegen.

(2) Die Rolle der KDLM

Nach der systematischen Konzeption der Medienaufsicht des Rundfunkstaatsvertrages ist die Beurteilung von Fragestellungen zur Sicherung der publizistischen Vielfalt im Bereich des bundesweiten Fernsehens nur in einem ersten Schritt der KEK zugewiesen.[399] Mit dem Staatsvertrag hat der Gesetzgeber ein zweites Organ, die Konferenz der Direktoren der Landesmedienanstalten

---

394 Ob die Berufung der KEK-Mitglieder durch die Ministerpräsidenten der Länder dem Gebot der Staatsferne des Rundfunks entspricht, ist schon in den Beratungen zum RStV diskutiert worden und wird auch heute noch in der Literatur kontrovers beurteilt. Die Beurteilung der Tauglichkeit der KEK als Instrument zur Bekämpfung der Medienkonzentration ist an dieser Stelle der Untersuchung noch nicht relevant und wird deshalb weiter unten zu erörtern sein, vgl. dazu Seite 151 ff.

395 Vgl. die amtliche Begründung zu § 35 RÄndStV, abgedr. in MP Dok. I/1996, 38 (56).

396 Zu diesem nicht abschließenden („insbesondere") Katalog der wesentlichen Fälle, in denen eine Zuständigkeit der KEK besteht, siehe schon oben auf Seite 86.

397 Dazu kurz auch bereits auf Seite 86.

398 Vgl. dazu Neft, ZUM 1999, 97 (99).

399 Vgl. Neft, ZUM 1999, 97 (102).

(KDLM), eingesetzt, dessen Funktion gewissermaßen in einer Art Revisionsinstanz gegenüber der KEK besteht.[400]

(a) Die Rechtsstellung und Zusammensetzung

Die durch § 35 Abs. 2 Nr. 2 RStV eingeführte KDLM dient ebenso wie die KEK der zuständigen Landesmedienanstalt als (Wander-)Hilfsorgan bei der Erfüllung ihrer Aufsichtstätigkeit. Sie setzt sich gemäß § 35 Abs. 4 RStV aus den jeweiligen gesetzlichen Vertretern der Landesmedienanstalten zusammen, die ihr kraft Amtes angehören. Diese Regelung wählt ausdrücklich die Vokabel „gesetzlicher Vertreter", um auch solche Verwaltungsspitzen von Landesmedienanstalten zu erfassen, die keinen Direktorenstatus haben.[401] Die Tätigkeit der Mitglieder der KDLM ist nach § 35 Abs. 4 S. 2 RStV unentgeltlich. Die Mitglieder sind im Rahmen ihrer Tätigkeit ebenso wie die Sachverständigen der KEK weisungsfrei (§ 35 Abs. 5 RStV), sie sind nicht Vertreter der Interessen der Landesmedienanstalt, die sie als deren gesetzlicher Vertreter zum Mitglied der KDLM werden läßt.[402]

(b) Die Funktionen der KDLM

Im Zusammenhang mit der Beurteilung der Einhaltung konzentrationsrechtlicher Vorschriften und dem Zuschaueranteil von 30 % beim bundesweiten Rundfunk ist das Urteil der KEK für die jeweils zuständige Landesmedienanstalt grundsätzlich verbindlich. Ist die Landesmedienanstalt mit dieser Entscheidung aber nicht einverstanden und will sie von ihr abweichen, kann sie gemäß § 37 Abs. 2 RStV die KDLM anrufen. Diese ist zuständig für die abschließende Bewertung eines die Sicherung der Meinungsvielfalt betreffenden Sachverhalts. § 37 Abs. 2 RStV sieht dazu ein internes Kontrollverfahren vor, an dessen Ende die KDLM als „Revisionsinstanz" steht.[403] Eine Abweichung von der KEK-Entscheidung ist allerdings nur möglich, wenn die KDLM innerhalb einer kurzen Frist angerufen wurde und eine Dreiviertelmehrheit der Direktoren fristgerecht einen abweichenden Beschluß faßt, ansonsten bleibt der Beschluß der KEK bindend. Wird jedoch die Mehrheit in der KDLM erreicht, tritt der abweichende Beschluß dieses Gremiums an die Stelle der Entscheidung der KEK. Eine Anrufung der KDLM mit dem Ziel, von der KEK-Empfehlung abzuweichen, kann aber nur durch die jeweils zuständige Landesmedienanstalt erfolgen, andere Landesmedienanstalten dürfen dies nicht.

---

400 Vgl. Clausen-Muradian, ZUM 1996, 934 (942); Kuch, ZUM 1997, 12 (13).

401 Hess, AfP 1997, 777 (778).

402 Vgl. die amtliche Begründung zu § 35 RÄndStV, abgedr. in MP Dok. I/1996, 38 (57).

403 Vgl. Clausen-Muradian, ZUM 1996, 934 (942).

Gewiß kann damit die enge Orientierung des neuen Medienkonzentrationsrechts am Kartellrecht nicht geleugnet werden. Ob man allerdings davon ausgehen kann, daß im speziellen Fall etwa die Ministererlaubnis des § 42 Abs. 1 GWB n.F. Pate stand für die medienkonzentrationsrechtliche Vorschrift des § 37 Abs. 2 RStV, erscheint zweifelhaft.[404] Sicherlich besteht eine gewisse Ähnlichkeit zwischen den Regelungen. § 42 Abs. 1 GWB n.F. eröffnet eine Befugnis des Bundeswirtschaftsministers, einen multimedialen Unternehmenszusammenschluß selbst dann zu erlauben, wenn dieser zu einer marktbeherrschenden Stellung führt. Erforderlich ist dafür jedoch ein Motiv aus übergeordneten Gesichtspunkten, etwa ein überragendes Interesse der Allgemeinheit.[405] Dieses Mittel stellt sich aber in erster Linie als ein Instrument der Wirtschaftspolitik dar. § 37 Abs. 2 S. 1 RStV dürfte wohl eher dahingehend zu verstehen sein, daß die zuständige Landesmedienanstalt von dem Beschluß der KEK abweichen „will", weil sie die materiellen Voraussetzungen für das Vorliegen der Zuschaueranteilsgrenze von 30 % des § 26 Abs. 2 RStV anders bewertet.[406] Der Vergleich ist daher insgesamt nicht als besonders gelungen anzusehen.

(3) Entscheidungspraxis der KEK und KDLM

Im Berichtsjahr 1999 wurde die KEK von den Landesmedienanstalten mit insgesamt 36 Prüfverfahren befaßt. Der Großteil der von der Kommission bearbeiteten Anträge sind Gesuche auf Erteilung einer rundfunkrechtlichen Zulassung sowie Anmeldungen von Veränderungen von Beteiligungsverhältnissen. Im Mittelpunkt der Tätigkeit der KEK standen dabei als Schwerpunkte die Auslegung von § 26 RStV und die Zurechnung von Programmen aufgrund von Angehörigenverhältnissen nach den Grundsätzen des Wirtschafts- und Steuerrechts gemäß § 28 Abs. 4 RStV. Daneben waren Verfahrensfragen im Zusammenhang mit Auskunftsersuchen der KEK und Fragen der Zuständigkeit von KEK und KDLM Gegenstand der Betätigung.[407]

Die KEK ist dabei mangels eigenständiger Ermittlungsbefugnisse auf die Mitwirkung der zuständigen Landesmedienanstalten angewiesen. Bemerkenswert ist dabei insbesondere, daß die KEK in ihrem Bericht darauf hinweist, daß die

---

404 In diesem Sinne jedoch Kuch, ZUM 1997, 12 (13 f.); sich daran anschließend auch Bender, Cross-Media-Ownership, S. 296.

405 Vgl. dazu eingehender unten auf Seite 106.

406 Man könnte dagegen etwa annehmen, daß ein überragendes Interesse der Allgemeinheit in diesem Fall die Gewährleistung der Rundfunkfreiheit bzw. Meinungsvielfaltserwägungen seien, wie Spieler vorschlägt, vgl. Spieler, Fusionskontrolle im Medienbereich, S. 208. Das GWB ist jedoch auf die Lösung von publizistisch verankerten Medienstrukturproblemen nicht ausgerichtet, vgl. auch Kübler, Medienverflechtung, S. 105.

407 Vgl. Hess, AfP 2000, 61; Jahresbericht der KEK für den Berichtszeitraum 1.7.1998 bis 30.6.1999, S. 1, abrufbar unter http://www.kek-online.de.

Kommission nicht immer von dieser Seite die Unterstützung erhalten hat, die zur Erfüllung ihrer gesetzlichen Aufgabe unerläßlich ist.[408]

b) Wettbewerbskonzentrationsrecht

Die Kontrolle multimedialer Konzentration findet ihre Legitimation heute neben medienspezifischen Kontrollvorschriften[409] vor allem im Wettbewerbsrecht. Dabei kommt es zu einer Überlagerung von fusionskontrollrechtlicher und medienspezifischer Konzentrationskontrolle.

Das deutsche Recht enthält dazu im Gesetz gegen Wettbewerbsbeschränkungen (GWB) Vorschriften, deren Inhalt bestimmte Unternehmenszusammenschlüsse verhindern soll. Die Unternehmenskonzentration kann dabei unter zwei verschiedenen Aspekten betrachtet werden: Sie vollzieht sich entweder im Wege des internen oder des externen Wachstums. Dabei tritt eine spezifisch medienrechtliche Problematik zu Tage. Während die wettbewerblichen Wirkungen des internen Unternehmenswachstums als überwiegend positiv erachtet werden, weil hierdurch nicht, wie bei Unternehmenszusammenschlüssen, lediglich die Verfügungsmacht über bereits vorhandene Kapazitäten zusammengefaßt wird, sondern neue Kapazitäten geschaffen und damit Impulse zu verstärktem Wettbewerb auf dem neuen Markt ausgeübt werden,[410] gilt für die publizistischen Wirkungen das Gegenteil: Könnte ein Medienunternehmen nämlich – wie nach dem Wettbewerbsrecht gestattet – beliebig Tochterunternehmen gründen und Lizenzen für Hörfunk- und Fernsehprogramme erwerben, würde dies sehr schnell zu einer Einschränkung der Rundfunkvielfalt und damit zu einer Konzentration von Meinungsmacht führen.

Eine Entflechtung von Großunternehmen als ständige Einrichtung ist dem deutschen Kartellrecht aber auch nach der 6. GWB-Novelle[411] fremd.[412] Nachträgliche Korrekturen wettbewerbsbeschränkender Marktstrukturen sind lediglich in den USA grundsätzlich anerkannt.[413] Nach dem deutschen Recht würde eine derartige Konzernentflechtung in durch Art. 14 GG geschützte Eigentümerposi-

---

408 Jahresbericht der KEK, S. 1 (s. Fn. 407); der Jahresbericht der KEK enthält neben der konkreten Arbeit der Kommission darüberhinaus die Inhaber- und Beteiligungsverhältnisse der Fernsehsender in Deutschland.

409 Siehe dazu die Ausführungen auf Seite 81 ff.

410 Frank, Angela, Vielfalt durch Wettbewerb?, S. 113 m.w.N.

411 Näher zur 6. GWB-Novelle sogleich, siehe Seite 94.

412 Vgl. Rittner, Wettbewerbs- und Kartellrecht, § 13 Rdnr. 11; Emmerich, Kartellrecht, S. 177.

413 Auf der Grundlage von Sec. 2 Sherman Act (abgedr. in: Holmes/Holmes, Antitrust Law Sourcebook, I-3 ff.) hat die US-Praxis in den 80er Jahren einen großen Entflechtungsfall durchgeführt: 1983 American Telephone and Telegraph Company (AT & T), diese wurde in mehrere regionale Telefongesellschaften aufgeteilt.

tionen eingreifen und entschädigungsrechtliche Fragen aufwerfen.[414] Der deutsche Gesetzgeber konnte sich daher zur Einführung der Entflechtung von internem Unternehmenswachstum bisher noch nicht entschließen.[415]
Angesichts dieser Problemskizze verwundert es nicht, daß die Eignung des Wettbewerbsrechts zur Umsetzung rundfunkverfassungsrechtlicher Ziele überwiegend als begrenzt angesehen wird.[416] Ein Multimedia-Unternehmen, das sich im Wettbewerb gegenüber anderen durchsetzt und aufgrund interner Ausdehnung eine marktbeherrschende Stellung erlangt, unterliegt jedenfalls aus wettbewerblicher Sicht keiner Überwachung durch die Kartellbehörden. So ist etwa das GWB zwar auf Zusammenschlüsse von Rundfunkunternehmen anwendbar, nicht dagegen auf die zusätzliche Erteilung einer Rundfunkerlaubnis. Während das GWB publizistischen Wettbewerb höchstenfalls als Annex zum ökonomischen Wettbewerb im Blick hat, kommt umgekehrt dem ökonomischen Wettbewerb aus rundfunkspezifischer Sichtweise Bedeutung nur dann zu, wenn er auch Impulse für publizistischen Wettbewerb zu geben vermag. Das deutsche Kartellrecht erfaßt daher nur Fälle des externen Unternehmenswachstums.[417]

aa) Die Anwendbarkeit des GWB im Rundfunkbereich

Die Herstellung und Verbreitung von Rundfunkprogrammen macht die Veranstalter zu Unternehmen. Seitdem sich das Bundesverfassungsgericht in seinem 4. Rundfunkurteil ausdrücklich zur Anwendbarkeit des Wettbewerbsrechts im Bereich des Rundfunks geäußert hat, dürfte klar sein, daß das GWB ergänzend auch im Rundfunksektor zur Anwendung kommt.[418] Das Bundesverfassungsgericht hat die Verwendung der Fusionskontrolle des GWB für verfassungsrechtlich unbedenklich erklärt.[419] Dies hat zur Folge, daß das GWB auf Unternehmen angewendet werden kann, die sich zur Veranstaltung von Rundfunkprogrammen

---

414 Burkhardt, Kartellrecht, Rdnr. 472.

415 Erste Tendenzen hin zu einer „nachherigen Kontrolle" sind zur Zeit auf EU-Ebene festzustellen. Die EU-Kommission hat in ihrem Weißbuch v. 28.4.1999 (Weißbuch über die Modernisierung der Vorschriften zur Anwendung der Art. 81 und 82 EG, Arbeitsprogramm der Kommission Nr. 99/027, verfügbar unter http://www.europa.eu.int/comm/dg04/entente/de/wb_modernisation.pdf) eine Kehrtwende vom Kartellverbot als echtem Verbot zur Mißbrauchskontrolle ins Auge gefaßt, die auch die nationalen Kartellrechte tangieren würde. Durch eine Rats-Verordnung könnte dann festgelegt werden, daß die Gerichte post festum entscheiden, ob ein Kartell nach Art. 81 EG verboten ist oder nicht.

416 Vgl. statt vieler Greiffenberg, Medienrechtliche und kartellrechtliche Kontrolle der Konzentration im Rundfunk, in: Mestmäcker (Hrsg.), Offene Rundfunkordnung, S. 311 (331); Parlasca, WuW 1994, 210 (219).

417 Vgl. Oppermann, ZUM 1990, 376 (385).

418 BVerfG, Urt. v. 4.11.1986, E 73, 118 (174); Oppermann, ZUM 1990, 376 (386).

419 Vgl. auch Mestmäcker, in: Immenga/Mestmäcker, GWB-Kommentar, Vor § 23 Rdnr. 64.

zusammenschließen oder die sich an bereits bestehenden Rundfunkunternehmen beteiligen, auch wenn in der Anwendung der Fusionskontrolle kein ausreichender Schutz vor Meinungsmacht im Rundfunk gesehen wird.[420]

bb) Die Kontrolle multimedialer Unternehmenszusammenschlüsse nach der 6. GWB-Novelle

aaa) Anlaß und Zielsetzung der 6. GWB-Novelle

Die Bundesregierung der 13. Bundestagswahlperiode hatte mit dem Ziel der Harmonisierung des nationalen und europäischen Rechts und der Stärkung des Wettbewerbsprinzips schon 1995 eine Überprüfung des GWB in Angriff genommen und legte schließlich Ende 1997 den Entwurf eines neuen GWB vor.[421] Nach einem Vermittlungsverfahren stimmten Bundestag und Bundesrat im Sommer 1998 mit großer Mehrheit zu, worauf das GWB neu verkündet wurde[422] und am 1.1.1999 in Kraft getreten ist.

Neben den beiden schon genannten Zielsetzungen des Gesetzes sollte das Kartellrecht „geordnet und gestrafft"[423] werden, da das GWB durch die zahlreichen Änderungen schließlich nahezu unleserlich geworden war. In dieser Hinsicht erfährt das neue Gesetz Lob.[424] Daneben war mit der Stärkung des Wettbewerbsprinzips die Übernahme der stringenteren Regeln des EG-Wettbewerbsrechts gemeint, was konkret die Ausgestaltung des Kartell- und Mißbrauchsverbots als echte Verbote bedeutet.[425] Vor allen Dingen sollte dabei jedoch vom strengen deutschen Wettbewerbsgedanken nicht abgewichen werden, sondern das europäische Recht dort übernommen werden, wo es strenger ist als das deutsche.[426] Damit hat sich der Gesetzgeber an der Leitlinie orientiert, das deutsche mit dem europäischen Wettbewerbsrecht zu harmonisieren, soweit dies wettbewerbspolitisch geboten ist, zugleich aber das nationale Recht dort beizubehalten, wo es sich bewährt hat. Dies hat allerdings zur Folge, daß von einer Angleichung an das europäische Recht nicht die Rede sein kann, so daß Unternehmen nach wie vor unterschiedlich behandelt werden, je nachdem ob sie dem EG-Wettbewerbsrecht unterfallen, weiterhin dem deutschen Kartellrecht oder sogar beide Rechtskreise Prüfungsmaßstab sind. Zu welchen Schwierigkeiten dies führen kann, wird im weiteren Verlauf der Untersuchung noch zu zeigen sein.

---

420 Zu den unterschiedlichen Zielvorgaben von Rundfunk- und Kartellrecht siehe auch die Ausführungen zum publizistischen und ökonomischen Wettbewerb; vgl. Seite 73.

421 BR-Drs. 852/97 = BT-Drs. 13/9720, jew. m. Begr.

422 BGBl. 1998 I, S. 2547.

423 Vgl. Begr. z. RegE zur 6. GWB-Novelle, BR-Drs. 852/97, S. 1 und 31.

424 Vgl. etwa Bechthold, NJW 1998, 2769; Bunte, DB 1998, 1748 (1749).

425 Beachte dazu aber die neueren Tendenzen der EU-Gesetzgebung, vgl. Fn. 415.

426 Vgl. Begr. z. RegE zur 6. GWB-Novelle, BR-Drs. 852/97, S. 31.

bbb) Überblick über die Neufassung des GWB

Die 6. GWB-Novelle hat zu einer völligen Revision des GWB geführt, ohne aber seine Substanz zu verändern.[427] Dabei war auch mit der Neunumerierung ein Eingriff in die Paragraphenfolge notwendig. Hier ist jedoch nicht der Ort, einen umfassenden Überblick über die gesamte Neuordnung des GWB zu liefern, für den Zweck dieser Untersuchung erscheint es ausreichend, nur auf die für Zusammenschlüsse von Medienunternehmen möglicherweise relevanten Vorschriften einzugehen.

Bedeutung hat das Kartellrecht sowohl für intramediäre als auch für intermediäre Unternehmensbeziehungen.[428] Für Unternehmenszusammenschlüsse im Bereich der Medien allgemein und speziell im Rundfunksektor kommt die Heranziehung der Vorschriften zum Kartellverbot (§§ 1 ff. GWB), die Regelungen über Marktbeherrschung und wettbewerbsbeschränkendes Verhalten (§§ 19 ff. GWB) sowie die Normen zur Zusammenschlußkontrolle (§§ 35 ff. GWB) in Betracht.

Da das GWB 1998 viele Vorschriften des materiellen Rechts mit Wirkung vom 1.1.1999 geändert hat, mußte der Gesetzgeber in einigen Übergangsbestimmungen klären, was aus Verträgen, Beschlüssen und Empfehlungen werden soll, die nach bisherigem Recht freigestellt worden waren. Diese einstigen kartellrechtlichen Materien sind in § 131 GWB mit Aufhebungs- und Übergangsvorschriften geregelt. Für die hier in erster Linie interessierende Zusammenschlußkontrolle kommt es darauf an, ob der Zusammenschluß vor Inkrafttreten des GWB vollzogen und nicht angezeigt oder noch nicht abschließend geprüft worden ist, § 131 Abs. 9 GWB.

(1) Kartellverbot nach §§ 1 ff. GWB

Das erste materiellrechtliche Kernstück des GWB bildet der 1. Abschnitt mit den Vorschriften über Kartellvereinbarungen, Kartellbeschlüsse und abgestimmtes Verhalten (§§ 1 – 13 GWB). § 1 GWB enthält, wie bisher, die Grundnorm gegen horizontale Kartelle.[429] Die Neuformulierung gibt den zivilrechtlichen Ansatz („sind unwirksam") auf und übernimmt weitgehend den Wortlaut des Art. 81 EG und bekennt sich damit zu einem klaren Kartellverbot bei horizontalen Beschränkungen. Das heißt, daß bereits der Abschluß von Kartellverträgen und nicht – wie bisher – erst die Praktizierung solcher Verträge durch Hinwegsetzung über deren Unwirksamkeit mit einer Sanktion belegt ist.[430]

---

427 Rittner, Wettbewerbs- und Kartellrecht, § 5 Rdnr. 27.
428 Dazu näher schon Seite 71.
429 Bechthold, Kartellgesetz, § 1 Rdnr. 1.
430 Vgl. auch Stockmann, in: Wiedemann, Hdb. KartellR, § 7 Rdnr. 91.

Entsprechend Art. 81 EG wurde auch das bislang in § 25 Abs. 1 GWB a.F. enthaltene Verbot abgestimmten Verhaltens in § 1 GWB eingefügt. Im Bereich der vertikalen Kartelle ist dagegen im wesentlichen alles beim alten geblieben. Hier hat der deutsche Gesetzgeber nicht das System des EG-Rechts übernommen, das durch die Anwendung des Art. 81 Abs. 1 EG sowohl auf horizontale und vertikale Kartelle gekennzeichnet ist. Das bisherige Merkmal zur Abgrenzung zu den Vorschriften über vertikale Vereinbarungen „zu einem gemeinsamen Zweck" wird durch das Merkmal „Vereinbarungen zwischen miteinander im Wettbewerb stehenden Unternehmen" ersetzt (§ 1 GWB). Vertikalvereinbarungen – also solche, die zwischen Unternehmen verschiedener Wirtschaftsstufen vereinbart werden[431] - unterliegen weiterhin den gesonderten Regelungen in §§ 14 ff. GWB.
Die eben dargestellten Normen des Ersten Teils des GWB sind allerdings von nicht allzu großer praktischer Bedeutung für multimediale Unternehmensvereinbarungen. Theoretisch denkbare Anwendungsfälle sind der Zusammenschluß zu Kartellen beziehungsweise aufeinander abgestimmte Verhaltensweisen von Medienunternehmen. Übereinkommen dieser Art sind in dieser Branche jedoch nicht bekannt, so daß diese Fallgestaltung vernachlässigt werden kann. Austauschverträge aller Art zwischen Unternehmen, also etwa Lieferverträge, die von §§ 14 ff. GWB erfaßt würden,[432] sind im Rundfunkbereich ebenso kaum vorstellbar. Auf eine vertiefte Erörterung der Vorschriften des Ersten und Zweiten Abschnitts des GWB und deren Auswirkungen auf multimediale Konzentrationsbestrebungen kann daher verzichtet werden.

(2) Zusammenschlußkontrolle nach §§ 35 ff. GWB

Die §§ 35 – 43 GWB enthalten die deutsche Zusammenschlußkontrolle, die seit 1973 das zweite Kernstück des GWB bildet.[433] Die 6. GWB-Novelle hat erstmals einen besonderen Abschnitt gebildet, in dem alle Regelungen zur Fusionskontrolle zusammengefaßt sind. Indessen hält das GWB am Marktmachtkonzept fest und bezieht so die Definitionsnormen und Vermutungen des § 19 GWB stillschweigend ein. Die wesentlichste Änderung der völlig umgestalteten Vorschriften zur Zusammenschlußkontrolle ist die Ausweitung der präventiven Fusionskontrolle in Anpassung an die EG-Fusionskontrollverordnung Nr. 4064/89.[434] Das heißt, daß nach den Maßgaben des § 39 GWB künftig alle Zusammenschlüsse angemeldet und vom Bundeskartellamt freigegeben werden müssen, bevor sie vollzogen werden dürfen. Auch wenn das Gesetz jetzt die

431 Wiedemann, in: Wiedemann, Hdb. KartellR, § 3 Rdnr. 7.
432 Vgl. Rittner, Wettbewerbs- und Kartellrecht, § 9 Rdnr. 1.
433 Die 2. GWB-Novelle v. 3.8.1973 (BGBl. I, S. 917) ist am 5.8.1973 in Kraft getreten. Ihr Schwergewicht lag in der Einführung der materiellen Fusionskontrolle.
434 Vgl. Bunte, DB 1998,1748 (1753 f.); Bechthold, NJW 1998, 2769 (2772).

präventive Zusammenschlußkontrolle durchaus ins Zentrum stellt, vergißt es jedoch die einfache oder beobachtende Kontrolle nicht, mit der das deutsche Recht einmal begonnen hatte. Es besteht damit für die Unternehmen nicht nur die Pflicht, jedes Fusionsvorhaben anzumelden, daneben müssen sie auch jede vollzogene Fusion nach § 39 Abs. 6 GWB unverzüglich anzeigen.
Neben der Untersagungsverfügung, dem wichtigsten kartellrechtlichen Instrument zur Bekämpfung ökonomischer Konzentration,[435] ist nun vom Bundeskartellamt nach § 40 Abs. 2 GWB im Hauptprüfverfahren auch die Freigabeentscheidung rechtsmittelfähig zu begründen. Die Gefahr, Dritte könnten durch Einlegung von Rechtsmitteln den Vollzug von freigegebenen Vorhaben verhindern, dürfte in der Praxis jedoch gering sein. Ob man nun die Beschwerde ausschließlich den gemäß § 54 Abs. 2 GWB am Verfahren Beteiligten zusteht, oder zusätzlich auch nicht nach § 54 Abs. 2 Nr. 3 GWB im Hauptprüfverfahren Beigeladenen,[436] die Drittklagebefugnis geht wohl nicht maßgeblich über den bisherigen Rahmen hinaus.[437] In Anbetracht der Regelungssystematik kann das Bundeskartellamt einen Zusammenschluß von Unternehmen schließlich nur dann untersagen, wenn sowohl in formeller als auch in materieller Hinsicht alle Voraussetzungen erfüllt sind.

(a) Formelle Zusammenschlußkontrolle

Die zentralen formellen Voraussetzungen jeder wettbewerbsrechtlichen Fusionskontrolle bilden die sogenannten Aufgreifkriterien.[438] Sie legen den Anwendungsbereich der Fusionskontrolle fest. In diesem Bereich gab es eine Reihe wichtiger Änderungen; trotz der wegen der im Laufe der verschiedenen Novellierungen eingetretenen Unübersichtlichkeit der Vorschriften notwendig gewordenen Straffung nehmen die einschlägigen Regelungen aber weiterhin im Gesetz großen Raum ein.

(aa) Die Zusammenschlußtatbestände des § 37 GWB

Neben der eben erwähnten Straffung der ökonomischen Fusionskontrolle sind die Zusammenschlußtatbestände des § 37 GWB aber auch um den aus dem EG-Wettbewerbsrecht übernommenen Tatbestand „Kontrollerwerb" erweitert worden. Durch ihn wird in diesem Katalog der Erwerb einer Mehrheitsbeteiligung ersetzt. Verschiedene Tatbestände, die früher einzeln numerisch aufgelistet waren (§ 23 Abs. 2 Nr. 3, 4 und 5 a.F.), werden nun vom Kontrollerwerb mitum-

---

435 Holznagel, ZUM 1991, 263 (266).

436 Restriktiv Bunte, DB 1998, 1748 (1754); großzügiger Kahlenberg, BB 1998, 1593 (1599) und Richter, in: Wiedemann, Hdb. KartellR, § 18 Rdnr. 106.

437 Vgl. dazu Richter, in: Wiedemann, Hdb. KartellR, § 18 Rdnr. 5 sowie § 21 Rdnr. 84 und 106 ff.

438 Vgl. Burkhardt, Kartellrecht, Rdnr. 499 ff.

faßt, der damit die Funktion einer Generalklausel innehat.[439] Wettbewerblich relevant ist nun nach dem Vorbild des Art. 3 Abs. 1 lit. b FKVO ein Sachverhalt, in dem ein Unternehmen unter den potentiell beherrschbaren Einfluß eines oder mehrerer anderer Unternehmen gerät.[440]

Nach Ansicht des Gesetzgebers hätte aber ein vollkommener Verzicht auf die Anwendbarkeit der Fusionskontrolle auf Fälle unterhalb der Kontrollschwelle eine Absenkung des Schutzniveaus bedeutet, die wettbewerbspolitisch nicht zu rechtfertigen gewesen wäre.[441] Der Aufgriff von Minderheitsbeteiligungen durch das Bundeskartellamt wäre dann nicht mehr möglich gewesen, ein Absinken des Wettbewerbsschutzniveaus wäre die Folge gewesen. Aus diesem Grund hat er auch die früher schon im GWB enthaltenen Fälle des Anteilserwerbs als Zusammenschlußtatbestand beibehalten. Es gibt also weiterhin neben dem Kontrollerwerb die Zusammenschlußtatbestände insbesondere der Beteiligung von 25 % und 50 % (§ 37 Abs. 1 Nr. 3 GWB)[442] und der Verbindung mit wettbewerblich erheblichem Einfluß (§ 37 Abs. 1 Nr. 4 GWB, bisher § 23 Abs. 2 Nr. 6 GWB a.F.).

Neu fusionskontrollpflichtig wird durch die Revision der Vorschriften im Zusammenhang mit dem Kontrollerwerb nun auch eine Beteiligungsaufstockung im Bereich zwischen 25 % und 50 %, wenn mit einer Minderheitsbeteiligung faktisch die Kontrolle verbunden ist. Ebenfalls unter die Fusionskontrolle fällt nun ein Sachverhalt, in dem die Unternehmensstruktur von einer gemeinsamen Kontrolle mehrerer Unternehmen auf Alleinkontrolle umgewandelt wird.[443]

Zumindest in seinem materiellen Gehalt unverändert blieb nach den Änderungen der 6.GWB-Novelle der Fusionstatbestand des Vermögenserwerbs (§ 37 Abs. 1 Nr. 1 GWB, § 23 Abs. 2 Nr. 1 GWB a.F.).[444] Diese Art der Fusion stellt den Extremfall dar, erforderlich ist der Übergang des Vollrechts, das übernommene Unternehmen geht als Marktsubjekt vollkommen unter.[445]

Obgleich eine Fusion in derartiger Weise auch im Bereich der multimedialen Konzentration grundsätzlich möglich erscheint, spielt dieser Zusammenschlußtatbestand in der Praxis eher eine untergeordnete Rolle. Dies liegt schon in der Anlage dieses Tatbestandes begründet, ein echter Vermögenserwerb im Sinne des Gesetzes wird von den Unternehmen auch im intermediären Sektor in aller

---

439 Vgl. dazu Richter, in: Wiedemann, Hdb. KartellR, § 19 Rdnr. 73 f.

440 Rittner, Wettbewerbs- und Kartellrecht, § 13 Rdnr. 34.

441 Vgl. Begr. z. RegE zur 6. GWB-Novelle, BR-Drs. 852/97, S. 44.

442 Das Gesetz nennt jetzt nur noch diese zwei Erwerbsstufen, während vor der 6. GWB-Novelle noch den Fall einer Mehrheitsbeteiligung im Sinne von § 16 Abs. 1 AktG erfaßte.

443 Vgl. dazu Bechthold, NJW 1998, 2769 (2772); ders., Kartellgesetz, § 37 Rdnr. 1.

444 Vgl. Richter, in: Wiedemann, Hdb. KartellR, § 19 Rdnr. 68; Bechthold, Kartellgesetz, § 37 Rdnr. 4.

445 Bechthold, Kartellgesetz, § 37 Rdnr. 4.

Regel nicht angestrebt, da er für die Verwirklichung der unternehmerischen Marktstrategie gar nicht von Nöten ist.
Unternehmenskonzentrationen im Medienbereich unterfielen daher in den weitaus meisten Fällen bisher dem Anteilserwerb nach § 37 Abs. 1 Nr. 3 GWB (§ 23 Abs. 2 Nr. 2 GWB a.F.), da die Verbindung von Unternehmen meist in der Form der Beteiligung erfolgte.[446] Diesen in der Praxis bisher häufigsten und wichtigsten Tatbestand[447] wird auch im Medienbereich zukünftig der neu eingefügte Kontrollerwerb übernehmen. Letzterer umfaßt viele Fallgestaltungen der Nr. 1 und 3 des § 37 Abs. 1 GWB und wird daher mit diesen konkurrieren beziehungsweise teilweise sogar verdrängen.

(bb) Geltungsbereich der Fusionskontrolle

Weitere Voraussetzung der formellen Zusammenschlußkontrolle ist, daß die vom Gesetz geforderten Umsatzschwellen überschritten werden und keine der in § 35 Abs. 2 GWB enthaltenen Toleranzklauseln erfüllt ist. Nachdem das Kartellrecht durch die Einführung der präventiven Fusionskontrolle eine Verschärfung erfahren hat, erfolgte durch die Erhöhung der Schwellenwerte in § 35 Abs. 1 GWB im Gegenzug eine Milderung.
Der bisherige Schwellenwert von 500 Mio. DM für die nachträgliche Zusammenschlußkontrolle (§ 24 Abs. 8 GWB a.F.) wurde auf 1 Mrd. DM angehoben, der vorherige Schwellenwert für die präventive Fusionskontrolle von 2 Mrd. DM (§ 24 a Abs. 1 Nr. 1 GWB a.F.) wurde auf 1 Mrd. DM abgesenkt (beides jetzt in § 35 Abs. 1 Nr. 1 GWB enthalten[448]). Durch die Anhebung der Umsatzschwellen soll auf die Kontrolle vieler unerheblicher Fälle verzichtet werden können.[449] Neben dem Schwellenwert von 1 Mrd. DM weltweiten Gesamtumsatz der beteiligten Unternehmen muß mindestens ein beteiligtes Unternehmen im Inland Umsatzerlöse von mehr als 50 Mio. DM erzielt haben (§ 35 Abs. 1 Nr. 2 GWB).
Hier greift eine erste Besonderheit für Pressemärkte ein, die im übrigen aus dem alten Recht übernommen wurde. Nach § 35 Abs. 2 S. 2 GWB ist die sogenannte Anschlußklausel (§ 35 Abs. 2 S. 1 Nr. 1 GWB),[450] nach der Zusammenschlüsse

446 Das Ausmaß multimedialer Konzentrationstendenzen ist in Deutschland mittlerweile kaum noch zu überblicken. Der Konzentrationsprozeß ist in ständiger Bewegung, so daß die Anbieterszene in der Medienbranche immer schwerer zu erfassen ist. Für einen Blick auf den Umfang multimedialer Verflechtungen sei auf die periodischen Untersuchungen von Röper verwiesen, zuletzt in MP 1999, 345 ff.
447 Vgl. Richter, in: Wiedemann, Hdb. KartellR, § 19 Rdnr. 94.
448 Die 6. GWB-Novelle hat damit die nach Grundtatbeständen differenzierende Regelung der quantitativen Voraussetzungen der Fusionskontrolle durch eine allgemeine Regelung ersetzt und folgt damit dem europäischen Recht in Art. 1 FKVO.
449 Vgl. Bunte, DB 1998, 1748 (1754).
450 Vgl. Richter, in: Wiedemann, Hdb. KartellR, § 19 Rdnr. 41.

mit Unternehmen, die weltweit einen Umsatz von weniger als 20 Mio. DM erzielt haben und nicht abhängig sind, von der Fusionskontrolle freigestellt sind, bei Pressefusionen nicht anzuwenden. Diese Obergrenze gilt nun einheitlich für alle Unternehmen, das neue GWB hat die Differenzierung nach Unternehmensgröße und Erwerber fallengelassen. Neben den reinen Pressefusionen erfaßt diese Regelung aber auch alle sonstigen gemischten Fusionen, an denen Presseunternehmen beteiligt sind. Multimediale Unternehmenskonzentrationen unterliegen damit nicht Anschlußklausel des § 35 Abs. 2 S. 1 Nr. 1 GWB, jedenfalls solange nicht, als daran Presseunternehmen beteiligt sind. Ziel dieser Vorschrift ist der Schutz kleinerer Zeitungen und Zeitschriften, um die Vielfalt des Presseangebots zu erhalten.[451] Rundfunkunternehmen allein werden dagegen von dieser Ausnahme nicht erfaßt. Das Schutzniveau bei der Fusionskontrolle bleibt damit im neuen GWB bei intramediären Zusammenschlüssen im Rundfunkbereich deutlich niedriger als bei intermediären Fusionen im multimedialen Bereich.

Im Gegensatz dazu ist der Anwendungsbereich der ursprünglich rein pressespezifischen Umsatzberechnungsformel des § 38 Abs. 3 GWB (§ 23 Abs. 1 S. 7 GWB a.F.) auf den Rundfunk ausgedehnt worden. Unter Rundfunk ist dabei nur Fernsehen und Hörfunk zu verstehen.[452] Zurückzuführen ist die Ausweitung auf die veränderten Marktverhältnisse im Rundfunkbereich.[453] Im Presse- und Rundfunkbereich ist daher für die Umsatzberechnung das Zwanzigfache der Umsatzerlöse anzusetzen. Gerechtfertigt wird dies durch den Schutz einer möglichst vielgestaltigen Presse- und Rundfunksituation.[454] Erhöht werden damit auch die Chancen, in den besonders konzentrationsanfälligen lokalen und regionalen Medienmärkten einen wirkungsvollen Schutz der Meinungsvielfalt zu gewährleisten. Die Nicht-Anwendbarkeit der Fusionskontrollvorschriften wegen zu hoher Umsatzschwellen in diesen Märkten wurde daher auch in früheren Jahren kritisiert.[455]

Diese Kritik muß sich jedoch vorhalten lassen, daß sich ihre Motive zur Verbesserung des Schutzniveaus nicht unbedingt mit den eigentlichen Zielen der Regelungen des GWB vereinbaren lassen.[456] Im Vordergrund des Wettbewerbsschutzes durch das GWB steht nicht die Sicherung des Pluralismus, sondern die

[451] Siehe Rittner, Wettbewerbs- und Kartellrecht, § 13 Rdnr. 69.

[452] Vgl. Richter, in: Wiedemann, Hdb. KartellR, § 19 Rdnr. 62.

[453] Vgl. Begr. z. Reg.-Entw. zur 6. GWB-Novelle, BR-Drs. 852/97, S. 59.

[454] Vgl. Richter, in: Wiedemann, Hdb. KartellR, § 19 Rdnr. 62.

[455] Spieler, Fusionskontrolle im Medienbereich, S. 169 f.; Holznagel, ZUM 1991, 263 (266 f.); Parlasca, WuW 1994, 21 (219 f.).

[456] Auf diese Gefahr weist schon Kübler hin, zu einer Zeit, als die Reformbewegungen in vollem Gang waren; vgl. Kübler, Konzentrationskontrolle des bundesweiten Rundfunks, in: Die Landesmedienanstalten (Hrsg.), Die Sicherung der Meinungsvielfalt, S. 287 (299 f.).

Stärkung des ökonomischen Wettbewerbs. Man begibt sich damit in Gefahr, sich den Vorwurf gefallen lassen zu müssen, mit den fusionskontrollrechtlichen Vorschriften in Umgehung der Aufteilung der Kompetenzen zwischen dem Bund und den Ländern die Meinungsvielfalt im Medienbereich sichern zu wollen. Immerhin hat das Bundesverfassungsgericht festgestellt, daß das Wettbewerbsrecht zur Sicherung der Meinungsvielfalt zwar ergänzend eingreifen darf, diese Zielrichtung dem Wettbewerbsrecht von Verfassungs wegen aber nicht zugedacht ist, sondern die ökonomische Wettbewerbssicherung das eigentliche Motiv ist.[457]

(b) Materielle Fusionskontrolle

Sind die formellen Aufgreifkriterien durch einen multimedialen Unternehmenszusammenschluß erfüllt, prüft das Bundeskartellamt im Rahmen der materiellen Fusionskontrolle, ob die materiellen Eingriffsvoraussetzungen gegeben sind. Kern der materiellen Zusammenschlußkontrolle sind die in § 36 GWB enthaltenen Bestimmungen. Die Regelungen entsprechen weitgehend der früheren Rechtslage, die 6. GWB-Novelle bewirkte nur wenige Änderungen im Bereich der materiellen Fusionskontrolle. Dennoch ergeben sich Auswirkungen insbesondere auf den Bereich der multimedialen Konzentrationskontrolle, so daß daher darauf ein besonderes Augenmerk zu legen ist.

(aa) Begründung einer marktbeherrschenden Stellung

Nach § 36 Abs. 1 GWB ist ein Zusammenschluß zu untersagen, wenn zu erwarten ist, daß durch ihn eine marktbeherrschende Stellung begründet oder verstärkt wird. § 36 Abs. 1 GWB tritt an die Stelle von § 24 Abs. 1 GWB a.F., dessen Gehalt im wesentlichen jedoch übernommen worden ist. Mit dem Begriff der marktbeherrschenden Stellung bedient sich § 36 Abs. 1 GWB der in § 19 Abs. 2 und 3 GWB vorgegebenen Definitionen. Die Marktmacht muß sich bei der Fusionskontrolle dabei stets auf einen bestimmten relevanten Markt beziehen, der unter verschiedenen Gesichtspunkten abzugrenzen ist.[458] Die Prüfung der Eingreifkriterien erfolgt somit in zwei Schritten: Zunächst ist im Rahmen einer Marktanalyse eine Aussage über eine denkbare marktbeherrschende Stellung zu treffen, danach ist mittels einer Prognoseentscheidung festzustellen, ob diese Stellung zu erwarten ist.[459]

---

[457] BVerfG, Urt. v. 4.11.1986, E 73, 118 (175 f.).

[458] Siehe Wiedemann, in: Wiedemann, Hdb. KartellR, § 23 Rdnr. 7.

[459] Vgl. auch Bechthold, Kartellgesetz, § 19 Rdnr. 3.

(bb) Abgrenzung des Marktes für den Medienbereich

Nach § 19 Abs. 2 S. 1 GWB ist ein Unternehmen marktbeherrschend, soweit es als Anbieter oder Nachfrager einer bestimmten Art von Waren oder gewerblichen Leistungen entweder keinem wesentlichen Wettbewerb ausgesetzt ist (Nr. 1) oder eine im Verhältnis zu seinen Wettbewerbern überragende Marktstellung hat (Nr. 2). Daraus wird ganz überwiegend geschlossen, daß sich wirtschaftliche Macht nur auf genau abgegrenzten Märkten, dem sogenannten relevanten Markt bilden kann.[460] Erforderlich ist somit eine Abgrenzung des Marktes nach sachlichen und geographischen Gesichtspunkten,[461] was insbesondere bei den Medienmärkten wegen deren komplexen Wettbewerbsrelationen nicht einfach zu bewerkstelligen ist. Je mehr und je in sich gestufter sich Medienunternehmen aus verschiedenen Mediengattungen miteinander verschachteln, desto schwieriger sind die Wettbewerbsbeziehungen voneinander zu unterscheiden, so daß die relevanten Märkte nur schwer zu überblicken sind. Die Märkte stehen in der Praxis derart miteinander in Verbindung, daß eine Abgrenzung fast willkürlich erscheint.

(aaa) Sachlich relevanter Markt

Die Abgrenzung des sachlich relevanten Marktes erfolgt nach Rechtsprechung und herrschender Lehre regelmäßig nach dem sogenannten Bedarfsmarktkonzept, oder anders gesagt, dem Kriterium der funktionellen Austauschbarkeit aus der Sicht der Marktgegenseite.[462] Danach sind diejenigen Erzeugnisse zuzurechnen, die sich nach ihren Eigenschaften, ihrem wirtschaftlichen Verwendungszweck und ihrer Preislage so nahestehen, daß der verständige Verbraucher sie als für die Deckung eines bestimmten Bedarfs geeignet in berechtigter Weise abwägend miteinander vergleicht und als gegeneinander austauschbar ansieht.[463] Vereinfacht dargestellt kann man daher sagen, daß ein einheitlicher Markt vorliegt, wenn marktgleichwertige Güter und Dienstleistungen vorliegen, weil der Abnehmer zwischen ihnen ohne große Überlegungen und ohne besondere Anpassungslasten wählen kann. Muß der Nachfrager technisch, sachlich oder auch nur psychisch bedingte Hemmschwellen überwinden, wenn er von einem Ange-

---

[460] Richter, in: Wiedemann, Hdb. KartellR, § 20 Rdnr. 2; Emmerich, Kartellrecht, S. 178; zweifelnd Rittner, Wettbewerbs- und Kartellrecht, § 10 Rdnr. 8 ff.

[461] Bechthold, Kartellgesetz, § 19 Rdnr. 3.

[462] BGHZ 71, 102, 108 f., 122; Bechthold, Kartellgesetz, § 19 Rdnr. 6; Möschel, in: Immenga/Mestmäcker, GWB-Kommentar, § 22 Rdnr. 24.

[463] KG, Beschl. v. 18.2.1989, Kart. V 34/67 („Handpreisauszeichner"), OLG WuW/E 995 (995 f.); BGH, Beschl. v. 25.6.1985, KVR 3/84 („Edelstahlbestecke"), WuW/E, 2150 (2153).

bot zum nächsten wechseln will, so kann man bei der entsprechenden Leistung nicht mehr von einem einheitlichen Markt sprechen.[464]
Hinsichtlich der medienspezifischen Problematik ist festzustellen, daß hier die besonderen Schwierigkeiten aus den Dimensionen der jeweiligen Märkte resultieren. Betrachtet man einen multimedialen Unternehmenszusammenschluß auf seine Zulässigkeit, so sind verschiedene Teilmärkte zu berücksichtigen. Im wesentlichen sind dies der Rezipientenmarkt, der Werbemarkt und der Programmbeschaffungsmarkt.[465] Jeder dieser Teilmärkte ist einzeln auf eine marktbeherrschende Stellung zu untersuchen. Auch wenn man wegen der zunehmenden Konvergenz der kommunikationstechnologischen Märkte und dem Hinzutreten neuartiger Medien immer mehr von der Austauschbarkeit der angebotenen Leistungen ausgehen kann,[466] muß man doch weiterhin von getrennten Märkten ausgehen, was bei der derzeitigen Lage vor allem bei Rundfunkprogrammen und Presseerzeugnissen evident sein dürfte.[467] Selbst wenn man berücksichtigt, daß etwa Tageszeitungen ihre Inhalte im Internet zur Verfügung stellen, ist nicht davon auszugehen, daß marktgleichwertige Güter und Dienstleistungen vorliegen, ein einheitlicher sachlicher Markt ist daher nicht zu unterstellen. Nicht geleugnet werden aber kann wohl, daß es sich bei den verschiedenen Medienmärkten um benachbarte Märkte handelt, die sich vor dem Hintergrund des digitalen Medienzeitalters immer weiter annähern werden. Das Bundeskartellamt wird also die weiteren Entwicklungen auf dem Multimediasektor genauestens zu betrachten haben und gegebenenfalls die Einteilung und Beurteilung der Marktsegmente neu überdenken müssen. Für den Moment ist damit festzustellen, daß eine kartellrechtliche Untersagung von multimedialen Zusammenschlüssen wegen der noch vorherrschenden Gegebenheiten bei der Marktabgrenzung nur sehr eingeschränkt möglich ist.

(bbb) Räumlich relevanter Markt

Grundsätzlich folgt die Abgrenzung des räumlich relevanten Marktes den gleichen Kriterien wie die des sachlich relevanten. Abzustellen ist auf die funktionelle Austauschbarkeit aus der Sicht der Marktgegenseite.[468] Örtlich umfaßt der Markt somit alle Gebiete, wo der Abnehmer die Güter und Dienstleistungen vernünftigerweise erhalten kann.

---

464 Vgl. Emmerich, Kartellrecht, S. 371.

465 Vgl. Spieler, Fusionskontrolle im Medienbereich, S. 176 ff.

466 Siehe dazu etwa das Diskussionspapier von Booz, Allen & Hamilton „Herausforderungen an die deutsche Medien- und Telekommunikationsaufsicht" vom Mai 1999, S. 2 f., abrufbar unter http://www.stiftung.bertelsmann.de/publika/download/index.htm.

467 Vgl. dazu etwa die gegenwärtige Praxis der EU-Kommission bei der Abgrenzung der sachlichen Märkte, bei Hess, AfP 2000, 61 (64 f.).

468 Richter, in: Wiedemann, Hdb. KartellR, § 20 Rdnr. 26; Emmerich, Kartellrecht, S. 182 f.

Im Bereich der Medien kann zwischen lokalen, regionalen und überregionalen Märkten differenziert werden. Vor allem im Presse- und Rundfunkbereich, deren Leistungen auf das Verbreitungsgebiet beschränkt sind, kommt es desöfteren zur Annahme sehr kleiner lokaler oder regionaler Märkte.[469] Da das Verbreitungsgebiet auch meist die Inhalte bestimmt, ist die sachliche Marktabgrenzung mit der räumlichen zumeist verbunden.[470] Daneben spielen hier insbesondere aber auch internationale Märkte eine nicht untergeordnete Rolle.
Eine Änderung durch die 6. GWB-Novelle, die wegen der medienspezifischen Umstände große Auswirkungen im Mediensektor hat, betrifft die mögliche Größe des relevanten Marktes. Bisher konnte der räumlich relevante Markt im Sinne der Zusammenschlußkontrolle allenfalls so groß sein wie das Bundesgebiet.[471] Nun bestimmt § 19 Abs. 2 S. 1 Nr.2 GWB, daß auch Auslandsmärkte bei der Ermittlung einer überragenden Marktstellung eines Unternehmens berücksichtigt werden müssen. Da für die Dienstleistungen von Medienunternehmen die nationalen Grenzen keine erheblichen Marktschranken darstellen, war diese Verengung auf das nationale Gebiet grundlos; die Ausweitung auf den Binnenmarkt war daher insbesondere im Hinblick auf multimediale Unternehmenszusammenschlüsse notwendig und ist zu begrüßen.

(cc) Prognoseentscheidung

Hat das Bundeskartellamt im Rahmen seiner fusionskontrollrechtlichen Prüfung eines multimedialen Zusammenschlusses den Beherrschungsgrad der beteiligten Unternehmen auf dem relevanten Markt ermittelt, ist nach § 36 Abs. 1 GWB eine Prognoseentscheidung zu fällen. Nach dieser Vorschrift ist ein Zusammenschluß zu untersagen, wenn „zu erwarten“ ist, daß durch ihn eine marktbeherrschende Stellung auf den zuvor definierten Märkten begründet oder verstärkt wird. Um die Wettbewerbsauswirkungen der Fusion prognostizieren zu können, ist daher in der Prognose zwischen denjenigen Wirkungen, die der Zusammenschluß nachprüfbar bereits jetzt im Augenblick des Zusammenschlusses zur Folge hat, und den weiteren Auswirkungen, die vermutlich erst in der Zukunft eintreten werden, zu unterscheiden.[472]
Zu berücksichtigen ist dabei, daß die Betrachtung der aktuellen Marktsituation wegen der durch die 6. GWB-Novelle eingeführten generellen Prävention im

---

469 Siehe Emmerich, Kartellrecht, S. 183.

470 Vgl. auch Spieler, Fusionskontrolle im Medienbereich, S. 190.

471 Vgl. dazu die „Backofenmarkt“-Entscheidung des Bundesgerichtshofes; BGHZ 131, 107 (112 ff.). Eine kritische Betrachtung dieses Urteils gerade im Hinblick auf die Vertretbarkeit einer Beschränkung des räumlich relevanten Marktes auf das Bundesgebiet: Werner, Internationaler Wettbewerb und Marktabgrenzung bei der Fusionskontrolle, in: Festschrift für Lieberknecht (1997). S. 607 ff.

472 Vgl. zuletzt BGH, Beschl. v. 6.10.1992, KVR 24 /91 („Pinneburger Tagblatt“), WuW/E 2795 (2804); Möschel, Recht der Wettbewerbsbeschränkungen, Rdnr. 847 f.

Grunde immer am Zustand vor der Fusion ansetzen muß. Ausnahmsweise kommt auch eine Betrachtung nach dem Zusammenschluß in Betracht, jedoch nur dann, wenn durch das Bundeskartellamt nach § 41 Abs. 2 GWB eine Befreiung vom Vollzugsverbot erteilt wurde oder der Vollzug verbotswidrig durchgeführt wurde.[473]
In den letzten Jahren haben sich dabei die Umstände bei multimedialen Zusammenschlüssen, insbesondere wenn es um die Beteiligung von Rundfunkunternehmen geht, drastisch verändert. Während man noch Mitte der neunziger Jahre davon ausgehen konnte, daß der Zusammenschluß von privaten Rundfunkunternehmen die Wettbewerbsvoraussetzungen immer verbesserte, da die öffentlich-rechtlichen Anstalten über eine überragende marktbeherrschende Stellung verfügten und damit die privaten Veranstalter eine solche gar nicht erreichen konnten, setzt man heute voraus, daß auch durch Fusionen Privater marktbeherrschende Stellungen erreicht werden können.[474] Sogenannte Aufholfusionen,[475] die überhaupt erst die Voraussetzungen für einen funktionierenden Wettbewerb schaffen sollen, sind daher zumindest auf diesem Markt nicht mehr anzutreffen.[476] Eine Prognoseentscheidung ist folglich zwingend auch bei Fusionen auf dem Rundfunkmarkt zu treffen.

(dd) Nachweis überwiegender Verbesserungen der Wettbewerbsbedingungen

Den beteiligten Unternehmen bleibt jedoch nach § 36 Abs. 1 GWB der Nachweis offen, daß durch die Fusion auch Verbesserungen der Wettbewerbsbedingungen eintreten und daß diese Verbesserungen die Nachteile der Marktbeherrschung überwiegen. Eine Untersagungsverfügung durch das Bundeskartellamt könnte in diesem Fall selbst bei ansonsten gegebenen Voraussetzungen nicht wirksam werden. Diese sogenannte Abwägungsklausel soll insgesamt für den Wettbewerb vorteilhafte Zusammenschlüsse ermöglichen.[477]
Die Beweislast für das Überwiegen von Verbesserungen tragen die beteiligten Unternehmen, das GWB sieht dabei allerdings nicht vor, auf welchen Märkten

---

473 Siehe auch Richter, in: Wiedemann, Hdb. KartellR, § 20 Rdnr. 147.

474 Bremer/Esser/Hoffmann, Der Rundfunk in der Verfassungs- und Wirtschaftsordnung in Deutschland, S. 85 f.

475 Siehe dazu Mestmäcker, in: Immenga/Mestmäcker, GWB-Kommentar, § 23 a Rdnr. 45.

476 Eine aktuelle Übersicht über die Zuschauermarktanteile in den Jahren 1996 bis April 1999 der öffentlich-rechtlichen Rundfunkanstalten einerseits und der Kirch-Gruppe sowie von CLT-UFA andererseits ist zu finden bei Jochimsen, K&R 1999, 433 (438). Daran ist zu erkennen, daß sich beide privaten Senderfamilien über den gesamten Zeitraum meist nur knapp unter der 30 %-Marktbeherrschungsquote des § 26 Abs. 1 RStV bewegen.

477 Richter, in: Wiedemann, Hdb. KartellR, § 20 Rdnr. 151.

die Verbesserungen auftreten müssen.[478] In Betracht dafür kommen somit Drittmärkte und der Markt selbst, auf dem die Begründung oder Verstärkung einer marktbeherrschenden Stellung zu erwarten ist.

Die Abwägungsklausel ist im Bereich der Pressefusionskontrolle durch das Bundeskartellamt relativ selten zur Anwendung gekommen.[479] Verbesserungen sind nur dann beachtlich, wenn es sich um solche handelt, die den wirtschaftlichen Wettbewerb betreffen. Überlegungen hinsichtlich des publizistischen Wettbewerbs sind daher grundsätzlich unbeachtlich.[480] Denkbar sind allenfalls Fälle, in denen es um den Erhalt einer Zweitzeitung geht.[481] Was den intermediären Bereich anbelangt, so liegt eine Anwendung der Klausel am ehesten im Bereich des Möglichen, wenn es sich um Verbesserungen unter dem Aspekt der Existenzsicherung eines Anbieters geht, der vom Ausscheiden vom Markt bedroht ist. Wegen der relativ seltenen Anwendung gab es daher auch Überlegungen, die Klausel nicht mehr in das GWB 1998 zu übernehmen, im europäischen Recht existiert sie ohnehin nicht.[482]

(ee) Die Ministererlaubnis

Führt ein multimedialer Unternehmenszusammenschluß zu einer marktbeherrschenden Stellung und ist daher vom Bundeskartellamt zu untersagen, so verbleibt den beteiligten Unternehmen als letzte Möglichkeit, einen Antrag auf eine Ministererlaubnis nach § 42 Abs. 1 GWB zu stellen. Der Bundeswirtschaftsminister kann nach dieser Vorschrift seine Erlaubnis zu einer vom Bundeskartellamt untersagten Fusion erteilen. Dies wird er und muß er tun,[483] wenn im Einzelfall die Wettbewerbsbeschränkung von gesamtwirtschaftlichen Vorteilen des Zusammenschlusses aufgewogen wird oder der Zusammenschluß durch ein überragendes Interesse der Allgemeinheit gerechtfertigt ist.

Der Bundeswirtschaftsminister hat damit die Möglichkeit, über den Rechtsbegriff des „überragenden Interesses der Allgemeinheit" auch andere als die für die wettbewerbsrechtliche Fusionskontrolle ansonsten maßgeblichen ökonomi-

---

478 Richter, in: Wiedemann, Hdb. KartellR, § 20 Rdnr. 165 und 161.

479 Vgl. Spieler, Fusionskontrolle im Medienbereich, S. 204.

480 Siehe dazu BGH, Beschl. v. 8.2.1994, KVR 8/93 („Anzeigenblätter"), WuW/E 2899 (2902).

481 Vgl. KG, Beschl. v. 4.3.1986, Kart. 1/84 („Niederrheinische Anzeigenblätter"), OLG WuW/E 3767 (3776).

482 Vgl. Begr. z. RegE zur 6. GWB-Novelle, BR-Drs. 852/97, S. 57; Rittner, Wettbewerbs- und Kartellrecht, § 13 Rdnr. 139.

483 Der Bundesminister für Wirtschaft hat bei seiner Entscheidung kein Ermessen, bei Bestehen der Voraussetzungen des § 42 Abs. 1 GWB besteht ein Anspruch auf Erteilung der Erlaubnis. Allerdings kann er durch die Auslegung der in Abs. 1 verwendeten unbestimmten Rechtsbegriffe trotzdem ein politisches Ermessen ausüben, er hat dazu einen eigenen Beurteilungsspielraum. Vgl. Bechthold, Kartellgesetz, § 42 Rdnr. 5.

schen Kriterien zu berücksichtigen. Dazu sind alle grundrechtlich geschützten Rechtsgüter zu zählen, und damit auch der Schutz der Meinungsvielfalt,[484] welcher durch das Bundesverfassungsgericht in seiner Rechtsprechung unter den Schutzbereich des Art. 5 Abs. 1 S. 2 GG subsumiert wurde.[485] Käme der Bundeswirtschaftsminister unter Abwägung der ökonomischen und publizistischen Interessen zu dem Ergebnis, daß letzteren der Vorrang einzuräumen sei, so könnte man folglich an eine Ministererlaubnis denken. Folge davon wäre jedoch ein Kompetenzkonflikt mit den Ländern,[486] denn der Bundeswirtschaftsminister würde über medienspezifische Fragen entscheiden, für die die Kompetenz eigentlich bei den Ländern liegt.[487]

Nach den Grundsätzen des Art. 72 GG ist aber auch der Bund handlungsbefugt, wenn es die Wahrung der Rechts- und Wirtschaftseinheit im gesamtstaatlichen Interesse erforderlich macht. Die Länder können im Rahmen ihrer Rundfunkkompetenzen die wirtschaftlichen Kriterien des GWB, die über den Rundfunkbereich hinausgehen, nicht einbeziehen und können daher multimedialen Unternehmenskonzentrationen nicht durchschlagend entgegentreten. Die Wahrung der Rechts- und Wirtschaftseinheit verlangt daher die Anwendung des GWB.[488]

Einen Ausgleich schafft jedoch das GWB in § 42 Abs. 4 S. 2 selbst. Danach ist zur jeweiligen Angelegenheit eine Stellungnahme der zuständigen obersten Landesbehörde einzuholen. Schließlich verbleibt einem Land die Möglichkeit, eine Entscheidung des Bundesverfassungsgerichts nach Art. 93 Abs. 1 Nr. 3 GG herbeizuführen, falls es der Ansicht ist, der Bundeswirtschaftsminister habe gegen Art. 5 Abs. 1 S. 2 GG verstoßen.[489]

Nachdem das GWB aber insgesamt nicht auf die Lösung von publizistisch verankerten Medienstrukturproblemen ausgerichtet ist und eher ein Instrument der Wirtschaftspolitik darstellt, ist nicht davon auszugehen, daß die Ministererlaub-

---

[484] Vgl. Mestmäcker, GRUR Int. 1983, 553 (557).

[485] Siehe dazu schon Seite 14.

[486] So auch Mestmäcker, GRUR Int. 1983, 553 (557); a. A. ist Spieler, Fusionskontrolle im Medienbereich, S. 209, der schon einen Kompetenzkonflikt mit dem Argument verneint, durch die Ministererlaubnis werde nur die Rechtsanwendung eines Bundesgesetzes im konkreten Einzelfall überprüft. Zwar ist dem insofern zuzustimmen, als nach h. M. auch das Bundeskartellamt im Rahmen seiner wettbewerblichen Prüfung die Verhältnismäßigkeit wahren muß und damit neben rein wettbewerblichen Gesichtspunkten auch Eingriffe in Grundrechte der beteiligten Unternehmen berücksichtigen muß (vgl. auch Bechthold, Kartellgesetz, § 42 Rdnr. 2). Bei diesen auch im Rahmen von § 36 Abs. 1 GWB in Erwägung zu ziehenden Kriterien geht es jedoch lediglich um Rechte der beteiligten Unternehmen und nicht um überragende Interessen der Allgemeinheit, die lediglich vom Bundesminister miteinzubeziehen sind.

[487] Vgl. dazu die Ausführungen auf Seite 8.

[488] Vgl. Mestmäcker, GRUR Int. 1983, 553 (558).

[489] Vgl. Mestmäcker, GRUR Int. 1983, 553 (558).

nis nach § 42 Abs. 1 GWB eine taugliche Handhabe ist, um publizistisch orientierte Konzentrationskontrolle und damit Medienpolitik zu betreiben.[490]
Aus alledem läßt sich der Schluß ziehen, daß bei multimedialen Unternehmensverflechtungen die allgemeinen wettbewerblichen Fusionskontrollvorschriften nur in sehr begrenztem Umfang ihre Wirkung entfalten können. Ursache dafür sind die branchenspezifischen Marktstrukturen und Wettbewerbsbedingungen im Bereich der Medienwirtschaft. Ob ein diesbezüglicher Reformbedarf vorhanden ist und wie solche Reformen gegebenenfalls aussehen könnten, wird noch Gegenstand der Erörterung sein.[491]

(c) Verfahren der Zusammenschlußkontrolle

Das Verfahren der Zusammenschlußkontrolle ist im wesentlichen in § 40 GWB niedergelegt. Für den Gegenstand der Untersuchung ist die Bedeutung der einzelnen Regelungen jedoch nur in untergeordnetem Maße von Bedeutung, weshalb auf die Darstellung der Eigenheiten des Verfahrens der Zusammenschlußkontrolle verzichtet wird.

c) Das europäische Wettbewerbskonzentrationsrecht

Die Untersuchung hat bisher schon angedeutet, daß die Beziehungen zwischen Medienunternehmen nicht nur von differenzierten sachlichen Marktbegrenzungen geformt werden, sondern darüberhinaus die räumlichen Verflechtungsdimensionen sich immer weiter ausdehnen. Die Komplexität wird noch dadurch gesteigert, daß sich multimediale Unternehmenszusammenschlüsse seit langem nicht mehr auf die nationale Ebene beschränken, sondern sich insbesondere auch die deutschen Medienunternehmen grenzüberschreitend engagieren und daher in das europarechtliche Regelungsfeld einwirken. Nach welchen Regelungskomplexen derartige internationale Konzentrationsbestrebungen zu beurteilen sind, bemißt sich nach dem Anwendungsbereich des europäischen Wettbewerbsbeschränkungsrechts.

aa) Rechtliche Rahmenbedingungen

Im Recht der EG sind die materiellen Vorschriften zur Beurteilung von Unternehmenszusammenschlüssen zweifach enthalten: Zum einen in den Normen der Art. 81 f. EG und zum anderen in der Verordnung des Rates über die Kontrolle von Unternehmenszusammenschlüssen vom 21.12.1989, der Fusionskontrollverordnung.
Das Primärrecht der EG beinhaltet keine speziellen Vorschriften zur Regelung von Unternehmenszusammenschlüssen, anders etwa als das deutsche Gesetz ge-

---

490 Vgl. auch Spieler, Fusionskontrolle im Medienbereich, S. 209.
491 Siehe vorwiegend das 4. Kapitel, Seite 147 ff.

gen Wettbewerbsbeschränkungen. Andersherum betrachtet enthält die Fusionskontrollverordnung aber auch keine Spezialregelung, die der Anwendung von Art. 81 und Art. 82 EG jedenfalls vorgehen würde.[492] Auf das Verhältnis von Fusionskontrollverordnung und Primärrecht wird daher noch gesondert zurückzukommen sein.[493] Im folgenden ist aus diesem Grund nicht nur auf das Verordnungsrecht aus dem Jahr 1989 (und auf seine Novellierungen) einzugehen, sondern auch – wenn auch in relativ kurzer Form – auf die Art. 81 und Art. 82 EG.

aaa) Kartellrechtliche Bestimmungen im Primärrecht

Als Ordnungsprinzip des Gemeinsamen Marktes ist in Art. 3 Abs. 1 lit. g EG die Errichtung eines Systems vorgesehen, das den Wettbewerb innerhalb des Gemeinsamen Marktes vor Verfälschungen schützt. Der Vertrag selbst enthält in den Art. 81 bis Art. 89 EG unmittelbar geltende Verbote zum Schutze eines freien und unverfälschten Wettbewerbs. Ihr Ziel ist es zu verhindern, daß Unternehmen durch Absprachen, Machtmißbrauch und staatliche Regelungen in ihren Wettbewerbsmöglichkeiten beschränkt werden und daß die von staatlichen Handelsschranken befreiten Märkte durch private Wettbewerbsbeschränkungen wieder gegeneinander abgeschottet werden. Der freie und unverfälschte Wettbewerb hat also eine doppelte Funktion: Er soll optimale ökonomische Ergebnisse sowie die Integration der nationalen Märkte garantieren.[494]

Der am 1.5.1999 in Kraft getretene Vertrag von Amsterdam hat lediglich die Art. 85 bis Art. 94 EG in Art. 81 bis Art. 89 EG umbenannt. Wie in allen bisherigen Vertragsrevisionen blieben die Wettbewerbsvorschriften des EG-Vertrages in ihrem objektiven Wortlaut vollkommen unberührt. Zwar ergeben sich daher insbesondere für die Kontrolle von multimedialen Zusammenschlüssen unmittelbar keinerlei Folgen aus der Vertragsänderung, betrachtet man die Auswirkungen des Amsterdamer Vertrages auf die Wettbewerbspolitik der Gemeinschaft in allgemeinerer Hinsicht, so sind durchaus Konsequenzen für das Wettbewerbsrecht spürbar, die aber für den vorliegenden Untersuchungsgegenstand eine eher untergeordnete Rolle spielen und daher keiner tieferen Erörterung bedürfen.[495]

---

492 Die auf die Art. 308 und 83 EG (damals Art. 235 und 87 EG) gestützte FKVO kann als Sekundärrecht weder das Primärrecht der Art. 81 und 82 EG verdrängen noch dessen Anwendungsbereich einschränken. Dies wäre allein im Rahmen eines Vertragsrevisionsverfahren nach Art. 48 EUV möglich. Vgl. auch Immenga, in: Immenga/Mestmäcker, EG-WbR, Bd. I, S. 1084 Rdnr. 4.

493 Siehe dazu unten Seite 122.

494 Zur Bedeutung der Wettbewerbsregeln in der Wirtschaftsverfassung der EG (Art. 3 Abs. 1 lit. g EG) siehe Mestmäcker, in: Immenga/Mestmäcker, EG-WbR, Bd. I, Einl. Rdnr. 1 – 73.

495 So kann man beispielsweise durch die Neuformulierung von Art. 2 EG von einer Stärkung des industriepolitischen Mandats der Union sprechen sowie eine Vergrößerung

(1) Art. 82 EG

Art. 82 EG wendet sich direkt an Unternehmen und verbietet die mißbräuchliche Ausnutzung einer marktbeherrschenden Stellung unter der Voraussetzung, daß der zwischenstaatliche Wirtschaftsverkehr tatsächlich oder der Möglichkeit nach betroffen wird. Art. 82 Abs. 2 EG enthält einen illustrativen Beispielskatalog mißbräuchlicher Verhaltensweisen.

Im Unterschied zum EGKS-Vertrag von 1951, der in Art. 66 von Anfang an Vorschriften über eine Kontrolle von Unternehmenszusammenschlüssen enthielt,[496] ist davon im EG-Vertrag weder in der generellen Norm von Art. 82, noch im Beispielskatalog dieser Bestimmung die Rede. Lange Zeit ging man davon aus, daß die Wettbewerbsregelungen des EG-Vertrages als Rechtsgrundlage für die Verhinderung struktureller Maßnahmen von Unternehmen nicht in Frage kämen.[497] Gleichwohl hat der EuGH im wegweisenden „Continental Can"-Urteil[498] schon im Jahr 1973 darauf erkannt, daß auch ein Zusammenschluß unter gewissen Voraussetzungen als Mißbrauch einer marktbeherrschenden Stellung beurteilt werden kann.

Jene Entscheidung des EuGH löste auf Kommissionsebene Bestrebungen aus, im Wege einer Verordnung weiterreichende Befugnisse zu erlangen, was schließlich im Jahr 1989 zum Erlaß der Europäischen Fusionskontrollverordnung führte.[499] Seitdem wird in der Literatur die Auffassung vertreten, daß Art. 82 EG als Basis einer Zusammenschlußkontrolle ausgedient habe.[500] Daß Art. 82 EG als Rechtsgrundlage für die Fusionskontrolle an seine konzeptionellen und rechtssystematischen Grenzen stoßen würde, war von Anfang an nicht zu vermeiden. Art. 82 EG ist als Verbotsnorm und nicht als Eingriffsnorm konzipiert, so daß eine darauf gestützte verfahrensmäßige Präventivkontrolle nicht möglich war.[501] Jedenfalls aber beansprucht die Norm hinsichtlich Marktstruk-

---

des Konflikts der Beschäftigungspolitik mit einer am System eines unverfälschten Wettbewerbs orientierten Politik feststellen. Vgl. dazu Schmidt, WuW 1999, 133.

496 Zur Geschichte der Europäischen Fusionskontrolle vgl. Caspari/Schwarz, Europäische Fusionskontrolle - Ein Historienspiel, in: FS für Benisch, S. 383 ff.

497 Siehe Koblitz, in: Schwappach (Hrsg.), EU-Rechtshandbuch für die Wirtschaft, § 25 Rdnr. 1.

498 EuGH, Urt. v. 21.2.1973, Rs. 6/72 – Europemballage Corporation und Continental Can Company Inc., Slg. 1973, 215 (243 ff.).

499 Vgl. Möschel, AG 1998, 561 (562).

500 Schmidt, BB 1990, 719 (725).

501 Die Versuche, über Art. 82 EG die Möglichkeit einer Marktstrukturkontrolle zu eröffnen, waren schon von Anfang an für rechtsdogmatisch zweifelhaft gehalten worden. Neben den oben genannten Bedenken wurde auch noch das Argument des Auftretens von Wertungswidersprüchen in der Reichweite der Kontrolle genannt. Siehe auch Möschel, in: Immenga/Mestmäcker, EG-WbR, Bd. I, Art. 86 Rdnr. 249; Schmidt, BB 1990, 719 (722); Kurz, Das Verhältnis der EG-Fusionskontrollverordnung zu Artikel 85 und 86 des EWG-Vertrages, S. 78 ff.

turveränderungen aufgrund von Zusammenschlüssen unverändert Geltung.[502] Man denke dabei nur an aggressive Übernahmepraktiken marktbeherrschender Unternehmen.

(2) Art. 81 EG

Zu erwähnen ist hier der Vollständigkeit halber, daß neben Art. 82 EG unter Umständen auch Art. 81 EG auf Unternehmenszusammenschlüsse anwendbar ist. Nach der in der „Philip-Morris"-Entscheidung des EuGH[503] entwickelten Doktrin stehen dabei nicht Firmenübernahmen zur Diskussion, sondern der vertragliche Erwerb von Beteiligungen, die dem Erwerber einen maßgeblichen Einfluß auf die Geschäftspolitik des Beteiligungsunternehmens und damit Möglichkeiten zu einer gewissen Bestimmung oder gar Koordinierung des Wettbewerbsverhaltens im Sinn von Art. 81 EG einräumen.[504]

bbb) Wettbewerbliches Sekundärrecht

(1) Die Verordnung Nr. 17

Schon bei Abschluß des EG-Vertrages war klar, daß der EG-Vertrag die Durchführung der Wettbewerbsregeln nicht allein den Mitgliedstaaten anvertrauen konnte, da bei einer ausschließlichen Zuständigkeit der nationalen Behörden und Gerichte widersprüchliche Entscheidungen und erhebliche Differenzen bei der tatsächlichen Durchsetzung der Wettbewerbsregeln drohten. Art. 83 EG beauftragte daher den Rat, das Verfahren im Wettbewerbsrecht zu regeln.

Die erste Durchführungsverordnung zu den Art. 81 und 82 EG (damals Art. 85 und 86 EG), der sogenannten Verordnung Nr. 17,[505] normiert die Modalitäten der Anwendung des Primärrechts auf der Grundlage von Art. 83 EG. Bedeutung im Zusammenhang mit Unternehmenszusammenschlüssen erlangt die Verordnung, da rein vertragliche Vereinbarungen zwischen Unternehmen ohne Schaffung einer rechtlich unabhängigen Struktur der Verordnung Nr. 17/62 unterliegen.[506] Damit stellt sich die Frage nach der Abgrenzung bei der Gründung von Gemeinschaftsunternehmen zur FKVO, da diese wiederum den vollständigen

---

502 Ganz h. M., vgl. etwa Möschel, in: Immenga/Mestmäcker, EG-WbR, Bd. I, Art. 86 Rdnr. 249; Schmidt, BB 1990, 719 (722); Mestmäcker, Zum Begriff des Mißbrauchs in Art. 86 des Vertrages über die Europäische Gemeinschaft, in: FS für Raisch, S. 441 (454).

503 EuGH, Urt. v. 17.11.1987, Rs. 142/84 u. 156/84 – British-American Tobacco Company Ltd. und R. J. Reynolds Industries Inc., Slg. 1987, 4487 (4575 f.).

504 Vgl. dazu Emmerich, Kartellrecht, S. 610.

505 VO Nr. 17/62, ABl. EG Nr. 13 v. 21.2.1962, S. 204/62.

506 Siehe zum Anwendungsbereich der Verordnung Nr. 17 Ritter, in: Immenga/Mestmäcker, EG-WbR, Bd. II, VO Nr. 17 Vorbem. Rdnr. 1 ff.

Zusammenschluß von Unternehmen erfaßt.[507] Das Problem der Abgrenzung der jeweiligen Anwendungsbereiche ist an späterer Stelle daher eingehender zu behandeln.[508]

(2) Die Fusionskontrollverordnung

Mit der am 21.12.1989 vom Rat der Europäischen Gemeinschaften beschlossenen und am 21.9.1990 in Kraft getretene Verordnung (EWG) Nr. 4064/89 über die Kontrolle von Unternehmenszusammenschlüssen[509] ist das europäische Kartellrecht rechtzeitig vor der Vollendung des einheitlichen Binnenmarktes im Jahr 1992 um einen wesentlichen Bestandteil ergänzt worden. Sie soll zusätzlich zu den Art. 81 ff. EG, die keine systematische Kontrolle von Unternehmenszusammenschlüssen ermöglichen, einen „Eckpfeiler der Wettbewerbspolitik“[510] der Europäischen Union bilden und einen wesentlichen Beitrag zur europäischen Integration leisten.[511] Ihr Anwendungsbereich umfaßt mittlerweile (seit dem 1.1.1994) den gesamten Europäischen Wirtschaftsraum.[512] Die Verordnung, deren Revision von Anfang an vorgesehen war, wurde am 30.6.1997 durch die Verordnung (EWG) Nr. 1310/97 des Rates[513] geändert und ist in ihrer neuen Fassung am 1.3.1998 in Kraft getreten.

Die Fusionskontrollverordnung will die Auswirkungen von Zusammenschlüssen auf die Wettbewerbsstruktur in der Gemeinschaft kontrollieren.[514] Aus dem Schutzgegenstand „Struktur“ ergibt sich, daß neben Fusionen und dem Erwerb von Beteiligungen auch Gemeinschaftsunternehmen unter den Anwendungsbereich der Verordnung fallen.

Grundsätzlich anwendbar ist die FKVO gemäß Art. 1 Abs. 1 nur auf Unternehmenszusammenschlüsse von gemeinschaftsweiter Bedeutung. Für Unternehmen, deren räumlicher Referenzmarkt die Europäische Union oder ein wesentlicher Teil von ihr ist, gelten so die den nationalen übergeordneten Vorschriften des EG-Vertrages. Erreicht werden soll eine Entsprechung der Kontrollebene und

---

507 Vgl. auch Klotz, ZUM 1999, 443 (451).

508 Siehe auch unten Seite 122.

509 ABl. EG Nr. L 395/1 v. 30.12.1989, berichtigte Textfassung in ABl. EG Nr. L 257/13 v. 21.9.1990.

510 Kommission der Europäischen Gemeinschaften, Kontrolle von Unternehmenszusammenschlüssen im Gemeinschaftsrecht, Bulletin der Europäischen Gemeinschaften Beilage, 2/90, S. 7.

511 Zur Entstehungsgeschichte und den Rechtsgrundlagen siehe ausführlich bei Stockenhuber, Die Europäische Fusionskontrolle, Das materielle Recht, S. 23 ff.; Überblick auch bei Löffler, in: Langen/Bunte, S. 1930 ff.

512 Vgl. Art. 57 EWR-Abkommen.

513 Verordnung (EWG) Nr. 1310/97 des Rates v. 30.6.1997 zur Änderung der Verordnung (EWG) Nr. 4064/89 des Rates v. 21.12.1989 über die Kontrolle von Unternehmenszusammenschlüssen, ABl. EG Nr. L 180/1 v. 9.7.1997.

514 Vgl. Erwägungsgrund Nr. 7 der FKVO.

der Ebene, auf der sich der zu kontrollierende Sachverhalt abspielt. Ausschlaggebend sind hier die in der Verordnung festgesetzten Schwellenwerte – 5 Mrd. ECU gemeinschaftsweiter Umsatz aller beteiligten Unternehmen (Art. 1 Abs. 2 lit. a)), bzw. 250 Mio. ECU gemeinschaftsweiter Umsatz von mindestens zwei der beteiligten Unternehmen (Art. 1 Abs. 2 lit. b)). Durch die am 1.3.1998 in Kraft getretenen Änderungen wurden zusätzliche Aufgriffsschwellen, v.a. zur Vermeidung von Mehrfachanwendungen eingeführt,[515] nach denen auch Zusammenschlüsse mit geringeren Umsatzwerten von der Verordnung erfaßt werden.[516]

Ein wichtiger Regelungsgegenstand der FKVO besteht zudem in der Vermeidung einer Doppel- oder Mehrfachkontrolle von gemeinschaftsweiten Zusammenschlüssen. Zur Vermeidung einer Überschneidung von europäischer und nationaler Fusionskontrolle geht die FKVO in Art. 21 Abs. 2 UAbs. 1 heute bei gemeinschaftsweit bedeutenden Zusammenschlüssen vom Grundsatz der Ausschließlichkeit ihres eigenen Regelungsgehalts aus.[517] Anstelle der nationalen Vorschriften tritt das „one-stop-shop“-Prinzip der FKVO.[518] Vor dem Inkrafttreten der FKVO, insbesondere der Änderung, waren für einen solchen Zusammenschluß häufig mehrfache Anmeldungen bei den verschiedenen nationalen Wettbewerbsbehörden (insgesamt gibt es 13 verschiedene Fusionskontrollsysteme im EWR)[519] notwendig. Dies führte allgemein zu einer erhöhten Rechtsunsicherheit, da aufgrund des komplexen Charakters der verschiedenen nationalen Fusionskontrollverfahren widersprüchliche Entscheidungen erlassen werden konnten. Daraus ergaben sich Behinderungen der europäischen Integration, der gemeinsamen Wettbewerbspolitik sowie des angestrebten Umstrukturierungsprozesses. Beachtenswert ist in diesem Zusammenhang auch der erhöhte Kostenaufwand für die fusionierenden Unternehmen.[520] Um diese Probleme künftig zu umgehen, wurde ein Mechanismus zur Vermeidung von mehrfachen nationalen Anmeldungen in die Verordnung eingefügt. Die Kommission übt nun ihre ausschließliche Kompetenz über einen Zusammenschluß auch dann aus, wenn dieser nicht die Schwellenwerte des Art. 1 Abs. 2 FKVO erreicht, aber der Umsatz aller beteiligten Unternehmen in mindestens drei Mitgliedstaaten 100

---

515 Dieses Problem konnte aber nicht gelöst werden, vgl. Hirsbrunner, EuZW 1998, 69 (71, 74).

516 Im Grünbuch der Kommission über die Revision der Fusionskontrolle v. 31.1.1996, KOM (96), 19 endg., S. 2, wurden von der Kommission noch 2 Mrd. ECU für den weltweiten Umsatz, bzw. 100 Mio. ECU für den gemeinschaftsweiten Umsatz als zweckmäßig genannt.

517 Vgl. dazu auch Niederleithinger, WuW 1990, 721 ff.

518 Immenga, in: Immenga/Mestmäcker, EG-WbR, Bd. I, S. 782 Rdnr. 24.

519 Grünbuch über die Revision der Fusionskontrolle, Fusionskontrolle der Gemeinschaft, KOM (96), 19 endg., S. 8 Rdnr. 14.

520 Vgl. dazu Möschel, NJW 1995, 281 (284).

Mio. ECU übersteigt und mindestens zwei der beteiligten Unternehmen in mindestens drei dieser Staaten jeweils einen Umsatz über 25 Mio. ECU erreichen. Eine de-minimis-Schwelle von 2,5 Mrd. ECU weltweit bzw. 100 Mio. ECU gemeinschaftsweit wurde allerdings auch hier festgelegt (vgl. Art. 1 Abs.3 lit. a) und d) FKVO).[521]

(a) Zum Gemeinschaftsbezug der EG-Fusionskontrolle

(aa) Gemeinschaftsweite Bedeutung

Art. 1 Abs. 1 FKVO beschreibt ihren Anwendungsbereich so, daß sie für alle „Zusammenschlüsse von gemeinschaftsweiter Bedeutung“ gilt. Die gemeinschaftsweite Bedeutung wird im folgenden Absatz durch die genannten Umsatzschwellen definiert. Diese ganz formale Definition läßt keine materiellen Rückschlüsse zu, insbesondere nicht den Umkehrschluß, daß alle Zusammenschlüsse unterhalb dieser Umsatzschwellen gemeinschaftsweit oder EG-rechtlich nicht von Bedeutung seien. Die Umsatzschwellen sind Ergebnis eines politischen Kompromisses: Die Kommission wollte wesentlich niedrigere Schwellen, die Gegner der EG-Fusionskontrolle oder ihrer konkreten Ausgestaltung trieben sie nach oben.[522]

Fusionssachverhalte unter den in der Verordnung genannten Schwellenwerten gelten aber auch nicht als wettbewerbspolitisch unbedenklich, da sie der nationalen Fusionskontrolle unterliegen. Die Aufgreifkriterien der FKVO sind damit zugleich Abgrenzungskriterien zum nationalen Recht, um eine Doppelkontrolle von Fusionssachverhalten zu verhindern.[523]

Allgemein kommt den Aufgriffsschwellen die Aufgabe zu, die Kriterien für den Beginn der Kontrolltätigkeit möglichst genau zu umschreiben. Die Kriterien sind dabei an Art. 3 lit. f) EG orientiert, der der Gemeinschaft die Aufgabe überträgt, „ein System zu errichten, das den Wettbewerb innerhalb des Gemeinsamen Marktes vor Verfälschungen schützt.

Zu den eben schon genannten Aufgreifkriterien des Art. 1 Abs. 2 FKVO – weltweiter Gesamtumsatz aller am Zusammenschluß beteiligten Unternehmen von mehr als 5 Mrd. ECU und gemeinschaftsweiter Gesamtumsatz bei mindestens zwei beteiligten Unternehmen von jeweils mehr als 250 Mio. ECU – sind durch die letzte, erst vor kurzem stattgefundene Revision[524] der Verordnung neue Schwellenwerte hinzugekommen, die daher kurz dargestellt seien:

---

521 Vgl. Mitteilung der Kommission, KOM (96), 313 endg., Rdnr. 20 ff.

522 Bechthold, Fusionskontrolle im EG-Binnenmarkt, in: FS für Gaedertz, S. 45 (48).

523 Vgl. Kögel, Die Angleichung der deutschen an die europäische Fusionskontrolle, S. 47.

524 Verordnung (EWG) Nr. 1310/97 des Rates v. 30.6.1997 zur Änderung der Verordnung (EWG) Nr. 4064/89 des Rates v. 21.12.1989 über die Kontrolle von Unternehmenszusammenschlüssen, ABl. EG Nr. L 180/1 v. 9.7.1997.

Nach dem neuen Art. 1 Abs. 3 FKVO hat auch ein Zusammenschluß gemeinschaftsweite Bedeutung, der er die in Art. 1 Abs. 2 FKVO vorgesehenen Schwellen nicht erreicht, wenn:

a) der weltweite Gesamtumsatz aller beteiligten Unternehmen zusammen mehr als 2,5 Mrd. ECU beträgt,
b) der Gesamtumsatz aller beteiligten Unternehmen in mindestens drei Mitgliedstaaten jeweils 100 Mio. ECU übersteigt,
c) in jedem von mindestens drei von Buchstabe b) erfaßten Mitgliedstaaten der Gesamtumsatz von mindestens zwei beteiligten Unternehmen jeweils mehr als 25 Mio. ECU beträgt und
d) der gemeinschaftsweite Gesamtumsatz von mindestens zwei beteiligten Unternehmen jeweils 100 Mio. ECU übersteigt;

Für beide Absätze, Art. 1 Abs. 2 und Abs. 3 FKVO gilt jedoch, daß keine Anwendung der FKVO gegeben ist, „wenn die beteiligten Unternehmen jeweils mehr als zwei Drittel ihres gemeinschaftsweiten Gesamtumsatzes in ein und demselben Mitgliedstaat erzielen“. Wie schon oben angedeutet, verfolgt die Neuregelung das Ziel, die hohe Zahl der Mehrfachanmeldungen bei den Wettbewerbsbehörden der Mitgliedstaaten zu beschränken. Das Vorhaben konnte durch die Hinzufügung von Art. 1 Abs. 3 FKVO jedoch nur teilweise befriedigend realisiert werden, haben doch die zusätzlichen fünfzehn Fälle bei der Kommission in Brüssel nicht mehr als 70 bis 90 Anmeldungen überflüssig gemacht.[525]

(bb) Aufgriffsschwellen und multimediale Zusammenschlüsse

Betrachtet man die Höhe der Schwellenwerte, so wird deutlich, daß sich im europäischen Kartellrecht hinsichtlich multimedialer Konzentrationstendenzen nationale Kontrolldefizite fortsetzen. Schon die Schwellenwerte des GWB scheinen für die Mehrzahl der Unternehmenszusammenschlüsse im Medienbereich zu hoch zu sein. Dieser Umstand wird auf europäischer Ebene noch evidenter. Der Anwendungsbereich der FKVO bleibt beschränkt auf Zusammenschlüsse von erheblichem finanziellem Gewicht. Die Schwellenwerte der FKVO wurden vor allem am Beginn ihrer Anwendung als viel zu hoch für den Mediensektor kritisiert, eine konzentrationsbegrenzende Wirkung in diesem Bereich sogar als illusorisch bezeichnet. Der Schwellenwert von 5 Mrd. ECU führe dazu, daß nur sogenannte „Elefantenhochzeiten“ mit den fusionskontrollrechtlichen Vorschriften der Verordnung aufgegriffen werden können.[526] Insbesondere wurde auch angeführt, daß der geforderte Mindestumsatz von 250 Mio. ECU das im Medienbe-

---

525 Drauz, Neuere Entwicklungen der EU-Fusionskontrolle unter Einschluß der zum 1. März 1998 eingetretenen Änderungen, in: Schwarze (Hrsg.), Neuere Entwicklungen auf dem Gebiet des europäischen Wettbewerbsrechts, S. 103 (104).

526 Wagner, AfP 1992, 1 (6).

reich besonders problematische Schlucken von kleineren unabhängigen Unternehmen durch Großkonzerne, die einen entsprechenden weltweiten Umsatz alleine aufweisen können, möglich mache.[527] Die Kritik erfolgte zu Recht, denn die Anzahl der Medienunternehmen auf europäischer Ebene, die gegenwärtig die geforderten Umsatzschwellen erreichen, dürfte nicht allzu groß sein. Es ist eben ein Charakteristikum des Medienbereichs, daß sein Einfluß auf Politik und Demokratie seine direkten wirtschaftlichen Auswirkungen bei weitem übersteigt. Existieren aber theoretisch kaum Medienunternehmen mit gemeinschaftsweiter Bedeutung, dann wird deutlich, daß die europäische Fusionskontrolle im Medienbereich die Vielfalt gefährdende Konzentrationsentwicklungen kaum verhindern kann.[528]

Neben zu hoch angesetzten Schwellenwerten des weltweiten und gemeinschaftsweiten Umsatzes wurde vor allem auch die „Zwei-Drittel-Regel" als Hindernis für eine Anwendung der FKVO im Medienbereich angesehen.[529] Als Ursache wird man wohl die immer noch vorhandene nationale Prägung der Produkte und Dienstleistungen dieses Bereichs ansehen müssen. Viele Medienunternehmen konzentrieren daher ihre Aktivitäten auf einen bestimmten Markt. Demzufolge verstärken sich auch die Synergieeffekte durch einen Zusammenschluß mit einem Unternehmen, das seine Medienprodukte auf denselben Markt ausgerichtet hat.

Gerade in jüngster Zeit sind jedoch starke Veränderungen auf dem Mediensektor zu beobachten. Verschiedene Begleitumstände haben dazu geführt, daß die Medienunternehmen Vorteile im Hinblick auf ihre Wettbewerbsfähigkeit vor allem durch die Größe des Unternehmens gewährleistet sehen. Als die wichtigsten Gründe dafür sind in erster Linie das Verschwinden der rechtlichen Barrieren im Binnenmarkt, die Sättigung der am meisten entwickelten Medienmärkte und die neuen technologischen Herausforderungen, die einen erhöhten Kapitalbedarf zur Folge haben, zu nennen.[530] All dies hat zu einer weiter verstärkten Internationalisierung der Medienmärkte geführt. Das Erreichen der in der FKVO genannten Schwellenwerte wird zudem auch durch die zunehmende Einbeziehung von Telekommunikationsunternehmen, die zum Teil noch Inhaber von verschiedenen Monopolen und damit potentiell umsatzstark sind, wahrscheinlicher. Inwieweit die zusätzlich in die FKVO eingefügten Aufgriffsschwellen (Art. 1 Abs. 3) zu einer verstärkten Anwendung der europäischen Fusionskontrolle auf den Mediensektor führen werden, bleibt abzuwarten.[531] Auch im Grünbuch zur Revision

527 Fröhlinger, RuF 1993, 59 (62 f.).

528 Siehe dazu Kresse, in: Kresse (Hrsg.), Pluralismus, Markt und Medienkonzentration: Positionen, S. 87.

529 Fröhlinger, RuF 1993, 59 (62 f.).

530 Vgl. dazu auch Ablasser, Medienmarkt und Fusionskontrolle, S. 9.

531 Als Bezugspunkt dazu mag man auch exemplarisch einige Fälle aufgreifen, die an den Schwellenwerten der FKVO bisher gescheitert sind: Die Anmeldung des Zusammen-

der europäischen Fusionskontrolle hatte man erkannt, daß die gemeinschaftsweite Bedeutung eines Zusammenschlusses idealerweise anhand seiner Auswirkungen auf den Markt definiert wird. Aus Gründen der Praktikabilität und der Rechtssicherheit wurde jedoch auf qualitative Abgrenzungsmerkmale verzichtet.[532]

(b) Eingreifkriterien

Nach Art. 2 Abs. 3 FKVO ist einzugreifen, das heißt, sind Zusammenschlüsse für unvereinbar mit dem Gemeinsamen Markt, also für unzulässig zu erklären, wenn sie „eine beherrschende Stellung begründen oder verstärken, durch die wirksamer Wettbewerb im Gemeinsamen Markt oder in einem wesentlichen Teil desselben erheblich behindert würde". Die Frage der Vereinbarkeit eines Zusammenschlusses mit dem Gemeinsamen Markt ist anhand der Kriterien zu beurteilen, die in Art. 2 Abs. 1 FKVO aufgelistet sind.

Bedeutsam ist insoweit einmal die Prognose zukünftiger Entwicklungen (potentieller Wettbewerb), in die auch Machtpotentiale außerhalb der Gemeinschaft einfließen müssen. Weiterhin sind von Bedeutung die Marktstellung, die wirtschaftliche Macht und die Finanzkraft der beteiligten Unternehmen, die Wahlmöglichkeiten der Lieferanten und Abnehmer, ihr Zugang zu den Beschaffungs- und Absatzmärkten, rechtliche oder tatsächliche Marktzutrittsschranken, die Entwicklung des Angebots und der Nachfrage bei den jeweiligen Erzeugnissen und Dienstleistungen, die Interessen der Zwischen- und Endverbraucher sowie die Entwicklung des technischen und wirtschaftlichen Fortschritts, sofern diese dem Verbraucher dient und den Wettbewerb nicht behindert.

Im Unterschied zur deutschen Fusionskontrolle wird hier deutlich, daß die Zusammenschlußkontrolle der Fusionskontrollverordnung auch mit einem realistischen, nicht nur mit einem theoretisch strukturell begründeten Marktbeherrschungsbegriff arbeitet. Sie enthält eben keine genaue Definition der Marktbeherrschung, sondern den eben dargelegten Katalog von Kriterien. Man könnte dessen Sinnhaftigkeit zwar bezweifeln, weil er auch Kriterien enthält, die nur wenig mit Marktbeherrschung zu tun haben. Der Katalog ist aber wohl eher dahingehend zu verstehen, als er zur Betrachtung derjenigen Gesichtspunkte führen soll, die letztlich realistisch für und gegen den Zusammenschluß sprechen.[533]

---

schlusses von Sky-Channel und BSB in Großbritannien an der Zwei-Drittel-Regel, ebenso der Zusammenschluß von Fininvest und Mondatori, während Hachette/La Cinq die 5 Mrd. ECU-Grenze nicht erreichten.

532 Grünbuch über die Revision der Fusionskontrolle, Fusionskontrolle der Gemeinschaft, KOM (96), 19 endg., S. 12.

533 Siehe dazu auch Bechthold, Die Europäische Fusionskontrolle – Erfahrungen aus der Praxis, in: Schwarze (Hrsg.), Neuere Entwicklungen auf dem Gebiet des europäischen Wettbewerbsrechts, S. 117 (122).

Ausgangspunkt für die Beurteilung des Vorliegens von Marktbeherrschung ist auch auf europäischer Ebene die sachliche und räumliche Marktabgrenzung. Hinsichtlich der örtlichen Abgrenzung muß die Beeinträchtigung des Wettbewerbs auf einem wesentlichen Teil des Gemeinsamen Marktes stattfinden. Hier reicht nach der bisherigen Praxis auch das Gebiet eines kleineren Mitgliedstaates oder ein Teilgebiet eines größeren Mitgliedstaates, z. B. der Süden Deutschlands.[534] Sind unter Heranziehung des Bedarfsmarktkonzepts[535] die relevanten Märkte ermittelt, stellt sich die Frage, ob die Fusion auf dem gesonderten Markt zu einer beherrschenden Stellung führen wird. Zwangsläufig ergeben sich bei der europäischen Fusionskontrolle dabei die gleichen Probleme wie bei der nationalen Zusammenschlußkontrolle.[536] Hier tritt daher ebenso die besondere Schwachstelle des Wettbewerbsrechts bei der Verhinderung von Konzentration im Medienbereich auf. Die Vielfalt der betroffenen Märkte bringt es gewissermaßen mit sich, daß bei der Mehrheit der Zusammenschlüsse von Unternehmen aus verschiedenen Medienbereichen keine marktbeherrschende Stellung auf einem gesonderten Markt erreicht werden dürfte.[537]

(c) Verfahren

Ebenso wie das deutsche Kartellrecht verlangt die Fusionskontrollverordnung im Sinne einer Präventivkontrolle eine vorherige Anmeldung der von ihr erfaßten Zusammenschlüsse (vgl. Art. 4 FKVO). Mit ihr beginnt das zweistufige Verfahren der Zusammenschlußkontrolle, das von strengen und verhältnismäßig kurzen Fristen bestimmt wird (vgl. Art. 6 und 7 FKVO). Auf einer ersten Stufe prüft die Kommission summarisch, ob das Vorhaben überhaupt in den Anwendungsbereich der Verordnung fällt, und wenn ja, ob Anlaß zu ernsthaften Bedenken besteht. Nur wenn beides der Fall ist, leitet die Kommission binnen eines Monats das förmliche Prüfungsverfahren und damit die zweite Verfahrensstufe ein.[538]

---

534 Schröter, in: von der Groeben/Thiesing/Ehlermann, Kommentar zum EU-/EG-Vertrag, Art. 86 Rdnr. 129.

535 Vgl. dazu schon Seite 102.

536 Vgl. Bremer/Esser/Hoffmann, Der Rundfunk in der Verfassungs- und Wirtschaftsordnung in Deutschland, S. 110.

537 Eine Abgrenzung der einzelnen Märkte für den Rundfunk erfolgt bei Bohl, Konzentrationskontrolle in den elektronischen Medien, S. 209 ff.

538 Näheres zum Verfahren ergibt sich aus der Verordnung (EG) Nr. 3384/94 der Kommission v. 21.12.1994, ABl. EG Nr. L 377/1 v. 31.12.1994. Zu den praktischen Erfahrungen mit dem EG-Fusionskontrollverfahren vgl. überdies Bechthold, Die Europäische Fusionskontrolle – Erfahrungen aus der Praxis, in: Schwarze (Hrsg.), Neuere Entwicklungen auf dem Gebiet des europäischen Wettbewerbsrechts, S. 117 f.

(d) Zusammenschlußbegriff

Der Begriff des Zusammenschlusses wird in Art. 3 der Verordnung definiert. Zusammenschlüsse sind demnach eigentliche Fusionen sowie der Erwerb der Kontrolle über Unternehmen oder über Teile davon, und zwar unbesehen der dazu verwendeten Mittel. Dem Erwägungsgrund Nr. 23 der Fusionskontrollverordnung vom 21.12.1989 entsprechend, wurde der Begriff des Zusammenschlusses so definiert, daß er nur Handlungen erfaßt, die zu einer dauerhaften Veränderung der Struktur der beteiligten Unternehmen führen.
Besondere Schwierigkeiten bereiten bei der Frage, ob ein Zusammenschluß vorliegt, seit jeher die Gemeinschaftsunternehmen.[539] Diese stellen unter bestimmten Voraussetzungen einen Zusammenschluß im Sinne von Art. 3 Abs. 1 FKVO dar. Hier hat die jüngste Änderung der Verordnung eine Neuerung mit sich gebracht. Der Begriff des Gemeinschaftsunternehmens[540] ist in Art. 3 Abs. 2 FKVO erweitert worden auf gegebenenfalls auch kooperative Gemeinschaftsunternehmen mit Vollfunktionen. An die Stelle der häufig schwierigen Entscheidung zwischen kooperativen und konzentrativen Gemeinschaftsunternehmen ist die insgesamt wohl doch einfachere Unterscheidung zwischen Gemeinschaftsunternehmen mit Vollfunktion (erfüllt auf Dauer alle Funktionen einer selbständigen wirtschaftlichen Einheit) und nur mit Teilfunktion getreten. Für erstere besteht die Zuständigkeit der Kommission, für letztere dagegen nicht.[541]
Die unterschiedlichen Formen von multimedialer Konzentration werden von der Fusionskontrollverordnung nicht erfaßt, insbesondere nicht der Unterschied, ob die publizistischen Einheiten beibehalten werden oder nicht. In die wettbewerbliche Betrachtung kann jedoch einfließen, ob sich eine Verstärkung der Marktmacht oder eine entscheidende Veränderung der Marktstellung durch die Nutzung von Synergieeffekten (z. B. die Wiederverwertung von Beiträgen) ergibt.

(e) Das Interesse der Medienvielfalt in der Fusionskontrollverordnung

Die Aufteilung der Kompetenzen zwischen Kommission und Mitgliedstaaten ist wie bereits erläutert vom Grundsatz der Ausschließlichkeit sowie vom Subsidia-

539 Vgl. Koblitz, in: Schwappach (Hrsg.), EU-Rechtshandbuch für die Wirtschaft, S. 266 Rdnr. 6.

540 Im gegebenen Zusammenhang ist dieser Begriff im engeren Sinne zu interpretieren, er wird stellvertretend für gemeinsame Tochterunternehmen gebraucht, die gemeinschaftlich von den jeweils selbständigen Muttergesellschaften kontrolliert werden. Siehe dazu allgemein auch Axster, Gemeinschaftsunternehmen als Kooperations- oder Konzentrationstatbestand im EG-Recht, in: FS für Gaedertz, S. 1 ff.

541 Vgl. Immenga, in: Immenga/Mestmäcker, EG-WbR, Ergänzungsband, Art. 3 FKVO Rdnr. 1.

ritätsprinzip geprägt. Damit soll eine Parallelkontrolle durch die Kommission und die nationalen Wettbewerbsbehörden vermieden werden.
Im Bereich dieser Zuständigkeitsverteilung zwischen Kommission und Mitgliedstaaten interessiert daher insbesondere die einzige Klausel der Fusionskontrollverordnung, die eine Sonderregelung bezüglich der Medien aufweist. Art. 21 Abs. 3 FKVO enthält eine Durchbrechung der Zuständigkeit der Kommission, nach der die Mitgliedstaaten trotz Zuständigkeit der Kommission aufgrund von berechtigten (nationalen) Interessen tätig werden können. Diese Subsidiaritätsbestimmung liegt nicht im Entscheidungsbereich der Kommission, es obliegt allein den Mitgliedstaaten, ihre Kompetenzen auszuüben.
Den Mitgliedstaaten ist es nach Art. 21 Abs. 3 S. 2 FKVO gestattet, geeignete Maßnahmen zum Schutz anderer berechtigter Interessen als derjenigen zu treffen, die in der FKVO selbst berücksichtigt werden, sofern diese Interessen mit den allgemeinen Grundsätzen und Bestimmungen des Gemeinschaftsrechts vereinbar sind. Dabei handelt es sich um eine Generalklausel, die auf außerwettbewerbliche Belange der Mitgliedstaaten verweist. Dazu werden in Art. 21 Abs. 3 FKVO drei Fälle von berücksichtigungsfähigen Interessen ausdrücklich genannt: die öffentliche Sicherheit, die Medienvielfalt und die Aufsichtsregeln. Will ein Mitgliedstaat aufgrund anderer nationaler Interessen entsprechende Maßnahmen ergreifen, muß er dies zunächst der Kommission mitteilen. Diese entscheidet dann innerhalb eines Monats, ob sie diese Interessen anerkennt (Art. 21 Abs. 3 UAbs. 3 FKVO). In Betracht kommen dabei im Sektor der Medien durchaus auch andere Gründe als die Medienvielfalt, die die Anwendung innerstaatlicher Maßnahmen nach Art. 21 Abs. 3 UAbs. 3 FKVO rechtfertigen können, so etwa zwingende Gründe der Kulturpolitik eines Mitgliedstaates.[542]
Für den Medienbereich bedeutet dies, daß ein Zusammenschluß, der in den Anwendungsbereich der europäischen Fusionskontrolle fällt und der mit dem Gemeinsamen Markt als vereinbar erklärt wurde, dennoch nach den mitgliedstaatlichen Vorschriften zur Pluralismussicherung untersagt werden kann. Dieser Vorbehalt des Schutzes des Medienvielfalt durch die Mitgliedstaaten ist Ausdruck der offensichtlich gegebenen Erkenntnis des Verordnungsgebers, daß die gemeinschaftsrechtliche Fusionskontrolle mit ihrer wirtschaftsrechtlichen Ausrichtung nicht in der Lage ist, die Grundsätze des Pluralismus und der Meinungsfreiheit im Bereich der Medien zu schützen.[543]

---

542 Der Europäische Gerichtshof hat bereits zweimal die Kulturpolitik eines Mitgliedstaates als einen zwingenden Grund des Allgemeininteresses anerkannt, der eine Beschränkung der Dienstleistungsfreiheit rechtfertigt. Vgl. EuGH, Urt. v. 25.7.1991, Rs. C-288/89 – Stichting Collectieve Antennenvoorziening Gouda, Slg. 1991, I-4007 (4043); Urteil v. 25.7.1991, Rs. C-353/89 – Kommission/Niederlande, Slg. 1991, I-4069 (4097).

543 Vgl. Fröhlinger, RuF 1993, 59 (62); Wagner, AfP 1992, 1 (5).

Die Norm enthält jedoch auch nach Auffassung der Kommission nicht die mitgliedstaatliche Befugnis, eigene Interessen einer Untersagungsverfügung wirksam entgegenzusetzen.[544] Damit gewähren die in der Klausel festgehaltenen Grundsätze keine neuen Rechte für die Mitgliedstaaten, sondern verankern nur die den Mitgliedstaaten im derzeit geltenden Gemeinschaftsrecht zuerkannten Rechte. Die Mitgliedstaaten können folglich aus nationalen Interessen heraus solche Zusammenschlüsse, die die Kommission für unvereinbar erklärt hat, nicht genehmigen.[545] Eine Erlaubnis eines Mitgliedstaates ist also auch nicht wegen angeblich günstiger Wirkungen für den Meinungspluralismus möglich.[546] Die Generalklausel steht aber der Anwendung wettbewerblicher Kriterien gegen einen Zusammenschluß nicht entgegen.

Im Rahmen von Art. 21 Abs. 3 FKVO können daher die Mitgliedstaaten Zusammenschlüsse trotz einer Vereinbarkeitsentscheidung nach Art. 8 Abs. 2 FKVO durch die Geltendmachung berechtigter Interessen verbieten oder zusätzlichen Bedingungen unterwerfen, beziehungsweise sie nur unter Auflagen gewähren.[547] Die vom Mitgliedstaat zum Schutz seiner Interessen ergriffenen Maßnahmen müssen sich allerdings auf das unbedingt erforderliche Maß beschränken.[548]

In der Konsequenz bedeutet die Regelung des Art. 21 Abs. 3 FKVO, daß im Mediensektor zwei verschiedene Prinzipien zur Anwendung kommen können. Zum einen die Regeln der europäischen Fusionskontrolle, zum anderen die innerstaatlichen Bestimmungen zum Schutz des Meinungspluralismus. Anlaß dafür ist, daß das zentrale wettbewerbsrechtliche Kriterium der Marktbeherrschung, das allein auf die ökonomische Wettbewerbssituation abstellt, nicht geeignet ist, wirksam den Gefahren zu begegnen, die der Meinungsvielfalt durch multimediale Verflechtungen erwachsen.[549] Daher laufen die Vorkehrungen zur Verhinderung von vorherrschender Marktmacht und vorherrschender Meinungsmacht bis zu einem gewissen Grade parallel, so daß die Bestimmung letztlich dem Umstand Rechnung trägt, daß bis jetzt noch keine medienspezifischen Regeln zum Schutz der Meinungsvielfalt auf Gemeinschaftsebene existieren. Pluralismussichernde Maßnahmen, die grundsätzlich einen Zusammen-

544 Siehe dazu auch Immenga, in: Immenga/Mestmäcker, EG-WbR, Bd. I, S. 1059 Rdnr. 11.

545 Damit kann entgegen der Ansicht von Schmittmann auch nur ein scheinbarer Konflikt zwischen der Europäischen Kommission und der KEK für den Fall entstehen, daß die KEK einer Medienallianz unter dem Gesichtspunkt der Medienvielfalt gewogen ist; vgl. Schmittmann, K&R 1998, 1 (6).

546 Erklärung der Kommission für das Ratsprotokoll v. 19.12.1989 zur FKVO, abgedruckt in WuW 1990, 240 (242).

547 Erklärung der Kommission für das Ratsprotokoll v. 19.12.1989 zur FKVO, abgedruckt in WuW 1990, 240 (242).

548 Löffler, in: Langen/Bunte, S. 2104.

549 Vgl. auch Wagner, AfP 1992, 1 (11).

schluß aber auch schon im Vorfeld verhindern können, bedürfen folglich der zusammenschauenden Betrachtung unterschiedlicher ökonomischer Märkte und der effizienten Durchsetzung auch gegenüber unterhalb der Marktbeherrschung liegenden Stellungen.
Die Vorschrift des Art. 21 Abs. 3 FKVO hat bisher jedoch keine allzu große praktische Relevanz erlangt. Dies liegt wohl vor allem daran, daß sich der Anwendungsbereich der Fusionskontrollverordnung ohnehin nur auf den durch den im Gemeinschaftsvertrag verankerten Auftrag, nämlich die Sicherung des ökonomischen Wettbewerbs, erstreckt. Die Anwendung nationalen Medienrechts bleibt den Mitgliedstaaten durch die Verordnung unbenommen. Nur wenige Male wurde in einem Fall auf die Medienvielfalt Bezug genommen. Im Fall „Newspaper Publishing“[550] etwa wurde diese Ausnahmeregelung von Großbritannien in Anspruch genommen. Die geplante Fusion von Zeitungsverlagen wurde bei der Europäischen Kommission und zugleich bei den zuständigen britischen Behörden angemeldet. Schließlich wurde der Zusammenschluß aber auch von den britischen Behörden ohne besondere Auflagen genehmigt.[551]

(f) Das Verhältnis zwischen EG-Zusammenschlußkontrolle und Art. 81 und 82 EG

Wie oben bereits ausgeführt[552] besteht auch auf der Grundlage der Art. 81 und 82 EG grundsätzlich die Möglichkeit einer, wenn auch in ihrer Reichweite höchst umstrittenen, Zusammenschlußkontrolle. Um eine solche europarechtliche Mehrfachkontrolle zu vermeiden, enthält Art. 22 Abs. 1 FKVO eine den Geltungsbereich der Fusionskontrollverordnung betreffende Regelung. Diese Norm dient daher der Klarstellung der ausschließlichen Geltung der FKVO für Zusammenschlüsse im Verhältnis zu sonstigen Bereichen des Wettbewerbsrechts innerhalb des Gemeinschaftsrechts. Nach Art. 22 Abs. 1 Hs. 1 FKVO (vor dem 1.3.1998: Art. 22 Abs. 1) gilt die Fusionskontrollverordnung allein für Zusammenschlüsse im Sinne des Artikel 3. Durch eine Änderung in Art. 3 FKVO, die ebenfalls am 1.3.1998 in Kraft trat, wird nunmehr geregelt, daß alle Vollfunktionsgemeinschaftsunternehmen anhand der Fusionskontrollverordnung zu beurteilen sind.
Ursprünglich wurde eine Abgrenzung anhand der Frage vorgenommen, ob ein Gemeinschaftsunternehmen kooperativer oder konzentrativer Natur ist, wobei im ersteren Fall die Verordnung Nr. 17 und im letzteren Fall die FKVO ein-

550 Entscheidung der Kommission v. 14.3.1994, ABl. EG Nr. C 85/05 v. 22.3.1994, (Sache Nr. IV/M.423 „Newspaper Publishing“). Daneben nahm auch die KEK im Fall Bertelsmann/Kirch/Premiere auf die Norm des Art. 21 Abs. 3 FKVO Bezug, vgl. Beschluß der KEK v. 26.1.1999 (Az. KEK 026), abgedr. in: MP Dok. 1/1999, 12 (14).
551 Vgl. Wagemann, in: Immenga/Mestmäcker, EG-WbR, Bd. I, § 15 Rdnr. 23.
552 Vgl. dazu schon Seite 110.

schlägig war. Diese Unterscheidung war allerdings nicht immer einfach zu treffen und führte daher zu einer gewissen Rechtsunsicherheit für die Unternehmen.[553] Konsequenterweise erklärt dann auch Art. 22 Abs. 1 Hs. 2 FKVO (vor dem 1.3.1988: Art. 22 Abs. 2) die Verordnung Nr. 17 insoweit für unanwendbar. Die Basis der fusionskontrollrechtlichen Zusammenschlußkontrolle ist folglich heute in erster Linie die Fusionskontrollverordnung. Ausgangspunkt war dafür zwar das Kartellverbot des Art. 81 EG, die Norm kann aber nicht als Grundlage einer europäischen Zusammenschlußkontrolle betrachtet werden.[554]

ccc) Medienkonzentrationsrecht

Eigene europarechtliche Bestimmungen zum Medieneigentum und zum Pluralismus, insbesondere die sogenannten „cross-ownership-Regelungen", existieren bisher nicht. Grund dafür sind die schon oben ausführlich dargelegten kompetenzrechtlichen Probleme,[555] deren Überwindung noch nicht möglich war. Es wird auch zunehmend unwahrscheinlicher, daß es in naher Zukunft zu einem dahingehenden Vorschlag kommt. Bislang gibt es nur ein Grünbuch „Pluralismus und Medienkonzentration",[556] das schon 1992 vorgelegt wurde. Dies bedeutet, daß auf EU-Ebene für den Medienbereich nur die Fusionskontrollverordnung aus dem Jahr 1989 gilt.

bb) Zwischenergebnis

Im Mediensektor, insbesondere im Bereich des Rundfunks, wird der Anwendungsbereich der FKVO durch die Senkung der Umsatzschwellen eine nicht unbedeutende Erweiterung erfahren. Zwar sind die Umsätze im Bereich der Medien im Vergleich zu anderen Wirtschaftssektoren eher gering, doch ist zur Erhaltung der Konkurrenzfähigkeit auch in der Zukunft ein erhöhter Kapitalbedarf zu verzeichnen und in der Folge damit steigende Umsätze. Dies wird zu einem leichteren Erreichen der in der FKVO festgelegten Umsatzschwellen bei Unternehmenszusammenschlüssen führen.
Im Unterschied zum nationalen deutschen Recht ist der Zusammenschlußtatbestand des Art. 3 Abs. 1 FKVO auch erst bei Erlangung der vollständigen Kontrolle über ein anderes Unternehmen oder Teile desselben erreicht. Gerade aus medienpolitischer Sicht ist oft aber auch schon der anteilige Erwerb eines Unternehmens problematisch, da auch dann schon erheblicher Einfluß auf den anderen Anbieter möglich ist. Dies bedeutet eine Absenkung des Schutzniveaus auf europäischer Ebene.

---

553 Vgl. auch Klotz, ZUM 1999, 443 (452).

554 Siehe dazu auch Wagemann, in: Immenga/Mestmäcker, EG-WbR, Bd. I, § 15 Rdnr. 24 ff.

555 Siehe dazu eingehend auf Seite 47 ff.

556 Vgl. KOM (92), 480 endg. v. 23.12.1992.

Schließlich ist auf dem Medienmarkt, insbesondere dem Fernsehmarkt, durch die Änderung der Regelung bei Gemeinschaftsunternehmen eine Verbesserung eingetreten. Entstehen etwa Tochterunternehmen für den Programmbeschaffungsmarkt, müssen diese nicht mehr auf ihre konzentrative oder kooperative Natur untersucht werden, die Fusionskontrollverordnung findet bei Vollfunktion des Unternehmens Anwendung.

3. Telekommunikation

a) Das Kartellsonderrecht TKG

In einer Wirtschaftsordnung mit ausgeprägt marktwirtschaftlicher Orientierung wird sich der Staat grundsätzlich auf die Festlegung des wirtschaftsrechtlichen Rahmens beschränken und die Marktergebnisse der wettbewerblichen Steuerung überlassen. Damit sind sektorspezifische Regeln und Aufsichtsmechanismen ebensowenig wie Einzeleingriffe gewerbepolizeilicher Art von vornherein ausgeschlossen, wenn sich die Auffassung durchsetzt, daß Risiken nicht tolerierbarer Marktergebnisse Einzelkorrekturen erfordern.

Die volkswirtschaftliche Bedeutung von Kommunikationsstrukturen ist in den letzten Jahren stark gestiegen und wird in Zukunft noch weiter wachsen. Parallel dazu hat auch die Telekommunikationspolitik der Europäischen Gemeinschaft innerhalb weniger Jahre eine geradezu „dramatische Entwicklung“[557] durchlaufen. Aus punktuellen Maßnahmen Anfang der achtziger Jahre entwickelte sich rasch eine sich auf die gesamte Breite der gemeinschaftsrechtlichen Zuständigkeiten der Union erstreckende sektorielle Politik. Als Folge davon ist zu den klassischen Wirtschaftssektoren mit intensiver Verschränkung von Staatswirtschaft, Fachaufsicht und Wettbewerbsaufsicht inzwischen die Telekommunikation hinzugetreten.

Im Zentrum der Telekommunikationspolitik der Union stand jedoch stets die Öffnung des Telekommunikationssektors für den Wettbewerb. Die Harmonisierung des Telekommunikationsrechts auf europäischer Ebene hatte im wesentlichen die Liberalisierung dieses „durch starre und ineffiziente Monopole geprägten“ Sektors zum Ziel.[558] Wettbewerb setzt dynamische Kräfte frei, die in der Monopolwelt verschüttet bleiben. Monopole verhindern, daß das in der

---

557 Van Miert, WuW 1998, 7 (8); von einem „revolutionären Prozeß“ spricht Niederleithinger, Wettbewerbsaufsicht und Fachaufsicht in der privaten Telekommunikationswirtschaft, in: FS für Mestmäcker, S. 683 (684).

558 Vgl. das Grünbuch der Kommission der Europäischen Gemeinschaften zur Konvergenz der Branchen Telekommunikation, Medien und Informationstechnologie und ihren ordnungspolitischen Auswirkungen – Ein Schritt in Richtung Informationsgesellschaft, KOM (97), 623 endg., S. 13; auch BR-Drs. 1064/97 v. 30.12.1997.

Wirtschaft vorhandene Innovationspotential ausgeschöpft wird.[559] Verwirklicht werden sollte dieses Ziel mit der Gewährleistung fairen und chancengleichen Wettbewerbs durch Anwendung der Wettbewerbsregeln des EG-Vertrages.[560] Die deutsche Umsetzung dieser Vorgabe erfolgte durch das Telekommunikationsgesetz (TKG).[561] Es enthält eine Reihe kartellrechtlicher Vorschriften, deren Bedeutung und Reichweite teilweise noch ungeklärt ist. Der Gesetzgeber hat damit ein materielles und formelles Kartellsonderrecht[562] geschaffen, dessen Relation zum allgemeinen Kartellrecht des GWB näher zu erläutern sein wird. Zum Verständnis der Telekommunikationsregelungen sind der europäische Hintergrund und die Genese des Gesetzes wichtig.

aa) Die Entwicklung des TKG

Man muß heute wohl schon daran erinnern, daß das Fernmeldewesen bis vor kurzem noch Teil der Bundespost war, die nach dem bis 1994 unveränderten Artikel 87 Abs. 1 GG als „bundeseigene Verwaltung mit eigenem Verwaltungsunterbau" eingeordnet war. Die Liberalisierung des deutschen Telekommunikationsmarktes bis zum gegenwärtigen status quo gestaltete sich im wesentlichen in drei Schritten.

Gesetzlich statuiert wurde das staatliche Telekommunikationsmonopol zum ersten Mal in der deutschen Geschichte mit dem Gesetz über das Telegrafenwesen[563] am 6.4.1892, dessen Regelungen mit dem Gesetz über Fernmeldeanlagen (FAG)[564] vom 14.1.1928 wieder in Einklang mit der bis dahin erfolgten technischen Entwicklung gebracht wurden. Das FAG, das bis 1989 in seinen Grundzügen unverändert blieb, sprach dem Bund das ausschließliche Recht zu, Fernmeldeanlagen zu errichten und zu betreiben.[565]

aaa) Europäischer Hintergrund

Bis in die achtziger Jahre hinein ging man in Deutschland davon aus, daß in der Telekommunikation kein vollständiger Wettbewerb möglich sei.[566] Der ent-

559 Vgl. auch Eschweiler, K&R 1998, 530 (532).
560 Vgl. BeckTKG-Komm/Schuster § 1 Rdnr. 6.
561 Telekommunikationsgesetz v. 25.7.1996, BGBl. 1996 I, S. 1120.
562 Vgl. auch Engel, MMR-Beilage 3/1999, 7 (10).
563 RGBl. 1892, 467.
564 RGBl. 1928, 8.
565 Vgl. § 1 FAG (RGBl. 1928, 8).
566 Noch im Jahr 1977 war das Bundesverfassungsgericht der Auffassung, daß auch Zusatzendeinrichtungen zur Datenübertragung digitaler Nachrichten posteigen sein müssen, da es Fehlinvestitionen der Benutzer bei der Beschaffung zu vermeiden gelte und damit ein vernünftiger Grund des Allgemeinwohls vorliege! BVerfG, Beschl. v. 12.10.1977, E 46, 120 (120 f.); siehe auch Schmittmann, K&R 1998, 1 (2).

scheidende Anstoß für eine Liberalisierungspolitik in Deutschland ist schließlich vom europäischen Gesetzgeber ausgegangen.
Ursprung und Basis der Bemühungen der Europäischen Gemeinschaft um die Schaffung gemeinsamer Telekommunikationsmärkte ist das 1987 von der Kommission vorgelegte „Grünbuch über die Entwicklung des gemeinsamen Marktes für Telekommunikationsdienstleistungen und Telekommunikationsgeräte“,[567] dessen Hintergrund die Erkenntnis war, daß größere Harmonisierung und allmähliche Marktöffnung der Telekommunikation die fruchtbarste Umgebung für ein Wachstum neuer Dienstleistungen seien.[568]
Durch die Richtlinie 88/301/EWG[569] wurde in einer ersten wesentlichen Maßnahme der Endgerätemarkt liberalisiert. Grundlage für die vollständige Deregulierung war die „Richtlinie der Kommission über den Wettbewerb auf dem Markt für Telekommunikationsdienste“[570] (sog. Diensterichtlinie, RL 90/388/EWG), die in der Zwischenzeit durch zahlreiche Einzelrichtlinien ergänzt und abgewandelt worden ist.[571] Danach mußten die Mitgliedstaaten alle Vorschriften, die ausschließliche Rechte für die Erbringung von Telekommunikationsdienstleistungen gewähren, zurückziehen.[572] Ein weiterer wichtiger Baustein des europäischen Rechts ist die Richtlinie 96/19/EG zur Einführung vollständigen Wettbewerbs auf den Telekommunikationsmärkten.[573] Die rechtliche Umsetzung der politischen Entscheidungen zur vollständigen Liberalisierung des Telekommunikationssektors wird entsprechend durch eine Reihe von Vorschriften zum offenen Netzzugang (Open Network Provision – ONP-Rahmenrichtlinie 90/387/EWG)[574] ergänzt, mit denen die ordnungspolitischen Rahmenbedingun-

567 KOM (87), 290 endg. v. 30.6.1987; vgl. auch BT-Drs. 11/930, S. 1 ff.

568 Vgl. Stögmüller, CR 1998, 733 (734).

569 ABl. EG Nr. L 131/73 v. 27.5.1988.

570 ABl. EG Nr. L 192/10 v. 24.7.1990.

571 Richtlinie 94/46/EG der Kommission v. 13.10.1994 zur Änderung der Richtlinien 88/301/EWG und 90/388/EWG, insbesondere betreffend die Satelliten-Kommunikation (ABl. EG Nr. L 268/15 v. 19.10.1994); Richtlinie 95/51/EG der Kommission v. 18.10.1995 zur Änderung der Richtlinie 90/388/EWG hinsichtlich der Aufhebung der Einschränkungen bei der Nutzung von Kabelfernsehnetzen für die Erbringung bereits liberalisierter Telekommunikationsdienste (ABl. EG Nr. L 256/49 v. 26.10.1995); Richtlinie 96/2/EG der Kommission v. 16.1.1996 zur Änderung der Richtlinie 90/388/EWG betreffend die mobile Kommunikation und Personal Communications (ABl. EG Nr. L 20/59 v. 26.1.1996); Richtlinie 1999/64/EG der Kommission v. 23.6.1999 zur Änderung der Richtlinie 90/388/EWG im Hinblick auf die Organisation ein- und demselben Betreiber gehörender Telekommunikations- und Kabelfernsehnetze in rechtlich getrennten Einheiten (ABl. EG Nr. L 175/39 v. 10.7.1999).

572 Vgl. Art. 2 der Richtlinie.

573 ABl. EG Nr. L 74/13 v. 22.3.1996; Richtlinie 96/19/EG der Kommission v. 28.2.1996 zur Änderung der Richtlinie 90/388/EWG.

574 ABl. EG Nr. L 192/1 v. 24.7.1990.

gen für die Telekommunikationsmärkte in den Mitgliedstaaten mit dem Ziel der Schaffung eines Binnenmarktes angeglichen werden.[575]

bbb) Umsetzung europarechtlicher Vorgaben

Begonnen hat die Liberalisierung mit der ersten Postreform im Jahre 1989. Sie trennte zunächst die hoheitlichen von den unternehmerischen Aufgaben der Bundespost und stellte die Rechtsbeziehung zu den Nutzern auf den Boden privatrechtlicher AGB, entzog sie also dem öffentlichen Recht.[576]
Die Liberalisierung wurde durch die zweite Postreform im Jahre 1994 weiter ausgebaut. Es wurde insbesondere die verfassungsrechtliche Grundlage für die Wettbewerbsfähigkeit der Deutschen Bundespost sowie für private Wettbewerber geschaffen. Der neu eingefügte Art. 87 f GG besagt, daß Post- und Telekommunikationsdienstleistungen als privatwirtschaftliche Tätigkeiten durch die Nachfolgeunternehmen der Bundespost oder durch andere private Anbieter erbracht werden.[577] Gleichzeitig entstanden als Nachfolgeunternehmen der Deutschen Bundespost die Deutsche Post AG, die Deutsche Telekom AG und die Deutsche Postbank AG.
Schließlich wird mit der Einführung des neuen TKG die dritte Stufe der Postreform realisiert und damit ein neuer ordnungspolitischer Rahmen geschaffen. Das TKG enthält die Aufhebung des deutschen Netz- und Telefondienstmonopols zum 1.1.1998. Die Liberalisierung und Privatisierung des nationalen Telekommunikationsbereichs ist dadurch abgeschlossen, die europäischen Vorgaben sind vollständig umgesetzt.[578]

bb) Der Zweck des Kartellsonderrechts

Wie sich aus § 1 TKG ergibt, ist oberstes Ziel des Gesetzes, den Wettbewerb im Bereich der Telekommunikation zu fördern. Erreicht werden soll dieses Ziel durch Regulierung. Zu berücksichtigen ist dabei auch § 2 des Gesetzes, beide Normen sind im Zusammenhang zu sehen. Sie legen gemeinsam den Sinn und Zweck des Gesetzes aus der Sicht des Gesetzgebers fest.[579]

---

575 Vgl. BeckTKG-Komm/Schuster § 1 Rdnr. 9. Die Texte der wichtigsten Richtlinien sind abgedruckt bei Manssen (Hrsg.), Telekommunikations- und Multimediarecht, Teil R.

576 Vgl. das Poststrukturgesetz v. 8.6.1989, BGBl. 1989 I, S. 1026 ff.

577 Kritisch zur Postreform II äußert sich Scherer, CR 1994, 418 (426), der in dieser Reform den Schritt zur Liberalisierung zugunsten der Ermöglichung der Privatisierung vermißt.

578 Eingehender zur deutschen Umsetzung der europäischen Richtlinien siehe BeckTKG-Komm/Schuster § 1 Rdnr. 17 ff.; ausführlich auch Klein, Die Liberalisierung des Telekommunikationsmarktes in der Europäischen Union, S. 1 ff.

579 Vgl. BeckTKG-Komm/Schuster § 1 Rdnr. 27.

Aus der Begründung des Regierungsentwurfs zum TKG[580] geht hervor, daß das Gesetz den Ansatz der sogenannten asymmetrischen Regulierung[581] verfolgt. Die Bundesregierung geht darin davon aus, daß der Markt für Telekommunikationsdienstleistungen auch nach Wegfall der Monopole noch für längere Zeit von der Deutschen Telekom AG bestimmt sein wird.[582] Folge davon ist, daß die Deutsche Telekom AG, solange sie über eine marktbeherrschende Stellung verfügt, einer besonderen Verhaltenskontrolle unterliegt. Zwar richten sich die Befugnisse, die das TKG zur Verfügung stellt, grundsätzlich gegen alle beliebigen Anbieter, als ehemaliger Monopolist und marktbeherrschendes Unternehmen ist aber die Deutsche Telekom AG die in erster Linie Betroffene.[583]
Für die Notwendigkeit einer Regulierung des Telekommunikationsmarktes spricht weiter, daß internationale Erfahrungen zeigten, daß sich wettbewerbliche Strukturen und Verhaltensweisen in diesen Märkten nicht allein durch die Aufhebung von Monopolrechten entwickelten. Potentielle Anbieter hätten ohne besondere regulatorische Vorkehrungen keine Chance gegenüber dem dominanten Anbieter.[584] Die staatlichen Rahmenbedingungen seien jedoch so zu gestalten, daß chancengleicher Wettbewerb durch die neu hinzutretenden Anbieter ermöglicht wird. Weiter geht die Bundesregierung davon aus, daß zur Förderung eines funktionsfähigen Wettbewerbs mit Hilfe von regulierenden Eingriffen in das Marktverhalten beherrschender Unternehmen sektorspezifische Regelungen als Ergänzung zum allgemeinen Wettbewerbsrecht erforderlich seien. Die bestehenden wettbewerbsrechtlichen Bestimmungen des Gesetzes gegen Wettbewerbsbeschränkungen seien für die Umwandlung eines traditionell monopolistisch geprägten Marktes unzureichend, da diese verhaltenskontrollierende Eingriffe und Vorgaben nur nachträglich bei Vorliegen von Mißbräuchen marktbeherrschender Unternehmen vorsähen.[585]
Diese Regelung stellt einen Ausnahmefall im Vergleich zum allgemeinen Wirtschaftsrecht dar, der einer besonderen Rechtfertigung bedarf, da er die Autonomie der betroffenen Unternehmen in nicht unerheblichem Maße einschränkt. Deren Notwendigkeit wird auch im Regierungsentwurf gesehen. Regulierung setze aber schon Marktbeherrschung voraus, so daß die getroffenen Regelungen gerechtfertigt seien.[586]

---

580 Begründung zum RegE, BR-Drs. 80/96, S. 33 ff.
581 Vgl. Eschweiler, K&R 1998, 530 (533).
582 Begründung zum RegE, BR-Drs. 80/96, S. 33.
583 Vgl. Manssen, in: ders. (Hrsg.), Telekommunikations- und Multimediarecht, C § 1 Rdnr. 7.
584 So die Begr. zum RegE, BR-Drs. 80/96, S. 33 f.
585 Siehe die Begr. zum RegE, BR-Drs. 80/96, S. 34.
586 Vgl. die Begr. zum RegE, BR-Drs. 80/96, S. 43; vgl. auch Schroeder, WuW 1999, 14 (16).

cc) Das Verhältnis von TKG und GWB

In TKG und GWB ist eine Vielzahl von Bestimmungen mit ähnlicher Funktion und Zielrichtung enthalten. Besondere Wettbewerbsregelungen, die der oben schon angesprochenen sektorspezifischen Verhaltensaufsicht dienen sollen, sind etwa die Vorschriften über die Entgeltregulierung und über eine besondere Mißbrauchsaufsicht. Mit diesen Bestimmungen soll allerdings die Anwendbarkeit des allgemeinen Wettbewerbsrechts nicht generell ausgeschlossen werden, vielmehr bestimmt § 2 Abs. 3 TKG, daß die Vorschriften des Gesetzes gegen Wettbewerbsbeschränkungen unberührt bleiben.

Nicht vollständig geklärt ist damit das Verhältnis der beiden gesetzlichen Regelungen, obwohl man annehmen könnte, daß die Formulierung des § 2 Abs. 3 TKG eindeutig ist. Dennoch wird meist angenommen, daß das TKG das speziellere Gesetz sei und damit in seinem Anwendungsbereich das GWB verdränge.[587]

Für sich beanspruchen kann letztere Ansicht jedenfalls den Wortlaut der amtlichen Begründung des Regierungsentwurfs des Telekommunikationsgesetzes. Dort heißt es, daß die Regelung [§ 2 Abs. 3 TKG] das Verhältnis der sektorspezifischen Verhaltensaufsicht im Bereich der Telekommunikation als Spezialgesetz gegenüber dem allgemeinen Wettbewerbsrecht und insbesondere gegenüber dem Gesetz gegen Wettbewerbsbeschränkungen, das subsidiär immer dann Anwendung findet, wenn keine Spezialregelung getroffen ist, unterstreiche.[588]

Gesetzesbegründung und Gesetzeswortlaut sind jedoch kaum miteinander in Einklang zu bringen. Deutet man den Wortlaut der Bestimmung, so wird man erkennen, daß dies im Grunde die typische Formulierung ist, wenn Parallelität in der Anwendung von Gesetzen gelten soll. Man muß folglich zum gegenteiligen Ergebnis kommen, nämlich zur vollen Anwendbarkeit der Bestimmungen des GWB neben dem TKG.

Wenig hilfreich ist zwar dabei das Argument, der Gesetzgeber sei sich der Bedeutung der Formulierung „bleibt unberührt" bewußt gewesen mit dem Hinweis auf Gesetzeswortlaut und Gesetzesbegründung von § 2 Abs. 3 PostG,[589] dessen Begründung bei gleichem Gesetzeswortlaut eben anders lautet.[590] Es zeigt gerade die Begründung zu § 2 Abs. 3 TKG, daß der Gesetzgeber den Wortlaut unterschiedlich interpretiert.

---

587 So etwa BeckTKG-Komm/Schuster § 2 Rdnr. 32; Manssen, in: ders. (Hrsg.), Telekommunikations- und Multimediarecht, C § 2 Rdnr. 11; Mestmäcker, Regulierende Mißbrauchsaufsicht, in: FS für Fikentscher, S. 557 (563); Möschel, MMR-Beilage 3/1999, 3.

588 Begr. zum RegE, BR-Drs. 80/96, S. 36.

589 So Schroeder, WuW 1999, 14 (15).

590 In der Begründung zum RegE zum PostG heißt es: „Die vorrangigen Wettbewerbsregeln der Europäischen Gemeinschaften bleiben unberührt". Vgl. BR-Drs. 147/97, S. 29.

Das entscheidende Argument scheint jedoch in § 82 S. 4 TKG zu liegen. Dieser bestimmt, daß das Bundeskartellamt, wenn es im Bereich der Telekommunikation Verfahren nach den §§ 19 und 20 Abs. 1 und 2 GWB durchführt, der Regulierungsbehörde vor Abschluß des Verfahrens Gelegenheit zu Stellungnahme geben muß. Daraus ergibt sich unmittelbar, daß auch das Bundeskartellamt zur Durchführung derartiger Verfahren im Telekommunikationssektor zuständig sein muß, was aber nur dann der Fall sein kann, wenn man gerade nicht von einer spezielleren Regelung durch das TKG ausgeht.[591]

Sieht man demzufolge die volle Anwendbarkeit der Vorschriften des GWB neben dem TKG als gegeben an, kann man auf diese Weise überdies auch noch wirkungsvoller der Gefahr unterschiedlicher Aufsichtsmaßstäbe durch die unterschiedlichen zuständigen Behörden begegnen. Durch die Zusammenwirkungsverpflichtung des § 82 TKG wird die Möglichkeit der Doppelzuständigkeit wieder abgeschwächt und zudem verhindert, daß Sachverhalte doppelt bearbeitet werden und divergierende Entscheidungen ergehen.[592] Einschränkend muß dabei jedoch angemerkt werden, daß derzeit die Art und Weise der Zusammenarbeit zwischen Bundeskartellamt und Regulierungsbehörde gemäß § 82 TKG nicht besonders effektiv und daher nicht zufriedenstellend ist.[593] Etwas mehr Pragmatismus auf beiden Seiten würde die Koordinierungskonflikte dabei wohl etwas entschärfen.

b) Die wettbewerbsrechtlichen Vorschriften des TKG

aa) Formelles Kartellsonderrecht

Für die Regulierung im deutschen Markt wurde nach §§ 66 ff. TKG eine Regulierungsbehörde für Telekommunikation und Post (RegTP)[594] als Teilnachfolgerin des aufgelösten Ministeriums für Post und Telekommunikation eingerichtet. Mit dem Inkrafttreten dieser Vorschriften am 1.1.1998 gemäß § 100 Abs. 1 S. 1 TKG hat diese ihre Arbeit aufgenommen. Diese soll, unbeschadet der allgemeineren Wettbewerbsaufsicht der nationalen und europäischen Kartellbehörden, den Telekommunikationsmarkt aus seiner bislang monopolistischen Struktur

591 Von einer Doppelzuständigkeit von Bundeskartellamt und Regulierungsbehörde aufgrund von § 2 Abs. 3 TKG gehen auch Weber/Rommersbach, in: Manssen (Hrsg.), Telekommunikations- und Multimediarecht, C § 82 Rdnr. 12 und BeckTKG-Komm/Geppert, § 82 Rdnr. 15 aus. Ebenso Martenczuk, CR 1999, 363 (364) sowie Müller/Schuster, MMR 1999, 507 (508).

592 Vgl. Weber/Rommersbach, in: Manssen (Hrsg.), Telekommunikations- und Multimediarecht, C § 82 Rdnr. 12.

593 Siehe dazu noch auf Seite 164.

594 Diese nicht amtliche Abkürzung gebraucht die Behörde selbst auf ihrer Homepage im Internet (http://www.regtp.de).

herauslösen und chancengleichen und funktionsfähigen Wettbewerb in der Telekommunikation schaffen.[595]
Während des Gesetzgebungsverfahrens war die Organisationsform der Regulierungsbehörde lange umstritten. Die Vorschläge reichten von der Einrichtung einer eigenen obersten Bundesbehörde bis zu einer Übertragung der Aufgaben auf das Bundeskartellamt.[596] Schließlich einigte man sich unter Beachtung der verfassungsrechtlichen Vorgabe des Art. 87 f Abs. 2 S. 2 GG auf die Errichtung einer Bundesoberbehörde im Geschäftsbereich des Bundesministeriums für Wirtschaft. Zwischen Regulierungsbehörde und Bundeskartellamt sollte Gleichrangigkeit erreicht werden, da beide Behörden gemäß § 82 TKG eng zusammenarbeiten müssen.[597]
Wegen dieser organisationsrechtlichen Stellung der Regulierungsbehörde kann das Bundesministerium für Wirtschaft sowohl im Rahmen von Einzelweisungen als auch allgemeiner Weisungen fachaufsichtlich tätig werden. Diese Weisungsgebundenheit ist obligatorisch im Bereich der unmittelbaren Bundeseigenverwaltung nach Art. 87 f Abs. 2 S. 2 GG.[598] Dennoch kann man bei der Regulierungsbehörde von einer gemäß den europarechtlichen Vorgaben entsprechenden unabhängigen Behörde sprechen. Sie ist eine von den Fernmeldeorganisationen unabhängige Einrichtung.[599] Daneben kann man auch von einer deutlicheren Politikunabhängigkeit im Vergleich zum GWB ausgehen, denn Ministererlaubnisse wie etwa nach §§ 8 und 42 Abs. 1 GWB sind dem TKG fremd.[600]

bb) Materielles Kartellsonderrecht

Wie eben gesehen, hat der Gesetzgeber neben dem allgemeinen Wettbewerbsrecht des GWB ein eigenes sektorspezifisches Wettbewerbsrecht mit dem TKG geschaffen, dessen Ziele die Regulierungsbehörde als eigenständige Bundesoberbehörde verwirklichen soll. Er vertraut im Bereich der Telekommunikation also nicht allein den „magischen“ Kräften des Wettbewerbs, die von selbst ihre Wirkung entfalten sollen. Dem Wettbewerbsrecht wird hier folglich eine enorme Auffangfunktion zugeteilt. Gleichwohl ist vom Gesetzgeber kein völlig vom allgemeinen Wettbewerbsrecht unabhängiges sektorspezifisches Wettbewerbsrecht entwickelt worden. Das TKG knüpft eine Reihe von Rechtsfolgen an den Tatbe-

595 Vgl. Begr. zum RegE, BR-Drs. 80/96, S. 51.

596 Siehe dazu die Nachweise bei Weber/Rommersbach, in: Manssen (Hrsg.), Telekommunikations- und Multimediarecht, C § 66 Rdnr. 15.

597 Vgl. Lammich, Telekommunikationsgesetz, § 66 Rdnr. 3.

598 Vgl. Weber/Rommersbach, in: Manssen (Hrsg.), Telekommunikations- und Multimediarecht, C § 66 Rdnr. 20 f.

599 Vgl. Weber/Rommersbach, in: Manssen (Hrsg.), Telekommunikations- und Multimediarecht, C § 66 Rdnr. 22 f.

600 Siehe dazu Gramlich, CR 1998, 463 (466), der im übrigen Organisationsstruktur, Aufgaben und Befugnisse der Regulierungsbehörde umfassend schildert.

stand der marktbeherrschenden Stellung des § 19 Abs. 2 GWB (z.B. die besondere Mißbrauchsaufsicht des § 33 TKG).
Der Umstand, daß Tatbestandsmerkmale der Eingriffsbefugnisse der Regulierungsbehörde aus dem GWB (z.B. die Marktbeherrschung) und der Anwendungspraxis des Bundeskartellamts hervorgehen, führt zu einem gewissen Spannungsverhältnis zwischen den beiden Wettbewerbsbehörden. Diese Wechselwirkungen, die insbesondere durch die Einführung des neuen § 19 Abs. 4 GWB noch verstärkt werden,[601] führen zu der Notwendigkeit, auf die einzelnen relevanten Vorschriften der branchenspezifisch erweiterten Wettbewerbsaufsicht näher einzugehen. Nur so können im Anschluß daran die Problematik des Nebeneinanders von kartell- und telekommunikationsrechtlicher Wettbewerbskontrolle genauer veranschaulicht und Lösungsmöglichkeiten aufgezeigt werden.

aaa) Zusammenschlußverbot

§ 32 TKG enthält Bestimmungen zur Kontrolle von Unternehmenszusammenschlüssen. Danach kann die Regulierungsbehörde einem Lizenznehmer, der auf dem jeweiligen Markt über eine marktbeherrschende Stellung nach § 19 GWB verfügt, als Lizenzauflage aufgeben, sich in Fällen einer nach § 10 durchgeführten Beschränkung der Anzahl der Lizenzen nicht mit einem anderen Unternehmen im Sinne des § 37 Abs. 1 und 2 GWB zusammenzuschließen, sofern dieses andere Unternehmen auf „gleichen“ Telekommunikationsmärkten wie der Lizenznehmer tätig ist. Zweck dieser Vorschrift ist es insbesondere zu verhindern, daß die im Falle der Beschränkung der Anzahl der Lizenzen unter besonderen Bedingungen erworbene Lizenz durch gesellschaftsrechtliche Zusammenschlüsse auf einen Marktbeherrscher übergeht, der auf demselben relevanten Markt tätig ist wie das abgebende Unternehmen. Dadurch würde sich die Marktstruktur in nicht zu vertretender Weise verengen und „Strohmannskäufe“ könnten in diesen Fällen nicht verhindert werden.[602]
Eine ausdrückliche Regelung hinsichtlich der Rechtsfolgen eines Verstoßes ist nicht niedergelegt, sie sollen sich aber wohl nicht nach den §§ 37 ff. GWB richten.[603] Er führt eben nicht zur – schwebenden – Unwirksamkeit eines solchen Erwerbsgeschäfts. Nach § 96 Abs. 1 Ziff. 8 TKG handelt ordnungswidrig, wer einer vollziehbaren Auflage nach § 32 TKG zuwiderhandelt, was mit Geldbuße bis zu 1 Mio. DM bedroht ist. Daneben kann nach § 15 Abs. 1 TKG die Lizenz ganz oder teilweise widerrufen werden. Nahegelegen hätte daher eine Einbezie-

---

601 Dazu siehe eingehender unten Seite 136 f.

602 Begr. zum RegE, BR-Drs. 80/96, S. 45.

603 Vgl. auch schon Niederleithinger, Wettbewerbsaufsicht und Fachaufsicht in der privaten Telekommunikationswirtschaft, in: FS für Mestmäcker, S. 683 (692).

hung der Vorschrift in § 15 Abs. 1 TKG. Die Einordnung in den Bereich der Entgeltregulierung ist folglich nach allgemeiner Auffassung unverständlich.[604] Im Ergebnis stellt die Regelung des § 32 TKG eine spezielle Form der Fusionskontrolle dar. Sie ist im Gegensatz zu § 37 GWB ein präventives Instrument zur Untersagung von Unternehmenszusammenschlüssen, denn sie stellt auf kein konkretes Unternehmensvorhaben ab, sondern untersagt schon im vorhinein im Wege der Auflage eine Vielzahl abstrakt möglicher Fusionen.[605] Die Regulierungsbehörde handelt dabei anders als das Bundeskartellamt im eigenen Ermessen. Darüberhinaus wird bei § 32 TKG nicht nur die aktuelle Situation, sondern auch die künftige Lage berücksichtigt.[606]

bbb) Offener Netzzugang

Auch im Vierten Teil des TKG sind sektorspezifische Wettbewerbsvorschriften enthalten. Zu nennen sind hier insbesondere die besondere Mißbrauchsaufsicht nach § 33 TKG und die Verpflichtung zur Gewährung von Netzzugang in § 35 TKG. Ein offener Zugang zu den Netzen marktbeherrschender Netzbetreiber ist für neue potentielle Wettbewerber eine unverzichtbare Bedingung für deren Wettbewerbsfähigkeit, so daß nur durch diese Vorschriften neuen Anbietern der Eintritt in den Telekommunikationsmarkt ermöglicht werden kann.

(1) Besondere Mißbrauchsaufsicht

Nach § 33 TKG werden marktbeherrschende Anbieter verpflichtet, Wettbewerbern auf dem Telekommunikationsmarkt diskriminierungsfrei den Zugang zu ihren intern genutzten und zu ihren am Markt angebotenen Leistungen zur Verfügung zu stellen.[607] Nach der Begründung des Regierungsentwurfs handelt es sich bei dieser Bestimmung um eine spezialgesetzliche Ergänzung zu dem allgemeinen Diskriminierungsverbot, das in den §§ 19, 20 GWB verankert ist. Für einen marktbeherrschenden Anbieter gilt hiernach als Regel, daß er sich selbst bei der Erbringung von Telekommunikationsdienstleistungen jedweder Art nur solche

---

604 Vgl. nur Manssen, in: Manssen (Hrsg.), Telekommunikations- und Multimediarecht, C § 32 Rdnr. 1; BeckTKG-Komm/Salger, § 32 Rdnr. 1.

605 Schroeder, WuW 1999, 14 (26); BeckTKG-Komm/Salger, § 32 Rdnr. 4.

606 Vgl. BeckTKG-Komm/Salger, § 32 Rdnr. 4.

607 Zu § 33 TKG existieren inzwischen Literatur, Rechtsprechung und Entscheidungen der RegTP in umfangreichem Maße, beispielhaft seien hier genannt: Engel/Knieps, Die Vorschriften des Telekommunikationsgesetzes über den Zugang zu wesentlichen Leistungen, S. 1 ff.; Manssen, in: Manssen (Hrsg.), Telekommunikations- und Multimediarecht, C § 33; Holzhäuser, MMR 2000, 466 ff.; Gramlich, CR 2000, 509 ff.; OVG Münster v. 29.9.1997, - 13 B 1987/87; RegTP v. 21.2.2000 - BK 3a-99/032, abgedr. in: MMR 2000, 298 ff.; RegTP v. 7.6.2000 – BK 3-2-99/033, abgedr. in: MMR 2000, 500 ff.

technischen, betrieblichen und ökonomischen Bedingungen einräumen darf, wie er diese Bedingungen auch Wettbewerbern einzuräumen bereit ist.[608]
Abweichungen von dieser Regel sind nur dann zulässig, wenn sie sachlich gerechtfertigt sind. Bei der Prüfung, ob eine Abweichung von dem oben genannten Grundsatz gerechtfertigt ist, sind die Interessen der Beteiligten gegeneinander abzuwägen. Zu berücksichtigen ist dabei die Zielsetzung dieser Bestimmung, einen funktionsfähigen Wettbewerb und einen diskriminierungsfreien, offenen Netzzugang zu fördern.[609] Die Norm lehnt sich dabei an die Generalklausel des § 19 Abs. 4 GWB für den Mißbrauchsbegriff unter Einbeziehung des § 20 Abs. 1 GWB an, allerdings kombiniert sie dabei das schwer handhabbare Behinderungsverbot mit dem leichter durchsetzbaren Diskriminierungsverbot.[610] Im Unterschied zum allgemeinen Wettbewerbsrecht erstreckt sich das Mißbrauchsverbot des § 33 TKG auch noch auf die intern genutzten Leistungen des Marktbeherrschers.
Anders als bei § 35 TKG gilt diese besondere Mißbrauchsaufsicht für alle öffentlich angebotenen Telekommunikationsdienstleistungen, also nicht nur für Sprachtelefondienst und Betreiber von Telekommunikationsnetzen. Ausnahmsweise darf ein marktbeherrschender Anbieter den Zugang nur insoweit beschränken, als dies den Kriterien des Art. 3 Abs. 2 der ONP-Richtlinie 90/387/EWG entspricht.[611] Dort sind als fundamentale Ausnahmetatbestände aufgeführt:[612] Die Sicherheit des Netzbetriebs, die Aufrechterhaltung der Netzintegrität, die Interoperabilität der Dienste und der Berücksichtigung die Datenschutzes.
§ 33 Abs. 2 TKG nennt die Maßnahmen, derer sich die Regulierungsbehörde bei der Durchsetzung der in Abs. 1 genannten Regeln bedienen kann. Die Regulierungsbehörde kann dem gegen die Grundsätze verstoßenden marktbeherrschenden Anbieter ein bestimmtes gesetzeskonformes Verhalten auferlegen oder ein nicht konformes Verhalten untersagen. Damit gehen ihre Befugnisse über diejenigen der Kartellbehörde nach dem GWB hinaus. Nach dem GWB kann nur ein Verhalten untersagt werden, nicht jedoch ein positives Verhalten auferlegt werden (vgl. § 32 GWB).[613]

---

608 Begr. zum RegE, BR-Drs. 80/96, S. 45 f.
609 Begr. zum RegE, BR-Drs. 80/96, S. 46 f.
610 Vgl. Niederleithinger, Wettbewerbsaufsicht und Fachaufsicht in der privaten Telekommunikationswirtschaft, in: FS für Mestmäcker, S. 683 (693).
611 An der hinreichenden Umsetzung der Richtlinie durch diese Verweisung des nationalen Rechts auf eine Richtlinie, die bei der Umsetzung Gestaltungsspielräume läßt, zweifelnd Schroeder, WuW 1999, 14 (22 f.).
612 ABl. EG Nr. L 192/1 (4) v. 24.7.1990.
613 Siehe auch BeckTKG-Komm/Piepenbrock, § 33 Rdnr. 53.

(2) Gewährung von Netzzugang

Die Bestimmungen über die Gewährung von Netzzugang sollen dazu führen, daß neuen Marktteilnehmern in einem vorhersehbaren, stabilen ordnungspolitischen Umfeld der Zugang zu derzeitigen professionellen und privaten Kunden unter Bedingungen ermöglicht werden, die höhere Investitionen und Marktwachstum im Telekommunikationssektor fördern.[614] Die Regelung fußt also auf dem speziellen Interesse der Nutzer neuer Netze, von diesen aus auch bestehende andere Netze zu nutzen. § 35 Abs. 1 TKG bestimmt daher, daß marktbeherrschende Unternehmen anderen Nutzern den Zugang zu ihrem Telekommunikationsnetz oder zu Teilen desselben erlauben müssen. Dies kann entweder in Form des allgemeinen Netzzugangs oder über besondere Anschlüsse erfolgen.
Der Kreis der Adressaten der Verpflichtung ist im Gegensatz zu § 33 TKG auf die marktbeherrschenden Betreiber eines Telekommunikationsnetzes eingeengt. Dies war möglich, da für Netzzugangsbegehrende kein wettbewerbsrelevanter Nachteil und auch insgesamt keine ordnungspolitischen Nachteile zu befürchten sind, weil gerade diese nicht auf das Netz nicht marktbeherrschender Unternehmen angewiesen sind.[615] Infolgedessen trifft auch nur marktbeherrschende Betreiber nach § 35 Abs. 1 S. 3 TKG die Zusammenschaltungspflicht mit öffentlichen Telekommunikationsnetzen anderer Betreiber. Über §§ 36, 37 TKG erfaßt diese Obliegenheit jedoch auch alle anderen Betreiber, wobei allerdings bei nicht marktbeherrschenden Unternehmen wegen der Vorgaben des europäischen Rechts eine restriktive Anwendung der Zusammenschaltungspflicht angezeigt ist.[616]
Vor diesem Hintergrund normiert § 38 Abs. 1 TKG, daß Vereinbarungen über die Gewährung von Netzzugang nach § 35 TKG unwirksam sind, soweit sie geeignet sind, die Wettbewerbsmöglichkeiten anderer Unternehmen auf einem Markt der Telekommunikation ohne sachlich gerechtfertigten Grund zu beeinträchtigen. Die Regulierungsbehörde kann auch hier ein Verhalten auferlegen oder untersagen (§ 38 Abs. 2 i.V.m. § 33 Abs. 2 TKG).
Der Gesetzgeber hat mit dieser Vorschrift ein sektorspezifisches Kartellsonderrecht geschaffen, das kein Pendant im allgemeinen Wettbewerbsrecht hat. Lediglich die augenblicklich immer wichtiger werdenden Bestimmungen über die Durchleitung in der Elektrizitäts- und Gaswirtschaft in § 6 Energiewirtschaftsgesetz (EnWG)[617] (bis im Jahr 1999 in § 103 Abs. 5 S. 2 Nr. 4 GWB a. F. nor-

---

614 Siehe Vorschlag für eine Richtlinie des Europäischen Parlaments und des Rates über die Zusammenschaltung in der Telekommunikation zur Gewährleistung des Universaldienstes und der Interoperabilität durch Anwendung der Grundsätze für einen offenen Netzzugang (ONP), KOM (95), 379 endg., BR-Drs. 615/95, S. 2.

615 Vgl. auch BeckTKG-Komm/Piepenbrock, § 35 Rdnr. 2.

616 Vgl. BeckTKG-Komm/Piepenbrock, § 37 Rdnr. 2.

617 Gesetz zur Neuregelung des Energiewirtschaftsrechts, BGBl. I 1998, 730; geändert in BGBl. I 1998, 2545; vgl. auch Klimisch/Lange, WuW 1998, 15 (20).

miert) sind damit verwandt, da hier ebenso die Zusammenschaltung von Netzen verbreitet ist.[618]

(3) Das Spannungsverhältnis zu § 19 Abs. 4 Nr. 4 GWB

Eine Regelung, die in unmittelbarem Zusammenhang mit den Vorschriften über den Netzzugang des TKG gesehen werden muß, ist die durch die 6. GWB-Novelle zum 1.1.1999 eingeführte Bestimmung des § 19 Abs. 4 Nr. 4 GWB, wodurch der Mißbrauchskatalog des § 19 GWB um ein Regelbeispiel der Verweigerung des Zugangs zu wesentlichen Einrichtungen erweitert worden ist. Die Netzzugangsvorschriften des TKG (§§ 33 ff.) stellen dabei die entsprechenden für die Telekommunikation einschlägigen besonderen Regelungen dar.
Ziel des Gesetzgebers mit der Aufnahme von § 19 Abs. Nr. 4 GWB war es, die aus dem europäischen Recht zu Art. 82 EG bekannte Problematik der Verweigerung des Zugangs zu wesentlichen Einrichtungen („essential facilities")[619] ins deutsche Recht zu übernehmen.[620] Ein Mißbrauch einer marktbeherrschenden Stellung liegt danach vor, wenn ein Unternehmen sich weigert, einem anderen Unternehmen gegen angemessenes Entgelt Zugang zu eigenen oder anderen Infrastruktureinrichtungen zu gewähren, und wenn es dem anderen Unternehmen aus rechtlichen oder tatsächlichen Gründen ohne die Mitbenutzung nicht möglich ist, auf dem vor- oder nachgelagerten Markt als Wettbewerber tätig zu werden. Dies gilt nicht, wenn das marktbeherrschende Unternehmen nachweist, daß die Mitbenutzung aus betriebsbedingten oder sonstigen Gründen nicht möglich oder nicht zumutbar ist.
Umstritten ist, wie sich die Existenz von branchenspezifischen Sonderregelungen auf diese allgemeine anwendbare Bestimmung des § 19 GWB auswirkt. Hier sieht man sich wiederum der Problematik ausgesetzt, welche Behörde im konkreten Fall zuständig ist und nach welchen Kriterien sie entscheidet. Legt man die Begründung zum Regierungsentwurf der 6. GWB-Novelle zugrunde, könnte man annehmen, daß sektorspezifische Regelungen, die den Netzzugang sicherstellen, unberührt bleiben und Vorrang haben sollen.[621] Daran anknüpfend, sieht eine verbreitete Meinung in der Literatur den Anwendungsbereich des GWB hinter denjenigen des TKG zurücktreten.[622] Für diese Ansicht könnte man

---

618 Siehe Niederleithinger, Wettbewerbsaufsicht und Fachaufsicht in der privaten Telekommunikationswirtschaft, in: FS für Mestmäcker, S. 683 (693).

619 Angeknüpft wird durch diese Regelung an die Essential Facilities Doctrine im amerikanischen Recht, siehe dazu Schwintowski, WuW 1999, 842.

620 Vgl. v. Wallenberg, K&R 1999, 152.

621 Vgl. BT-Drs. 13/9720, S. 37; BR-Drs. 852/97, S. 38: „... steht damit ein Auffangtatbestand zur Verfügung, der dann eingreift, wenn (...) die sektorspezifische Regulierung im Bereich der Telekommunikation (...) wieder aufgehoben wird.

622 Siehe v. Wallenberg, K&R 1999, 152 (153); Wiedemann, in: Wiedemann, Hdb. KartellR, § 23 Rdnr. 90 sowie die weiteren Nachweise bei Fn. 587.

wiederum anführen, daß der Gesetzgeber auch in der Begründung des Regierungsentwurfs zum TKG den branchenspezifischen Wettbewerbsregeln (entgegen dem Wortlaut des § 2 Abs. 3 TKG)[623] den Vorrang gegenüber dem allgemeinen Wettbewerbsrecht einräumt.
Hinsichtlich des letzten Arguments sei auf die entsprechend gültigen obigen Ausführungen verwiesen.[624] Jedenfalls läßt sich auch der Wortlaut der Begründung des Regierungsentwurfs zur 6. GWB-Novelle in der Weise interpretieren, daß man zu der Auffassung gelangen muß, das GWB mit § 19 Abs. 4 Nr. 4 sei weiter anwendbar. Dort ist zu lesen, daß bei der Regelung der Nr. 4 zu beachten ist, daß ein Mißbrauch nicht vorliegt, wenn das Verhalten aufgrund spezialgesetzlicher Regelungen zulässig ist.[625] Dieser Formulierung wohnt ein deutlicher Hinweis auf die parallele Anwendbarkeit von TKG und GWB auch in diesem speziellen Anwendungsbereich inne. Als ausgleichender Faktor dieser Frage ist aber wohl festzustellen, daß in der Regel ein spezialrechtlich nicht begründeter Anspruch auf Netzzugang auch nicht kartellrechtlich begründet sein wird. Ist ein Anspruch auf Netzzugang nach dem Telekommunikationsgesetz zu verneinen, ergibt sich jedenfalls aus dem Spezialgesetz ein sachlicher Rechtfertigungsgrund der Zugangsverweigerung, so daß auch nach dem allgemeinen Wettbewerbsrecht ein Mißbrauch einer marktbeherrschenden Stellung vorliegen wird. Grundsätzlich sind der branchenspezifische Zulassungsanspruch und der allgemein wettbewerbsrechtliche Zulassungsanspruch somit nebeneinander anwendbar.[626]

ccc) Entgeltregulierung als Wettbewerbsvorschriften

Vorschriften mit wettbewerbsrechtlichem Inhalt sind daneben die Regelungen über die Entgeltregulierung, denn auch sie richten sich an Unternehmen mit einer marktbeherrschenden Stellung nach § 19 GWB.[627] Ziel des TKG ist es, chancengleichen und funktionsfähigen Wettbewerb sicherzustellen (§ 2 Abs. 2 Nr. 2 TKG) und die Interessen der Nutzer zu wahren (§ 2 Abs. 2 Nr. 1). In erster Linie soll dabei die Entstehung neuen Wettbewerbs gefördert werden. Vermieden werden sollte durch die Regulierung der Entgelte, daß marktbeherrschende Unternehmen durch unberechtigte Preispolitik die Entwicklungschancen von Wettbewerbern beeinträchtigen. Erreicht werden soll dieser Zweck durch eine

---

623 Siehe dazu schon bei Punkt cc) Das Verhältnis von TKG und GWB auf Seite 129.

624 Vgl. Seite 129.

625 Vgl. BT-Drs. 13/9720, S. 37, 52.

626 Zu diesem Ergebnis kommen auch Bechthold, Kartellgesetz, § 19 Rdnr. 86; Schroeder, WuW 1999, 14 (24 f.) sowie Weisser/Meinking, WuW 1998, 831 (847).

627 Vgl. auch Niederleithinger, Wettbewerbsaufsicht und Fachaufsicht in der privaten Telekommunikationswirtschaft, in: FS für Mestmäcker, S. 683 (691 f.), der dies nur als deutliches Indiz für die Zuordnung der Entgeltregulierung zum Wettbewerbsrecht gewertet wissen will, aber letztlich doch eine branchenspezifische Wettbewerbsregelung annimmt.

ex-ante-Entgeltregulierung, bei der es anders als im GWB - das bis auf die Fusionskontrolle ein Instrument der vorherigen Überprüfung nicht kennt - eben nicht nur um die Verhinderung von Beschränkung von Restwettbewerb geht, sondern um die Verhinderung der Ausnutzung dominierender Marktpositionen zu Lasten des Wettbewerbs und der Nachfrager durch marktbeherrschende Unternehmen. Diese präventive Mißbrauchskontrolle ist erforderlich zur Entwicklung eines freien und dynamischen Wettbewerbs.[628]

Aus § 25 TKG ergibt sich, welche Leistungen der Entgeltregulierung unterliegen. Nach § 25 Abs. 1 TKG (i.V.m. §§ 24, 27 bis 31 TKG) müssen sich Unternehmen mit marktbeherrschender Stellung, die Übertragungswege und Sprachtelefondienst, soweit es sich um die Lizenzklassen 3 oder 4 nach § 6 TKG handelt, anbieten, hinsichtlich der von ihnen beabsichtigten Entgelte sowie entgeltrelevanter Bestandteile ihrer Allgemeinen Geschäftsbedingungen einer präventiven Mißbrauchskontrolle durch die Regulierungsbehörde unterwerfen.

Nicht der Genehmigungspflicht ausgesetzt sind folglich die Entgelte im Rahmen einer Mobilfunklizenz und einer Satellitenfunklizenz sowie lizenzfreie Telekommunikationsdienstleistungen (vgl. § 25 Abs. 2 TKG). Hier nimmt die Regulierungsbehörde eine nachträgliche Mißbrauchskontrolle in Form eines Widerspruchsverfahrens (§ 30 TKG) vor.

ddd) Lizenzvergabeverfahren

Der Ausschluß von Unternehmen vom Vergabeverfahren von Telekommunikationslizenzen nach § 11 Abs. 3 TKG stellt im Grunde eine Diskriminierung marktbeherrschender Anbieter dar.[629] Wettbewerbsförderung soll hier durch den Ausschluß von der Teilnahme an demselben erfolgen, was ein enormes Eingreifen in den freien Wettbewerb darstellt. Nach Abs. 3 der Vorschrift können die jeweiligen Unternehmen von dem Vergabeverfahren ausgeschlossen werden, wenn zu erwarten ist, daß durch ein erfolgreiches Gebot in der Versteigerung ein chancengleicher Wettbewerb auf dem sachlich und räumlich relevanten Markt der lizenzpflichtigen Telekommunikationsdienstleistung gefährdet wird.

Daß es sich hierbei um sektorspezifisches Wettbewerbsrecht handelt, wird schon dadurch deutlich, daß ein Ausschluß vom Vergabeverfahren gemäß § 82 S. 1 TKG nur im Einvernehmen mit dem Bundeskartellamt erfolgen kann. Aufgabe der Regelung ist es, daß nicht etwa ein dominanter Anbieter das Entstehen von Wettbewerb durch den Erwerb der weiteren Lizenzen verhindert.[630] Mit ihr erhält die Regulierungsbehörde die Möglichkeit zu gewährleisten, daß die Betäti-

---

628 Vgl. Manssen, in: Manssen (Hrsg.), Telekommunikations- und Multimediarecht, C § 24 Rdnr. 1; BeckTKG-Komm/Schuster/Stürmer, § 24 Rdnr. 3.

629 Vgl. auch Manssen, in: Manssen (Hrsg.), Telekommunikations- und Multimediarecht, C § 11 Rdnr. 2.

630 Vgl. Lammich, Telekommunikationsgesetz, § 11 Rdnr. 8.

gungsmöglichkeiten erfolgreicher Bieter oder Bewerber durch den Marktzutritt anderer, überlegener Wettbewerber nicht unverhältnismäßig eingeschränkt werden.[631]

Mahnende Stimmen bezüglich der Verfassungsmäßigkeit der Bestimmung erheben sich aus der Literatur.[632] Die Schwere des Eingriffs wird insbesondere darin gesehen, daß gewissermaßen schon die Teilnahme eines bestimmten Wettbewerbers am Zulassungsverfahren den Mißbrauch einer marktbeherrschenden Stellung darstelle. Dies sei ungewöhnlich und auch im deutschen Kartellrecht ein Unikum. Indes sind jedoch nach § 11 Abs. 3 S. 2 TKG bei einem Ausschluß die berechtigten Interessen des für den Ausschluß in Betracht kommenden Unternehmens an der Anwendung neuer Technologien angemessen zu berücksichtigen, so daß wohl von der Verhältnismäßigkeit und damit der Verfassungsmäßigkeit der Regelung ausgegangen werden muß.

cc) Einfluß des Gemeinschaftsrechts

Wie zu erwarten bestehen im Bereich der Telekommunikation hinsichtlich des grundsätzlichen Verhältnisses von Gemeinschaftsrecht und nationalem Recht keine Besonderheiten. Das Gemeinschaftsrecht genießt unverändert Anwendungsvorrang, für die unmittelbar anwendbaren Vorschriften des EG-Vertrages gilt damit, daß sie Vorrang vor widersprechendem nationalem Recht haben. Der deutsche Gesetzgeber hat dies auch in der Begründung zum Entwurf des Telekommunikationsgesetzes noch einmal bekräftigt.[633]

Die Befugnisse der Kommission bleiben damit vom TKG unberührt, da die Bestimmungen des europäischen Kartellrechts dem deutschen Recht vorgehen und somit vom TKG nicht verdrängt werden können. Wichtig sind hier insbesondere das Kartellverbot des Art. 81 EG und das Verbot des Mißbrauchs marktbeherrschender Stellungen des Art. 82 EG. Auch durch die Richtlinien über die Liberalisierung der Telekommunikationsmärkte wird die Anwendbarkeit der Wettbewerbsregeln des europäischen Rechts nicht ausgeschlossen. Damit ist auch die Regulierungsbehörde verpflichtet, das Gemeinschaftsrecht in angemessener Weise zu berücksichtigen. Im Rahmen ihrer Tätigkeit muß sie das TKG in gemeinschaftsrechtskonformer Weise auslegen, sie hat folglich das TKG unter voller Ausschöpfung ihres Beurteilungsspielraums, den ihr das nationale Recht einräumt, und in vollem Einklang mit den Erfordernissen des Gemeinschafts-

---

631 So die Begr. zum RegE, BR-Drs. 80/96, S. 39.

632 Schroeder, WuW 1999, 14 (25), hält die Regelung für verfassungsrechtlich bedenklich.

633 Dort heißt es: „Die vorrangigen Wettbewerbsregeln des Vertrages über die Gründung der Europäischen Gemeinschaften und die Fusionskontrollverordnung bleiben unberührt“. Vgl. Begr. zum RegE, BR-Drs. 80/96, S. 37.

rechts auszulegen und anzuwenden.[634] Die Maßstäbe im Bereich des Telekommunikationsrechts ergeben sich dabei aus den Leitlinien für die Anwendung der EG-Wettbewerbsregeln im Telekommunikationsbereich der Europäischen Kommission.[635]

Selbstverständlich können auch weiterhin Private ihre subjektiven Rechte aus den Art. 81, 82 EG vor den Gerichten geltend machen.[636] Daneben ist auch die Anrufung der Europäischen Kommission im Falle der Benachteiligung von Wettbewerbern durch ein Verhalten von marktbeherrschenden Unternehmen, das gegen die Art. 81, 82 EG verstößt, möglich.[637]

Im Verhältnis Regulierungsbehörde und Europäischer Kommission sind auch die Regelungen des Art. 86 EG über öffentliche und monopolartige Unternehmen zu berücksichtigen. Solange in den Mitgliedstaaten noch öffentliche Unternehmen im Telekommunikationsbereich tätig sind – und die Deutsche Telekom AG ist wegen der bestehenden Beteiligung des Bundes ein solches –[638], hat die Kommission gemäß Art. 86 Abs. 3 EG eine eigene diesbezügliche Rechtsetzungskompetenz und parallel dazu auch eine begrenzte administrative Kompetenz, Einzelfallentscheidungen an die Mitgliedstaaten zu richten.[639] Die Mitgliedstaaten haben gemäß Art. 86 Abs. 1 EG die Wettbewerbsregeln der Gemeinschaft zu achten, die Regulierungsbehörde unterliegt folglich der Kontrolle der Europäischen Kommission.[640]

Allerdings führt nicht nur die unmittelbare Anwendbarkeit des Gemeinschaftsrechts im Telekommunikationssektor auf direktem Wege zu Problemen, daneben kommt es auch über den Umweg des deutschen Kartellrechts zu einem Spannungsverhältnis von Telekommunikationsrecht und Gemeinschaftsrecht. Nach § 50 GWB ist auch das Bundeskartellamt zuständig zur Durchsetzung der europäischen Wettbewerbsregeln. Die Zuständigkeiten des Bundeskartellamts beruhen aber primär auf deutschem Recht, so daß dies wiederum zu einem Kon-

---

634 Vgl. auch BeckTKG-Komm/Schuster, § 1 Rdnr. 13.

635 Vgl. ABl. EG Nr. C 233/2 v. 6.9.1991; Abl. 1998 C 265/2 v. 22.8.1998 (für Zugangsvereinbarungen).

636 Vgl. Möschel, MMR-Beilage 3/1999, 3 (4).

637 BeckTKG-Komm/Schuster, § 1 Rdnr. 15.

638 Die öffentliche Hand muß auf die Geschäftsführung der öffentlichen Unternehmen einwirken können, ohne auf hoheitliche Maßnahmen angewiesen zu sein, die Möglichkeit der Beeinflussung genügt hierbei, siehe von der Groeben/Thiesing/Ehlermann, Handbuch des Europäischen Rechts, I A 50, Art. 90 Rdnr. 9; Möschel, MMR-Beilage 3/1999, 3 (4).

639 Vgl. Möschel, MMR-Beilage 3/1999, 3 (4).

640 Anfang des Jahres 1998 kündigte die Kommission beispielsweise an, sie wolle prüfen, ob in der Absicht der Deutschen Telekom, hohe Ablösegebühren für den Wechsel zu anderen Anbietern zu verlangen, ein mißbräuchliches Verhalten im Sinne der europäischen Wettbewerbsregeln liegt, erklärte jedoch gleichzeitig, sie wolle sich eventuell mit einer zufriedenstellenden Lösung der Regulierungsbehörde abfinden, vgl. FAZ v. 10.1.1998, Nr. 8, S. 13.

flikt im Verhältnis TKG und GWB führt, wenn man annimmt, daß das TKG aus Spezialitätsgründen den Anwendungsbereich des GWB einschränkt. Man könnte daher daran denken, daß die Bestimmung des § 50 GWB abbedungen sei, soweit jedenfalls die Befugnisse der Regulierungsbehörde reichen. Dagegen spricht jedoch, daß das Gemeinschaftsrecht in jedem Fall den nationalen Regelungen vorgeht, so daß das TKG den höherrangigen Art. 82 EG nicht verdrängen kann, den das Bundeskartellamt als dezentrales Durchsetzungsorgan unterhalb der Europäischen Kommission[641] nach § 50 GWB anwenden kann.[642]
Ganz deutlich kann man also erkennen, daß diese Verwicklungen zu einer problematischen wettbewerbsrechtlichen Trias im Telekommunikationsrecht führen, indem die Europäische Kommission, die Regulierungsbehörde und das Bundeskartellamt wettbewerbsrechtliche Bestimmungen zur Anwendung bringen, die Effekte im Bereich der Telekommunikation haben. Wie dieser Problematik mit einer effizienten Lösung beizukommen ist, soll weiter unten erörtert werden.[643]

4. Tele- und Mediendienste

Im Bereich der Multimediadienste hat sich die Bundesrepublik Deutschland mit dem Informations- und Kommunikationsdienste-Gesetz (IuKDG)[644] des Bundes und dem Mediendienste-Staatsvertrag (MDStV)[645] der Länder einen weltweit einmaligen Regelungsrahmen geschaffen. Beide Regelwerke sind am 1.8.1997 in Kraft getreten.[646] Deutschland hat damit den Weg in die Informationsgesellschaft durch die entsprechende Rechtsetzung zumindest etwas geebnet.
Bei der Schaffung der Rahmenbedingungen für die neuen Informations- und Kommunikationsdienste ließ sich die Bundesregierung insbesondere von der Prämisse leiten, daß bei der Begründung des Rechtsrahmens das Ziel der Dere-

---

641 So Möschel, MMR-Beilage 3/1999, 3 (4).

642 Vgl. auch Schroeder, WuW 1999, 14 (16); Möschel, MMR-Beilage 3/1999, 3 (3 f.); Emmerich, Kartellrecht, S. 355; a.A. Martenczuk, CR 1999, 363 (363, Fn. 4), der zwar die volle Anwendbarkeit des GWB neben dem TKG bejaht, hier aber wohl von einem Ausschluß durch das TKG ausgeht. Eingehend zu den Zuständigkeiten des Bundeskartellamts nach § 50 GWB siehe bei Paulweber, Regulierungszuständigkeiten in der Telekommunikation, S. 173 ff.

643 Siehe dazu Seite 172 ff.

644 Gesetz zur Regelung von Rahmenbedingungen für Informations- und Kommunikationsdienste v. 22.7.1997, BGBl. I, S. 1870; abrufbar im Internet unter http://www.iid.de/iukdg/gesetz/iukdg.html.

645 Staatsvertrag über Mediendienste, abgedr. z.B. in: BayGVBl. 1997, 225; abrufbar im Internet unter http://www.iid.de/iukdg/gesetz/mdstv.html.

646 Dies gilt für alle Bestimmungen der beiden Normenwerke mit Ausnahme von Art. 7 IuKDG, der erst am 1.1.1998 in Kraft trat.

gulierung vorrangig vor Regulierung sei.[647] Dadurch sollte eine tragfähige Grundlage für unternehmerische Planungen im Bereich der neuen Dienste geschaffen werden, um Standortvorteile Deutschlands vor dem Hintergrund der Globalisierung der Wirtschaft zu festigen, daneben sollte aber auch zur Sicherung der Rechte des Nutzers, insbesondere der informationellen Selbstbestimmung beigetragen werden.[648] Neben jenen Impulsen für das Wirtschaftswachstum versuchen die Regelwerke jedoch andererseits auch dem Ausgleich zwischen freiem Wettbewerb, den berechtigten Nutzerinteressen und hierzu oftmals in Widerspruch stehenden öffentlichen Ordnungsinteressen zu dienen.[649]
Hierdurch zeigt sich, daß das neue Informations- und Kommunikationsdienste-Recht sich nicht damit begnügt, frühere Restriktionen des Rechts abzubauen und damit den Markt zu öffnen, sondern es bemüht sich auch, den Markt zu gestalten, um seine Funktionsfähigkeit zu sichern. Aus diesem Grund ist es angezeigt, zu untersuchen, in welcher Form auch in diesem Bereich des Multimedia-Rechts der formelle und materielle Regulierungsrahmen ausgestaltet ist und damit fachspezifische Wettbewerbsregeln enthält.

a) Das IuKDG

Das Informations- und Kommunikationsdienste-Gesetz ist ein Artikelgesetz. Es verbindet in seinen 11 Artikeln neuartige Bestimmungen mit Ergänzungen und Änderungen bereits bestehender bundesgesetzlicher Vorschriften zu einem Mantelgesetz.[650] Die ersten drei Artikel enthalten Neuregelungen: das Teledienstegesetz (TDG), das Teledienstedatenschutzgesetz (TDDSG) und das Signaturgesetz. In sechs weiteren Artikeln werden bestehende Bundesgesetze in den Bereichen Straf- und Ordnungswidrigkeitenrechts, des Jugendschutzrechts, des Urheberrechts sowie im Verbraucherschutzrecht angepaßt. Die Rahmenbedingungen des IuKDG sind damit deutlich von der Absicht geprägt, alle die rechtlichen Regeln zu erfassen, die dem Ausgleich zwischen freiem Wettbewerb und öffentlichen Interessen gerecht werden.
Im vorliegenden Zusammenhang interessiert insbesondere das TDG. Es regelt die Rahmenbedingungen für das Angebot und die Nutzung von Telediensten, der Klarstellung von Verantwortlichkeiten der Diensteanbieter und der Verpflichtung zur Anbieterkennzeichnung. Auf dieses Gesetz allein verteilen sich

647 Vgl. Engel-Flechsig/Maennel/Tettenborn, Neue gesetzliche Rahmenbedingungen für Multimedia, S. 8. Vgl. daneben Begründung zum IuKDG, Regierungsentwurf, BR-Drs. 966/96, S. 18.
648 Engel-Flechsig, ZUM 1997, 231 (232).
649 Vgl. Begründung zum IuKDG, Regierungsentwurf, BR-Drs. 966/96, S. 18.
650 Vgl. Engel-Flechsig/Maennel/Tettenborn, Neue gesetzliche Rahmenbedingungen für Multimedia, S. 7.

die materiell maßgeblichen Vorgaben der Medienregulation im Bereich der Teledienste.
Regulierungs- und Marktaufsichtsregelungen sind jedoch bei den Informations- und Kommunikationsdiensten nur äußerst zurückhaltend in die Gesetzestexte eingearbeitet worden. Damit wollte der Gesetzgeber den besonderen Anforderungen der Multimedia-Angebote gerecht werden. Multimedia eröffnet ein mannigfaltiges Feld für neue und innovative Entwicklungen. Dabei war man sich im klaren darüber, daß die Entwicklung eines interessanten Multimedia-Marktes nur über einen sich rasch entfaltenden und freien Wettbewerb gelingen kann.[651] Aus diesem Grund wurde in § 4 TDG den Grundsatz der Zulassungsfreiheit der Teledienste normiert.
Rechnung getragen wurde damit auch der unternehmerischen Handlungs- und Gewerbefreiheit nach den Art. 2, 12 GG. Dies setzte sich der Gesetzgeber ausdrücklich zum Ziel, um dadurch die Trennung zum Zulassungs- und Lizenzregime des Rundfunks zu verdeutlichen.[652] Bei der Anmeldung sind somit lediglich allgemeine Zulässigkeitsvoraussetzungen wie die der Gewerbeordnung oder des § 8 TKG (Lizenzerteilung) zu beachten.
Für den Anbieter eines solchen Dienstes ergibt sich daraus, daß er sich ohne besondere, in erster Linie medienrechtlicher Zulassung oder Anmeldung am Markt engagieren kann. Selbstredend ist er weiter zur Beachtung der Bestimmungen zum Jugendschutz, die im Strafgesetzbuch und im Gesetz zum Schutz gegen jugendgefährdende Schriften und Medieninhalte (GjSM) normiert sind, sowie der Bestimmungen zum Datenschutz aus dem Teledienstedatenschutzgesetz, angehalten. Für die Überwachung dieser Bereiche sind jedoch gesonderte Aufsichtsbehörden, wie die allgemeinen Jugendschutzbehörden, eingerichtet.[653]
Die wettbewerbsspezifische Aufsicht über die Teledienste allein führt somit nicht zu besonderen Problemen, da eine fachspezifische Aufsicht in dieser Form gar nicht existiert. Vorstellbar sind Komplikationen jedoch dann, wenn ein Unternehmen mehrere zusammenhängende Leistungen anbietet, von denen eine unter die Teledienste fällt. Hier ist insbesondere die Abgrenzung des sachlich relevanten Marktes und die Ermittlung der Marktanteile schwierig, eine Gesamtschau der Leistungen ist wegen der Zulassungsfreiheit der Teledienste nicht möglich.

---

651 Vgl. Begründung zum IuKDG, Regierungsentwurf, BR-Drs. 966/96, S. 18, 21.
652 Vgl. Begründung zum IuKDG, Regierungsentwurf, BR-Drs. 966/96, S. 21; Engel-Flechsig/Maennel/Tettenborn, Neue gesetzliche Rahmenbedingungen für Multimedia, S. 15; Gounalakis/Rhode, K&R 1998, 321 (326).
653 Vgl. auch Rossen-Stadtfeld, ZUM 2000, 36 (41).

b) Der MDStV

Der Mediendienstestaatsvertrag der Länder regelt ebenso wie das IuKDG Informations- und Kommunikationsdienste, allerdings nur die Mediendienste. Der MDStV beschränkt sich somit auf die Informations- und Kommunikationsdienste, die an die Allgemeinheit gerichtet sind[654] und enthält dafür Bestimmungen zum Anwendungsbereich, zum Zugang und der Verantwortlichkeit und Regelungen zum Datenschutz. Er entspricht dabei weitgehend einem Teilbereich des IuKDG, nämlich den Art. 1 und 2, dem TDG und dem TDDSG.
Wie die Teledienste sind auch die Mediendienste im Rahmen der Gesetze zulassungs- und anmeldefrei (§ 4 MDStV).[655] Daneben enthält der Mediendienstestaatsvertrag verschiedene Regelungen bezüglich der Anbieterkennzeichnung (§ 6) und der Zulässigkeitsvoraussetzungen der Werbung (§ 9 Abs. 2 und 3). Die Einhaltung dieser Regelungen muß durch besondere Aufsichtsbehörden, die durch Landesrecht eingerichtet werden, gewährleistet werden. Die Zuständigkeiten für die Überwachung der allgemeinen Regeln, wie etwa der Jugendschutz, liegen bei den allgemeinen Aufsichtsbehörden, diese Regelung folgt insoweit dem Teledienstegesetz.
In die Berücksichtigung der Regulierung elektronischer Medien mit einbezogen werden muß natürlich auch der Rundfunkstaatsvertrag, da vor allem die Mediendienste ihrer Definition nach dem klassischen Hör- und Fernsehrundfunk nahekommen. Vor diesem Hintergrund ist die den Landesmedienanstalten über die sogenannte Rückholklausel des § 20 Abs. 2 RStV eröffnete Möglichkeit, einen Mediendienst dem hochregulierten Rundfunkrecht zu unterstellen, wenn dieser sich materiell und inhaltlich als Rundfunk darstellt,[656] kritisch zu betrachten.

c) Der RStV

§ 20 Abs. 2 RStV enthält eine Rückholklausel für Mediendienste, nach der Anbieter dieser Dienste, wenn und soweit sie dem Rundfunk zuzuordnen sind, einer Zulassung nach Landesrecht bedürfen. Die Bestimmung wurde auf Betreiben der Länder eingeführt, da diese eine Umgehung der strengen Rundfunkzulassungsregelungen befürchteten und eine „Flucht in die Mediendienste" verhindern wollten.[657]

---

[654] Vgl. § 2 Abs. 1 MDStV: „Dieser Staatsvertrag gilt für das Angebot und die Nutzung von an die Allgemeinheit gerichteten Informations- und Kommunikationsdiensten (Mediendienste) in Text, Ton oder Bild ...".

[655] Vgl. dazu schon die Ausführungen soeben Seite 142.

[656] Vgl. Engel-Flechsig/Maennel/Tettenborn, Neue gesetzliche Rahmenbedingungen für Multimedia, S. 15.

[657] Vgl. Engel-Flechsig/Maennel/Tettenborn, Neue gesetzliche Rahmenbedingungen für Multimedia, S. 14.

Die Rückholklausel führt zu nicht zu unterschätzender Rechtsunsicherheit. Anbieter von Mediendiensten sind der Gefahr ausgesetzt, daß ihr Dienst von der zuständigen Landesmedienanstalt im Einvernehmen mit allen Landesmedienanstalten (so § 20 Abs. 2 S. 2 RStV) als Rundfunk angesehen wird und damit strengen Zulässigkeitskriterien unterworfen wird. Mediendienste sind eben gemäß § 4 MDStV zulassungs- und anmeldefrei, so daß ein Anbieter auch keine Genehmigung erhält, die seine gesetzlich vorgeschriebenen Rechte und Pflichten präzisiert. Allerdings kann ein Betreiber bei der zuständigen Landesmedienanstalt einen Antrag auf rundfunkrechtliche Unbedenklichkeit stellen (§ 20 Abs. 2 S. 3 RStV). Die Rückholklausel schränkt damit die im Mediendienstestaatsvertrag statuierte Zulassungsfreiheit und dadurch die Anwendbarkeit desselben ein.[658]

Damit ergibt sich die Frage, ob es von Nöten ist, eine genauere gesetzliche Hilfe zur Abgrenzung von Mediendienst und Rundfunk zu formulieren. Man könnte ebenso daran denken, die Rückholklausel des § 20 Abs. 2 RStV zu präzisieren. Die Norm könnte sogar vollkommen überflüssig werden, wenn man die Aufteilung der Kompetenzen hinsichtlich Mediendiensten und Rundfunk aufgäbe und man die Aufsicht nicht mehr entlang der Übertragungsplattform, sondern entlang der Funktion führte.[659]

d) Abgrenzung zum Geltungsbereich von TKG und GWB

Die Übertragung von Tele- und Mediendiensten setzt das Vorhandensein von Telekommunikation voraus. Das TKG sowie das TDG und der MDStV kommen aus diesem Grund funktionsbezogen differenziert nebeneinander zur Anwendung.[660] Das Recht der Tele- und Mediendienste regelt die Nutzung der mittels Telekommunikation übermittelten Inhalte, das TKG bezieht sich auf die technischen Vorgänge der Telekommunikation.

Aus den obigen Ausführungen[661] ergibt sich daneben, daß allgemeine Anmelde- und Zulassungserfordernisse unberührt bleiben. Bezüglich wettbewerbsrechtlicher Fragen gilt das GWB. Folge davon ist, daß für diesen Bereich der Regulierung die Abgrenzung zwischen Tele- und Mediendienst, die grundsätzlich äußerst schwierig und daher höchst umstritten ist,[662] keine entscheidende Rolle spielt. Ein zusätzlicher fachspezifischer Schutz durch das Recht der Tele- und Mediendienste ist wegen der besonderen Marktanforderungen zu Recht als nicht

658 Siehe dazu auch Koenig, MMR-Beilage 12/1998, 1 (11 f.).

659 Zu dieser Option vgl. unten auf Seite 168 ff.

660 Vgl. § 2 Abs. 4 TDG und Begründung zum IuKDG, Regierungsentwurf, BR-Drs. 966/96, S. 21.

661 Siehe Seite 142.

662 Zu diesem Abgrenzungsproblem existiert inzwischen umfangreiche Literatur, siehe z.B. von Heyl, ZUM 1998, 115 ff.; Gounalakis/Rhode, CR 1998, 487 (489 ff.); Kröger/Moos, AfP 1997, 675 ff.

erforderlich erachtet worden.[663] Ein eigener formeller und materieller wettbewerbsrechtlicher Regulierungsrahmen ist dem Informations- und Kommunikationsdienste-Recht somit nicht hinzugefügt worden.

663 Vgl. die Begründung zum IuKDG, Regierungsentwurf, BR-Drs. 966/96, S. 21.

4. Kapitel: Die Konvergenzentwicklung der Medien und ihr Einfluß auf die deutsche und europäische Wettbewerbsaufsicht

1. Allgemeines

Die globale Verfügbarkeit der neuen Informations- und Kommunikationstechniken hat dazu geführt, daß denjenigen Staaten eine Führungsrolle im internationalen Wettbewerb zuwächst, die den technischen Fortschritt nicht als Gefahr für hergebrachte Aufsichtsformen und dabei etablierte Institutionen ansehen, sondern ihn als Motor des gesellschaftlichen und wirtschaftlichen Fortschritts betrachten. Den Prüfstein für eine innovationsfreundliche Politik bildet zu einem nicht unerheblichen Teil die Ordnung der Medienmärkte.
Daß die Medienordnung als Teil der Wirtschaftsordnung eine so entscheidende Rolle spielt, liegt vor allem daran, daß die Kommunikationswirtschaft international eine Wachstumsbranche darstellt. Die technologische Entwicklung und die damit einhergehende Globalisierung der Märkte wird verursacht und verstärkt durch das Verschmelzen von Informations-, Telekommunikations- und Medienwirtschaft. Auch für den Bereich der Kommunikationswirtschaft gilt daher, daß sich diejenigen Systeme durchsetzen werden, die den Wettbewerb als Motor der Entwicklung einsetzen.

a) Der Status quo bei der Konvergenz

Dreh- und Angelpunkt der aktuellen Entwicklungen ist weiterhin die Vervielfachung der Übertragungsmöglichkeiten, die daraus resultiert, daß die Techniken der Digitalisierung und Datenkompression zunehmend genutzt werden. Die digitale Revolution mit ihren Potenzialen schafft neue Kommunikationsmöglichkeiten und eine ungeahnte Vielfalt an Medienangeboten.
Schon im Jahr 1997 hat die Kommission in ihrem Grünbuch zur Konvergenz festgestellt, daß es wohl keinerlei Zweifel mehr darüber gebe, daß Konvergenz im technischen Sinne bereits eingetreten sei.[664] Im weiteren Verlauf kam es zu einer immer umfassenderen und intensiveren Globalisierung von Technologien und Märkten und diese Entwicklung wird fraglos weiter anhalten. Das Internet revolutioniert die herkömmlichen Markt- und Technologiestrukturen in großem Maße und bringt dadurch neue Dienste für Unternehmen und Allgemeinheit. Verbesserungen bei der Verarbeitung, beim Zugang und bei grundlegenden Übertragungstechnologien. Es werden immer mehr auch drahtlose Anwendungen ermöglicht, die die gegenwärtige audiovisuelle und telekommunikative

[664] Grünbuch zur Konvergenz der Branchen Telekommunikation, Medien und Informationstechnologie und ihren ordnungspolitischen Auswirkungen, KOM (97), 623 endg., S. 2.

Landschaft verändern. Aktuelle Stichworte sind in diesem Zusammenhang etwa die Begriffe Pay-TV oder Near-Video-on-Demand.
Im Gefolge des fortwährenden Entwicklungsprozesses wird es jedoch nicht zwangsläufig zu einem zügigen Wandel der Inhalte der übertragenen Informationen kommen. Die neuen Techniken führen in erster Linie zu einer Verschmelzung der verschiedenen Netzplattformen. Größerer Bedeutung als der Inhaltskontrolle kommt durch die Konvergenzentwicklung daher der Kontrolle des Wettbewerbs zu. Bei dem zukünftigen Regelungsrahmen werden sich dessen Eckpunkte somit vielmehr aus den wettbewerbsrelevanten Fragestellungen ergeben müssen.[665]

b) Folgerungen für das Wettbewerbsrecht

Im Hinblick auf die konvergierenden Kommunikationsnetze und -dienste ist daher insbesondere das Wettbewerbsrecht vor neue, vielfältige Herausforderungen gestellt.[666] Angesichts der gegenwärtigen Aufsichtsstruktur im Sektor der Medien scheint es aber mehr als fraglich, ob diese branchenspezifischen Wettbewerbsregeln den zukünftigen Anforderungen an eine globale Kommunikationsstruktur noch gewachsen sind. Denn geprägt ist die Telekommunikations- und Medienaufsicht in Deutschland durch ein besonders hohes Maß an Unübersichtlichkeit, die allein schon für die Teilnehmer am Markt der elektronischen Medien und der Telekommunikation Erschwernisse mit sich bringt.
Mit Blick auf den starken internationalen Wettbewerbsdruck ist es jedoch dringend geboten, eine durchschlagende Regulierungsordnung zu erstellen, um Wettbewerbsnachteile in dem besonders entscheidenden Zeitabschnitt der sich erst entwickelnden Märkte zu vermeiden. Die Neugestaltung der Medienaufsicht muß dabei den Marktanforderungen, die sich aus der Konvergenz der verschiedenen Kommunikationsdienste ergeben, gerecht werden und dabei vor allem auch die künftig zu erwartende Harmonisierung innerhalb der Europäischen Gemeinschaft berücksichtigen.

---

665 Ähnlich auch Gounalakis, K&R 1999, 541 (542).

666 Vgl. Grünbuch zur Konvergenz der Branchen Telekommunikation, Medien und Informationstechnologie und ihren ordnungspolitischen Auswirkungen, KOM (97), 623 endg.; Arbeitsdokument der Kommission über die Zusammenfassung der Ergebnisse der öffentlichen Konsultation zum Grünbuch zur Konvergenz v. 29.7.1998, SEC (98), 1284; Schlußfolgerungen des Rates zu den Ergebnissen der öffentlichen Konsultation zum Grünbuch über Konvergenz (insbesondere Medien- und audiovisuelle Aspekte) v. 27.9.1999, ABl. EG Nr. C 283/1.

c) Gegenwärtige Ordnung der Wettbewerbsaufsicht

Durchaus nicht wirklichkeitsfern ist es, bei der deutschen Medienmarktaufsicht von einem „Dschungel" zu sprechen, in dem man sich leicht verirren kann.[667] Medienanbieter müssen sich mit ihrem einheitlichen Angebot unter Umständen mehreren oder allen existierenden Regelungskomplexen mit ihren jeweils zuständigen Behörden unterwerfen, was naturgemäß zu besonderen Schwierigkeiten führt. Da gibt es das Bundeskartellamt und die Brüsseler EU-Kommission als Wettbewerbshüter. Geht es dabei etwa um Kabelfernsehen, ist auch noch die neue Bonner Regulierungsbehörde für Telekommunikation und Post zuständig, eine Art Spezialkartellamt für die Telekommunikation, die damit als dritte Administrativinstanz mit wettbewerbsrechtlichen Zuständigkeiten hinzugekommen ist. Daneben gibt es in Deutschland 15 Landesmedienanstalten, die ebenso wie die Kartellämter die Beteiligungsverhältnisse prüfen. Um letztere kümmert sich überdies – im Auftrag der Medienanstalten - auch die KEK. Und das ist nicht alles. Die Aufsicht über Online-Dienste und das Internet obliegt anderen Behörden wie Landesjugendämtern oder Bezirksregierungen, allerdings weniger in wettbewerbsrechtlicher Hinsicht, da diese Dienste anmeldungs- und zulassungsfrei sind. Es liegt auf der Hand, daß ein Entscheidungsprozeß bei der Medienmarktaufsicht in Deutschland aufgrund der Vielzahl von Gremien mit erheblicher Kompetenzüberschreitung sich verzögern und widersprüchlich sein kann und daher ineffizient sein muß.

Veranschaulichen läßt sich dies auch an einem konkreten Beispiel aus der jüngeren Entscheidungspraxis der Medienkonzentrationskontrolle. Beim Fall „Premiere digital" ging es in erster Linie um die Begründung gemeinsamer Kontrolle über den Pay-TV-Sender Premiere durch eine Gesellschafterveränderung (Ausscheiden von Canal+ und Erhöhung der Anteile von CLT-UFA und Taurus (Kirch) auf jeweils 50 %). Zugleich sollte Kirch den Betrieb seines eigenen digitalen Pay-TV-Senders DF1 einstellen und die DF1-Vermögenswerte auf Premiere übertragen. Neben weiteren Änderungen der Beteiligungsverhältnisse sollte CLT-UFA eine Beteiligung in Höhe von 50 % an BetaResearch, seinerzeit ein 100%iges Tochterunternehmen von Kirch und Inhaberin ausschließlicher Lizenzen für die Verschlüsselungstechnologie, erwerben. Ferner sollte die paritätische Kontrolle über das Unternehmen BetaDigital erworben werden. Die Deutsche Telekom hatte sich der Verständigung zwischen Kirch und Bertelsmann hinsichtlich der Beta-Zugangstechnologie auf der Basis des d-box-Decoders angeschlossen und beabsichtigte daher eine Beteiligung an BetaResearch. Auf diese Weise sollte die Verfügung über die bei BetaResearch liegende, für den Betrieb des Pay-TV-Systems grundlegende Entschlüsselungs- und Verschlüsse-

---

[667] So Arnold Bahlmann, Fernsehmanager von Bertelsmann, bei einer Diskussionsrunde in der bayerischen Regierungszentrale. Vgl. SZ v. 29.6.1998, Nr. 146, S. 17.

lungstechnologie auf der Basis des d-box-Decoders vergemeinschaftet werden. Diese Vorhaben sollten zusammen den Rahmen für die Einführung des digitalen Fernsehens in Deutschland schaffen.[668] Hier erfolgte eine wettbewerbliche Prüfung – mit unterschiedlichen Ergebnissen hinsichtlich der ökonomischen und publizistischen Wettbewerbssicherung (!) - einerseits durch die EU-Kommission,[669] andererseits durch das Bundeskartellamt,[670] daneben durch die zuständigen Landesmedienanstalten und die KEK,[671] deren Entscheidung durch die Konferenz der Direktoren der Landesmedienanstalten (KDLM) und durch die Ge-

668 Vgl. zu den Vorhaben eingehend Bertelsmann/Kirch/Premiere (Sache Nr. IV/M.993), Entscheidung v. 27.5.1998, ABl. EG Nr. L 53/2 f., v. 27.2.1999.

669 Bertelsmann/Kirch/Premiere (Sache Nr. IV/M.993), Entscheidung v. 27.5.1998, ABl. EG Nr. L 53/1 ff., v. 27.2.1999; Deutsche Telekom/BetaResearch (Sache Nr. IV/M.1027), Entscheidung v. 27.5.1998, ABl. EG Nr. L 53/31 ff., v. 27.2.1999. Der angemeldete Zusammenschluß durch Erwerb der gemeinsamen Kontrolle über Premiere und BetaResearch wurde als mit dem Gemeinsamen Markt und mit dem Funktionieren des EWR-Abkommens unvereinbar erklärt. Begründet wurde dies sehr ausführlich mit dem Unvermögen anderer potentieller Wettbewerber, gleiche Programmressourcen zu schaffen wie CLT-UFA und Kirch und somit Premiere praktisch eine Alleinstellung als Veranstalter von Pay-TV erlangen würde. Für die wettbewerbliche Beurteilung durch die Kommission war entscheidend, daß die Marktbeherrschung von Premiere entgegen der Darstellung der Parteien nicht auf fünf Jahre begrenzt sein wird, sondern davon auszugehen ist, daß die Marktbeherrschung auf Dauer angelegt sein wird. Vgl. ABl. EG L 53/1 ff, Rdnr. 46 ff; siehe auch Schnelle/Bartosch, BB 1999, 1933 (1936); Hirsbrunner, EuZW 1999, 389 (392).

670 Bundeskartellamt, 6. Beschlußabteilung, Beschluß v. 1.10.1999, Schreiben an die CLT-UFA (Az. B6-92201-U 72/98) und an die Kirch-Gruppe (Az. B6-92201-U 78/98). Das Bundeskartellamt hat die beiden angemeldeten Zusammenschlüsse durch im wesentlichen übereinstimmende Beschlüsse untersagt. Es nimmt an, daß beide Vorhaben auf den Zweck gerichtet seien, Premiere in ein paritätisches Gemeinschaftsunternehmen der beiden Gruppen umzuwandeln. In Übereinstimmung mit der EG-Kommission hat das Bundeskartellamt entschieden, dieser Zusammenschluß lasse eine Verstärkung der schon bestehenden marktbeherrschenden Stellung von Premiere in dem gesonderten relevanten Markt für Pay-TV erwarten. Darüberhinaus hat das Bundeskartellamt entschieden - insoweit im Gegensatz zur EG-Kommission -, daß die Umwandlung von Premiere in ein paritätisches Gemeinschaftsunternehmen von CLT-UFA und Kirch auf dem deutschen Free-TV-(Werbe-)Markt die Entstehung oder Verstärkung eines marktbeherrschenden Oligopols erwarten lasse. Vgl. auch MP Dok. 1/1999, 12 (15).

671 Beschluß der KEK v. 26.1.1999 (Az. KEK 026), abgedr. in: MP Dok. 1/1999, 12 (12, 29), wonach Gründe der Sicherung der Meinungsvielfalt einer Zulassung zur bundesweiten Veranstaltung von digitalen Pay-TV-Programmen durch Premiere nicht entgegenstehen. Die Veranstaltung digitalen Pay-TV's ist allerdings nur solange unbedenklich, wie die daran beteiligten Unternehmen außerhalb von Premiere unabhängige Wettbewerber bleiben. Für die Sicherung der Meinungsvielfalt ist die unternehmerische und rechtliche Selbständigkeit der beiden wichtigsten Veranstaltergruppen im privaten Fernsehen eine unerläßliche Voraussetzung. Vgl. dazu auch Kübler, MP 1999, 379 und Hepach, ZUM 1999, 603 (604).

richte revidiert werden kann. Letzteres gilt im übrigen natürlich auch für die Entscheidungen der Kartellbehörden.
Diese Ausgestaltung der wettbewerblichen Aufsicht des Bereichs der Medien ist jedoch wachsender Kritik ausgesetzt. Gesprochen wird von einem „Regulierungswirrwarr“, der schädlich sei für technisch-wirtschaftlich-soziale Entwicklungen.[672] Es gelte die zersplitterte Aufsicht in den Informations- und Kommunikationsbranchen zu überwinden.[673] Warum diese allgemein erhobene Forderung nicht einer fundierten Grundlage entbehrt, soll anhand einzelner ausgewählter Probleme der Medienaufsicht und deren Ursachen verdeutlicht werden.

2. Ausgewählte Probleme der nationalen Medienregulierung in einem europaweiten Markt

a) Tauglichkeit von KEK und KDLM als zukunftsweisende Aufsichtsgremien

Zentrale Einrichtung der relativ jungen medienspezifischen Konzentrationskontrolle ist die Kommission zur Ermittlung der Konzentration im Medienbereich, die durch die Konferenz der Direktoren der Landesmedienanstalten ergänzt wird. Beide Gremien wurden als eine Art Zentralinstanz geschaffen, um Rechtsunsicherheiten bei der Prüfung von Konzentrationstatbeständen zu vermeiden, die durch die unterschiedliche Auslegung der relevanten Sachverhalte der vormals zuständigen 15 Landesmedienanstalten entstanden.
Trotz aller guten Vorsätze und der Anfangseuphorie[674] hat die Neuregelung der Konzentrationskontrolle die öffentliche Diskussion nicht beendet. Im Gegenteil; die öffentliche Debatte setzt sich fort und die zu vernehmenden Meinungen besetzen extremere Standpunkte als je zuvor.[675] Die Stellungnahmen reichen von der dringenden Forderung nach Abhilfe des Regelungsdickichts[676] bis zur Drohung, durch eine Kündigung des Rundfunkstaatsvertrages der Länder die Rolle der KEK zu beenden.[677] Die Wurzel der heftigen Kritik an der KEK liegt in ihrer Stellung im Spannungsverhältnis zweier essentieller Bedürfnisse. Einerseits soll

672 Möschel, MMR-Beilage 3/1999, 3; Thierse, in: Der Kompetenzwirrwarr ist schädlich für die Entwicklung, Frankfurter Rundschau v. 2.6.1997, S. 9.
673 Vgl. Koenig/Röder, K&R 1998, 417.
674 Die KEK wurde auf der Ministerpräsidentenklausur 1995 in Bad Neuenahr beschlossen und in der Folge als das „Wunder von Bad Neuenahr“ bezeichnet; vgl. Jochimsen, K&R 1999, 433.
675 Vgl. Kübler, MP 1999, 379.
676 Bertelsmann-Manager Arnold Bahlmann in einer Forderung an die CSU-Regierung; vgl. SZ v. 29.6.1998, Nr. 146, S. 17.
677 So der Bayerische Ministerpräsident Edmund Stoiber für Bayern; vgl. SZ v. 15.10.1998, Nr. 237, S. 22.

der technischen Konvergenz und der Internationalisierung der Medienmärkte Rechnung getragen werden, andererseits besteht ein Bedarf an Sicherung der publizistischen Vielfalt. Bei der Auflösung dieses Spannungsverhältnisses stößt die KEK dabei in ihre Grenzen, zu diesem Schluß kommen jedenfalls ihre Kritiker.

aa) Der Vorwurf der ausufernden Bürokratie

Beklagt wird vor allem von Seiten der Medienkonzerne und Politiker die „unsägliche Bürokratie" in der Medienkontrolle. Unmut erregte auf allen Seiten vor allem die Art und Weise, wie die Medienmacht des Münchner Medienunternehmers Leo Kirch von der KEK überprüft wurde.[678] Kirch wollte mit einem amerikanischen Partner einen Kanal mit Naturfilmen starten, der unter dem Namen „Discovery Channel" über Kirchs Abosender DF 1 ausgestrahlt werden sollte. Dabei versuchte die KEK herauszufinden, ob die Sender Pro Sieben und Kabel 1, die vor allem Kirchs Sohn Thomas gehören,[679] der väterlichen Firmengruppe zugerechnet werden mußten[680] und ob in der Folge die Familie Kirch mit ihren Sendern die gesetzlichen Anti-Konzentrationsgrenzen einhielt.
Im Zuge der Ermittlungen wurden von den beteiligten Sendern umfangreiche Auskünfte eingeholt. Die KEK verlangte von Thomas Kirchs Sendern die Vorlage von Verträgen, die auf eine Abhängigkeit von der Kirch-Gruppe schließen lassen könnten: unter anderem Filmlieferungsverträge, Mietverträge, Agenturverträge, Kreditverträge. Außerdem sollten die Sender ihr Programmvermögen nicht nur nach Sparten wie Kinofilme, Fernsehfilme, Serien u.ä. auflisten, sondern auch noch die Zahl der Minuten, die Einkaufspreise und den jeweiligen Prozentsatz nennen. Daneben hat die KEK bei fast allen Fernsehsendern Auskünfte eingefordert, in welchem Umfang sie Filme und Serien bei Kirch einkaufen, um auf diesem Wege ermitteln zu können, ob Kirch eine unzulässige Medienmacht erlangt habe. Viele dieser Fragen lehnten die betroffenen Sender jedoch in der Folge als „schwer nachvollziehbar" oder auch „inakzeptabel" ab.[681]
Geklärt wurden diese Meinungsverschiedenheiten schließlich auf dem Gerichtswege. Das Verwaltungsgericht Berlin bestätigte der KEK, daß bezüglich der von der KEK begehrten Auskünfte eine umfassende Unterrichtungsverpflichtung für die beteiligten Unternehmen besteht.[682]

---

678 Vgl. SZ v. 29.6.1998, Nr. 146, S. 17.

679 Zu den Beteiligungsverhältnissen der Familie Kirch an verschiedenen Fernsehsendern siehe die Übersicht bei Jochimsen, K&R 1999, 433 (436).

680 Dies ist nicht allein mit Hilfe der Angehörigenklausel des § 28 Abs. 4 RStV möglich gemacht worden (vgl. oben Seite 83), sondern über die Zurechnung nach § 28 Abs. 2 S.1 RStV; vgl. auch Jochimsen, K&R 1999, 433 (436).

681 Vgl. SZ v. 29.6.1998, Nr. 146, S. 17 und SZ v. 11.11.1998, Nr. 260, S. 23.

682 VG Berlin, Beschluß v. 25.8.1998 – VG 27 A 233.98; MMR 1999, 180 ff.

Zuzugeben ist dieser Entscheidung indes, daß die KEK ihrem gesetzlichen Auftrag der medienspezifischen Konzentrationskontrolle nur dann nachgehen kann, wenn sie auch die dafür erforderlichen Informationen, und zwar in umfassender Weise erhält. Ein gewisses Maß an Kooperationsbereitschaft muß von den beteiligten Medienunternehmern dabei erwartet werden, tun sie dies nicht freiwillig, muß man die Zusammenarbeit eben über den gerichtlichen Weg einfordern. Insofern dürfte an der Richtigkeit der Entscheidung des Verwaltungsgerichts nicht zu zweifeln sein.

Das Prüfverfahren der KEK glänzt allerdings nicht durch besonders kurze Verfahrensdauer, die Prüfung der Frage, ob die Kirch-Gruppe mehr Sender besitzt, als gesetzlich zulässig ist, hat weit über ein Jahr in Anspruch genommen.[683] Man kann sich daher durchaus die Frage stellen, ob es wirklich sein muß, daß viele Kontrollinstanzen teuer und wenig effizient ständig die gleichen Fragen prüfen.[684] Durch die Art und Weise ihrer Prüfung liegt es nicht fern, daß sich die KEK mit ihren umfangreichen, seitenlangen Fragebögen zu einem „bürokratischen Hemmschuh" entwickelt. Angesichts der aktuellen Entwicklungen im Medienbereich ist es gewiß nicht erstrebenswert, eine Verkomplizierung der Regulierung zu bewirken und damit der Wirtschaft gewissermaßen Fesseln anzulegen. Nur durch ein ganzheitliches Agieren bei der Aufsicht, das der technischen Konvergenz entspricht, kann das erforderliche Maß an Transparenz gewonnen werden.

Der Vorwurf der ausufernden Bürokratie trifft im übrigen nicht allein die Verfahrenspraxis der KEK, sondern stellt sich als allgemeines Problem der nationalen Regulierung dar. Medien- und Kommunikationsunternehmen müssen sich allseits mit dieser Misere auseinandersetzen. Wettbewerbshindernisse ergeben sich durch das umfassende Informationsbedürfnis der Regulierungsbehörde auch bei der Regulierung der Telekommunikation. Telekommunikationsunternehmen sind gezwungen, eine hohe Zahl von teuren Fachkräften für die Befriedigung der Anforderungen der Aufsichtsbehörden zu beschäftigen. Gleichzeitig existieren keine klaren Richtlinien für die Zusammenstellung der geforderten Unterlagen,

683 Mit Schreiben v. 29.1.1998 stellte die Discovery Channel Betriebs GmbH einen Antrag auf Zulassung als bundesweit verbreitetes digitales Spartenprogramm bei der Bayerischen Landeszentrale für neue Medien (BLM). Gesellschafter von „Discovery Channel" waren die Kirch-Gruppe und die Discovery Communications Inc. zu jeweils 50 %. Schon zuvor war jedoch im Rahmen der Überprüfung von Veränderungen von Beteiligungsverhältnissen bei der ProSieben Media AG seit der Vorlage des Antrages durch die Medienanstalt Berlin-Brandenburg (MABB) am 25.7.1997 die Kirch-Gruppe zu berücksichtigen (vgl. Az. KEK 007/029). Der neue Antrag wurde in die alten Prüfungen miteinbezogen, die (positive) Entscheidung der KEK hinsichtlich „Discovery Channel" erfolgte schließlich am 23.3.1999 (Az. KEK 020).

684 Schon die Landesmedienanstalten waren mit der Prüfung dieser Frage vor Einführung der KEK fast ein Jahrzehnt beschäftigt, allerdings ohne konkretes Ergebnis.

so daß es immer wieder zu nicht in Einklang zu bringenden Informationsströmen kommt, die nicht zu einer sachlichen Klärung der bestehenden Fragen beitragen.[685]

bb) Auslegungsdifferenzen zwischen KEK und KDLM bei § 26 RStV

Anzuerkennen ist, daß der Rundfunkstaatsvertrag mit § 26 Abs. 2 S. 1 und Abs. 3 - durchaus flexibel - die Folgen für die Zukunft und die Gegenwart regelt, wenn ein Unternehmen einen Zuschauermarktanteil von 30 % erreicht und aus diesem Grund vorherrschende Meinungsmacht vermutet wird. Kritik fordert jedoch die Formulierung des § 26 Abs. 2 S. 2 RStV heraus, indem er bestimmt, daß bei geringfügiger Unterschreitung der 30 %-Schwelle auf einem medienrelevanten verwandten Markt eine marktbeherrschende Stellung oder aufgrund einer entsprechenden Gesamtbeurteilung eine Meinungsdominanz vermutet wird. Um aber etwa eine Gesamtbeurteilung der Aktivitäten eines Unternehmens im Fernsehbereich abgeben zu können, ist es aber nach dem Aufbau der Norm erst einmal notwendig, das Merkmal der „geringfügigen Unterschreitung" festzustellen.[686] Wann eine solche „geringfügige Unterschreitung" der 30 %-Grenze vorliegt, hat der Rundfunkstaatsvertrag offen gelassen. In der Folge stellt sich daher die Frage, ob diesbezüglich ein exakter Grenzwert zu fixieren ist, und wie dieser gegebenenfalls ermittelt werden soll.
Im Verfahren um die Zulassung des „Discovery Channel" sah sich die Konferenz der Direktoren der Landesmedienanstalten in ihrer Sitzung am 7.11.1998 veranlaßt, einen Grundsatzbeschluß über Auslegungsmaßstäbe für die Medienkonzentrationsprüfung nach dem Rundfunkstaatsvertrag zu fassen. Intention der KDLM mit diesem rechtsförmlichen Beschluß war es, frühzeitig klarzustellen, von welchen Grundsätzen sie sich bei künftigen Sachentscheidungen im Falle ihrer Anrufung durch die zuständige Landesmedienanstalt leiten lassen wird, gleichwohl anerkennend, daß diese Hinweise einem obiter dictum gleichkommen und daher für die unverändert zunächst von der KEK zu treffenden Entscheidungen formell nicht verbindlich sind.[687]

---

685 Daß durch Regulierung bisweilen ganz unverhältnismäßige Kosten entstehen, zeigt auch das Beispiel des Verfahrens zur Festlegung von Entgelten für die Netzverträglichkeitsprüfung bei Teilnehmeranschlussleitungen. Durch dieses Verfahren sind der Deutsche Telekom AG bisher Kosten in Höhe von 200.000 DM entstanden, denen ein mit dieser Leistung erzielter Umsatz von 4.500 DM gegenübersteht; siehe zum Ganzen v. Meibom/v. d. Bussche, MMR 2000, 206 (207 f.).

686 Vgl. auch Neft, ZUM 1999, 97 (101).

687 Zu diesem Ergebnis kam die KDLM in ihrem Beschluß, dem folgender Sachverhalt zugrunde lag: Nachdem die KEK am 19.5.1998 beschlossen hatte, den ihr am 11.3.1998 von der Bayerischen Landesmedienanstalt (BLM) zugeleiteten Zulassungsantrag der Discovery Channel Betriebs GmbH in weitere Prüfungsverfahren in Zusammenhang mit Beteiligungen der Kirch-Gruppe einzubeziehen, war nicht abzuse-

Nach Auffassung der KDLM[688] liegt unterhalb eines Zuschaueranteils von 28 % keine vorherrschende Meinungsmacht im Sinne des Rundfunkstaatsvertrages vor, mit der Konsequenz, daß anderenfalls erforderlich werdende zusätzliche Prüfungen zur Frage einer marktbeherrschenden Stellung beteiligter Unternehmen entfallen. Die KDLM zieht damit eine feste untere Grenzlinie des Begriffs „geringfügige Unterschreitung". Erforderlich sei dies unter dem Blickwinkel des Rechtsstaatsprinzips und des Bestimmtheitsgebotes. Diese Auslegung entspreche überdies auch der Entstehungsgeschichte und dem dabei erkennbar gewordenen Willen des Staatsvertragsgesetzgebers.[689]

Die KEK will dagegen die Untergrenze im jeweiligen Einzelfall gegebenenfalls unterschiedlich festlegen und z.B. von weiteren Prüfungen zur Frage einer marktbeherrschenden Stellung des beteiligten Unternehmens bzw. seiner Betätigung auf medienrelevanten verwandten Märkten abhängig machen. Für die Untermauerung ihres Standpunktes nimmt sie unter anderem ebenfalls das Argument der Entstehungsgeschichte der Norm für sich in Anspruch. Aus der Entstehungsgeschichte, dem Gebot der verfassungskonformen Auslegung und der Ausgestaltung von § 26 Abs. 2 RStV als bloßem Vermutungstatbestand gehe unzweifelhaft hervor, daß vorherrschende Meinungsmacht auch unabhängig von dem Erreichen der Vermutungsschwelle des § 26 Abs. 2 RStV vorliegen könne.[690]

Vor allem das Argument der verfassungskonformen Auslegung, durch die dem verfassungsrechtlichen Auftrag des Art. 5 Abs. 1 S. 2 GG, der Gewährleistung der pluralistischen Vielfalt durch Ergreifen von Maßnahmen gegen vorherrschende Meinungsmacht, Rechnung getragen werden kann, scheint nur sehr schwer widerlegbar zu sein. Die Rechtsprechung des Bundesverfassungsgerichts räumt der Sicherung der Meinungsvielfalt einen besonderen Rang ein,[691] so daß

hen, bis wann der Antrag entschieden sein würde. Die BLM hatte deshalb am 28.8.1998 die KDLM mit dem Ziel angerufen, im Zulassungsverfahren „Discovery Channel" anstelle der KEK die erforderlichen Feststellungen zur Meinungsvielfalt zu treffen. Nach umfangreicher Prüfung der Sach- und Rechtslage ist die KDLM schließlich zu dem Ergebnis gelangt, daß der Antrag der BLM nicht statthaft war. Er wurde deshalb zurückgewiesen. Nach Auffassung der KDLM ist ihre Anrufung gegen lediglich verfahrensleitende Beschlüsse unzulässig. Der Antrag der BLM konnte daher aus verfahrensrechtlichen Gründen keinen Erfolg haben. Vgl. auch Pressemitteilung 02/98 der KDLM, abrufbar unter http://www.alm.de/aktuelles/presse/KDLM711X.htm; Beschluß abgedr. in: ZUM 1998, 1054 ff.

688 Zur Entscheidungsbefugnis der KDLM über eine analoge Anwendung des § 37 Abs. 2 RStV siehe Neft, ZUM 1999, 97 (103 f.).

689 Vgl. auch Pressemitteilung 02/98 der KDLM, abrufbar unter http://www.alm.de/aktuelles/presse/KDLM711X.htm; Beschluß abgedr. in: ZUM 1998, 1054 ff.

690 So der ehemalige Vorsitzende der KEK, Reimut Jochimsen, in: Jochimsen, K&R 1999, 433 (434).

691 BVerfG, Urt. v. 4.11.1986, E 73, 118 (160, 172, 178).

sich daraus wohl die Notwendigkeit der verfassungskonformen Auslegung einer Norm, die das Verfassungsgebot der Rundfunkfreiheit konkretisiert, ergibt und somit die alleinige Berücksichtigung von Zuschaueranteilen nicht den Erfordernissen entspricht.[692]
Eine abschließende Bewertung dieser konkreten Problemkonstellation unter Berücksichtigung der dazu ergangenen umfangreichen Literatur[693] ist jedoch im Rahmen dieser Untersuchung nicht notwendig. Für den vorliegenden Untersuchungsgegenstand reicht es aus, das mögliche Konfliktpotential der beiden Gremien KEK und KDLM bei der Auslegung von Grundsatzfragen aufzuzeigen. Schon über die grundsätzliche Sinnhaftigkeit einer gesonderten Medienkonzentrationskontrolle läßt sich trefflich streiten, noch fragwürdiger muß es daher erscheinen, diese wiederum auf zwei Schultern zu verlagern. Man kann sich infolgedessen die Frage stellen, ob nicht die Arbeit der KEK durch die zusätzlich gegebene Revisionsbefugnis der KDLM[694] in unvernünftiger Weise gelähmt wird. Zumindest zur Vereinfachung und zur verbesserten Transparenz des medienkonzentrationsrechtlichen Verfahrens würde es beitragen, wenn die Aufgaben und Befugnisse der KDLM weitgehend beschränkt würden bzw. diese gänzlich abgeschafft würde. Zwar ginge dadurch ein anstaltsinternes Kontrollverfahren verloren. Für die mit einem negativen Bescheid der KEK belasteten Medienunternehmen bestünde jedoch – wie im übrigen auch bei der aktuell gegebenen Aufteilung – immer noch die Möglichkeit, den Weg vor das Verwaltungsgericht einzuschlagen.[695] Ein ausreichender Schutz für die Unternehmen wäre damit weiterhin gewährleistet.

b) Die Verschränkung der Zuständigkeit von EU-Kommission und Bundeskartellrecht im Recht des privaten Rundfunks

aa) Der Grundsatz des „one-stop-shop"-Prinzips

Das Verhältnis zwischen den Kompetenzen und Aufgaben der Gemeinschaft und den Mitgliedstaaten ist in erster Linie durch das Subsidiaritätsprinzip des Art. 5 EG gekennzeichnet. Generell geht es bei diesem Problemkreis um die Sicherung des Bestandes nationaler Regelungen und die damit verbundene natio-

---

692 Vgl. Bohl, Konzentrationskontrolle in den elektronischen Medien, S. 112; Jochimsen, K&R 1999, 433 (434); Kübler, MP 1999, 379 (382 f.).

693 Ausführlich zu § 26 Abs. 2 RStV siehe etwa Neft, ZUM 1998, 458 ff. und Martinek, Die Zurechnung von Zuschaueranteilen nach §§ 25 ff. des Rundfunkstaatsvertrags 1996, S. 1 ff., siehe zu letzterem Werk auch http://www.emr-sb.de/Service/Band19.htm.

694 Siehe zu den Aufgaben und Befugnissen der KDLM eingehender weiter oben auf Seite 89 ff.

695 Vgl. auch Kübler, MP 1999, 379 (384).

nale Kompetenz zur eigenen Bewertung von bestimmten Sachverhalten in Konkurrenz zur europäischen Regelungsgewalt.
Für den Bereich der Zusammenschlußkontrolle tritt dem Subsidiaritätsprinzip der Grundsatz der Ausschließlichkeit zur Seite. Diese in Art. 21 Abs. 2 UAbs. 1 FKVO niedergelegte Regel besagt, daß bei gemeinschaftsweit bedeutenden Zusammenschlüssen anstelle der nationalen Vorschriften das „one-stop-shop"-Prinzip der FKVO eingreift. Die Mitgliedstaaten wenden somit ihr innerstaatliches Wettbewerbsrecht auf Zusammenschlüsse von gemeinschaftsweiter Bedeutung grundsätzlich nicht an. Es kommt folglich nicht auf den Inhalt des nationalen Rechts bzw. dessen inhaltliche Kollision mit dem europäischen Fusionskontrollrecht an. Denn das nationale Recht ist generell zur Beurteilung gemeinschaftsweiter Zusammenschlüsse ausgeschlossen. Damit soll eine Doppel- oder Mehrfachkontrolle von gemeinschaftsweiten Zusammenschlüssen und damit eine Überschneidung von europäischer und nationaler Fusionskontrolle vermieden werden.[696]
In der Folge entfällt dadurch die Möglichkeit, Unternehmenszusammenschlüsse, deren Kontrolle in den Kompetenzbereich der Kommission fällt und welche die Kommission als vereinbar mit dem europäischen Markt erklärt hat, erneut anhand einschlägiger nationaler Fusionskontrollgesetze zu überprüfen. In der Zuständigkeit nationaler Wettbewerbs- bzw. Fusionskontrollen verbleiben daher nur Zusammenschlüsse ohne feststellbare gemeinschaftsweite Bedeutung.

bb) Einschränkungen des Grundsatzes der Ausschließlichkeit der FKVO

Die Verordnung selbst enthält von diesem Grundsatz einzelne Ausnahmen. Dies sind zum einen die „Deutsche" und die „Niederländische" Klausel und zum anderen die Durchbrechung der Zuständigkeit der Kommission durch Art. 21 Abs. 3 FKVO, welcher allerdings an dieser Stelle weniger Bedeutung zukommt, da mit dieser Verweisung weitere – über die europäische Fusionskontrollverordnung hinausgehende – nationale Interessen verfolgt werden,[697] wogegen sich die beiden anderen Regelungen am ökonomischen Wettbewerb orientieren.

aaa) Das Verweisungsverfahren nach Art. 9 FKVO

Im Bereich der Medien kommt neben der Geltendmachung des berechtigten Interesses der Medienvielfalt nach Art. 21 Abs. 3 FKVO auch der Fall einer Verweisung nach Art. 9 FKVO in Betracht. Der Grundsatz der Ausschließlichkeit wird nach der „Deutschen Klausel"[698] des Artikels 9 FKVO nur insoweit durch-

---

[696] Siehe dazu schon oben auf Seite 113.
[697] Vgl. die Ausführungen oben auf Seite 119.
[698] Die Vorschrift geht im wesentlichen auf eine Initiative der Bundesregierung mit Unterstützung Großbritanniens zurück, weshalb allgemein von der „Deutschen Klausel"

brochen, als die Kommission einen angemeldeten Zusammenschluß, der die Aufgreifkriterien der Fusionskontrollverordnung erfüllt und demnach von der Kommission zu untersuchen ist, auf Antrag eines Mitgliedstaates durch Entscheidung dann an diesen Mitgliedstaat verweisen kann, wenn durch ihn die Entstehung oder Verstärkung einer marktbeherrschenden Stellung auf einem eigenständigen Markt innerhalb dieses Mitgliedstaates zu entstehen droht. Die Bewertung des fraglichen Zusammenschlusses wird damit der grundsätzlich zuständigen Kommission entzogen und unterliegt nachfolgend dem Wettbewerbsrecht des betreffenden Mitgliedstaates (vgl. Art. 9 Abs. 3 lit. b FKVO).
Von der Kommission werden in den letzten Jahren mehr und mehr Fälle an die nationalen Behörden verwiesen. Die Kommission läßt eine größere Bereitschaft zur Verweisung erkennen.[699] Die Verweisung setzt eine förmliche Mitteilung des Mitgliedstaates an die Kommission binnen einer Dreiwochenfrist nach Erhalt der Kopie der Anmeldung voraus. Diese Mitteilung kann darauf gestützt werden, daß Marktbeherrschungseffekte auf einem räumlich abgegrenzten Markt entstehen, der innerhalb der Grenzen des Mitgliedstaates liegt.
Von Bedeutung ist dabei für die Verteilung der Befugnisse, ob der betreffende Zusammenschluß seinen wirtschaftlichen Schwerpunkt auf dem gesonderten nationalen Markt im Sinne von Art. 9 Abs. 3 S. 1 FKVO hat und dort die Gefahr der Marktbeherrschung oder einer Beeinträchtigung des Wettbewerbs droht. Liegen diese Kriterien vor, so braucht die Kommission den Zusammenschluß an den betreffen Mitgliedstaat aber nicht generell zu verweisen. Vielmehr kann sie ihn auch bei Vorliegen eines derartigen Antrags bezüglich des regionalen Marktes nach den Kriterien der Verordnung selbst beurteilen und entsprechend entscheiden, die Kommission hat diesbezüglich ein Ermessen (Art. 9 Abs. 3 FKVO). Sie kann den Fall trotz der besonderen Betroffenheit eines Mitgliedstaates also selbst untersuchen oder aber an den jeweiligen Mitgliedstaat verweisen.[700] Allerdings besteht seit der jüngsten Änderung der Fusionskontrollverordnung die Verpflichtung für die Kommission, den Fall an den Mitgliedstaat zu

---

gesprochen wird. Zur Entstehungsgeschichte der Norm vgl. Löffler, in: Langen/Bunte, S. 2068 Rdnr. 2; Immenga, in: Immenga/Mestmäcker, EG-WbR, Bd. I, S. 1021 Rdnr. 1 ff.

699 Vgl. die einschlägigen Zahlen in: Europäische Kommission, XXVII. Bericht über die Wettbewerbspolitik 1998, S. 401; sowie Wagemann, Die europäische Fusionskontrolle aus der Sicht einer nationalen Wettbewerbsbehörde, in: Schwarze (Hrsg.), Neuere Entwicklungen auf dem Gebiet des europäischen Wettbewerbsrechts, S. 129 (132).

700 Zum Verfahren siehe eingehend bei Immenga, in: Immenga/Mestmäcker, EG-WbR, Bd. I, S. 1022 Rdnr. 6 ff.

verweisen, wenn kein wesentlicher Teil des Gemeinsamen Marktes betroffen ist (vgl. Art. 9 Abs. 3 UAbs. 3 FKVO).[701]
Nach Vornahme einer Verweisung kann der Mitgliedstaat gemäß Art. 9 Abs. 8 FKVO jedoch nur solche Maßnahmen ergreifen, die zur Aufrechterhaltung oder Wiederherstellung wirksamen Wettbewerbs auf dem betreffenden Markt unbedingt erforderlich sind. Die nationale Wettbewerbsbehörde unterliegt somit einer Einschränkung hinsichtlich ihrer Befugnisse.

(1) Der Fall MSG Media Service

Ein Antrag auf Verweisung an nationale Behörden nach Art. 9 FKVO bei einem Zusammenschluß von Unternehmen aus dem Bereich der Medien wurde zum ersten Mal im Fall MSG Media Service[702] gestellt. Die Bundesrepublik hat in ihrem Antrag vom 29.7.1994 der Kommission mitgeteilt, daß der Zusammenschluß eine beherrschende Stellung zu begründen oder zu verstärken droht, durch die ein wirksamer Wettbewerb auf drei Märkten in der Bundesrepublik Deutschland (Markt für administrative und technische Dienstleistungen für Pay-TV, Pay-TV und TV-Kabelnetze), die jeweils einen gesonderten räumlichen Markt im Sinne von Art. 9 Abs. 7 FKVO darstellen, erheblich behindert würde.[703]
Eine Verweisung des Falles durch die Kommission an das Bundeskartellamt gemäß Art. 9 Abs. 3 FKVO ist allerdings nicht erfolgt, obwohl die Kommission in ihrer Entscheidung darauf erkennt, daß der geographisch relevante Markt für alle drei Produktmärkte auf Deutschland beschränkt ist.[704] Dem Verweisungsantrag der deutschen Behörden wurde nicht stattgegeben, weil nach Ansicht der Kommission der geplante Zusammenschluß im Sektor Pay-TV in Deutschland insofern gemeinschaftliche Interessen berührte, als durch das Vorhaben den Anbietern von Pay-TV-Programmen der anderen Mitgliedstaaten der Zugang zum

---

701 Siehe Immenga, in: Immenga/Mestmäcker, EG-WbR, Ergänzungsband, Art. 9 FKVO Rdnr. 2; ebenso Niewiarra, EWS 1998, 113 (117); gegen eine unbedingte Pflicht zur Verweisung Hirsbrunner, EWS 1998, 233 (236).

702 MSG Media Service (Sache Nr. IV/M.469), Entscheidung v. 9.11.1994, ABl. EG Nr. L 364/1 ff., v. 31.12.1994. Bertelsmann, Kirch und die Telekom beabsichtigten, das Gemeinschaftsunternehmen MSG zu errichten. Jede der Muttergesellschaften sollte ein Drittel des Stammkapitals und der Stimmrechte bei der MSG erwerben. Gegenstand der MSG sollte die technische, betriebliche und administrative Abwicklung von überwiegend entgeltfinanzierten Fernseh- und anderen Kommunikationsdiensten einschließlich der Zugangskontrolle und des Kundenmanagements, ferner die Bereitstellung der erforderlichen technischen Infrastruktur für die Erbringung dieser Dienste sowie alle hiermit zusammenhängenden Geschäfte sein.

703 MSG Media Service (Sache Nr. IV/M.469), Entscheidung v. 9.11.1994, ABl. EG Nr. L 364/1 f. Rdnr. 4.

704 MSG Media Service (Sache Nr. IV/M.469), Entscheidung v. 9.11.1994, ABl. EG Nr. L 364/8 f. Rdnr. 45.

deutschen Markt verwehrt werden konnte. Ferner würde diese Form der Unternehmenskonzentration einen Präzedenzfall für künftige Firmenzusammenschlüsse in diesem Sektor in Europa schaffen und könnten die Folgen des Zusammenschlusses außerhalb Deutschlands spürbar werden.[705]

(2) Der Fall Bertelsmann/Kirch/Premiere

Auch bei den verbundenen Fällen Bertelsmann/Kirch/Premiere und Deutsche Telekom/BetaResearch[706] hat die Bundesrepublik Deutschland der Kommission gemäß Art. 9 Abs. 2 FKVO mitgeteilt, daß die Zusammenschlüsse eine beherrschende Stellung herbeizuführen drohen, durch die wirksamer Wettbewerb auf sechs gesonderten räumlichen Märkten in Deutschland erheblich behindert würde.[707] Ohne darauf jedoch näher einzugehen, hat die Kommission aufgrund der Anmeldung des Zusammenschlusses durch die Parteien entschieden, in diesen Fällen das Fusionskontrollverfahren einzuleiten.[708]
Gleichwohl hat auch das Bundeskartellamt die beiden angemeldeten Zusammenschlußvorhaben geprüft und durch im wesentlichen übereinstimmende Beschlüsse untersagt.[709] Problematisch ist dies insbesondere deshalb, da die Fusionskontrollverordnung bei gemeinschaftsweit bedeutenden Zusammenschlüssen vom Grundsatz der Ausschließlichkeit ihres eigenen Regelungsgehalts ausgeht. In ihrer Entscheidung nimmt die Kommission indes ausdrücklich eine gemeinschaftsweite Bedeutung an, derzufolge Kooperationsfälle aufgrund des EWR-Abkommens vorlägen.[710] Zudem läßt die Entscheidungspraxis der Kommission darauf schließen, daß ein Zusammenschluß von Medienunternehmen in einem der großen Mitgliedstaaten immer von Bedeutung für die Gemeinschaft ist, jedenfalls dann, wenn er dabei um den gesamten Markt bzw. den gesamten sprachlichen Raum betrifft. Dies wird durch die Betonung der sich ergebenden marktbeherrschenden Stellung im gesamten deutschsprachigen Raum von Pre-

---

705 Europäische Kommission, XXIV. Bericht über die Wettbewerbspolitik 1994, S. 176.

706 Zum Vorhaben der Parteien siehe oben bei Fn. 669.

707 Vgl. Bertelsmann/Kirch/Premiere (Sache Nr. IV/M.993), Entscheidung v. 27.5.1998, ABl. EG Nr. L 53/2, v. 27.2.1999, Rdnr. 3; Deutsche Telekom/BetaResearch (Sache Nr. IV/M.1027), Entscheidung v. 27.5.1998, ABl. EG Nr. L 53/31, v. 27.2.1999, Rdnr. 3.

708 Vgl. Bertelsmann/Kirch/Premiere (Sache Nr. IV/M.993), Entscheidung v. 27.5.1998, ABl. EG Nr. L 53/2, v. 27.2.1999, Rdnr. 3 f.; Deutsche Telekom/BetaResearch (Sache Nr. IV/M.1027), Entscheidung v. 27.5.1998, ABl. EG Nr. L 53/31, v. 27.2.1999, Rdnr. 3 f.

709 Siehe schon oben bei Fn. 670.

710 Begründet wird dies vor allem mit den gemeinschaftsweiten Umsätzen der Parteien, die sie in verschiedenen Mitgliedstaaten erzielen. Vgl. Bertelsmann/Kirch/Premiere (Sache Nr. IV/M.993), Entscheidung v. 27.5.1998, ABl. EG Nr. L 53/4, v. 27.2.1999, Rdnr. 16; Deutsche Telekom/BetaResearch (Sache Nr. IV/M.1027), Entscheidung v. 27.5.1998, ABl. EG Nr. L 53/33, v. 27.2.1999, Rdnr. 14.

miere durch die Kommission bei Genehmigung des Zusammenschlusses deutlich.[711]

Nach der Rechtsauffassung der Kommission fallen die Zusammenschlußvorhaben damit in ihre ausschließliche Zuständigkeit. Dennoch hat die Kommission keine Bedenken gegen die Anwendung der deutschen wettbewerblichen Fusionskontrolle auf die betreffenden Vorhaben geltend gemacht,[712] wie es eigentlich zu erwarten gewesen wäre. Dies vor allem in Hinblick auf die Gefahr der erhöhten Rechtsunsicherheit, da aufgrund der komplexen Strukturen der jeweiligen Fusionskontrollverfahren widersprüchliche Entscheidungen erlassen werden könnten.

Diese Gefahr der Uneinheitlichkeit der Entscheidungen verwirklichte sich auch in den hier fraglichen Entscheidungen von Kommission und Bundeskartellamt. Deutlich wurde vor allem eine unterschiedliche Auffassung von den sachlich betroffenen Märkten. Während die Kommission allein auf den Pay-TV-Markt und auf den Markt für entsprechende technische Dienstleistungen abstellte und dort die wettbewerblichen Bedenken sah, war das Bundeskartellamt der Meinung, daß darüberhinaus und vor allem die Entstehung einer marktbeherrschenden Stellung in Form eines Oligopols von Bertelsmann und Kirch auf dem deutschen Free-TV-Markt zu befürchten sei.[713]

Angesichts des sich stark im Umbruch befindlichen Mediensektors ist bei Zusammenschlüssen von Medienunternehmen überdies zu berücksichtigen, daß Ziel der europäischen Fusionskontrolle auch die Erhaltung kompetitiver Marktstrukturen ist.[714] Zu schützen ist durch die Kommission somit auch der potentielle Wettbewerb innerhalb des Gemeinsamen Marktes. Zum Ausdruck kommt dies in der Begründung der Entscheidung des vorliegenden Zusammenschlusses. Nach Ansicht der Kommission war die Untersagung erforderlich, um eine Abschottung der sich entwickelnden Märkte in diesem Sektor gegenüber anderen Anbietern von Bezahlfernsehen zu verhindern.[715] Die Versuche, mit den beteiligten Parteien zufriedenstellende Zusagen zu vereinbaren, um die Wettbewerbsbedenken auszuräumen, scheiterten, weshalb die Untersagung die einzige verbleibende Lösung war. In dieser Entscheidung zeigt sich auch die Entschlossenheit der Kommission, eine Abschottung der neu entstehenden Märkte zu verhindern.

---

711 Vgl. Europäische Kommission, XXVII. Bericht über die Wettbewerbspolitik 1998, S. 215.

712 Vgl. Beschluß der KEK v. 26.1.1999 (Az. KEK 026), abgedr. in: MP Dok. 1/1999, 12 (16).

713 Siehe dazu auch schon bei Fn. 670.

714 Vgl. Kögel, Die Angleichung der deutschen an die europäische Fusionskontrolle, S. 37.

715 Vgl. Europäische Kommission, XXVII. Bericht über die Wettbewerbspolitik 1998, S. 69.

Daraus könnte sich darüberhinaus ein Motiv für die Nichtverweisung des Falles an das Bundeskartellamt ergeben. Man könnte annehmen, daß nur so die Aufrechterhaltung der Marktstrukturen für künftige Wettbewerber gewährleistet werden kann. Dies würde im übrigen auch im Einklang mit der Liberalisierungspolitik der Gemeinschaft im Telekommunikationsbereich stehen, die zu einer Öffnung der bisher verstaatlichten Bereiche über nationale Grenzen hinaus führen soll. Fraglich bleibt allerdings, warum die Kommission keine Entscheidung über eine Verweisung getroffen hat bzw. sie zur Entscheidung des Bundeskartellamts nicht einmal Stellung genommen hat. Generell ist jedoch festzustellen, daß ohnehin der Vorrang des Gemeinschaftsrechts und der zu seiner Anwendung ergangenen Entscheidungen vor dem mitgliedstaatlichen Recht zu beachten wäre, sollte eine abschließende gemeinschaftsrechtliche Beurteilung mit den Beschlüssen des Bundeskartellrechts unvereinbar sein.[716]
Wünschenswert wäre dennoch, daß eine Doppelkontrolle durch nationale und europäische Behörden in Zukunft weiter vermieden wird. Es nimmt daher nicht wunder, daß durch eine Entscheidungspraxis, die es ermöglicht, daß verschiedene Behörden zu unterschiedlichen Ergebnissen bei der gleichen Sachfrage kommen und die überdies für die beteiligten Unternehmen zu Rechtsunsicherheiten und zusätzlichen Kosten[717] führt, Kritik am System der Fusionskontrolle laut wird und die Forderung nach einer umfassenden Neuregelung und Neuorientierung gestellt wird.

bbb) Die Kontrolle von Unternehmenszusammenschlüssen ohne gemeinschaftsweite Bedeutung nach Art. 22 Abs. 3 FKVO

Eine weitere Ausnahme des Art. 21 Abs. 2 FKVO aufgestellten Grundsatzes der ausschließlichen Geltung des europäischen Rechts für Unternehmenszusammenschlüsse mit gemeinschaftsweiter Bedeutung, die zu Zuständigkeitsverschränkungen zwischen Bundeskartellamt und EU-Kommission führen kann, enthält Art. 22 Abs. 3 FKVO. Danach können Fusionen auf Antrag eines oder mehrerer gemeinsam handelnder Mitgliedstaaten unter der Voraussetzung, daß sie den zwischenstaatlichen Handel beeinträchtigen, von der Kommission bewertet werden, selbst wenn diese keine gemeinschaftsweite Bedeutung besitzen und auch nur den Wettbewerb auf dem Markt eines Mitgliedstaates beeinträchti-

716 Vgl. Beschluß der KEK v. 26.1.1999 (Az. KEK 026), abgedr. in: MP Dok. 1/1999, 12 (16).

717 Erwähnt sei hier, daß die deutsche Fusionskontrolle im Gegensatz zur EG-Fusionskontrolle, welche vollkommen gebührenfrei ist, gebührenpflichtig ist. Die Verwaltungsgebühren können dabei im Einzelfall bis zu 200.000 DM betragen. Vgl. Bechthold, Die Europäische Fusionskontrolle – Erfahrungen aus der Praxis, in: Schwarze (Hrsg.), Neuere Entwicklungen auf dem Gebiet des europäischen Wettbewerbsrechts, S. 117 (127).

gen. Die Klausel eröffnet somit für die Mitgliedstaaten die Möglichkeit, einen Fall, der besser von der Kommission gehandhabt werden kann, an die Institutionen der Europäischen Gemeinschaft zu verweisen. Diese „Niederländische Klausel“[718] stellt damit eine umgekehrte Durchbrechung des Ausschließlichkeitsprinzips der gemeinschaftsrechtlichen Fusionskontrolle dar.[719]
Die Bedeutung der Klausel ist jedoch relativ gering, da die meisten Mitgliedstaaten über eine funktionsfähige Zusammenschlußkontrolle verfügen und somit eine Überweisung an die EU-Kommission nicht notwendig ist.[720] Daß diese Ausnahmeregelung aber auch für den Medienbereich Relevanz besitzen kann, zeigt der Fall RTL/Veronica/Endemol.[721] Zu erinnern ist in diesem Zusammenhang lediglich daran, daß auch in solchen Fällen die Kommission nicht die Kompetenz inne hat, die Aufrechterhaltung des Meinungspluralismus zu gewährleisten. Zu Zuständigkeitsproblemen zwischen Bundeskartellamt und EU-Kommission wird es trotz der Existenz der deutschen Fusionskontrolle freilich nicht kommen, denn der Grund für einen derartigen Verweisungsantrag wird nicht in der Unangreifbarkeit des Falles nach deutschem Recht liegen, sondern in der im konkreten Fall gegebenen besseren Eignung der Kommission zur Entscheidung dieses Falles, z. B. im Hinblick auf Parallelverfahren, frühere Entscheidungen der Kommission oder entsprechende Anträge anderer Mitgliedstaaten.

---

718 Die Vorschrift wurde auf Wunsch der Mitgliedstaaten in die Verordnung aufgenommen, die keine nationale Fusionskontrolle durchführen. Insbesondere die Niederlande setzten sich dafür ein, daher die Bezeichnung als „Niederländische Klausel“. Vgl. Immenga, in: Immenga/Mestmäcker, EG-WbR, Bd. I, S. 1062 Rdnr. 4.

719 Siehe Löffler, in: Langen/Bunte, S. 2113 Rdnr. 6.

720 Ende 1996 verfügten nur noch Dänemark, Finnland, die Niederlande und Luxemburg über keine nationale Zusammenschlußkontrolle; vgl. Immenga, in: Immenga/Mestmäcker, EG-WbR, Bd. I, S. 1062 Rdnr. 4.

721 RTL/Veronica/Endemol (Sache Nr. IV/M.553), Entscheidung v. 20.9.1995, ABl. EG Nr. L 134/32 v. 5.6.1996. Die Mediengesellschaften RTL, Veronica und Endemol hatten ein Gemeinschaftsunternehmen unter dem Namen Holland Media Groep (HMG) gegründet. Die Kommission gelangte zu der Auffassung, daß das im Grunde nur den niederländischen Markt betreffende Zusammenschlußvorhaben den innergemeinschaftlichen Handel insofern beeinträchtigen würde, als es die Bedingungen für den Markteintritt neuer Fernsehsender in den Niederlanden bestimmen und das Unternehmen selbst seinen Sitz in Luxemburg hätte, wo zwei seiner Sender bereits eine Sendeerlaubnis des Großherzogtums haben. Die Kommission hat den Zusammenschluß wegen zu hoher Marktanteile des neuen Unternehmens untersagt. Gegen diese Entscheidung erhob Endemol schließlich Nichtigkeitsklage nach Art. 230 Abs. 4 EG vor dem EuG. Das EuG hat die Klage am 28.4.1999 abgewiesen. Es hatte dabei zum ersten Mal über eine Entscheidung der Kommission nach der FKVO zu befinden, in der diese einen Zusammenschluß in den Märkten für audiovisuelle Medien untersagt hatte. Vgl. EuG, Urt. v. 28.4.1999 – Rs. T-221/95 (Endemol Entertainment Holding BV/Kommission), abgedr. in: EuZW, 1999, 600 (607) m. Anm. v. Bartosch.

c) Koordinierungskonflikte im Bereich der Telekommunikation

Der Europäische Gerichtshof verbindet in seiner Rechtsprechung den Vorrang des Gemeinschaftsrechts mit dem Grundsatz der einheitlichen Anwendung des Gemeinschaftskartellrechts. Der Gerichtshof legt dabei nicht nur deshalb Wert auf diese Auslegung, um durch die einheitliche Anwendung des Gemeinschaftsrechts die Gefahr unterschiedlicher Interpretation des Gemeinschaftsrechts zu verhindern, sondern es ist vielmehr seine Absicht, daß das Gemeinschaftsrecht in seiner Wirkung und seinen Ergebnissen nicht durch nationales Recht konterkariert wird.[722]

aa) Spannungsverhältnis in europäischer Hinsicht

Ein vergleichbares Spannungsverhältnis besteht zwischen den wettbewerbsrechtlichen Ansätzen des nationalen Telekommunikationsrechts und des nationalen allgemeinen Wettbewerbsrechts. Zur Durchsetzung einheitlicher Wirksamkeit und Ergebnisse ist es auch in diesem Verhältnis notwendig, daß sich das Telekommunikationsrecht und das allgemeine Wettbewerbsrecht in ihrer Anwendung nicht zu weit auseinander entwickeln.

Verwicklungen ergeben sich somit in wettbewerbsrechtlicher Hinsicht im Sektor der Telekommunikation auf drei verschiedenen Ebenen. Des Kompetenzverlusts erwehren muß sich das Bundeskartellamt nicht nur gegenüber der Regulierungsbehörde, sondern auch gegenüber der EU-Kommission. Problematisch ist vor allem, daß die Tatbestandsmerkmale der Eingriffsbefugnisse der Regulierungsbehörde aus dem GWB und der Anwendungspraxis des Bundeskartellamts hervorgehen müssen.[723] Daneben ist auch immer die Wettbewerbsrechtspraxis der EU-Kommission zu beachten, die im Bereich der Telekommunikation eine rege Anwendung erfahren hat.[724] Die Telekommunikationsmärkte liegen damit im Fadenkreuz im Wettstreit stehender Kompetenzen zwischen Regulierungsbehörde, Bundeskartellamt und EU-Kommission.

bb) Konfliktmöglichkeiten zwischen den verschiedenen Aufsichtsinstanzen

Gemäß § 82 S. 5 TKG müssen Regulierungsbehörde und Bundeskartellamt auf eine einheitliche und den Zusammenhang mit dem Gesetz gegen Wettbewerbsbeschränkungen wahrende Auslegung des TKG hinwirken. Dadurch sind beide Behörden angehalten, gemeinsame Auffassungen in Auslegungsfragen zu finden

---

722 Vgl. auch Bechthold, Vorrang und einheitliche Anwendung des Gemeinschaftskartellrechts, in: FS für Lieberknecht, S. 251 (253).

723 Siehe dazu auch oben auf Seite 129.

724 Vgl. schon oben Seite 139.

und im Zweifel der Kompromißbereitschaft den Vorrang gegenüber ausgedehnten Kontroversen um die zutreffende Deutung einzuräumen.[725]
Dennoch ist in diesem Einvernehmensverfahren unverkennbar die Gefahr unterschiedlicher Aufsichtsmaßstäbe begründet. Zum einen enthalten die gesetzlichen Regelungen des TKG nichts über den konkreten Ablauf des Koordinationsverfahrens,[726] zum anderen ist für Meinungsverschiedenheiten zwischen Regulierungsinstanz und Bundeskartellamt keine unabhängige Letztentscheidungsinstanz vorgesehen, die den Konflikt bereinigen könnte und auf diese Weise eine einheitliche Anwendung der Wettbewerbsvorschriften erhalten würde.[727] Auslegungsdifferenzen sind auch durch Klage der betroffenen Parteien auf dem Gerichtswege nur bedingt beizulegen, dabei stößt man wiederum auf Schwierigkeiten besonderer Art.[728]
Das Ziel des Gesetzgebers der effektiven Zusammenarbeit gemäß § 82 TKG ist in der Praxis auch nicht in erwünschter Weise erreicht worden. Das Bundeskartellamt maßt sich etwa öffentliche Kritik an der Arbeit der Regulierungsbehörde an[729] oder entscheidet schon mal Fälle, zu deren Verfolgung die Regulierungsbehörde nicht gewillt ist.[730] Die Regulierungsbehörde reagiert auf derartige Angriffe auf ihre Zuständigkeiten mitunter mit einer Politik der Abschottung und Abgrenzung gegenüber dem Bundeskartellamt.[731]
Fraglich ist durch die Aufteilung der Zuständigkeiten auf Bundeskartellamt und Regulierungsbehörde desweiteren, ob nicht dadurch dem schon im Gesetzgebungsverfahren zum Ausdruck gekommenen vorläufigen Charakter des sektorspezifischen Wettbewerbsrechts des TKG[732] entgegengetreten wird, wenn man davon ausgeht, daß durch verteilte Zuständigkeiten eine rasche Umwandlung der telekommunikationsrechtlichen in die allgemeine Wettbewerbsordnung behindert wird.[733] Eine (Rück-)Überführung von Befugnissen auf das Bundeskartell-

725 BeckTKG-Komm/Geppert, § 83 Rdnr. 19.
726 Vgl. auch Schmittmann, K&R 1998, 1 (8).
727 BeckTKG-Komm/Schuster, § 2 Rdnr. 34.
728 Dazu sogleich.
729 FAZ v. 28.11.1998, Nr. 277, S. 13; FAZ v. 12.2.1999, Nr. 36, S. 14; vgl. auch v. Meibom/v.d.Bussche, MMR 2000, 206.
730 Siehe Schütz/Müller, MMR 1999, 128 (129, Fn. 6); Müller/Schuster, MMR 1999, 507 (508).
731 So hat die RegTP dem BKartA die Beschlußentwürfe für eine Entscheidung so spät und unvollständig zugeleitet, daß sich das BKartA außerstande sah, eine umfassende Stellungnahme abzugeben, vgl. dazu v. Meibom/v.d.Bussche, MMR 2000, 206.
732 Dies wird deutlich in der Begründung zum Entwurf des TKG, BR-Drs. 80/96, S. 37, in der darauf hingewiesen wird, daß bevor die allgemeinen Regelungen der Wettbewerbsaufsicht greifen können, zunächst durch die besondere Regelung des Telekommunikationsbereichs der Wettbewerb in diesem Bereich hergestellt und gefördert werden müsse.
733 Vgl. Mestmäcker, Regulierende Mißbrauchsaufsicht, in: FS für Fikentscher, S. 557 (563).

amt ist naturgemäß schwieriger zu bewerkstelligen als die bloße Aufhebung von branchenspezifischem Wettbewerbsrecht als Aufgabe einer einzigen Behörde. Das Grundproblem jeder staatlichen Regulierung ist eben, daß man sie nur schwer wieder los wird.[734] Zur Aufrechterhaltung eines ganzheitlichen Marktkonzepts scheint es rechtspolitisch eher geboten, innerhalb der Aufsichtsstrukturen nur eine Behörde zu installieren, um damit auch das im Gemeinschaftsrecht praktizierte „one-stop-shop"-Prinzip einzuführen. Durch die Vermengung der unterschiedlichen Aufgaben bei der Regulierungsbehörde kann diese leicht in einen Konflikt zwischen Wettbewerbserhaltung und anderen telekommunikationsrechtlichen Anforderungen kommen.[735]

d) Die Aufsplittung der Rechtswege bei TKG und GWB

Die Gefahr unterschiedlicher Aufsichtsmaßstäbe wird zudem noch dadurch verstärkt, daß für das TKG und das GWB verschiedene Rechtswege gelten. Für die Streitigkeiten, die sich aus dem allgemeinen Wettbewerbsrecht des GWB ergeben, sind eigens Kartellsenate bei den Zivilgerichten eingeführt worden (vgl. §§ 91 ff. GWB), die über das notwendige Know-how im Rahmen der Prüfung von wettbewerbsrechtlichen Fragen verfügen. Die Verwaltungsakte der Regulierungsbehörde sind jedoch vor den Verwaltungsgerichten anzufechten, da diese keinem Sonderrechtsweg ausdrücklich zugewiesen sind und die wettbewerbsrechtlichen Entscheidungen der Regulierungsbehörde keine Verfügungen einer Kartellbehörde im Sinne von § 62 GWB sind. Zwar besteht auch die Möglichkeit zivilrechtlicher Streitigkeiten (vgl. § 80 Abs. 3 TKG), es kommen jedoch wegen des Verweises auf das GWB nur Streitigkeiten „aus dem TKG" zwischen Unternehmen und/oder Personen in Betracht.[736] Diese Rechtsstreitigkeiten vor den Zivilgerichten sollen jedoch hier in den Hintergrund treten.

Während des Gesetzgebungsverfahrens gab es freilich Bestrebungen, auch für Rechtsstreitigkeiten aus dem TKG eine Sonderzuweisung an die Kartellgerichte zu begründen, vor allem mit dem Argument, die Kartellgerichte seien schon mit der Materie vertraut und seien daher am besten in der Lage, die wettbewerblichen Probleme zu lösen.[737] Diese Auffassung konnte sich jedoch nicht durchsetzen, da man auf der Gegenseite befürchtete, daß die Gefahr einer Zersplitterung des Telekommunikationsrechts schwerer wiege und auch bei den Verwaltungsgerichten entsprechendes Know-how gebildet werden könne, insbesondere jedoch die Rechtsprechung des Verwaltungs- und Verfassungsgerichts für diese

---

734 Möschel, WuW 1999, 832 (838).
735 Siehe auch Schmittmann, K&R 1998, 1 (8 f.).
736 Vgl. auch Gramlich, CR 1998, 463 (472).
737 So die Auffassung des Bundesrats, vgl. BT-Drs. 13/4438, S. 5.

Materie wichtig ist.[738] Damit ist die Gefahr der divergierenden Auslegung der unbestimmten Rechtsbegriffe des GWB zur Marktbeherrschung gegeben, die durch § 82 TKG vorgegebene Zusammenarbeit zwischen der Regulierungsbehörde und dem Bundeskartellamt ist dabei nur eine schwache Abhilfe. Wegen des Fehlens einer Letztentscheidungsinstanz ist folglich die Zusammenführung der Rechtsprechung der Verwaltungs- und Kartellgerichte nur über den nach Art. 95 Abs. 3 GG zur Wahrung der Rechtseinheitlichkeit gebildeten Gemeinsamen Senat der Obersten Gerichtshöfe des Bundes möglich.[739]
Der Intention des gesetzgeberischen Auftrags an beide Wettbewerbsbehörden, auf eine einheitliche und den Zusammenhang mit dem GWB wahrende Auslegung des TKG hinzuwirken (§ 82 S. 5 TKG), wäre zu noch stärkerer Durchschlagskraft verholfen worden, wenn der Gesetzgeber auch noch die gerichtliche Zuständigkeit vereinheitlicht hätte. Nach der gegenwärtigen Rechtslage ist der Rechtsweg im Wettbewerbsrecht der Telekommunikation auf zwei verschiedene Gerichtszweige verteilt. Der Gesetzgeber hat es versäumt, das ordnungspolitische Konzept der einheitlichen Rechtsanwendung im Bereich der Telekommunikation bis in alle Details durchzuhalten. Die Bundesregierung hat in ihrer Gegenäußerung zur Stellungnahme des Bundesrates deutlich gemacht, daß es nicht zweckmäßig sei, die Zuständigkeit der Kartellgerichte auf alle Bereiche des TKG auszudehnen.[740] Im Gegensatz zu dieser Auffassung erscheint es jedoch durchaus denkbar, die Entscheidungen, die in erster Linie wettbewerblichen Charakter haben und für die gemäß § 73 TKG die Beschlußkammern zuständig sind,[741] zum Gegenstand einer Sonderzuweisung – vergleichbar dem System des GWB - an die Kartellgerichte zu machen. Wichtige grundrechtsrelevante Bereiche, auf die die Bundesregierung ein besonderes Augenmerk legte - wie etwa die Datenschutzkontrolle, Vorgaben für die Ausgestaltung von Telekommunikationsanlagen (öffentliche Sicherheit), Numerierung etc. -[742] würden innerhalb der Verwaltungsgerichtszuständigkeit verbleiben.

738 Siehe die Gegenäußerung der Bundesregierung, BT-Drs. 13/4438, S. 29 (30); auch BeckTKG-Komm/Geppert, § 80 Rdnr. 2.

739 Vgl. auch Niederleithinger, Wettbewerbsaufsicht und Fachaufsicht in der privaten Telekommunikationswirtschaft, in: FS für Mestmäcker, S. 683 (697).

740 BT-Drs. 13/4438, S. 30; zustimmend BeckTKG-Komm/Geppert, § 80 Rdnr. 2; ablehnend u.a. Niederleithinger, Wettbewerbsaufsicht und Fachaufsicht in der privaten Telekommunikationswirtschaft, in: FS für Mestmäcker, S. 683 (697); Schroeder, WuW 1999, 14 (27).

741 Zur Zuständigkeit der Beschlußkammern der Regulierungsbehörde siehe BeckTKG-Komm/Kerkhoff, § 73 Rdnr. 4 ff.

742 Vgl. BT-Drs. 13/4438, S. 30.

3. Perspektiven der Reform der Wettbewerbsaufsicht

a) Vorbemerkung

Wie eine Volkswirtschaft die eminenten Potentiale der Informations- und Kommunikationstechniken in der internationalen Konkurrenz nutzen kann, entscheidet die Wirtschafts- und Medienordnung. Um den Wettbewerb zu stärken, muß sich die Kommunikationsordnung der Zukunft in die Wirtschaftsordnung einfügen. Die Schaffung einer dynamischen und wettbewerbsorientierten Informationsgesellschaft ist von herausragender Wichtigkeit für die Wettbewerbsfähigkeit Deutschlands und auch Europas. Die mit der Informationsgesellschaft zusammenhängenden Branchen erwirtschaften etwa 15 % des Bruttoinlandsprodukts der EU. Sie sind der Motor für Wirtschaftswachstum und die Schaffung von Arbeitsplätzen. Bereits jetzt wird jeder vierte neue Arbeitsplatz in der europäischen Wirtschaft durch die Informationsgesellschaft geschaffen.[743]
Die Konvergenz des Mediensektors, mit anderen Worten das Zusammenwachsen traditionell unterschiedlicher Bereiche wie der Telekommunikations-, Rundfunk- und Informationstechnologie-Sektors schreitet mit unverminderter Geschwindigkeit voran.[744] Dieser Prozeß ist in technischem Sinne inzwischen weit fortgeschritten, die Technik ist im Begriff, die Möglichkeit einer vollkommen kompatiblen und nutzerfreundlichen Welt zu schaffen. Die Fortschritte in der Technik der Verarbeitung und des Transports von Daten aller Art haben die Wege der Nutzung der vier Wirtschaftsbranchen, die an der technologischen Revolution teilnehmen – nämlich Computer, Telekommunikation, Rundfunk sowie Verlagswesen – grundlegend verändert und vervielfältigt. Man spricht in diesem Zusammenhang vorwiegend von Digitalisierung und Informationsgesellschaft.
Die Kommunikationsindustrie schafft demgemäß durch die Einführung der technischen Neuerungen einen neugestalteten Kommunikationsmarkt, für die gesetzlichen Rahmenbedingungen müssen jedoch andere sorgen. Es besteht auch grundsätzlich Einigkeit darüber, daß die herkömmliche Trennung der Regulierung für die einzelnen Sektoren und das damit einhergehende Durcheinander von Regeln und Kompetenzen in der Zwischenzeit überholt ist und einer Neugestaltung bedarf.

---

743 Europäische Kommission, Entwicklung neuer Rahmenbedingungen für elektronische Kommunikationsinfrastrukturen und zugehörige Dienste, Kommunikationsbericht 1999, Mitteilung der Kommission an das Europäische Parlament, den Ministerrat, den Wirtschafts- und Sozialausschuß und den Ausschuß der Regionen (im folgenden: „Kommunikationsbericht 1999“), S. 1, KOM (1999), 539; verfügbar unter: http://www.ispo.cec.be/infosoc/telecompolicy/review99/review99de.pdf.

744 Vgl. dazu grundlegend Knothe, K&R 1998, 95 ff.; Ulbrich, K&R 1998, 100 ff.; Holznagel, ZUM 1999, 425 (425 f., 433 f.).

Es wird nur eine Frage der Zeit sein, bis es zur vollkommenen technischen Konvergenz auf den Kommunikationsmärkten gekommen ist, ein dahingehender Fortgang ist bei dem derzeitigen Entwicklungsstand schon zu erkennen. Die unterschiedliche Regulierung von Rundfunk einerseits und den Diensten der Informationsgesellschaft andererseits dürfte dann ihre Legitimation verloren haben und an die Stelle der bislang getrennten Medienregulierungsordnung wird ein einheitliches Medienregulierungsregime treten. Nicht abzusehen ist allerdings, wie genau die aktuellen Trends der Digitalisierung und Globalisierung den Markt im Lauf des kommenden Jahrzehnts formen werden. Die zugrundeliegenden technologischen Trends sind zwar schon relativ deutlich erkennbar, doch noch ist keineswegs sicher, welche der in Frage kommenden Nutzerplattformen sich in der Zukunft als Sieger erweisen wird. Der Gesetzgeber und auch die Marktteilnehmer wissen folglich noch nicht detailliert, was auf sie in dem zukünftigen konvergenten Umfeld zukommt. Dennoch steht wohl außer Frage, daß die herkömmliche Trennung der Aufsichtsstrukturen nach einzelnen Sektoren in dieser Weise keinen Bestand haben wird. Erforderlich ist vielmehr eine aufeinander abgestimmte und einheitliche Praxis auf nationaler und europäischer, vielleicht sogar globaler Ebene. Es muß ein flexibler Rechtsrahmen geschaffen werden, mit dessen Hilfe es möglich sein muß, zum einen den Wettbewerb zu stimulieren und zu stärken, zum anderen aber auch die Rechte und Bedürfnisse der Verbraucher zu schützen.

b) Politische Ziele und Leitsätze der Neugestaltung

Telekommunikation und Rundfunk wurden in den letzten 15 Jahren von Monopol- in Wettbewerbsmärkte überführt. Die Einführung und der Aufbau des privaten Rundfunks wurde von den Landesmedienanstalten maßgeblich begleitet. Im Bereich der Telekommunikation soll der geltende Rechtsrahmen vor allem noch dem Ziel dienen, den Übergang zum Wettbewerb zu steuern. Der europäische Gesetzgeber war sich bewußt, daß der Telekommunikationssektor sich schnell entwickeln würde, so daß er zwei Jahre nach der Liberalisierung des Telekommunikationsmarktes, also zum 31.12.1999, eine Überprüfung des bestehenden Rechtsrahmens vorsah. Aus diesem Anlaß hat die Kommission im November 1999 eine Mitteilung über die Reform des Rechtsrahmens für elektronische Kommunikationsinfrastrukturen und zugehörige Dienste verabschiedet, in der sie auch auf die wettbewerbsrechtlichen Rahmenbedingungen des gesamten Kommunikationssektors eingeht.[745]
Die Kommission stellt in ihrer Mitteilung die Hauptbestandteile ihrer politischen Vorschläge für einen neuen Rechtsrahmen vor, der die gesamte Kommunikationsinfrastruktur und die zugehörigen Dienste abdeckt. Berücksichtigt werden

745 Kommunikationsbericht 1999 (vgl. Fn. 743).

dabei die Ergebnisse der Konsultationen zur Konvergenz von Medien, Telekommunikation und Informationstechnologien, so daß bei der Anpassung des Rechtsrahmens der in Gang gekommene Wettbewerb gestärkt und die neben dem Wettbewerbsziel zu gewährleistenden, gemeinschaftsrechtlich geprägten Gemeinwohlziele erreicht werden.[746]

Ein neuer Aufsichtsrahmen für die Kommunikationsdienste muß für neue, dynamische und weitgehend unvorhersehbare Märkte mit wesentlich mehr Teilnehmern als heute ausgelegt sein. Ein solcher übersichtlich gestalteter Rechtsrahmen soll den Wettbewerb in allen Marktsegmenten verstärken können. Daran dürften wohl keinerlei Zweifel mehr bestehen.[747] Diese Maximen kommen auch in den politischen Zielvorstellungen und Grundsätzen der Kommission zum Ausdruck. Für besonders wichtige politische Ziele hält die Kommission die Förderung und Erhaltung eines offenen und wettbewerbsorientierten europäischen Marktes für Kommunikationsdienste, den Dienst am europäischen Bürger durch Berücksichtigung seiner spezifischen Interessen sowie die Konsolidierung des Binnenmarktes in einem konvergierenden Umfeld durch Beseitigung von Hindernissen bei der Bereitstellung entsprechender Dienste.[748]

Die vorstehend aufgeführten politischen Ziele werden ergänzt durch fünf zum Teil in der Regulierungspolitik der Gemeinschaft schon allgemein anerkannte Grundsätze für das Ergreifen aufsichtsrechtlicher Maßnahmen. Danach soll ein neuer Rechtsrahmen auf klar definierten politischen Grundsätzen beruhen, die Regulierung soll auf das zur Erreichung dieser Ziele erforderliche Mindestmaß beschränkt werden und die Verbesserung der Rechtssicherheit in einem dynamischen Markt weiter gewährleistet werden. Ferner soll die Regulierung im Kommunikationsbereich möglichst keinen Unterschied zwischen Technologien machen, mit denen derartige Dienste bereitgestellt werden, also technologieneutral sein, sowie sie schließlich so nahe wie möglich an der Ebene der betroffenen Aktivitäten geregelt sein soll.[749]

Nationales Recht läßt sich heutzutage jedoch nicht mehr losgelöst von anderen Rechtssystemen betrachten, berücksichtigt werden muß jedenfalls immer das Gemeinschaftsrecht. Das Kommunikationsrecht der Bundesrepublik Deutschland ist durchdrungen von liberalisierenden und deregulierenden Vorgaben der Europäischen Gemeinschaft. Das Grünbuch zur Konvergenz der Kommunikationsbranchen lud die Mitgliedstaaten zu einem Wettbewerb ihrer Regelungen zur Medien- und Telekommunikationsaufsicht ein, um dadurch das den Anforderungen des Marktes und des Wettbewerbs am besten gerecht werdende System

---

746 Vgl. Kommunikationsbericht 1999, S. iii (s. Fn. 743); Scherer, CR 2000, 35 (40 f.).

747 Siehe nur Koenig, K&R 2000, 1 (2); Gersdorf, RTkom 1999, 75 (76).

748 Vgl. Kommunikationsbericht 1999, Punkt 3.1., S. 12 ff. (s. Fn. 743).

749 Siehe Kommunikationsbericht 1999, Punkt 3.2., S. 14 ff. (s. Fn. 743).

zu finden.[750] Aus diesem Grund ist die Bundesrepublik Deutschland aufgerufen, schon jetzt ein zukunftsfähiges Aufsichtsregime zu erarbeiten, das wegen seiner Effizienz später in einen entsprechenden europäischen Rechtsrahmen eingeht. Auf diese Weise könnten für die Kommunikationswirtschaft schon in naher Zukunft die materiellen Bedingungen geschaffen werden, unter denen sie auch einem harmonisierten europäischen Rechtsrahmen arbeiten würde. Dies wäre ein entscheidender Wettbewerbsvorteil für die einheimische Volkswirtschaft.[751]

Die Ziele und Grundsätze der Europäischen Kommission zur Entwicklung eines neuen Rechtsrahmens lassen sich daher durchaus auf die nationale Ebene übertragen. Hinsichtlich der Marktanforderungen der Konvergenz von Rundfunk und Telekommunikation an die Marktaufsicht werden in der Literatur - unter Einbeziehung von Expertenmeinungen aus unterschiedlichen Interessenbereichen - dementsprechend auch den Absichten der Kommission auffällig ähnliche Leitvorstellungen genannt, die bei der Ausarbeitung konkreter Gestaltungsoptionen neuer Regelungen zu berücksichtigen sind. Bei der Entwicklung nationaler Rahmenbedingungen sollen insbesondere Freiräume für die Entwicklung neuer Dienste durch etablierte und neue Anbieter geschaffen werden, sowie die Gleichbehandlung von Diensteanbietern unabhängig von der verwendeten Netzplattform gewährleistet werden. Gleichzeitig soll die Konzentrationskontrolle zur Sicherung der Meinungsvielfalt effektiv sein und für den Ausgleich der Interessen aller Wettbewerber und die Förderung des Wettbewerbs sorgen.[752]

Der Regulierungsrahmen, der den neuen technischen und wirtschaftlichen Möglichkeiten der Kommunikation gerecht werden soll, darf sich folglich nicht an dem Rechtsrahmen orientieren, der sich im Zeitlauf unter dem Eindruck einer überholten Technik entwickelt hat. Einer Kommunikationsordnung, die ein ganzheitliches Marktkonzept implizieren soll und dabei „schlank" und auf wenige Aufsichtsinstanzen verteilt ist,[753] stehen diese überkommenen Strukturen jedoch entgegen, so daß eine Neuordnung auf vielfältige Hindernisse stößt. Bei der Realisierung der Anforderungen, die die technische Konvergenz an die Neugestaltung stellt, sind somit die verfassungsrechtlichen Vorgaben einerseits, also das föderale Gerüst der Rundfunkaufsicht und die Aufteilung der Gesetzgebungszuständigkeiten und Verwaltungskompetenzen auf Bund und Länder, so-

---

750 Vgl. auch Koenig/Röder, K&R 1998, 417.

751 Ähnlich Koenig, K&R 2000, 1 (2); Roßnagel, NVwZ 1998, 1 (8).

752 Vgl. Studie von Booz, Allen & Hamilton „Gestaltungsoptionen der Aufsicht für Rundfunk und Telekommunikation" im Auftrag der Bertelsmann Stiftung vom Mai 1999, S. 8 ff., verfügbar unter http://www.stiftung.bertelsmann.de/publika/download/index.htm.

753 Siehe zur Forderung nach einer schlanken Regulierung und nach einer Regulierung unter einem Dach auch Gounalakis, K&R 1999, 541 (542 ff.).

wie andererseits die Rolle der Europäischen Gemeinschaft und deren Vorstellungen zu beachten.[754]

c) Gestaltungsoptionen

Vor dem Hintergrund der technischen Konvergenz von Rundfunk, neuen Diensten und Telekommunikation wird zunehmend der Wille der an der Gesetzgebung auf nationaler und gemeinschaftlicher Ebene beteiligten Organe erkennbar, auch den dazugehörigen Rechtsrahmen in Bund und Gemeinschaft einheitlicher zu gestalten. Wie der bisherige Verlauf der Untersuchung gezeigt hat, ist in Deutschland die Marktaufsicht auf die digitale Zukunft nur unzureichend vorbereitet. Die negativen Effekte tangieren Verbraucher in demselben Maße wie Anbieter und damit den Wirtschaftsstandort Deutschland als solchen. Daher besteht dringender Handlungsbedarf, Optionen für eine zukunftsgerechte Gestaltung der Marktaufsicht zu entwickeln und zügig mit der Umsetzung zu beginnen.
Dies ist schon allein deshalb notwendig, um nicht in Gefahr zu geraten, auf dem internationalen Wettbewerb weiter hinterherzuhinken. Dabei gehen andere Länder bei der Neugestaltung des Rechtsrahmens im Kommunikationsbereich mit gutem Beispiel voran, sie entwickeln jetzt die Strukturen der Zukunft. Kanada hat eine einzige Aufsichtsbehörde für Rundfunk und Telekommunikation eingerichtet.[755] In Großbritannien wurde 1998 vom Department of Trade and Industry ein Konsultationspapier mit Gestaltungsoptionen für die Marktaufsicht entworfen. Auch in den USA hat der derzeitige Chairman der FCC (Federal Communications Commission) die Aufhebung der internen Ausrichtung nach Rundfunk und Telekommunikation und die Neuausrichtung nach marktübergreifenden, rein funktionalen Aufgaben vorgeschlagen.[756] In Australien wurde am 1. Juli 1997 ein neues, zukunftsweisendes Regulierungsgerüst für alle Kommunikationsbereiche in den Dienst gestellt, dessen Aufgabenverteilung nicht mehr entlang der bisherigen Sektoren Rundfunk / Telekommunikation / neue Dienste verläuft.
Angesichts dieser Entwicklungen sind Reformüberlegungen mit dem Ziel einer Vereinfachung der Zuständigkeitsordnung und eines weiteren Abbaus von Marktzutrittsschranken im Ausgangspunkt zu begrüßen. Verschiedene Gestaltungsoptionen stehen bei der Neuordnung des Rechtsrahmens zur Disposition. Zu ermitteln gilt es, ob die verschiedenen Möglichkeiten den Anforderungen der Konvergenz gerecht werden, darüberhinaus sind jedoch auch die Schwierigkeiten bei einer eventuellen Realisierung der Optionen zu betrachten.

---

754 Ähnlich auch die Studie von Booz Allen & Hamilton, S. 3 (s. Fn. 752).

755 Dazu näher noch unten auf Seite 179.

756 Siehe das Diskussionspapier von Booz, Allen & Hamilton „Herausforderungen an die deutsche Medien- und Telekommunikationsaufsicht" vom Mai 1999, S. 2 f., abrufbar unter http://www.stiftung.bertelsmann.de/publika/download/index.htm.

aa) Nationale Ebene

Auf nationaler Ebene müssen in Deutschland bei der Reform der Aufsichtsstrukturen diesbezügliche Vorschläge zwangsläufig von der besonders komplexen Medienordnung geprägt sein. Die Trennung zwischen Telekommunikation und Rundfunk beruht auf der föderalen Kompetenzverteilung, die historisch verstanden und bei Reformüberlegungen berücksichtigt werden muß. Der gesetzliche Rahmen ist daher einer zügigen Anpassung an die Konvergenzentwicklung weitgehend entzogen. Daß die föderale Verteilung von Gesetzgebungs- und Verwaltungskompetenzen kein unüberwindliches Hindernis für eine Neugestaltung der Wettbewerbsaufsicht im Kommunikationsbereich sein muß, zeigt nicht zuletzt die Vielfalt an Anregungen, die in der Literatur jüngst breiten Raum eingenommen hat.[757]

aaa) Medienanstalt der Länder

Die Einrichtung einer zentralen Medienanstalt der Länder, die bundeseinheitliche Regelungen nur für die privaten Rundfunkveranstalter schafft, würde das bestehende nationale Aufsichtsgefüge in nicht allzu großem Umfang Veränderungen unterwerfen. Ergebnis dieser Gestaltungsoption wäre eine Gemeinschaftseinrichtung der Bundesländer, die für die Länder unmittelbar hoheitlich tätig werden würde. Mit diesem Vorhaben würde in erster Linie die regionale Zersplitterung bei der Regulierung und Kontrolle der privaten Rundfunkveranstalter aufgehoben, indem diese bundesweit integriert werden. Direkte Folge wäre auch, daß bestimmte Sachfragen nicht mehr von standortpolitischem Wettbewerb beeinflußt würden. Überdies würden regional mehrfach ablaufende Prozesse auf eine Stelle konzentriert. Die getrennte Marktaufsicht für Rundfunk und Telekommunikation würde jedoch aufrechterhalten.[758] Man könnte daran denken, in die Zuständigkeit der Medienanstalt schließlich auch die Aufsicht über Tele- und Mediendienste einzubinden.

(1) Wettbewerbspolitische Effekte

Den zentralen Anforderungen der Konvergenz der Kommunikationsdienste und -märkte kann dieser Weg jedoch nicht genügen. Ungenügend ist im Hinblick auf

---

757 Vgl. ein jüngst erschienenes Gutachten im Auftrag des Bundesministeriums für Wirtschaft, das jedoch nur die Probleme der Konvergenzentwicklung und die hierfür diskutierten Lösungsansätze nüchtern darstellt und sich einer eigenen Stellungnahme enthält, Hoffmann-Riem/Schulz/Held, Konvergenz und Regulierung, S. 151 ff.; daneben wurde kürzlich auch ein von *Dieter Stammler* erstelltes und von der Friedrich-Ebert-Stiftung in Auftrag gegebenes Gutachten (Titel: "Projekt Kommunikationsrat – Chancen einer effizienten Koordination in der Medienpolitik") zur Neuordnung der Medienaufsicht am 20.6.2000 der Öffentlichkeit vorgestellt.

758 Siehe die Studie von Booz Allen & Hamilton, S. 16 (s. Fn. 752).

deren Konvergenz und der resultierenden Herausforderungen vor allem die mangelnde Zusammenfassung der Marktaufsicht über Rundfunk und Telekommunikation. Die Regulierungsbehörde für Post und Telekommunikation würde fortbestehen, die neue Gemeinschaftsanstalt der Länder wäre weiterhin zur engen Kooperation mit der Behörde verpflichtet. Für eine einheitliche Anstalt der Länder wäre die Koordination der Rundfunkaufsicht mit der Telekommunikationsaufsicht zwar einfacher, allerdings müßten dafür wiederum übergreifende Gremien mit wirklichen Entscheidungskompetenzen gebildet werden. Man kann zwar einwenden, daß sich hier Abstimmungspflichten und -verfahren bis hin zu konkreten Benehmenserfordernissen - also mehr als schlichte Anhörung, aber weniger als gleichberechtigte Mitentscheidung -[759] normieren ließen,[760] die schon bei der gegenwärtigen Rechtslage gegebenen Schnittstellenprobleme zwischen den verschiedenen Behörden träten jedoch wiederum auf.
Festzuhalten ist jedenfalls, daß eine den Anforderungen der Konvergenz entsprechende Verbesserung der Koordinierung der Wettbewerbsaufsicht mit der Errichtung einer gemeinsamem Medienanstalt der Länder in keinem Fall eintreten würde, sei es nun durch Zusammenlegung der verschiedenen Landesmedienanstalten[761] oder sei es durch Entwicklung aus der Direktorenkonferenz der Landesmedienanstalten mit der Beibehaltung der einzelnen Anstalten.[762] Spezifisch wettbewerbsrechtliche Problemstellungen würden durch eine derartige Neuregelung nicht beantwortet. Eine sektorspezifische Wettbewerbskontrolle durch die Regulierungsbehörde fände neben der allgemeinen Wettbewerbskontrolle durch das Bundeskartellamt weiterhin statt, so daß sich für die betroffenen Unternehmen keine Vereinfachung der gegenwärtigen Lage in dieser Hinsicht ergäbe.
Dennoch dürfte kein Zweifel darüber bestehen, daß die Einrichtung einer gemeinsamen Medienanstalt der Länder ein erster Reformschritt in Richtung einer

---

759 Im allgemeinen sieht man im Benehmen eine schwächere Form der Beteiligung als Zustimmung und Einvernehmen. Während bei Zustimmung und Einvernehmen die entscheidende Behörde an die Stellungnahme der mitwirkenden Behörde gebunden ist, ist dies beim Benehmen nicht der Fall. In der Entscheidung kann demnach von der Äußerung der anderen Stelle aus sachlichen Gründen abgewichen werden. Vgl. Henneke, in: Knack (Hrsg.), VwVfG, § 35 Rdnr. 4.5.3; Scherer/Hölscher, Gestaltungsspielräume für eine Reform der Organisation der Telekommunikations- und Medienaufsicht unter dem Grundgesetz, Rechtsgutachten im Auftrag der Bertelsmann Stiftung v. 24.6.1999, S. 76; (abrufbar im Internet unter http://www.stiftung.bertelsmann.de/publika/download/index.htm); Koenig, K&R 2000, 1 (8).

760 So Rossen-Stadtfeld, ZUM 2000, 36 (44).

761 So der Vorschlag des sächsischen Ministerpräsidenten Biedenkopf, vgl. FAZ v. 10.9.1998, Nr. 210, S. 19; siehe dazu auch Paulweber, AfP 1999, 439 (443 f.); ders., Regulierungszuständigkeiten in der Telekommunikation, S. 232 f.

762 Koenig, MMR-Beilage 12/1998, 1 (12 ff.).

umfassenden Lösung des Konvergenzproblems darstellen könnte.[763] Sie könnte als Basis für entsprechende Weiterentwicklungsbemühungen zu einem stabilen und zukunftsfähigen Regelungsrahmen dienen. Aus diesem Grund ist – in der gebotenen Kürze – auch auf die verfassungsrechtliche Zulässigkeit und politische Durchsetzbarkeit eines derartigen Vorhabens einzugehen.

(2) Implementierungsanforderungen

Gemeinsame Verwaltungseinrichtungen der Länder sind in der Vergangenheit dem Einwand begegnet, daß eine gemeinsame Kompetenzwahrnehmung Steuerungsverluste der Landesregierungen und Landtage bewirke. Diese grundsätzlichen Bedenken gegen die verfassungsrechtliche Zulässigkeit solcher gemeinsamer Institutionen der Länder werden in der Literatur heutzutage jedoch nicht mehr erhoben.[764] Steuerungsverluste sind bei der Medienaufsicht indes ohnehin nicht zu befürchten, da eine derartige Behörde eine Aufgabe wahrnimmt, die inhaltlicher Einflußnahme durch den Staat entzogen ist.[765] Verfassungsrechtliche Bedenken gegen eine gemeinsame Länderanstalt bestehen daher nicht.[766]
Zur Durchsetzung und Errichtung einer gemeinsamen Länderanstalt käme ein Länderstaatsvertrag in Betracht. Daß die Verabschiedung eines solchen Staatsvertrages wegen der oft unterschiedlichen Interessen von 16 Bundesländern nicht einfach ist und auf Widerstand stoßen kann, dürfte auf der Hand liegen. Immerhin käme es bei der Implementierung einer derartigen Institution nicht zu einer Mischung von Bundes- und Länderkompetenzen, so daß keine Verfassungsänderung erforderlich wäre,[767] was die Umsetzbarkeit und politische Durchsetzbarkeit jedenfalls vereinfachen dürfte.

bbb) Kommunikationsrat

Die deutsche Politik blieb indes nicht vollkommen untätig. So gingen auch die Sozialdemokraten mit einem Vorschlag zur Neuregelung der zersplitterten Medienaufsicht an die Öffentlichkeit. Sie strebten die Gründung eines Kommunikationsrates an, der von den Ländern und dem Bund gemeinsam besetzt werden und für Fernsehen und Telekommunikation zuständig sein soll. Der Kommunikationsrat sollte etabliert werden, um sich mit allen Fragen befassen zu können,

---

763 Ähnlich die Studie von Booz Allen & Hamilton, S. 16 (s. Fn. 752).

764 Vgl. Pietzker, in: Starck (Hrsg.), Zusammenarbeit der Gliedstaaten im Bundesstaat, S. 17, 60 ff. m.w.N. der kritischen Literatur.

765 Vgl. BVerfG, Urt. v. 4.11.1986, E 73, 118 (164 ff., 182 f.); BVerfG, Urt. v. 5.2.1991, E 83, 238 (322 ff.).

766 Eingehend dazu mit einer Analyse der Rechtsprechung zu Gemeinschaftseinrichtungen der Länder Scherer/Hölscher, S. 55 ff. (s. Fn. 759); auch Koenig, MMR-Beilage 12/1998, 1 (12 ff.).

767 Näher zu dieser Problematik sogleich auf Seite 177.

in denen eine Vernetzung zwischen Ländern und Bund, Landesmedienanstalten und Regulierungsbehörde sinnvoll und geboten ist. Dieser Rat sollte mit festen Strukturen und nach geregelten Verfahren arbeiten und könnte zugleich die Aufgabe wahrnehmen, eine Vernetzung zwischen der Medien- und Telekommunikationspolitik in Deutschland und der EU sicherzustellen.[768]

In Abweichung davon wurde von der neuen Bundesregierung auch der Vorschlag in die Diskussion eingebracht, in einem Schritt die 15 Landesmedienanstalten zu einer Bundesanstalt der Länder mit regionalen Außenstellen zusammenzufassen, in der unter Umständen auch die KEK aufgehen könnte. Der Kommunikationsrat soll danach quasi als „Dachorganisation" für die neue Bundesmedienanstalt und die Regulierungsbehörde fungieren und aus zwei Kammern bestehen, die miteinander kooperieren. Die eine Kammer soll gebildet werden vom Aufsichtsgremium der Bundesmedienanstalt, die andere aus dem bereits existierenden Beirat der Regulierungsbehörde. Dem Beirat gehören Politiker von Bund und Ländern an, sie beraten die hauptamtlichen Regulierer bei ihrer Arbeit. Dieses Modell soll schließlich dazu führen, daß Bund und Länder auf einer Ebene agieren. Die Zuständigkeiten des Bundeskartellamts sollen unberührt bleiben.[769]

(1) Wettbewerbspolitische Bedenken

Grundsätzlich ist jedoch noch einmal festzustellen, daß alle Überlegungen zur Umgestaltung der separaten Marktaufsicht für Rundfunk, Telekommunikation und neue Dienste eine langfristige Perspektive enthalten sollten. Die Ursachen für die strukturellen Schwächen der Marktaufsicht stellen gleichzeitig die Ansatzpunkte für eine Verbesserung der Aufsichtsebenen dar. Vorrangig muß in Deutschland die föderale Zersplitterung und die daraus resultierende Zersplitterung der Kompetenzen angegangen werden. Dazu ist vor allem die Vielfalt der involvierten Gremien zu reduzieren und die Effizienz der Entscheidungsprozesse zu verbessern.

Gerade aber in wettbewerbspolitischer Hinsicht ist mit den oben beschriebenen, leicht variierenden Vorschlägen nicht viel gewonnen. Allein mit einem neuen

---

768 Siehe Fraktion der SPD am 27.10.1997, Von der Utopie zur Wirklichkeit: Aufbruch in die Informationsgesellschaft, S.4; abrufbar unter http://www.spd.de/aktuell/informat.htm. Ein neues Gutachten von *Stammler* im Auftrag der Friedrich-Ebert-Stiftung vom 20.6.2000 schlägt ebenso vor, einen neuen Kommunikationsrat zu schaffen, der die bestehenden Hindernisse beseitigen könnte und zugleich die Bund-Länder-Zuständigkeiten respektieren würde. Dieser wäre auf der Grundlage eines Bund-Länder-Staatsvertrags zu begründen und würde die politischen Planungs- und Gesetzgebungsprozesse koordinieren. Er würde ein politisches Gremium darstellen, das zum zentralen Steuerungs- und Koordinierungsorgan bei allen Grundsatzentscheidungen werden könnte (s. Fn. 757).

769 Vgl. SZ v. 14.10.1998, Nr. 236, S. 23.

Gremium „Kommunikationsrat" ohne Zusammenlegung der vielen einzelnen Landesmedienanstalten sind keine Fortschritte beim Wettbewerb um ein zukunftstaugliches Aufsichtsregime zu erzielen, den bestehenden Gremien wird sogar noch ein weiteres hinzugefügt, auch wenn die Koordination verbessert sein mag. Errichtet man dagegen zusätzlich noch eine gemeinsame Bundesanstalt der Länder, so muß weitgehend das schon zur gemeinsamen Medienanstalt der Länder Festgestellte gelten. Zwar wird durch den Kommunikationsrat die Koordination und Kooperation zwischen den verschiedenen Behörden wohl deutlich leichter sein, doch ist auch künftig die Vielfalt involvierter Gremien groß und es existiert insbesondere weiter dauerhaft die sektorspezifische Wettbewerbsaufsicht durch die Regulierungsbehörde neben der allgemeinen Wettbewerbskontrolle durch das Bundeskartellamt, was zu den dargestellten Schwierigkeiten führen kann.

(2) Grundgesetzliche Prämissen

Aus den Äußerungen zu den vorgeschlagenen Gestaltungsoptionen geht allerdings nicht ganz klar hervor, wie weit die Verwaltungsbefugnisse dieses neuen Kommunikationsrates gehen sollen. Problematisch ist dies vor allem deshalb, da mit dieser „Dachorganisation" eine Art gemeinsamer Behörde des Bundes und der Länder entstanden sein könnte, in der bisher getrennte Zuständigkeiten – Rundfunk und Telekommunikation – zusammengeführt worden sind. Gegen die Einrichtung gemeinsamer Verwaltungsstellen des Bundes und der Länder bestehen jedoch wegen des grundgesetzlichen Verbotes der Mischverwaltung im Sinne einer echten Mitentscheidung Bedenken.[770]

Ohne Verfassungsänderung sind allein nur solche Formen der kooperativen Verwaltungsführung zulässig, die keine Zustimmungserfordernisse beinhalten, solange also die Letztverantwortlichkeit des grundgesetzlich zuständigen Verwaltungsträgers auch in der Kooperation gewahrt bleibt, ist kein Verfassungsrecht verletzt.[771] Möglich wäre somit im Rahmen der Grundgesetzkonformität lediglich die Einführung von Anhörungsrechten oder auch von Benehmenserfordernissen zwischen Bundes- und Landesbehörden, von denen keinerlei Entscheidungswirkung ausgeht. Damit wäre eine Lösung geschaffen, die im Sinne einer raschen zukunftsfähigen Weiterentwicklung des Regelungsrahmens wegen der weiterhin zersplitterten Verwaltungskompetenzen insgesamt wohl als unvollkommen gelten muß.[772] Entscheidet man sich dagegen für eine Anpassung der Verfassung, verspricht eine grundsätzliche Umgestaltung der Aufsichts-

---

770 Vgl. BVerfG, Beschl. v. 10.2.1976, E 41, 291 (311); zurückhaltender BVerfG, Beschl. v. 12.1.1983, E 63, 1 (36 ff.).

771 Dittmann, in: Sachs, GG, Art. 83 Rdnr. 4 f.

772 So auch Koenig, K&R 2000, 1 (7 f.).

strukturen wesentlich mehr Erfolg.[773] Die Schaffung eines Kommunikationsrates könnte somit auf dem Weg zur Verbesserung der wettbewerbsaufsichtlichen Strukturen auch nicht mehr als ein Zwischenschritt sein.

ccc) Einheit von Kommunikationskontrolle und allgemeiner Wettbewerbsaufsicht

(1) Trennung der Aufsicht nach funktionalen Aufgabenbereichen

Ganz allgemein kommt die Kommission in ihrer Mitteilung zu den Ergebnissen der öffentlichen Konsultation zum Grünbuch über die Konvergenz zu dem Schluß, daß es äußerst wichtig sei, einen angemessenen regulatorischen Rahmen für die betroffenen Branchen zu schaffen, damit die technischen Entwicklungen zu Wirtschaftswachstum und zur Schaffung von Arbeitsplätzen führen könnten und damit es Europa ermöglicht werde, von seiner reichen kulturellen Vielfalt zu profitieren. Die Kommission erkennt im Rahmen dieses neuen Regulierungsregimes auch an, daß die Regulierung von Infrastruktur und Inhalten im Bereich der Kommunikation getrennte, unterschiedliche Ansätze erfordert.[774] Dies kann als deutlicher Hinweis dahingehend gewertet werden, daß auch die Kommission nicht vorbehaltlos an der Trennung der Marktaufsicht nach den verschiedenen Übertragungsplattformen wie Rundfunk oder Telekommunikation festhalten will.

Die Kommission hat sich damit der Realität gestellt, daß im Ergebnis die Märkte Rundfunk, Telekommunikation und neue Kommunikationsformen zusammenwachsen werden. Die Märkte sind bereits jetzt immer schwerer voneinander zu unterscheiden, die bisherige, klare Trennung wird zunehmend von neuen, konvergenten Produkten und Diensten verwischt. Während die Märkte konvergieren, verfolgt die Marktaufsicht für die verschiedenen Bereiche traditionell unterschiedliche Ziele, die in den jeweiligen Gesetzeswerken verankert sind. Die gegenwärtig geltende gesetzliche Lage versucht, die im Markt verschwimmende Trennung von Individual- und Massenkommunikation weiter aufrechtzuerhalten. Die Unterscheidbarkeit der verschiedenen Kommunikationsformen löst sich jedoch auf, die gesetzliche Trennung zwischen den Kommunikationsdiensten ist in der Realität des Marktes nicht wiederzufinden. Die Divergenz zwischen Organisation der Marktaufsicht und realem Marktgeschehen weitet sich daher aus. In Zukunft wird sie noch weiter verschwimmen und zunehmend dazu führen,

---

773 Siehe zu dieser Option die Ausführungen weiter unten auf Seite 184 ff.

774 So die Kommission in ihrer Mitteilung an das Europäische Parlament, den Rat, den Wirtschafts- und Sozialausschuß und den Ausschuß der Regionen „Die Konvergenz der Branchen Telekommunikation, Medien und Informationstechnologie und ihre ordnungspolitischen Auswirkungen, Ergebnisse der öffentlichen Konsultation zum Grünbuch“, KOM (99), 108 endg., S. 7 ff., abrufbar unter http://www.ispo.cec.be/convergencegp/com(99)108/com(99)108definal.html.

daß die Marktaufsicht von Rundfunk und Telekommunikation dieselben konvergenten Dienste regulieren und dabei bedingt durch ihre unterschiedlichen Zielvorgaben gefahrlaufen, widersprüchliche Entscheidungen zu produzieren. Folge der Konvergenz der Märkte wird sein, daß zukünftig Marktteilnehmer miteinander in Wettbewerb treten, die bisher durch die klare Trennung der Netzplattformen keine Wettbewerber waren. Die für die Wettbewerbsaufsicht relevanten Märkte ordnen sich neu. Ungeachtet dessen findet der Wettbewerb durch die unterschiedlichen Regulierungsziele innerhalb der überkommenen Bereiche immer noch mit jeweils unterschiedlichen Rahmenbedingungen für die einzelnen Marktteilnehmer statt. Daß diese Erkenntnis nicht nur für den gemeinschaftlichen Rechtsrahmen gilt, dürfte auf der Hand liegen. Sie ist ohne weiteres auch auf den nationalen Regulierungsrahmen in Deutschland übertragbar.

(2) Blick über die Grenzen

Bei der Suche nach einer Lösung für die Konvergenzproblematik kann durchaus ein Blick über die Grenzen, auch über diejenigen Europas hinaus, lohnenswert sein. Die Konvergenz der Medien ist ein globales Phänomen, so daß auch andere Länder und Kontinente sich durch das Zusammenwachsen der unterschiedlichen Netzplattformen denselben Herausforderungen gegenüber sehen. Lösungsmodelle müssen folglich auch dort entwickelt werden.

(a) Kanada

In diesem Zusammenhang wird immer wieder auf das Aufsichtsmodell Kanadas hingewiesen, das in vielerlei Hinsicht vorbildlich sei.[775] Die einzige in Kanada zuständige nationale Aufsichtsbehörde ist die Canadian Radio-television and Telecommunications Commission (CRTC). Hervorzuheben ist bei dieser Behörde, daß sie neben dem Rundfunk auch für die Telekommunikation zuständig ist, es erfolgt somit eine gemeinsame Marktaufsicht für Rundfunk und Telekommunikation durch die CRTC. Zu ihren Aufgaben gehört insbesondere die Lizenzvergabe im Rundfunk, die Eigentums-, Fusions- und Konzentrationskontrolle sowie die Überwachung inhaltlicher Auflagen.[776]

---

775 Als Vorbild für eine moderne, effiziente Medienaufsicht hat die Bertelsmann-Stiftung die Kanadische Kommission für Radio, Fernsehen und Telekommunikation auserkoren und mit einem Preis ausgezeichnet; vgl. SZ v. 14.10.1998, Nr. 236, S. 23; Auf die Vorbildfunktion weisen auch Gounalakis in K&R 1999, 541 (545) und die Studie von Booz, Allen & Hamilton, S. 12 (s. Fn. 752) hin. Allgemein dazu siehe Hamm/Waltermann (Hrsg.), Kommunikationsordnung 2000 – Innovation und Verantwortung in der Informationsgesellschaft, S. 17 ff., 35 ff.

776 Hamm/Waltermann (Hrsg.), Kommunikationsordnung 2000 – Innovation und Verantwortung in der Informationsgesellschaft, S. 35 ff.

Es liegt nicht in der Absicht der CRTC, bestimmte neue Technologien zu fördern. Wie Konvergenz technisch realisiert wird, soll dem Markt überlassen werden. Ein weiterer Grundsatz der Arbeit der CRTC ist die Förderung von Selbstkontrolle sowohl in der Telekommunikation als auch im Bereich des Rundfunks. Die inhaltliche Selbstregulierung wird dabei sowohl von den Unternehmen als auch von der Öffentlichkeit angenommen und genutzt.[777]
Gerade im Hinblick auf die föderale Kompetenzordnung Deutschlands ist beim kanadischen Ordnungsrahmen besonders auffällig, daß die CRTC auf der Basis von zwei Gesetzesaufträgen mit unterschiedlicher Zielsetzung agiert. Grundlage der Handlung bilden der Telecommunications Act, der auf Marktöffnung und Vielfalt durch Wettbewerb gerichtet ist, und der Broadcasting Act, der für den Schutz kanadischer Kultur und Anbieter sorgen soll. Lokalen und regionalen Anforderungen will die zentrale CRTC dadurch gerecht werden, indem sie nachgeordnete Territorialbüros eingerichtet hat.[778]
Entscheidend für die Förderung technologischer Konvergenz ist somit nicht die Regelung in einem einzigen Gesetz. Wichtig ist die Konvergenz der Zuständigkeiten der Marktaufsicht über die einzelnen Kommunikationsbranchen. Auf seine eigene Weise hat Kanada damit die Trennung der Aufsicht nach Übertragungsplattformen aufgehoben und die Organisation der Marktstruktur der technischen Konvergenz angepaßt. Hinzuzufügen ist jedoch, daß neben der bereichsspezifischen Wettbewerbsaufsicht durch die CRTC auch noch eine allgemeine Wettbewerbskontrolle durch das Competition Bureau durchgeführt wird. Mit der nötigen Unabhängigkeit und in Kooperation mit den Marktteilnehmern ist es demgemäß möglich, die Herausforderungen der Konvergenz in Angriff zu nehmen und zu günstigen Effekten beim technischen Fortschritt zu kommen.

(b) OFTEL-Stellungnahme aus Großbritannien

Auch das britische Office of Telecommunications (OFTEL) ging mit einem innovativen Vorschlag, der eine vertikale Regulierung nicht mehr längs der verschiedenen Übertragungsplattformen vorsieht, an die Öffentlichkeit.[779] Die Stellungnahme der britischen Regulierungsbehörde war eine Reaktion auf die Aufforderung der Europäischen Kommission, eine Antwort auf ihr Grünbuch zur Konvergenz abzugeben. Im Mittelpunkt dieser Reaktion steht die Trennung

777 Hamm/Waltermann (Hrsg.), Kommunikationsordnung 2000 – Innovation und Verantwortung in der Informationsgesellschaft, S. 19.

778 Vgl. Hamm/Waltermann (Hrsg.), Kommunikationsordnung 2000 – Innovation und Verantwortung in der Informationsgesellschaft, S. 35 ff.

779 OFTEL response to the European Commission on the Green Paper on the convergence of the telecommunications, media and information technology sectors, and the implications for regulation, abrufbar unter http://www.oftel.gov.uk/broadcast/eu398.htm.

der Regulierung in eine flexible branchenspezifische Wettbewerbsregelung und in ein auf freiwilliger Selbstkontrolle basierendes Konzept zur Inhaltskontrolle. Im übrigen vertraut die Behörde darauf, daß das allgemeine Wettbewerbsrecht in seinem Anwendungsbereich zur Regelung einer konvergenten Kommunikation im weiten Sinne generell genügt.[780]
Die Stellungnahme des britischen OFTEL zum Grünbuch nimmt die Herausforderung des Wettbewerbs zwischen den einzelnen Regulierungssystemen ausdrücklich an und ist mit der Empfehlung an die anderen Mitgliedstaaten verbunden, die britischen Regulierungsansätze zu übernehmen.[781] Das britische Regulierungsmodell zielt auf eine ausgeprägte Deregulierung vor allem durch Vereinfachung des Regelwerks für Telekommunikation und Rundfunk, wenn auch die Regulierung alle diejenigen Dienste und Produkte erfassen soll, die sich unter den Begriff „elektronische Kommunikation" subsumieren lassen und somit der Umfang der Regulierung auf den ersten Blick ausgedehnt erscheint. Dennoch behauptet das OFTEL wegen der starken Deregulierung insgesamt eine Vereinfachung der Regelungen.[782]
In der Stellungnahme drückt das OFTEL aus, daß es keine Notwendigkeit für die Einräumung einer einzigen, für alle Bereiche zuständigen Behörde sieht. Zwar erkennt es an, daß dies möglicherweise zur Vermeidung von Abgrenzungsschwierigkeiten zwischen verschiedenen Behörden führen würde, betont jedoch, daß der Sicherung der Durchsetzung verschiedener Regulierungsziele der Vorrang einzuräumen sei, was nur bei mehreren Behörden gewährleistet sei. Daher befürwortet das OFTEL ein zweigleisiges Modell, in dem wettbewerbliche und inhaltliche Fragestellungen institutionell getrennt werden. Gesichert sei damit, daß ökonomische und inhaltliche Regulierung gleichermaßen berücksichtigt und alle Kommunikationsformen weitgehend gleichbehandelt werden.[783]
Zu betonen ist dabei jedoch, daß daneben die allgemeine Wettbewerbsbehörde tritt, deren Kompetenzen mit denjenigen der sektorspezifischen Wettbewerbsaufsicht konkurrieren.

(c) Australien

In Australien existieren derzeit für Rundfunk und Telekommunikation getrennte Aufsichtsbehörden. Das australische Kommunikationsrecht erhielt dabei erst vor

---

780 OFTEL response (s. Fn. 779), Rdnr. 1.4; Siehe zur OFTEL-Stellungnahme eingehend bei Köster/Nitschke, MMR 1998, 400 ff.

781 OFTEL response (s. Fn. 779), Rdnr. 2.1 und 12.2.

782 OFTEL response (s. Fn. 779), Rdnr. 3.2.

783 So das OFTEL in einer Vorlage zu den Konsequenzen der Entwicklungen für den britischen Markt. Vgl. OFTEL, Second Submission, Culture, media and sports select committee inquiry into audio-visual communications and the regulation of broadcasting, „Beyond the telephone, the television and the PC – III", Rdnr. 5.5 – 5.17; verfügbar unter http://www.oftel.gov.uk/broadcast/dcms398.htm.

kurzem, im Juli 1997, ein neues Gerüst, der Telekommunikationsmarkt ist in diesem Rahmen für den freien Wettbewerb geöffnet worden. Bei dieser Neuregelung ist die australische Kommunikationsindustrie einem Aufsichtsregime von insgesamt drei Regierungsbehörden unterstellt worden.

Die Australian Communications Authority (ACA) ist Ergebnis der Fusion von der Spectrum Management Agency (SMA) und der Australian Telecommunications Authority (AUSTEL). Sie führt die Aufsicht über die technischen Angelegenheiten bei Telekommunikation und Rundfunk. Aufsichtsbehörde für den Rundfunkbereich ist die Australian Broadcasting Authority (ABA), deren Augenmerk vor allem auf der Aufsicht über die Inhalte der Übertragungen liegt, während die ACA in erster Linie für deren korrekte Übertragung zuständig ist. Die ABA teilt Lizenzen zu, erneuert oder hebt diese auf und erhebt die für die Lizenzen fälligen Gebühren.

In Australien wurde darüberhinaus an einem innovativen Konzept gearbeitet, das regulativ nicht mehr zwischen den Teilmärkten, sondern zwischen der Aufsicht von Übertragungswegen, Wettbewerb und Inhalten unterscheiden sollte. Ertrag dieser Überlegungen war eine Erweiterung der Zuständigkeiten der Australian Competition and Consumer Commission (ACCC). Diese war ursprünglich nur verantwortlich für den Schutz des allgemeinen Wettbewerbs und die Wettbewerbsregulierung hinsichtlich aller Industriezweige. Sie prüfte von der Wirtschaft ausgehende Zugangsbeschränkungen und war Schiedsgerichtsbarkeit in Streitfällen zwischen Wirtschaftsunternehmen. Daneben ist ihr jedoch nun auch die Wettbewerbsregulierung in der Kommunikationswirtschaft übertragen. Diese Kompetenz hat sie durch die Neuregelung von der AUSTEL übernommen. Die wichtigsten Befugnisse bezüglich der Kommunikationswirtschaft sind die Aufsicht über den Zugang zum Telekommunikationsmarkt und die Aufsicht über die Sicherung des Wettbewerbs.[784] Die Wirtschaftsaufsicht einschließlich des Medien- und Telekommunikationsbereichs ist in Australien damit bei einer einzigen Behörde konzentriert.

Diese Bemühungen auf dem Gebiet der Konvergenz zeigen, daß die Marktaufsicht in anderen Ländern wohl schon jetzt besser auf die Konvergenz der Märkte in der Zukunft vorbereitet ist. Die diesbezüglichen Ansätze in Australien veranschaulichen ganz deutlich, daß die Konvergenz international auf Aufsichtsebene aktiver gestaltet wird.

---

784 Ein Überblick über die gegenwärtige Regulierungsordnung im Kommunikationsbereich in Australien ist zu finden unter http://www.aca.gov.au/authority/overview.htm. Einen Querschnitt der australischen Kommunikationsordnung liefern auch Hamm/Waltermann (Hrsg.), Kommunikationsordnung 2000 – Innovation und Verantwortung in der Informationsgesellschaft, S. 46 ff.

(d) Internationaler Vergleich als Anregung für Deutschland

Angesichts der zunehmenden Angebotsvielfalt und -verschränkung auf dem Kommunikationsmarkt sind mit den herkömmlichen Regulierungs- und Kontrollstrukturen die angestrebten Schutzziele der Medienordnung nicht mehr effizient zu erreichen. Inwieweit man in Deutschland aber einzelnen Beispielen aus dem inner- und außereuropäischen Ausland folgen kann und sollte, ist eine nicht ganz einfach zu beantwortende Frage. Dazu bedarf es der Berücksichtigung der unterschiedlichen Ausgangslagen der Medien- und Kommunikationsordnungen, die auch in der abweichenden verfassungsrechtlichen Lage begründet sind, und der divergierenden medienpolitischen Ziele.

Ein besonders augenfälliges Merkmal der britischen Empfehlung ist die Zementierung der sektorspezifischen Wettbewerbsaufsicht über die Telekommunikation auch für die Zukunft. Eine Aufgabe dieser branchenspezifischen Aufsicht ist darin nicht vorgesehen. Damit drängt sich unvermittelt die Frage auf, ob die komplexeren Anforderungen der intermediären Märkte auf Dauer der gesonderten Regulierungsbehörden bedürfen oder ob diese nicht besser zukünftig von den allgemeinen Wettbewerbsbehörden gelöst werden sollen. Fest steht jedenfalls, daß auf den entstehenden Telekommunikationsmärkten zumindest mittelfristig besondere Wettbewerbsstrukturen bestehen werden. Bisherige Monopolisten werden noch über längere Zeit über hohe Marktanteile verfügen können. Dennoch ist man sich allgemein weitgehend einig, daß das Bestehen einer sektorspezifischen Wettbewerbsaufsicht grundsätzlich dem anzustrebenden Prinzip eines alle Bereiche der Wirtschaft erfassenden Wettbewerbsrechts widerspricht und man daher zumindest langfristig auch den Bereich der Telekommunikation wieder in das allgemeine Wettbewerbsrecht eingliedern sollte.[785] Die branchenspezifische Wettbewerbsaufsicht des TKG ist aus diesem Grund auch vom Gesetzgeber nur als vorübergehende Lösung gedacht und unterliegt einer Überprüfung hinsichtlich des Fortbestehens seiner Voraussetzungen.[786]

Gerade das Beispiel Australien zeigt, daß das Festhalten an dauerhafter bereichsspezifischer Wettbewerbsaufsicht inkonsequent ist, wenn man auf der einen Seite durchaus bereit ist, inhaltliche und wettbewerbsrechtliche Fragestellungen institutionell zu trennen, um nicht in die Gefahr sich wegen entgegengesetzter Regulierungsziele widersprechender Entscheidungen zu geraten, andererseits aber weitere Punkte mit der wettbewerblichen Aufsicht kombiniert, wie es beim britischen Regulierungsvorschlag der Fall ist.[787] Zur Vermeidung von Problemen, die durch andersartige Regulierungsansätze verschiedener Gre-

785 Siehe Schlecht, WuW 1997, 565, 570; Mestmäcker, Regulierende Mißbrauchsaufsicht, in: FS für Fikentscher, S. 557 (573); Schroeder, WuW 1999, 14 (16 f.); Paulweber, Regulierungszuständigkeiten in der Telekommunikation, S. 202 f.

786 Vgl. Begründung zum Entwurf des TKG, BR-Drs. 80/96, S. 43.

787 Einen etwas allgemeineren Ansatz verfolgt Paulweber, AfP 1999, 439 (447).

mien hervortreten, führt nur die konsequente Trennung nach den Regulierungsanforderungen und -zielen der konvergierenden Märkte. Dies beinhaltet auch die Aufteilung der divergierenden Zuständigkeiten auf mehrere voneinander unabhängige Behörden.
Daneben widerspricht der Vorschlag von OFTEL einem weiteren medienpolitischen Ziel bei der Gestaltung eines neuen Rechtsrahmens. Eine übersichtliche Aufsichtsstruktur ist ein Investitionsfaktor, der zu Planungssicherheit verhilft. Deregulierung ist in diesem Zusammenhang ein mitentscheidendes Stichwort. Dagegen will OFTEL den sektorspezifischen Regulierungsrahmen über die Telekommunikationsmärkte hinaus ausweiten, was zumindest die Gefahr der Überregulierung, und damit der Unübersichtlichkeit des Rechtsrahmens herbeiführt.
Der kanadische Regulierungsrahmen mit nur einer Behörde für die gesamte Marktaufsicht in den Sektoren Rundfunk und Telekommunikation ist wie oben gesehen in mancherlei Hinsicht vorbildhaft. Dennoch scheint eine noch weitergehendere Lösung mit der konsequenten Trennung nach Funktionen auf institutioneller Ebene vorzugswürdiger. Gerade hinsichtlich der nationalen Regelungen im Telekommunikationsbereich stellt sich die Frage, ob mit der Eröffnung des Wettbewerbs auf deregulierten Märkten die institutionelle Seite nicht in der Weise geregelt werden müßte, daß der kartellbehördlichen Marktaufsicht die maßgeblichen marktbezogenen Entscheidungen überlassen werden. Ziel muß es sein, neben der Aufteilung der Kompetenzen hinsichtlich der Regulierung von Übertragungswegen und Inhalten auch die Wettbewerbsaufsicht nach Möglichkeit vollständig von anderen Regulierungsaufgaben fernzuhalten.[788]

(3) Medienbehörde und Bundeskartellamt als neue Medienaufsichtsbehörden

Die Entwicklung der Sektoren Medien und Telekommunikation ist also, das sei an dieser Stelle noch einmal herausgestellt, in ökonomischer, organisatorischer, vor allem aber technischer Hinsicht auf Konvergenz hin angelegt. Die Marktaufsicht und ihre Strukturen sollten dabei die Konvergenz der Märkte gestalten anstatt sie zu behindern, was eine Vereinigung und Bündelung auch der regulativen und aufsichtlichen Kompetenzen nahelegt. Betrachtet man indes die gegenwärtigen Aufsichtsstrukturen in Deutschland näher, so kommt man zu dem im Verlauf der Untersuchung schon angeführten Ergebnis, daß der Regelungsrahmen, der die früheren Monopolmärkte Rundfunk und Telekommunikation erfolgreich für den Wettbewerb geöffnet hat, nicht unbedingt geeignet ist, diese Märkte auch in Zukunft zu gestalten. Die gesamten Kommunikationsmärkte befinden sich mitten in einer Zäsur, die diese Märkte revolutionieren wird.

788 Vgl. auch Paulweber, AfP 1999, 439 (447).

Die Revolution bei den Märkten führt schließlich dazu, daß um so deutlicher hervorsticht, daß und in welchem Ausmaß die rechtliche Ausgestaltung der Regulierung und Aufsicht durch eine Vielzahl von Gesetzen und damit einhergehender Zersplitterung der Behördenzuständigkeiten, durch daraus folgende Unklarheiten und durch schwer erklärbare Brüche gekennzeichnet ist. Die unmittelbare Folge davon können etwa Wettbewerbsverzerrungen sein, die deswegen auftreten, weil dieselben Fragestellungen bei der Aufsicht von den zuständigen Behörden für den Rundfunk und von den zuständigen Gremien bei der Telekommunikation und darüberhinaus von einer allgemein zuständigen Wettbewerbsbehörde unter der Maßgabe verschiedener Ziele angegangen werden. Konvergente Märkte werden mit nicht deckungsgleichen Aufsichtszielen reguliert. In der Vergangenheit war dies bei klar getrennten Märkten sinnvoll und führte daher nicht zu Zielkonflikten.[789]

Die Beibehaltung eines solchen Aufsichtsregimes wird jedoch zwangsläufig Koordinationsprobleme mit sich bringen. Für die betroffenen Anbieter hat dies zur Folge, daß sie mit mehreren unterschiedlichen zuständigen Behörden verhandeln müssen und den Ausgang der Entscheidungen aufgrund der vielfältigen Wechselwirkungen zwischen diesen Behörden nur erahnen können.[790] Besonders im Bereich der Wettbewerbsaufsicht sorgt dies für nicht hinnehmbare Rechtsunsicherheit. Ohne Rechtssicherheit ist ein effizienter Aufbau eines neuen Marktes indes nicht möglich. Der unternehmerischen Freiheit werden durch die zersplitterte Zuständigkeiten engere Grenzen gezogen, Unternehmer werden von Investitionen in zukunftsweisende Technologien zunehmend zurückgehalten.

Auch für den Verbraucher ergeben sich aus dieser Situation unmittelbar negative Auswirkungen. Die Behinderung der Anbieter durch überkommene Aufsichtsstrukturen führt mindestens zu einer Verlangsamung, wenn nicht zu einem Ausbleiben der Einführung bestimmter neuer, innovativer Kommunikationsdienste, die auf anderen, zukunftsgerichtet regulierten Märkten eher zur Verfügung stehen.

Es existiert also eine Vielzahl von Argumenten, deretwegen man die Aufgabe der festen Ordnung der Wettbewerbsaufsicht nach den traditionellen Kommunikationsformen wie vor allem Rundfunk und Telekommunikation befürworten kann. Eine daraus folgende Gleichbehandlung von Marktteilnehmern unabhängig von der Netzplattform scheint der einleuchtendere Weg zu sein. Die Differenzierung sollte dementsprechend nach den einzelnen Zwecken der Marktaufsicht erfolgen, also etwa nach Wettbewerbsaufsicht, Beaufsichtigung der technischen Standards sowie Inhaltskontrolle, und dabei jeweils einer einzigen

[789] Ebenso das Diskussionspapier von Booz, Allen & Hamilton, S. 42 f. (s. Fn. 756).

[790] Vgl. das Diskussionspapier von Booz, Allen & Hamilton, S. 43 (s. Fn. 756).

Aufsichtsbehörde unterstehen.[791] Auf diese Weise könnte man auch den immer lauter werdenden Stimmen aus Literatur und Wirtschaft nach einer schlanken Regulierung „unter einem Dach" nachkommen.[792]
Verwirklicht werden kann dieses Ansinnen aber nur dann, wenn man bereit ist, auf das Bestehen der vielen einzelnen Behörden zu verzichten. Sinnvoll wären innerhalb einer Neuordnung etwa ein Gremium für die technischen Fragestellungen der Übertragungswege, ein weiteres für die Kontrolle der Inhalte und eine letzte Behörde für die gesamte Wettbewerbsaufsicht, also auch die sektorspezifische Wettbewerbskontrolle im Telekommunikationsbereich und die Kontrolle der pluralistischen Vielfalt im Rundfunkbereich. Nach dem Vorbild ausländischer Aufsichtsmodelle ist es möglicherweise auch zweckmäßiger, die Aufsicht über die Übertragungswege und über die Inhalte in einer Behörde zusammenzufassen und innerhalb dieser verschiedene Abteilungen entlang der funktionalen Aufgabenbereiche der Medienaufsicht zu bilden.[793] Geteilter Meinung kann man über das grundsätzliche Erfordernis einer Kontrolle der publizistischen Vielfalt sein, das Ergebnis wäre letztlich jedoch immer folgendes:
Statt vieler Behörden auf Länder- und Bundesebene zur Regelung des gesamten Kommunikationsbereichs bestünden in Zukunft nur noch zwei Aufsichtskontrollgremien. Auf der einen Seite eine vollkommen neu zu schaffende Medienbehörde für die Kontrolle der Übertragungswege und Inhalte, auf der anderen Seite eine Behörde zur Kontrolle aller wettbewerbsrechtlichen Fragestellungen, für die das Bundeskartellamt als kompetenter Sitz wohl prädestiniert wäre.
Die Neugestaltung des Rechtsrahmens der Wettbewerbsaufsicht im Medien- und Telekommunikationsbereich kann freilich nicht ohne Neuordnung der gesamten Marktaufsicht über diesen Sektor erfolgen, da die Kontrolle des ökonomischen und publizistischen Wettbewerbs einen wesentlichen Teil derselben ausmacht. Unerläßlich ist es daher im Rahmen dieser Untersuchung, auch Anregungen für die Reform des Regulierungsrahmens hinsichtlich der Übertragungswege und Inhalte im gesamten Kommunikationsbereich vorzustellen und auch deren Sinnhaftigkeit und Durchsetzbarkeit zu beurteilen, wenn auch natürlich nicht in erschöpfender Form.

(a) Errichtung einer Medienbehörde

Wie der bisherige Verlauf der Untersuchung gezeigt hat, erscheint es am zweckmäßigsten, die Marktaufsicht über die Kommunikationsdienste der techni-

---

791 Zu diesem Schluß kommt auch Gounalakis, K&R 1999, 541 (544); ebenso Booz, Allen & Hamilton, S. 27 (s. Fn. 752). Eine derartige Medienordnung ziehen auch Koenig/Röder in Erwägung, K&R 1998, 417 (421).

792 So die Forderung des Präsidenten des Bundeskartellamtes, Dieter Wolf, vgl. FAZ v. 16.2.1999, Nr. 39, S. B 2; auch Gounalakis, K&R 1999, 541 (542 ff.).

793 Zu dieser Fragestellung siehe auch noch unten auf Seite 187 ff.

schen Konvergenz anzupassen. Dies würde bedeuten, der großen technischen Konvergenz, dem Zusammenwachsen von Rundfunk, Telekommunikation und neuer Dienste (gegenüber der „kleinen Konvergenz", die nur das Verschmelzen von Tele- und Mediendiensten betrifft),[794] auch die regulative Konvergenz folgen zu lassen. Anstelle der vertikalen Trennung der Aufsicht entlang der verschiedenen Übertragungsplattformen mit der Folge der Aufteilung der Kompetenzen zwischen Bund und Ländern läge es daher nahe, eine gemeinsame Bund-Länder-Anstalt „Medien" zu bilden, die auf der föderalen Ebene eine horizontale Trennung mit sich brächte, während der vertikale Bruch in Zukunft entlang der verschiedenen Funktionen der Aufsicht liefe.

(aa) Ausgestaltung der Medienbehörde als gemeinsame Bund-Länder-Anstalt

Eine Option, die zersplitterten Kompetenzen hinsichtlich der Marktaufsicht über Rundfunk und Telekommunikation unter einem Dach zusammenzuführen, wäre die Neu-Schaffung einer gemeinsamen Anstalt von Bund und Ländern. Damit würde man dem Erfordernis der Konvergenz im technischen Sinne, der Verzahnung der aufsichtlichen Zuständigkeiten,[795] auf figurative Art und Weise nachkommen.

Eine derartige Behörde könnte an der Spitze ein gemeinsames Leitungsgremium haben, in dem Repräsentanten von Bund und Ländern gleichberechtigt an den zu treffenden Regulierungsentscheidungen zusammenwirken. Diese „Oberaufsicht" müßte mit echten Entscheidungsbefugnissen zu Fragen an der Schnittstelle von Telekommunikation und Rundfunkaufsicht ausgestattet sein. Dies wären in erster Linie Probleme, die derzeit in dem diffusen Bereich zu finden sind, für den nicht mit aller Sicherheit festgestellt werden kann, welches der verschiedenen medienrechtlichen Regulierungswerke einschlägig ist. Ausgehend von diesem Stab an leitender Stelle würde die Zusammenarbeit zwischen Bund und Ländern über konvergierende Mediensektoren hinweg arrangiert. Unterhalb dieses gemeinsamen Leitungsgremiums könnte eine Abteilung für alle Inhalte in öffentlich-rechtlichem Rundfunk sowie Tele- und Mediendiensten zuständig sein, während ihre Schwesterabteilung für die Übertragung, ergo die Telekommunikation (Telefonnetz, Internet, Breitbandkabel, terrestrischen Rundfunk etc.) die Aufsicht führen würde. Die Anstalt könnte dabei in eine Bundesbehörde und eine Länderanstalt unterteilt sein, die die jeweiligen Kompetenzen (Rundfunk bzw. Telekommunikation) abdecken. Auf die Errichtung einer alle einzelnen Kompetenzen erfassende „Superbehörde" könnte damit wohl verzichtet werden.

---

794 Diese Unterscheidung nehmen Koenig/Röder, K&R 1998, 417 (420 f.) vor.

795 So schon ausdrücklich Hamm/Waltermann (Hrsg.), Kommunikationsordnung 2000 – Innovation und Verantwortung in der Informationsgesellschaft, S. 82.

Für lokale Anforderungen könnte man regionale Ableger bilden, deren Aufgaben etwa die jetzigen Landesmedienanstalten, mit geringerem personellem und sachlichem Aufwand, übernehmen könnten.[796]
Vorbild für eine derartige Neuregelung könnte neben dem immer wieder genannten kanadischen Aufsichtsregime, das jedoch wie oben festgestellt[797] die sektorspezifische Wettbewerbsaufsicht nicht an die allgemeinen Wettbewerbsbehörden ausgegliedert hat, vor allem die Gestaltung der Medienmarktaufsicht in Australien sein. Dort ist die Trennung bezüglich der Aufsicht über Inhalte, Übertragungswege und Wettbewerb konsequent vollzogen worden, darüberhinaus werden regionale und lokale Interessen durch in die jeweiligen Regionen ausgegliederte Büros gewahrt.[798] Bestätigung hat die Einführung dieser Medienordnung durch die damit erreichten positiven Erfahrungen erhalten.[799]

(bb) Medienpolitische Wünschbarkeit

Durch die Errichtung einer gemeinsamen Bund-Länder-Anstalt für den gesamten Bereich der Medienregulierung mit Ausnahme der Wettbewerbsaufsicht wäre es möglich, den überwiegenden Teil der Kompetenzen in eine Hand zu verlagern. Die sektorale Kompetenzzersplitterung bei der Regulierung der Medien wäre damit weitgehend aufgehoben. Insgesamt würde durch die Zusammenfassung und Komprimierung eine Stärkung und eine weit größere Effizienz der Marktaufsicht über die Medien bewirkt.
Direkt verbunden mit der Auflösung von Zuständigkeitsüberschneidungen wäre eine erhöhte Transparenz des Verfahrens für alle potentiellen Anbieter von Kommunikationsdienstleistungen. Dies wäre wohl einer der gravierendsten Trümpfe einer derartigen Neugestaltung. Intern müßte die Organisation in einer Weise ausgestaltet werden, daß die sektorübergreifenden Problemstellungen ohne organisatorische Schranken bearbeitet werden können. Zugleich könnten jedoch durch die Abdeckung der jeweiligen Kompetenzen durch die Bundesbehörde und die Länderanstalt die historisch gewachsenen föderalen Strukturen in der organisatorischen Ausgestaltung berücksichtigt werden.

---

796 Der Vorschlag einer gemeinsamen Bund-Länder-Anstalt zur Medienaufsicht findet in der Literatur bereits beachtlichen Niederschlag. In Erwägung wird dieser vor allem gezogen von Koenig/Röder, K&R 1998, 417 (421); Koenig, K&R 2000, 1 (5); Paulweber, AfP 1999, 439 (443); ders., Regulierungszuständigkeiten in der Telekommunikation, S. 230 ff. Der hier dargestellte Entwurf geht weitgehend zurück auf die Studie von Booz, Allen & Hamilton, S. 5 f. (s. Fn. 752); deren Vorschlag beschreibend auch Rossen-Stadtfeld, ZUM 2000, 36 (43 ff.); zur Diskussion des Vorschlags siehe ebenso das Gutachten von Scherer/Hölscher, S. 4, 35 (s. Fn. 759).

797 Siehe Seite 179.

798 Vgl. die Ausführungen auf Seite 181.

799 Siehe FAZ v. 16.2.1999, Nr. 39, S. B 2.

In einer Bund-Länder-Anstalt würden bisher getrennte Aufgabenbereiche innerhalb eines Gremiums vereinigt, ehemalige Bund- und Länderzuständigkeiten eng miteinander verzahnt. Eine weniger komplexe Koordinierung von Aufsichtsentscheidungen führt naturgemäß auch zu weniger Reibungsverlusten. Gleichzeitig erhöhen sich Rechts- und Planungssicherheit für innovationsfreudige Dienstleister und in der Folge auch deren internationale Wettbewerbsfähigkeit. Höhere Rechtssicherheit trägt voraussichtlich im übrigen dazu bei, die Schaffung von Selbstkontrollmechanismen bei den Unternehmen zu begünstigen.[800]
Überdies ginge man mit der Errichtung eines neuen Regelungsrahmens hinsichtlich der Marktaufsicht über Medien- und Telekommunikation mit einer Verteilung der Kompetenzen entlang der funktionalen Aufgabenbereiche auch mit den Plänen der EU-Kommission konform. Der vorliegende Regulierungsvorschlag würde zu einer Aufteilung des Wirkungskreises der jetzigen Regulierungsbehörde führen. Die sektorspezifische Wettbewerbsaufsicht würde zumindest ausgegliedert bzw. sogar abgeschafft,[801] die restlichen Kompetenzen gingen innerhalb der beiden Schwesterabteilungen der zentralen Medienanstalt auf. Vom Gemeinschaftsrecht würde dies anerkannt. Nach einer Mitteilung der Europäischen Kommission könnten die Funktionen einer nationalen Regulierungsbehörde bei einer Neuordnung des Rechtsrahmens auch von mehr als einer Institution wahrgenommen werden.[802] Der Medienmarkt müßte somit nicht befürchten, sich bei einer Harmonisierung des Regelungsrahmens auf Gemeinschaftsebene noch einmal mit einer Reform auseinandersetzen zu müssen.

(cc) Verfassungsrechtliche Anforderungen

Das bei der Befähigung zur Bewältigung der Marktanforderungen so positiv zu bewertende Leitungsgremium der zentralen Bund-Länder-Anstalt birgt jedoch in sich auch den größten rechtlichen Nachteil dieser Gestaltungsoption. Gegen die Einrichtung gemeinsamer Verwaltungsstellen des Bundes und der Länder bestehen vor allem verfassungsrechtliche Bedenken. Bei einer gemeinsamen Bund-Länder-Anstalt würde es sich, wenn wie hier dem gemeinsamen Leitungsgremium echte Entscheidungsbefugnisse zugemessen wären, um eine Form der echten gleichgewichtigen Kooperation bundeseigener und landeseigener Verwaltung handeln, also um eine verfassungsrechtlich nur ausnahmsweise zulässige Mischverwaltung zwischen Bund und Ländern. Derzeit ist im gültigen Verfas-

800 Siehe zur Bewertung der Einführung einer Bund-Länder-Anstalt eingehend auch die Studie von Booz, Allen & Hamilton, S. 19 ff. (s. Fn. 752).

801 Zum Problemkreis der sektorspezifischen Wettbewerbsaufsicht eingehender auf Seite 190 ff.

802 Vgl. Kommunikationsbericht 1999, Punkt 4.8.2., S. 62 (s. Fn. 743).

sungsrecht jedoch keine derartige Regelung für die Marktaufsicht über die Medien vorgesehen.[803]
Nicht die Neugliederung der allgemeinen Marktaufsicht über Inhalte und Übertragungswege im Kommunikationsbereich steht jedoch im Zentrum dieser Untersuchung, es soll vielmehr versucht werden, einen Ausweg aus dem Dilemma der zersplitterten Zuständigkeiten bezüglich der Wettbewerbskontrolle in publizistischer und ökonomischer Hinsicht aufzuzeigen. Dieselbe verfassungsrechtliche Problematik wie bei der allgemeinen Marktaufsicht ergibt sich aber ebenso, wenn man bei der Neugestaltung der Wettbewerbsaufsicht für eine Zusammenlegung der sektorspezifischen Wettbewerbsaufsicht und der publizistischen Vielfaltskontrolle mit der allgemeinen Wettbewerbskontrolle durch das Bundeskartellamt plädiert. Daher soll die verfassungsrechtliche Problematik einer gemeinsamen Bund-Länder-Anstalt an jener Stelle eine vertiefte Erörterung erfahren.[804] Hinsichtlich der Problematik einer Gemeinschaftsanstalt von Bund und Ländern bei der Kontrolle der Inhalte und Übertragungswege im Kommunikationssektor sei es hier mit der Feststellung belassen, daß - die Überwindbarkeit der verfassungsrechtlichen Bedenken vorausgesetzt - eine derartige Anstalt für die Anforderungen der Medienmärkte wohl am nutzbringendsten wäre.

(b) Universelle Wettbewerbsbehörde Bundeskartellamt

Der aus ordnungspolitischen Gründen (Wahrung der Sozialen Marktwirtschaft und Schutz der publizistischen Vielfalt) notwendige Mindestbestand an Medien- und Kommunikationsregulierung bedarf einer rechtsstaatlichen und verwaltungsökonomischen, also effektiven Anwendung. Die Kunst der (De-)Regulierung ist jedoch, wie gesehen, eine Aufgabe mit hohen Anforderungen, denen mit der gegenwärtigen föderalen und sektoralen Aufsichtsordnung nicht ausreichend entsprochen wird. Man steht deshalb vor der Frage, ob mit der allenthalben als notwendig erkannten Politik des Abbaus von Regulierungen und der Förderung von Wettbewerb der Aufbau einer neuen, sämtliche wettbewerbsrechtlichen Fragestellungen bearbeitende Regulierungsinstanz verbunden sein sollte.

(aa) Eingliederung der sektorspezifischen Wettbewerbsaufsicht

Die sektorspezifische Regulierung der Telekommunikation ist nicht auf Dauer angelegt.[805] Bereichsspezifische Regelungen sollen insbesondere während des

---

803 Zu dieser Überzeugung kommen auch alle Stimmen in Literatur, Rechtsprechung und Politik; vgl. nur Rossen-Stadtfeld, ZUM 2000, 36 (44); Koenig, K&R 2000, 1 (5); Gounalakis, K&R 1999, 541 (546); Thierse, in: Der Kompetenzwirrwarr ist schädlich für die Entwicklung, Frankfurter Rundschau v. 2.6.1997, S. 9.

804 Siehe die weitergehenden Ausführungen auf Seite 205 ff.

805 Dazu auch schon oben bei Fn. 786.

Übergangs vom Monopol zum Wettbewerb zur Entstehung und Erhaltung des Wettbewerbs beitragen. Um sicherzustellen, daß auch mittelfristig marktbeherrschende Unternehmen ihre Marktmacht nicht auf Kosten anderer Mitbewerber ausnutzen, unterwirft das TKG marktbeherrschende Unternehmen daher einer besonderen Regulierung. Einigkeit besteht darüber, daß ihre Notwendigkeit entfällt, sobald auf den relevanten Märkten funktionsfähiger Wettbewerb entstanden ist. Ist dies der Fall, tritt an die Stelle der sektorspezifischen Regulierung die allgemeine Wettbewerbsaufsicht. Die Zuständigkeit wechselt von der Regulierungsbehörde für Telekommunikation und Post zu den Kartellbehörden. In diesem Zusammenhang weist das Gesetz in § 81 Abs. 3 S. 3 ausdrücklich darauf hin, fortlaufend die Möglichkeit einer Zurücknahme des bestehenden Regulierungsinstrumentariums zu überprüfen und macht so den provisorischen Charakter des Sonderkartellrechts deutlich. Äußerst kontrovers wird dagegen derzeit diskutiert, ob die branchenspezifische asymmetrische Regulierung schon jetzt aufgehoben werden kann, weil funktionsfähiger Wettbewerb bereits besteht, und ob überdies einer Marktaufsichtsinstanz wie der Regulierungsbehörde für Post und Telekommunikation überhaupt noch eine Existenzberechtigung zukommt.

(aaa) Sondergutachten der Monopolkommission

Zur parlamentarischen Kontrolle der Notwendigkeit regulatorischer Maßnahmen hat der Gesetzgeber in § 81 Abs. 3 TKG die Monopolkommission verpflichtet, alle zwei Jahre einen Bericht zu der Frage vorzulegen, ob auf den Märkten der Telekommunikation funktionsfähiger Wettbewerb herrscht. Ihr erstes Sondergutachten nach der Liberalisierung der Telekommunikation hat die Monopolkommission am 3.12.1999 der Öffentlichkeit vorgestellt.[806] Sie kommt dabei für alle Teilbereiche der Telekommunikation zu einem einheitlichen Ergebnis. Auf den Telekommunikationsmärkten herrsche noch kein funktionsfähiger Wettbewerb. Lediglich in der Begründung für die einzelnen Teilbereiche divergieren ihre Ausführungen.[807] Im Ortsnetz verfüge die Deutsche Telekom AG weiterhin über ein nahezu unangefochtenes Monopol, Preiswettbewerb finde nur begrenzt statt und der potentielle Wettbewerb sei gering. Allein die Märkte für Fern- und Auslandsgespräche seien durch deutlich höhere Wettbewerbsintensität gekennzeichnet. Diese Entwicklung schätzt die Monopolkommission jedoch vor allem als Folge der Regulierung ein und ließe sich daher noch nicht als funktionsfähiger Wettbewerb deuten. Eine Rückführung der Regulierung würde den Wettbewerb gefährden. Daher erscheint es der Monopolkommission insgesamt noch notwendig, das Instrument der sektorspezifischen Entgeltregulierung „als eine

---

806 Monopolkommission (Hrsg.), Wettbewerb auf Telekommunikations- und Postmärkten?, Sondergutachten der Monopolkommission v. 12.11.1999 gemäß § 81 TKG und § 44 PostG, abrufbar unter http://www.monopolkommission.de/sonder.htm.

807 Monopolkommission, S. 37 ff. Rdnr. 70 ff. (s. Fn. 806).

Art Sicherheitsnetz" oder „zweite Linie" aufrechtzuerhalten.[808] Eine kartellrechtliche Mißbrauchsaufsicht sei mit konzeptionellen Problemen behaftet und oftmals erst im Rahmen langwieriger Verfahren durchsetzbar. Folge wären für die Wettbewerber erhebliche Unsicherheiten und eine Gefährdung der Entwicklung eines funktionsfähigen Wettbewerbs.[809] Im Hinblick auf die Diskussion zur Überprüfung des regulatorischen Rahmens hält die Monopolkommission eine Änderung des TKG folglich für nicht angebracht.

(bbb) Kritik und Stellungnahme zum Sondergutachten

Schon kurz nach Erscheinen des Sondergutachtens der Monopolkommission und des im Ergebnis konformen Tätigkeitsberichts 1998/99 der Regulierungsbehörde[810] ist wegen der Resultate des Gutachtens Kritik laut geworden.[811] Die Ablehnung des Sondergutachtens konzentrierte sich vor allem auf, daß anhand von statistischen Marktanteilen lediglich das Kriterium der Marktbeherrschung ermittelt werde, das in § 81 Abs. 3 TKG festgelegte Ziel des Gutachtens, nämlich festzustellen, ob auf den Märkten der Telekommunikation funktionsfähiger Wettbewerb besteht, dabei aber nur in unzureichender Weise geprüft werde. Der Befund, daß weiterhin Marktbeherrschung vorliege, sei im Grunde genommen sinn- und nutzlos, da bei Nichtvorliegen von Marktbeherrschung die in Frage stehende Regulierung ohnehin kraft Gesetzes entfiele. Die eigentlich bedeutsame Problematik sei jedoch eher, ob trotz des Bestehens von Marktbeherrschung ein funktionsfähiger Wettbewerb auf den Telekommunikationsmärkten herrsche und daher die staatliche Regulierung zurückgeführt werden könne.[812]

Die kritischen Anmerkungen erscheinen nicht vollkommen unberechtigt. Immerhin erkennt auch die Monopolkommission darauf, daß der Wettbewerb auf den Märkten für Fern- und Auslandsgespräche durch eine deutliche Intensität gekennzeichnet ist. Die Anzahl der Marktzutritte sei hoch, die neuen Anbieter konnten bereits Marktanteile in relevanten Größenordnungen an sich ziehen, es herrsche intensiver Preiswettbewerb.[813] Dennoch verneint die Monopolkommission die Existenz eines funktionsfähigen Wettbewerbs, für den die strukturelle Sicherung, also das Fortbestehen auch bei Rückführung der wettbewerbsgestaltenden Regulierung, entscheidend sei.[814]

---

808 Monopolkommission, S. 35 Rdnr. 66 (s. Fn. 806).

809 Monopolkommission, S. 40 Rdnr. 79 (s. Fn. 806).

810 Regulierungsbehörde für Post und Telekommunikation (Hrsg.), Tätigkeitsbericht 1998/99, verfügbar unter http://www.regtp.de.

811 Vgl. Immenga, MMR 2/2000, S. V; Knieps, MMR 2/2000, S. VI; Knieps, MMR 2000, 266 ff.; Koenig/Kühling, WuW 2000, 516 ff.

812 Immenga, MMR 2/2000, S. V; Knieps, MMR 2/2000, S. VI f.

813 Monopolkommission, S. 19 Rdnr. 31 (s. Fn. 806).

814 Monopolkommission, S. 29 Rdnr. 54, S. 30 Rdnr. 59 (s. Fn. 806).

Eine eigenständige Beurteilung der Frage, ob tatsächlich ein funktionsfähiger Wettbewerb auf einem der Teilmärkte vorliegt, kann indes im Rahmen dieser Untersuchung nicht geleistet werden und ist im übrigen auch gar nicht notwendig. Denn unbestreitbar ist, daß der Wettbewerb auf den Telekommunikationsmärkten weiter zunimmt und damit die Rechtfertigung für das Sonderkartellrecht des TKG mehr und mehr wegfallen wird. Über den genauen Zeitpunkt des Eintretens von strukturell gesichertem Wettbewerb wird in nächster Zeit auch noch trefflich gestritten werden können. Schon jetzt wird verschiedentlich das Bestehen von funktionsfähigem Wettbewerb zumindest für Teilmärkte der Telekommunikation angenommen.[815] Jüngst hat auch das Bundesministerium für Wirtschaft in einem Eckpunktepapier zur Telekommunikations- und Postpolitik zu den Empfehlungen der Monopolkommission Stellung genommen. Entgegen der Ansicht des Expertengremiums sieht das Wirtschaftsministerium jedoch Anhaltspunkte dafür, daß der Wettbewerb auf bestimmten Märkten bereits funktionsfähig ist.[816]

Die eigentliche Frage, die sich im Moment bei der Beurteilung der Zweckmäßigkeit einer sektorspezifischen Marktaufsicht stellt, ist nicht, ob schon jetzt ein Verzicht auf jegliche asymmetrische Regulierung in Betracht gezogen werden kann, sondern, ob nicht eine teilweise Rückführung und gleichzeitige Wahrnehmung dieser Aufgaben durch das Bundeskartellamt empfehlens- und wünschenswert ist. Mit Sicherheit kann man derzeit feststellen, daß noch nicht auf allen Telekommunikationsmärkten – zu denken ist dabei an erster Linie an das Ortsnetz - funktionsfähiger Wettbewerb herrscht.[817] Deshalb dürfte kaum daran zu zweifeln sein, daß wenigstens teilweise eine sektorspezifische Regulierung für die Zeit vom Monopol zum Wettbewerb weiter vonnöten ist. Daß eine wettbewerbsgerechte Marktöffnungsphase sehr effektiv durch branchenspezifische Regulierung zu gewährleisten ist, ist nach den bisherigen grundsätzlich positiven Erfahrungen mit der Regulierungsbehörde, die von allen Seiten, vor allem auch der Wettbewerber, bestätigt werden, wohl inzwischen als Allgemeingut anerkannt.[818] Trotz mancher Kritik im einzelnen ist der Übergang vom Monopol

815 Immenga, MMR 2/2000, S. V f.; Knieps, MMR 2/2000, S. VI f.; a.A. Gerpott, MMR 2000, 191 (192 f.).

816 So der gegenwärtige Diskussionsstand im Bundeswirtschaftsministerium, vgl. Eckpunktepapier zur Telekommunikations- und Postpolitik, Anm. zu Ziffer 70 und 73, S. 2, abrufbar unter: http://www.bmwi.de/download/eckpunktetelekommunikation.doc.

817 Die Marktanteile der Deutsche Telekom AG lagen Mitte des ersten Quartals 1999 gemessen am Umsatz bei 98,2 % und nach Verbindungsminuten bei 97,5 %, vgl. Holthoff-Frank/Paulus, MMR 2000, 187. Nach dem neuen Tätigkeitsbericht der Regulierungsbehörde für das Jahr 2000 (http://www.regtp.de) liegt der Marktanteil der Wettbewerber im Ortsnetz weiter bei nur 1,5 %.

818 In diesem Sinne u.a. etwa Hefekäuser, MMR 1999, 144 (151); Dreyer, MMR 2000, 121; skeptisch diesbezüglich aber Engel, MMR-Beilage 3/1999, 7 (11); v. Meibom/v. d. Bussche, MMR 2000, 206 (208) weisen darauf hin, daß die Öffnung des Energie-

zum Wettbewerb in der Summe gelungen. Diese Erkenntnis gilt umso mehr vor dem Hintergrund der Liberalisierung des neuseeländischen Telekommunikationsmarktes, die verdeutlicht hat, daß eine Öffnung des Marktes ohne bereichsspezifische Regulierung nicht funktioniert.[819] Noch einmal sei jedoch unterstrichen, daß nicht so sehr das grundsätzliche Erfordernis einer bereichsspezifischen Regulierung beim Übergang vom Monopol zum Wettbewerb in Frage steht, sondern Zweifel vor allem dahingehend bestehen, ob dafür über einen zeitlich begrenzten Zeitraum eine eigene Behörde eingerichtet sein muß. Daß es auch anders gehen kann, zeigt die langjährige Praxis des Bundeskartellamts, dessen ständiger Informationsaustausch mit betroffenen Unternehmen sich in der Vergangenheit sehr bewährt hat.[820]

Wenn aber die Monopolkommission in ihrem Sondergutachten in Anbetracht der Risiken, denen die weitere Entwicklung des Wettbewerbs auf den Telekommunikationsmärkten ausgesetzt ist, einen Verzicht auf das Instrument der sektorspezifischen Regulierung erst dann in Betracht zieht, wenn die Funktionsfähigkeit des Wettbewerbs auf den relevanten Märkten gesichert ist, dabei in erster Linie aber lediglich das statistische Kriterium der Marktbeherrschung prüft und dann auch noch feststellt, daß im übrigen bei dessen Verneinung die Regulierung ohnehin automatisch wegfalle,[821] muß sich die Frage aufdrängen, ob nicht ein Übergang der Zuständigkeiten der Restregulierung auf das Bundeskartellamt zu befürworten ist. Dafür spricht bereits, daß die Monopolkommission in ihrer Bewertung auf die Vermutungskriterien zurückgreift, die das GWB in § 19 Abs. 2 Nr. 2 und Abs. 3 für das Vorliegen einer marktbeherrschenden Stellung nennt.[822] Das ist einer eigenständigen Bewertung der Wettbewerbsverhältnisse nicht angemessen.[823] Für das Bundeskartellamt spielt bei der Prüfung des Mißbrauchs wirtschaftlicher Machtstellungen ebenso das Merkmal „Marktbeherrschung“ die entscheidende Rolle, die Behörde kann erst dann aufsichtlich eingreifen, wenn Marktbeherrschung gegeben ist. Daneben ist auch das Wettbewerbsleitbild des GWB nicht allein geprägt von dem Ziel der Sicherung vollkommener Konkurrenz, sondern es geht davon aus, daß der Wettbewerb seine

sektors für den Wettbewerb weitgehend ohne regulatorische Eingriffe in zufriedenstellendem Maße zu funktionieren scheint.

819 Zu den negativen Erfahrungen vgl. auch Monopolkommission, S. 34 Rdnr. 64 (s. Fn. 806); Mueller, On the Frontier of Deregulation: New Zealand Telecommunications and the Problem of Interconnecting Competing Networks, in: Gabel/Weiman (eds./Hrsg.), Opening Networks to Competition, The Regulation and Pricing of Access, S. 107 ff.

820 Siehe v. Meibom/v. d. Bussche, MMR 2000, 206 (208).

821 Monopolkommission, S. 40 Rdnr. 78 (s. Fn. 806); auch der wissenschaftliche „Umkreis“ der Monopolkommission vertritt diese Ansicht, vgl. Holthoff-Frank/Paulus, MMR 2000, 187 (189).

822 Monopolkommission, S. 30 f. Rdnr. 59 (s. Fn. 806).

823 Vgl. auch Knieps, MMR 2/2000, S. VI (VII).

dynamischen Funktionen am effektivsten bei „funktionsfähigem Wettbewerb" erfüllt.[824] Überdies ist auch noch hinzuzufügen, daß dem Kriterium „Marktbeherrschung" nicht unbedingt hinreichend Aussagekraft über tatsächliche Marktmacht innewohnt, was in anderen Ländern mitunter auch stärkere Berücksichtigung findet.[825] Das Bestehen eines funktionsfähigen Wettbewerbs hängt wohl weniger von Marktanteilen als von den wirtschaftlichen Marktzutrittshindernissen ab.[826] Erforderlich ist eine Gesamtbetrachtung aller maßgeblichen Umstände, die auch eine Berücksichtigung des Wettbewerbsverhaltens der Unternehmen umfassen.[827]

Ein Unterschied zwischen der herkömmlichen Wettbewerbspolitik und der Überführung von monopolistischen Teilbereichen in den Wettbewerb besteht somit hinsichtlich der Beurteilungskriterien nicht. Die Frage, ob eine Marktstellung in mißbräuchlicher Weise ausgenutzt oder ob etwa der Zugang zum Telekommunikationsmarkt behindert wird oder zu hohe Entgelte gefordert werden, wird nach den gleichen Kriterien entschieden. Aus ordnungspolitischen und -ökonomischen Gründen scheint daher die Beibehaltung von zwei ähnlich operierenden Behörden auch schon mittelfristig unzweckmäßig. Üben unterschiedliche Aufsichtsinstanzen Aufgaben der Sicherung des Wettbewerbs aus und bedienen sie sich bei der Beurteilung wettbewerbsrechtlich möglicherweise unzulässiger Konstellationen derselben Kriterien, so spricht vieles für die Zusammenlegung der Aufsichtsinstanzen in ein einziges Aufsichtsgremium. Der rechtliche Sachverstand dürfte ohne Zweifel auch beim Bundeskartellamt vorliegen, man könnte sogar so weit gehen und die Gefahr befürchten, daß bei sektorspezifischer Wettbewerbsaufsicht durch die Regulierungsbehörde Wissensbestände und Erfahrungen des Bundeskartellamts mit vergleichbaren Konstellationen in anderen Branchen ungenutzt bleiben. Darüberhinaus scheint selbst die Berücksichtigung von Besonderheiten, die sich aus dem schrittweisen Übergang zum Wettbewerb oder der Eigenart der Medien- und Kommunikationsmärkte ergeben, mit der Zusammenlegung der Behörden nicht unvereinbar.[828] Dies zeigt

---

824 Vgl. die Diskussion bei Immenga, in: Immenga/Mestmäcker, GWB-Kommentar, § 1 Rdnr. 182.

825 In den USA entschied bereits 1995 die FCC, daß AT&T trotz eines Marktanteils von über 55 % auf dem Markt für Fernverkehr nicht mehr als dominant reguliert wird, vgl. Knieps, MMR 2/2000, S. VI (VII); in Deutschland besitzt die Deutsche Telekom AG bei den Fern- und Auslandsgesprächen einen Marktanteil von etwas über 60 %, siehe Monopolkommission, S. 30 f. Rdnr. 59, S. 30 Rdnr. 59 (s. Fn. 806).

826 Vgl. dazu Engel, MMR-Beilage 3/1999, 7 (9).

827 Bechthold, Kartellgesetz, § 19 Rdnr. 39.

828 So auch das Grundsatzpapier der Bertelsmann Stiftung zu Leitlinien der zukünftigen Kommunikationsordnung, S. 12 f., verfügbar unter http://www.stiftung.bertelsmann.de/publika/download/texte/kom2000d.txt; dem folgend ebenso Gounalakis, K&R 1999, 541 (545).

schon der Umstand, daß das Bundeskartellamt auch im Bereich der Presse - bei der Pressefusionskontrolle - sektorspezifische Sonderregeln anwendet.[829]
Die Monopolkommission sieht als einzige Alternative zum derzeitigen Regelungsrahmen eine „light-handed-regulation“ wie sie in Neuseeland praktiziert wird. Der Gesetzgeber würde dabei auf die Kontrolle der Zusammenschaltungsentgelte nach sektorspezifischen Regelungen verzichten und sich auf die Anwendung des allgemeinen Wettbewerbsrechts beschränken. Unter Hinweis auf die negativen neuseeländischen Erfahrungen wird eine solche Lösung jedoch abgelehnt.[830] Die Monopolkommission verkennt dabei allerdings die vollkommen unterschiedlichen Ausgangssituationen. In Neuseeland wurde bei der Marktöffnung auf eine sektorspezifische Regulierung vollkommen verzichtet, was zu den negativen Folgen führte, in Deutschland besteht demgegenüber schon weitgehend Wettbewerb auf den verschiedenen Telekommunikationsmärkten, so daß der Vergleich schlechterdings hinken muß. Die Argumentation der Monopolkommission geht daher fehl. Zudem sollte sich eine auf eine Übergangszeit angelegte bereichsspezifische Regulierung auf eine Sektion konzentrieren, welche durch jene ökonomischen „Flaschenhälse“ geprägt wird, die noch besonderer Regulierung bedürfen, z.B. die Ortsnetze. Jede Ausweitung bzw. überflüssige Beibehaltung der sektorspezifischen Regelung sollte aus wettbewerbspolitischen Gründen unterlassen werden. Die Regulierung würde auf diese Weise nicht über das unbedingt erforderliche Maß ausgedehnt.
Damit existieren nicht nur die von der Monopolkommission erwähnten absoluten Alternativen, möglich und wohl zweckmäßiger wäre die Rückführung der Regulierung auf wenige Teilmärkte.[831] Diese Aufgabe könnte sodann auch auf das Bundeskartellamt übertragen werden. Dem Erfordernis einer möglichst schlanken Regulierung zur Ausschöpfung der Wettbewerbspotentiale auf den liberalisierten Telekommunikationsmärkten wäre entsprochen, eine einheitliche wettbewerbsrechtliche Behandlung gleichgelagerter Sachverhalte in unterschiedlichen Kommunikationssektoren wäre bestmöglich gewährleistet. Eine eher rechtstechnische Frage ist dabei, wie man eine Eingliederung der neuen Zuständigkeiten zum Bundeskartellamt gesetzlich regelt. Zur Gesamtstimmigkeit eines neuen Regulierungskonzepts würde wohl auch die Integration der Vorschriften für die zu regelnden Bereiche in das GWB beitragen.

---

829 Etwa § 35 Abs. 2 S. 2 und § 38 Abs. 3 GWB, vgl. dazu auch Seite 99 f.

830 Monopolkommission, S. 34 Rdnr. 64 (s. Fn. 806).

831 Zu einem ähnlichen Ergebnis kommt auch Knieps, MMR 2/2000, S. VI (VII f.). Es entspricht auch in etwa dessen Lösungsansatz eines disaggregierten Regulierungsansatzes, der gekennzeichnet ist durch minimale Regulierungsbasis, d. h. Beschränkung auf monopolistische Engpaßbereiche, symmetrische Regulierung und Phasing-out der sektorspezifischen Regulierung, vgl. Knieps, MMR-Beilage 3/1999, 18; befürwortend ebenso Hefekäuser, MMR 1999, 144 (152).

Gegner einer Ablösung des fachspezifischen Wettbewerbsrechts durch das allgemeine Wettbewerbsrechts begegnen Vorschlägen zur Neugestaltung auch mit dem Argument, daß eine Neuregelung wegen der Unvereinbarkeit der im GWB verfolgten Wettbewerbsziele mit den Verhaltens- und Überwachungsvorschriften des TKG nicht sachgerecht sei. Es bestehe ein nachhaltiger Unterschied zwischen Fachaufsicht und Marktaufsicht.[832] Verteilt man jedoch fachaufsichtliche und marktaufsichtliche Befugnisse einerseits auf eine Medienbehörde, die Inhalte und Übertragungswege reguliert und andererseits auf das Bundeskartellamt zur Regelung der wettbewerblichen Angelegenheiten, geht auch dieser Einwand ins Leere. Die Wettbewerbsbehörde wäre von fachaufsichtlichen Aufgabenstellungen befreit.
Auch im Hinblick auf die Gefahr, daß durch die Verfestigung der derzeitigen Aufsichtsstrukturen das Sonderkartellrecht des TKG auf Dauer erhalten bleibt, was das Nichtvorhandensein einer Verfallsklausel im Gesetz bedingen könnte und wozu auch die Existenz eines personell großzügig ausgestatteten Organs wie der Regulierungsbehörde beiträgt,[833] sollte wegen der hohen Wettbewerbsintensität und –dynamik eine möglichst baldige Umstrukturierung der Aufsichtsbefugnisse angestrebt werden.[834] Das mag vielleicht angesichts der noch nicht allzu langen Aufsichtspraxis durch die Regulierungsbehörde, die erst am 1.1.1998 ihre Arbeit aufgenommen hat, etwas übereilt erscheinen.[835] Vor dem Hintergrund der sich äußerst dynamisch entwickelnden Kommunikationsmärkte ist dieser Zeitraum jedoch nicht unbeträchtlich. Durch eine erneute Neuregelung hervorgerufene Unsicherheiten bei Unternehmen wären allerdings dann zu vermeiden, wenn man von Anfang an ein klares Konzept verfolgte und nicht versuchte, einzelne Bereiche aus einer Neugestaltung auszunehmen und auf diese Weise wiederum zersplitterte Aufsichtskompetenzen zu verursachen. Eventuelle Anlaufschwierigkeiten wären dabei wohl nicht höher zu bewerten als die derzeit durch die komplizierten und nicht der Konvergenzentwicklung entsprechenden Aufsichtsstrukturen verursachten Rechtsunsicherheiten für die Unternehmen. Der Wettstreit der verschiedenen Regulierungssysteme, den die EU-Kommission durch ihr Grünbuch ins Leben gerufen hat, ist gewiß nicht durch Zaghaftigkeit und Konfliktscheue zu gewinnen.

---

832 Vgl. Hoffmann-Riem, K&R 1999, 481 (487).

833 Darauf weist Schroeder hin, vgl. Schroeder, WuW 1999, 14 (16 f.).

834 Für einen verzögerungsfreien Abbau der Regulierung ebenso v. Meibom/v. d. Bussche, MMR 2000, 206 (210); Vesting, K&R 2000, 161 (169).

835 In diesem Sinne Paulweber, AfP 1999, 439 (445 f.); ders., Regulierungszuständigkeiten in der Telekommunikation, S. 236, 242.

(bb) Erfassung der Medienkonzentrationskontrolle

Tiefgreifende Meinungsunterschiede gibt es nicht nur hinsichtlich der Bedeutung und Zukunftsperspektive der sektorspezifischen Wettbewerbskontrolle im Bereich der Telekommunikation, auch die Sinnfälligkeit einer rundfunkspezifischen Konzentrationskontrolle steht mehr und mehr im Zwielicht. Im Zuge der in den vergangenen Abschnitten geschilderten Schwierigkeiten sind die diesbezüglichen Zweifel an der Zukunftstauglichkeit des Medienkonzentrationsrechts schon näher verdeutlicht worden. In diesem Zusammenhang hat sich auch der Wissenschaftliche Beirat beim Bundesministerium für Wirtschaft jüngst in seinem am 18.11.1999 vorgelegten Gutachten über eine „Offene Medienordnung" mit der gegenwärtigen Regulierungspraxis in der Bundesrepublik befaßt und sich für eine prinzipielle Neuordnung des Rundfunks ausgesprochen. Nach Auffassung des Wissenschaftlichen Beirats könne die zukünftige Medienordnung unter den veränderten technischen und wirtschaftlichen Bedingungen weitgehend auf den Wettbewerb und seinen Schutz durch das Kartellrecht setzen. Das lege insbesondere die Parallele zur Presse nahe. Übertrage man deren Kriterien auf den Rundfunk, so könnte ein Großteil der überkommenen Regulierungen ersatzlos entfallen.[836]

(aaa) Möglichkeit der einheitlichen Marktaufsicht

Der Sockel, auf dem die Kritik des Wissenschaftlichen Beirats an der gegenwärtigen Aufsichtsstruktur fußt, ist dessen Erkenntnis, daß die Medien zwar kein Wirtschaftsgut wie jedes andere, aber immerhin doch ein Wirtschaftsgut sind. Nach Auffassung des Wissenschaftlichen Beirats behandele das deutsche Recht die Medien jedoch einseitig als politische Institution, indem die geltende Rechtsordnung davon ausgehe, daß die Gesetzmäßigkeiten des Wettbewerbs der politischen und gesellschaftlichen Bedeutung der Medien nicht gerecht würden. Geprägt seien die derzeitigen gesetzlichen Regelungen von dem tiefen Mißtrauen des Gesetzgebers gegenüber den privaten Anbietern, was zur Folge habe, daß der öffentlich-rechtliche Rundfunk eine privilegierte Stellung genieße, die sich vor allem in dessen Finanzierungsstruktur und einzigartigen Frequenzausstattung ausdrücke. Das deutsche Recht lege dabei aber unrealistische Verhaltensannahmen zugrunde, namentlich traue es den Intendanten öffentlich-rechtlicher Rundfunkanstalten Uneigennützigkeit sehr weitgehend zu, den privaten Medien dagegen nicht. Daneben habe es bisher kaum zur Kenntnis genommen, wie sehr sich die qualitative und quantitative Medienwirklichkeit seit den sechziger und

---

836 Gutachten des Wissenschaftlichen Beirats beim Bundesministerium für Wirtschaft „Offene Medienordnung", abrufbar unter: http://www.bmwi.de/telekommunikation/weitereinfos.html#1, S. 2 f.

siebziger Jahren geändert hat, als die juristischen Leitbilder entwickelt wurden.[837]

Der Wissenschaftliche Beirat hält das traditionelle Regulierungsgefälle zwischen dem Rundfunk, der intensiv reguliert ist, und den übrigen Medien, die fast keiner Aufsicht unterliegen, durch all die neuen Entwicklungen für anachronistisch.[838] Das Fernsehgerät sei zu einem elektronischen Kiosk verkommen, da in Deutschland kaum eine Sendung mehr als ein Viertel der Zuschauer erreiche. Die Chance zur Meinungslenkung sei deshalb viel kleiner geworden als zu einer Zeit, in der drei öffentlich-rechtliche Programme die Welt für sich hatten. Die staatlich angeordnete Pflege der Ausgewogenheit sei damit entbehrlich geworden.[839]

Ausgehend von diesen Prämissen kommt der Wissenschaftliche Beirat zu dem Ergebnis, daß der verbleibende publizistische Regelungsbedarf gering sei. Der Sorge um die Meinungsvielfalt könne mit der kartellrechtlichen Gewährleistung des wirtschaftlichen Wettbewerbs Rechnung getragen werden, da die Frage nach der Meinungsvielfalt gleichbedeutend mit der Frage nach dem Wettbewerb sei. Soweit das Kartellrecht auf den sachlich relevanten Zuschauermarkt angewendet werde, entfielen die Unterschiede zur publizistischen Konzentrationskontrolle. Publizistischen Besorgnissen könne auch durch das allgemeine Kartellrecht begegnet werden. Die Regeln des Rundfunkstaatsvertrags über die Medienkonzentrationskontrolle könnten aus diesem Grund entfallen.[840]

(bbb) Rechtliche und wettbewerbspolitische Bedenken

Der Wissenschaftliche Beirat nimmt damit eine rein ökonomische Betrachtung des Medienmarktes vor. Er weist darauf hin, daß die früher klar gezogenen Linien zwischen den Medien immer durchlässiger geworden sind. Dieser Entwicklung sollen auch die Medienordnung und insbesondere die Struktur der Aufsichtsbehörden angepaßt werden. Auf der anderen Seite lassen sich freilich auch Argumente gegen eine einheitliche Marktaufsicht durch das Kartellamt im Bereich der Medien vorbringen, daß sich daher auch Kritik an dem Gutachten des Wissenschaftlichen Beirats formiert hat, ist nicht verwunderlich.

Daß die Neuformierung der Medienlandschaft durch Zusammenschlüsse und Kooperationen in standortpolitischer Perspektive Chancen für die Entstehung und Stabilisierung weltmarktfähiger deutscher und europäischer Medienkonzerne eröffnet, wird kaum ernsthaft anzuzweifeln sein. Daß man eine solche Entwicklung aber auch skeptisch und zurückhaltend betrachten kann, liegt wegen der damit verbundenen potentiellen Gefahren auf der Hand. Zugleich mit den

837 Gutachten des Wissenschaftlichen Beirats, S. 8 (s. Fn. 836).
838 Gutachten des Wissenschaftlichen Beirats, S. 14 (s. Fn. 836).
839 Gutachten des Wissenschaftlichen Beirats, S. 11 (s. Fn. 836).
840 Gutachten des Wissenschaftlichen Beirats, S. 14 f., 34 (s. Fn. 836).

positiven Effekten der Neuordnung der Märkte kann die Entwicklung auch Anlaß zur Sorge geben, denn der Medienbereich ist ein für die demokratische Kultur eines Landes äußerst sensibler Bereich. Konzentrationsprozesse im Mediensektor lassen nicht nur wettbewerbspolitisch problematische Marktmacht entstehen, sondern gefährden zugleich auch die Gewährleistung von Informations- und Meinungsvielfalt und damit ein hochrangiges Ziel der demokratischen Rechtsordnung. Für den Medienbereich ergibt sich die Bedeutsamkeit der Konzentrationskontrolle daraus, daß aus der Akkumulation wirtschaftlicher Macht das Potential für Medienmacht und in diesem Zusammenhang auch für politische Macht entstehen kann.[841]

Bedenken gegenüber einer einheitlichen Marktaufsicht kommen vor allem aus dem Lager der gegenwärtig bei der Medienkonzentrationskontrolle beteiligten Aufsichtsbehörden, der KEK und den Landesmedienanstalten. Die KEK wendet sich gegen das Gutachten des Wissenschaftlichen Beirats mit dem Argument, daß das Gutachten keine sachlich begründete Stellungnahme zu dem verfassungsrechtlich verbürgten besonderen Schutz vor Entstehung vorherrschender Meinungsmacht und zu den zugrundeliegenden ökonomischen Problemen enthalte. Dem Bundeskartellamt könne man daher nicht die alleinige Kontrolle bei der Fusion von Medienunternehmen überlassen. Dabei verweist sie auch auf die einschlägige aktuelle Rechtsprechung des Bundesverfassungsgerichts.[842] Danach müssen die Rundfunkveranstalter so organisiert sein, daß alle wesentlichen gesellschaftlichen Kräfte institutionell gesicherten Einfluß haben.[843] Der Gesetzgeber hat daher den Rundfunk einer besonderen Kontroll- und Regulierungsdichte unterworfen, deren Teil die Medienkonzentrationskontrolle ist. Den Stellenwert des Rundfunks für die demokratische Ordnung hat auch Bundeswirtschaftsminister Müller in kritischer Betrachtung des Gutachtens des Wissenschaftlichen Beirats noch einmal bekräftigt. Eine rein ökonomische Betrachtung des Medienmarkts, wie sie der Beirat vornimmt, würde der besonde-

---

841 Vgl. auch den Bericht des Europäisches Medieninstitutes über die Entwicklung der Meinungsvielfalt und der Konzentration, S. 127 (134) (s. Fn. 320). Hingewiesen wird dabei immer wieder auf den Fall Berlusconi in Italien. Dort entstand die publizistische Gefahr aus der plötzlichen Politisierung zuvor unpolitischer bzw. politisch ausgewogener privater Fernsehprogramme. In diesem Extrembeispiel wollte der Medienunternehmer Berlusconi selbst gewählt werden und ließ sich das etwas kosten, indem er Zuschauer einer dezidiert anderen politischen Grundhaltung - möglicherweise sogar auf Dauer - verlor. Darüberhinaus hat die Regierung Berlusconi, als sie an der Macht war, den einzigen großen Konkurrenten, den öffentlich-rechtlichen Veranstalter RAI, unter ihre Gewalt gebracht; siehe dazu Gutachten des Wissenschaftlichen Beirats, S. 17 (s. Fn. 836).

842 Vgl. bei Hess, AfP 2000, 61 (67); siehe auch die Meldung bei AfP 2000, 72.

843 Zur Rechtsprechung des Bundesverfassungsgerichts zu Art. 5 Abs.1 S. 2 GG siehe schon oben auf Seite 73.

ren Bedeutung des Rundfunks für die Demokratie, Meinungsfreiheit und Meinungsvielfalt in Deutschland nicht ausreichend gerecht.[844]
Dementsprechend sah auch die SPD in einem Entwurf eines Zwischenberichts zum Regulierungsbedarf beim Rundfunk und den neuen Medien das allgemeine Wettbewerbsrecht für die Sicherung der Meinungsvielfalt allein nicht als ausreichend an, da der Prüfmaßstab des allgemeinen Wettbewerbsrechts nur die Begrenzung von Wirtschaftsmacht sei und nicht die Erhaltung von Meinungsvielfalt, was dem verfassungsrechtlichen Auftrag hinsichtlich des Schutzes der publizistischen Vielfalt nicht gerecht werde.[845] Eine Änderung der grundgesetzlichen Zuständigkeitsverteilung zwischen Bund und Ländern bei der Medienkonzentrationskontrolle hielt die SPD demnach nicht für angemessen und sieht auch die KEK durch die Ergebnisse des Gutachtens des Wissenschaftlichen Beirats nicht angezeigt.[846]
Gegen eine Wettbewerbsaufsicht im gesamten Medienbereich durch das Bundeskartellamt könnte man auch wiederum einwenden, daß wegen der bereits dort stattfindenden Medienkonzentrationskontrolle die größere Erfahrung und Kompetenz bei den Landesmedienanstalten bzw. dem länderübergreifenden Gremium der KEK liegt. Bei einer Verlagerung der Kompetenzen auf das Bundeskartellamt könnte es damit zu Anlaufschwierigkeiten kommen, die den Wettbewerb und die Entwicklung neuer Dienstleistungen unter Umständen nachhaltig negativ beeinflussen.[847] Schon an dieser Stelle ist aber nochmals wie schon oben[848] darauf hinzuweisen, daß mögliche Anlaufschwierigkeiten durch die Vorteile der in Erwägung gezogenen Reformen, vor allem die Abnahme des Verwaltungsaufwands für die Anbieter der neuen Dienste schnell wieder kompensiert wären. Wie das Recht der Telekommunikation sind auch die Regelungen über die neuen Kommunikationsdienste und der Rundfunkstaatsvertrag erst kürzlich den veränderten Umständen angepaßt worden, so daß man darauf dringen könnte, erst einmal die zukünftige Entwicklung weiter abzuwarten.[849] Will man jedoch möglichst schnell eine zukunftsfähige Regulierungsordnung in Kraft setzen, erscheint es wenig sinnvoll, sich auf vollbrachten Taten auszuruhen.

---

844 Erklärung des Bundeswirtschaftsministers Müller zu dem Gutachten „Offene Medienordnung" des Wissenschaftlichen Beirats, siehe AfP 2000, 72.

845 Siehe Entwurf eines Zwischenberichts der Fraktion der SPD, in: Meinungsfreiheit – Meinungsvielfalt – Wettbewerb, Rundfunkbegriff und Regulierungsbedarf bei den Neuen Medien, Enquete Kommission „Zukunft der Medien in Wirtschaft und Gesellschaft - Deutschlands Weg in die Informationsgesellschaft" Deutscher Bundestag (Hrsg.), S. 48 (116 ff.).

846 Vgl. Entwurf eines Zwischenberichts der Fraktion der SPD, S. 118 (s. Fn. 845); vgl. auch Hess, AfP 2000, 61 (67).

847 Auf dieses mögliche Dilemma weist Gounalakis hin, vgl. K&R 1999, 541 (546).

848 Siehe schon auf Seite Seite 198.

849 So Paulweber, AfP 1999, 439 (448); ders., Regulierungszuständigkeiten in der Telekommunikation, S. 243.

(ccc) Wertung und Stellungnahme

Die wachsende soziale und kulturelle Differenzierung in der Gesellschaft hat die Sicherung der Meinungsvielfalt in den Medien als Grundbedingung einer demokratischen Ordnung immer bedeutender werden lassen. Man muß den Mächtigen der Medienwelt auch nicht unbedingt Berlusconis Ambitionen unterstellen, um in ihrem Einfluß auf die öffentliche Meinungsbildung eine gewisse Gefährdung für die Demokratie zu sehen. Eine Kontrolle der Medien hinsichtlich publizistischer Vielfalt tut daher durchaus Not. Darauf hat auch richtigerweise das Bundesverfassungsgericht erkannt.[850] Fraglich bleibt dabei jedoch, ob es dazu einer eigenen rundfunk- bzw. medienspezifischen Konzentrationskontrolle bedarf oder ob nicht die allgemeinen Wettbewerbsregeln ausreichen, wenn man diese unter Umständen in gewisser Weise an spezifische Anforderungen der Medienmärkte und der publizistischen Vielfaltskontrolle anpaßt.

Ausgangspunkt derartiger Überlegungen müssen die jeweiligen Zielsetzungen der verschiedenen Konzentrationsregelungen sein. Das allgemeine Wettbewerbsrecht dient dem Schutz des ökonomischen Wettbewerbs, indem es die wirtschaftliche Machtstellung einzelner Anbieter einschränkt. Die medienspezifische Konzentrationskontrolle dient hingegen dem Schutz pluralistischer Vielfalt, indem es vorherrschende Meinungsmacht zu verhindern sucht und damit etwa den politischen Prozeß vor Verengungen schützt. Nicht gefolgert werden kann daraus indes, daß die Gewährleistung des ökonomischen Wettbewerbs mit der Verhinderung der Entstehung von Meinungsmacht unvereinbar ist. Es muß kein Widerspruch bestehen zwischen den verschiedenen Zielen der Konzentrationskontrolle, sie können einander entsprechen.[851] Im übrigen hat auch das Bundesverfassungsgericht judiziert, daß es Aufgabe des Gesetzgebers sei, alle Gefahren, und damit auch wirtschaftliche Konzentrationen, zu bekämpfen, die zur Entstehung von Meinungsmonopolen führen können.[852] Will man eine – soweit grundsätzlich noch erforderliche - effektive Medienkonzentrationskontrolle beibehalten, zugleich aber die Zersplitterung der Zuständigkeiten bei der gesamten Konzentrationskontrolle in Zukunft vermeiden, sollte eine einheitliche Regelung errichtet werden, die eine wettbewerbsrechtliche und zugleich medienspezifische Bewertung gestattet. Konsequente Folge wäre, dies mit einer einheitlichen Zuständigkeit beim Bundeskartellamt zu verbinden. Begnügt man sich dagegen mit dem Befund, daß die Zwecke der jeweiligen Konzentrationsregelungen voneinander abweichen, und lehnt man schon aus diesem Grund allein eine Zusam-

850 Der Rundfunk darf „nicht dem Spiel der Kräfte überlassen werden". BVerfG, Urt. v. 16.6.1981, E 57, 295 (323); ähnlich BVerfG, Urt. v. 4.11.1986, E 73, 118 (158 f., 174).

851 So schon Mestmäcker, GRUR Int. 1983, 553 (554); ebenso Knothe/Lebens, AfP 2000, 125 (126).

852 BVerfG, Teilurt. v. 5.8.1966, E 20, 162 (176).

menlegung der Regelungen ab, erweist man dem Ziel einer effektiven Medienkonzentrationskontrolle keinen guten Dienst.

Die Forderung, die spezifische Medienkonzentrationskontrolle abzuschaffen und in die allgemeine Wettbewerbskontrolle einzubeziehen, ist nicht neu und wurde bereits desöfteren erhoben.[853] Die Verwirklichung eines solchen Vorschlags hätte im Vergleich zu anderen, weniger einschneidenden Lösungsmöglichkeiten eine radikale Umgestaltung der Medienkonzentrationskontrolle zur Folge, die zu mehr Transparenz im Kontrollverfahren durch die Vermeidung eines „Zuständigkeitswirrwarrs" und damit zu größerer Effektivität führen würde.

Schließlich ist gleichwohl noch die Frage zu beantworten, ob eine rein ökonomische Betrachtung des Medienmarktes, wie sie der Wissenschaftliche Beirat vornimmt, den verfassungsrechtlichen Vorgaben gerecht wird. Der Wissenschaftliche Beirat plädiert für eine stärkere Anwendung des allgemeinen Wettbewerbsrechts, das er als geeignetes Instrument zur staatlichen Einwirkung auf die Medien ansieht. Solange es dabei für funktionsfähigen Wettbewerb sorge, erledige sich auch der größte Teil des publizistischen Regelungsbedarfs.[854] Der Beirat bestreitet dabei jedoch nicht die verfassungsrechtliche Richtschnur, nach der die Wahrung der Meinungsvielfalt materieller Zweck jeder Medienkonzentrationskontrolle sein muß. Folglich muß aber das vom Bundeskartellamt angewendete Recht auch in jeder Hinsicht den verfassungsrechtlichen Vorgaben genügen.

Das bedeutet, daß das Bundeskartellamt die Prüfung von Konzentrationsvorgängen auch unter publizistischen Gesichtspunkten vornehmen müßte, um die Wahrung der Meinungsvielfalt zu gewährleisten. Erforderlich wäre dazu eine Regelung, wie sie derzeit bei der Konzentrationskontrolle durch die KEK nach dem Rundfunkstaatsvertrag vorgesehen ist.[855] Bei der Konzentrationskontrolle spielt die Abgrenzung des sachlichen Marktes für die Bewertung, ob vorherrschende Marktmacht vorliegt, eine entscheidende Rolle. Wegen der Konvergenz der Medien ist die Abgrenzung der sachlich relevanten Märkte im Medienbereich allerdings nicht ohne Schwierigkeiten zu bewerkstelligen. Man könnte daher daran denken, den Zuschauermarkt - entsprechend dem Zuschauermarktanteil des Rundfunkstaatsvertrags - als einen ökonomischen Markt zu begreifen. Dort fließen zwar keine direkten Zahlungen, dennoch „bezahlen" die Zuschauer gleichsam mit der Bereitschaft, Werbung auf sich wirken zu lassen und werden darüberhinaus auch gezwungen, Werbung indirekt über Preisaufschläge bei den

853 Vgl. bereits Greiffenberg, Medienrechtliche und kartellrechtliche Kontrolle der Konzentration im Rundfunk, in: Mestmäcker (Hrsg.), Offene Rundfunkordnung, S. 311 (326 ff.); siehe zu diesem Thema auch Knothe/Lebens, AfP 2000, 125 (126).

854 Gutachten des Wissenschaftlichen Beirats, S. 34 (s. Fn. 836).

855 Siehe auch Knothe/Lebens, AfP 2000, 125 (127).

Produkten zu bezahlen.[856] Für das Bundeskartellamt besteht somit durchaus die Möglichkeit, auch für die verfassungsrechtlich vorgeschriebene Wahrung der pluralistischen Vielfalt zu sorgen, wenn ihm die Gelegenheit gegeben wird, rundfunkspezifische Prüfmaßstäbe anzuwenden. Ein auch publizistisch orientierter kartellrechtlicher Regelungsrahmen müßte Normen beinhalten, die es ermöglichen, bei allen Konzentrationsvorgängen, vor allem also auch bei cross-ownership-Zusammenschlüssen, Beteiligungen und Rezipientenanteile zu erfassen und zu regulieren. Eine Änderung der vom Bundeskartellamt anzuwendenden Vorschriften, die auf die Besonderheiten der Medienmärkte abgestimmt ist, würde damit eine eigene medienspezifische Konzentrationskontrolle überflüssig machen.

Will man die Erlaubnis zum Betreiben von Rundfunk etwa weiter an das Innehaben einer Lizenz knüpfen und beantragt ein schon im Wettbewerb stehendes Unternehmen eine solche, kommt man mit den hergebrachten Mitteln des allgemeinen Wettbewerbsrechts nicht weiter. Die Erteilung einer Lizenz ist kein Zusammenschluß, sie bewirkt unternehmensinternes Wachstum. Das Kartellrecht kennt indes keine Kontrolle des unternehmensinternen Wachstums.[857] Man könnte daher gegebenenfalls eine Lizenzerteilung als Zusammenschlußfall fingieren. Internes Unternehmenswachstum ließe sich dann an denselben Kriterien messen, wie sie für externes Wachstum anzuwenden sind.[858]

Vorbild für eine sachgerechte rundfunkspezifische Anpassung des allgemeinen Wettbewerbsrechts könnte die Art und Weise der Eingliederung der Pressefusionskontrolle in das Kartellrecht sein. Auch für die Pressefusionskontrolle wurden Sondertatbestände im allgemeinen Wettbewerbsrecht geschaffen.[859]

Nach der hier vertretenen Auffassung erscheint es somit zweckmäßig, die medienspezifische Konzentrationskontrolle näher an die allgemeine Wettbewerbskontrolle heranzuführen und die Zuständigkeitsaufteilung in KEK und Bundeskartellamt aufzugeben. Der Schutz des wirtschaftlichen Wettbewerbs gewährleistet in ausreichendem Maße auch die Vielfalt der publizistischen Meinungen, wenn man einige wenige sachgerechte Anpassungen für den verblei-

---

856 Vgl. auch Gutachten des Wissenschaftlichen Beirats, S. 27 (s. Fn. 836); Knothe/Lebens, AfP 2000, 125 (128).

857 Vgl. dazu schon oben auf Seite 92.

858 Siehe auch die Anregung der Enquete Kommission „Zukunft der Medien in Wirtschaft und Gesellschaft – Deutschlands Weg in die Informationsgesellschaft" in ihrem Ersten Zwischenbericht, in: Meinungsfreiheit – Meinungsvielfalt – Wettbewerb, Rundfunkbegriff und Regulierungsbedarf bei den Neuen Medien, Enquete Kommission „Zukunft der Medien in Wirtschaft und Gesellschaft - Deutschlands Weg in die Informationsgesellschaft" Deutscher Bundestag (Hrsg.), S. 7 (41 f.). Zum Lizenzerwerb als Zusammenschlußtatbestand auch Bohl, Konzentrationskontrolle in den elektronischen Medien, S. 203 f.

859 Der Gesetzgeber hat die quantitativen Aufgreifkriterien für Zusammenschlüsse von Presseunternehmen in § 38 Abs. 3 GWB und § 35 Abs. 2 S. 2 GWB modifiziert.

benden publizistischen Regelungsbedarf vornimmt. Die Funktionsfähigkeit des wirtschaftlichen Wettbewerbs ist jedoch das entscheidende Element. Historische Argumente für das Aufrechterhalten einer umfangreichen Rundfunk- bzw. Medienregulierung wie etwa Frequenzmangel sind im Zuge der Digitalisierung und wirtschaftlichen Entwicklung zunehmend unzutreffend und werden zukünftig vollkommen obsolet werden. Die Vereinbarkeit dieses Vorschlags mit der gegenwärtigen verfassungsrechtlichen Lage ist jedoch aufgrund verschiedener Konflikte mit schwerwiegenden Bedenken versehen, die gegebenenfalls wohl nicht einfach zu überwinden wären.

(c) Verfassungsrechtliche Anpassungserfordernisse

Welche verfassungsrechtlichen Anforderungen die Bewältigung der Markterfordernisse durch eine Neugliederung der allgemeinen Marktaufsicht im Kommunikationsbereich stellt, war im Ansatz schon Gegenstand der vorliegenden Untersuchung.[860] Die Neugestaltung der Wettbewerbsaufsicht nach dem hier bevorzugten Modell der Zusammenlegung der sektorspezifischen Wettbewerbsaufsicht der Regulierungsbehörde und der publizistischen Vielfaltskontrolle der KEK mit der allgemeinen Wettbewerbskontrolle beim Bundeskartellamt berührt indessen die im Grundgesetz vorgegebene Verfassungs- und Verwaltungsordnung in ihrem Kern, so daß die damit verbundenen Problemkreise einer etwas genaueren Betrachtung bedürfen. Zu klären wird insbesondere sein, ob und gegebenenfalls wie die sich stellenden Hindernisse überwunden werden können. Denkbar sind Konflikte zum einen mit der institutionellen Interpretation des Art. 5 Abs. 1 S. 2 GG durch das Bundesverfassungsgericht, vor allem aber mit der Verteilung der Gesetzgebungszuständigkeiten und der Verwaltungskompetenzen. Der zentrale Punkt ist dabei die Länderhoheit im Bereich des Rundfunks, während der Bund für den Bereich der Telekommunikation und das allgemeine Wirtschaftsrecht die Kompetenzen inne hat.

(aa) Bundeskartellamt als Bundesoberbehörde

Das Bundeskartellamt ist nach § 51 Abs. 1 GWB eine selbständige Bundesoberbehörde im Geschäftsbereich des Bundesministeriums für Wirtschaft. Selbständige Bundesoberbehörden können nach Art. 87 Abs. 3 GG durch Bundesgesetz für Angelegenheiten eingerichtet werden, für die dem Bund die Gesetzgebung zusteht. Bezug genommen ist mit dieser Formulierung auf die Gesamtheit der Gesetzgebungskompetenzen des Bundes für Sachregelungen in all ihren grundgesetzlichen Formen.[861] Für die Errichtung von Bundesoberbehörden konnten daher auch die Kompetenztitel des Art. 74 Abs. 1 Nr. 11 und Nr. 16 GG Grund-

860 Vgl. die Ausführungen auf Seite 189.
861 Sachs, in: Sachs, GG, Art. 87 Rdnr. 60.

lage sein, die dem Bund die konkurrierende Gesetzgebungskompetenz für das Recht der Wirtschaft und die Verhütung des Mißbrauchs wirtschaftlicher Machtstellungen zuweisen. Das Bundeskartellamt nimmt mit der Kontrolle des allgemeinen Wettbewerbs Aufgaben wahr, die unter diese Kompetenztitel fallen und konnte somit als selbständige Bundesoberbehörde eingerichtet werden.
Dem Bund wird über Art. 87 Abs. 3 GG der Zugriff auf Verwaltungskompetenzen eröffnet. Damit wird der Grundsatz der Länderexekutive über die im Grundgesetz ausdrücklich benannten Verwaltungskompetenzen begrenzt. Die in der Vorschrift aufgeführten Bundesoberbehörden sind Stellen der bundeseigenen Verwaltung, die Verwaltungsaufgaben für das gesamte Bundesgebiet zentral wahrnehmen. Die Errichtung von Bundesbehörden scheidet jedoch aus, wenn Aufgaben nicht zentral, sondern nur unter Inanspruchnahme von Verwaltungsbehörden der Länder – über eine Amtshilfe hinaus – zu bewältigen sind.[862]
Nach den Regelungen des Grundgesetzes ist die Einrichtung solcher Bundesoberbehörden indes ausdrücklich nur für solche Sachbereiche rechtens, für die dem Bund die ausschließliche oder konkurrierende Gesetzgebungskompetenz zukommt. Die Erweiterung der Aufgaben des Bundeskartellamts auf die sektorspezifische Wettbewerbsaufsicht im Bereich der Telekommunikation und die Medienkonzentrationskontrolle wäre folglich nur dann möglich, wenn dem Bund die entsprechenden Gesetzgebungskompetenzen zustehen, um Bundesoberbehörden für diese Regelungsgebiete zu errichten. Dazu müßten das Recht der Telekommunikation und das Recht der Medien in die Bereiche der ausschließlichen oder konkurrierenden Gesetzgebung des Bundes fallen.

(aaa) Zulässigkeit einer Bundesoberbehörde im Sektor Telekommunikation

Die Beantwortung der Frage der Zulässigkeit der Erweiterung der Aufgaben des Bundeskartellamts als Bundesoberbehörde auf die Wettbewerbsaufsicht über die Telekommunikation bereitet wegen der diesbezüglich eindeutigen Regelungen des Grundgesetzes keine größeren Schwierigkeiten. Der Bund hat gemäß Art. 73 Nr. 7 GG die ausschließliche Gesetzgebungskompetenz für das Postwesen und die Telekommunikation[863] und damit nach Art. 87 Abs. 3 GG auch Zugriff auf die entsprechenden Verwaltungskompetenzen. Diese hat er wahr genommen und die Regulierungsbehörde für Post und Telekommunikation als Bundesoberbehörde im Geschäftsbereich des Bundesministeriums für Wirtschaft errichtet.

---

862 Sachs, in: Sachs, GG, Art. 87 Rdnr. 64 f. mit Nachweis der Rechtsprechung des Bundesverfassungsgerichts.

863 Nach der Rechtsprechung des Bundesverfassungsgericht ist die Telekommunikationskompetenz des Bundes gemäß Art. 73 Nr. 7 GG als eine allein auf die technische Seite der Signalübermittlung bezogene Kompetenz anzusehen, vgl. BVerfG, Urt. v. 28.2.1961, E 12, 205 (225).

Wegen der kompetenzrechtlichen Lage wäre es dem Bund während des Gesetzgebungsverfahrens des TKG jedoch freigestanden, die Aufgaben der Regulierungsbehörde auch auf das Bundeskartellamt zu übertragen, was nicht wenige Stimmen schon damals forderten.[864] Die Zuständigkeitsregelungen des Grundgesetzes stehen somit einem Abbau der sektorspezifischen Wettbewerbsvorschriften und einer Übertragung der diesbezüglichen Befugnisse auf das Bundeskartellamt nicht entgegen. Die Wahrnehmung der sektorspezifischen Wettbewerbsaufsicht bzw. dessen Überbleibsel durch das Bundeskartellamt ist damit nicht mit verfassungsrechtlichen Schwierigkeiten verbunden. Die Übertragung ist im übrigen schon im TKG angelegt und könnte durch ein einfaches Bundesgesetz erfolgen.

(bbb) Zulässigkeit einer Bundesoberbehörde im Bereich der Medien

Die Änderung der Regulierungsstrukturen bei der Aufsicht und Kontrolle der Medienkonzentration ist mit wesentlich größeren Schwierigkeiten verbunden als die Neuordnung der telekommunikationsspezifischen Wettbewerbsaufsicht. Grund dafür ist die gemäß Art. 30 und 70 GG bei den Ländern liegende Zuständigkeit zur Regelung rundfunkspezifischer Fragestellungen. Der Bundesgesetzgeber ist jedoch von seiner Zielsetzung her auf die Mißbrauchsabwehr wirtschaftlicher Macht beschränkt, die nicht die Kontrolle der publizistischen Vielfalt erfaßt, auch wenn wirtschaftliche Tatbestände im Bereich des Rundfunks davon grundsätzlich miterfaßt sind. Die Kontrolle des Meinungsmarktes ist Sache des Rundfunkrechts und damit der Länder.[865] Das Recht der Medien fällt somit nicht in seiner Gesamtheit in den Bereich der ausschließlichen oder konkurrierenden Gesetzgebungskompetenz des Bundes. Eine Übertragung der Zuständigkeiten für die Medienkonzentrationskontrolle von den Landesbehörden auf das Bundeskartellamt durch einfaches Bundes- bzw. Landesrecht ist daher aus verfassungsrechtlichen Gründen nicht ohne weiteres möglich.

(bb) Konflikte bei der Bündelung der Kompetenzen in einer gemeinsamen Bund-Länder-Einrichtung

Wegen der im Grundgesetz festgelegten kompetenzrechtlichen Lage ist es somit nicht denkbar, die Medienkonzentrationskontrolle kurzerhand dem Bundeskartellamt zu überlassen, ohne die den Ländern zugewiesenen Zuständigkeiten zu berücksichtigen. Aus diesem Grund liegt der Gedanke nahe, die Übertragung der Kontrolle auch des Meinungspluralismus auf die Bundesbehörde entweder durch eine grundgesetzliche Übertragung der erforderlichen Kompetenzen auf den

864 Siehe dazu schon die Ausführungen auf Seite 130.

865 Ausführlich zu der Frage der Gesetzgebungskompetenzen zur Regulierung des gesamten Medienbereichs siehe ab Seite 5.

Bund oder (einfacher) durch eine einvernehmliche Regelung zwischen Bund und Ländern etwa in einem Bund-Länder-Staatsvertrag zu vollziehen.
Ein derartiger Bund-Länder-Staatsvertrag zur Verwirklichung der einheitlichen Wettbewerbsaufsicht beim Bundeskartellamt hätte die Übertragung von Länderkompetenzen auf eine Bundesoberbehörde, das Bundeskartellamt, zum Inhalt. Die Folge dieser Überlassung wäre die Errichtung einer gemeinsamer Verwaltungsstelle des Bundes und der Länder. Eine derartiges Ergebnis wäre jedoch nur dann zulässig, wenn es mit der Kompetenzordnung des Grundgesetzes vereinbar ist. Gegen die Einrichtung gemeinsamer Verwaltungsstellen bestehen allerdings verfassungsrechtliche Bedenken insofern, als alle Formen der Mischverwaltung zwischen Bund und Ländern grundsätzlich unzulässig sind.[866]
Sie sind aufgrund der prinzipiellen Trennung der Verwaltungsräume, die sich aus den Art. 83 ff. GG ergibt, jedenfalls insoweit ausgeschlossen, als darunter Verwaltungsorganisationen verstanden werden, bei denen eine Bundesbehörde einer Landesbehörde übergeordnet ist oder bei denen ein Zusammenwirken von Bundes- und Landesbehörden durch Zustimmungserfordernisse erfolgt und dafür keine spezielle Grundlage im Grundgesetz zu finden ist.[867] Der Hauptgedanke des Verbots der Mischverwaltung beruht dabei auf dem Satz, daß weder der Bund noch die Länder über ihre im Grundgesetz festgelegten Kompetenzen verfügen können, so daß auch mit Zustimmung der Beteiligten Kompetenzverschiebungen nicht zulässig sind.[868] Auch wenn das Bundesverfassungsgericht in neuerer Rechtsprechung etwas zurückhaltender in seinem Verdikt des Verbots der Mischverwaltung ist, indem es nur noch dann von Unzulässigkeit der Verwaltungsform ausgeht, wenn ihr zwingende Kompetenz- oder Organisationsnormen oder sonstige Vorschriften des Verfassungsrechts ausdrücklich entgegenstehen,[869] kann bei der hier fraglichen Gestaltungsoption nicht von einer zulässigen Verwaltungsform ausgegangen werden. Ein Mitentscheiden oder Zusammenwirken, wie es beim Bundeskartellamt, dem Kompetenzen von den Ländern übertragen würden, der Fall wäre, war bei dem der eben genannten Entscheidung des Bundesverfassungsgerichts zugrundeliegenden Fall nicht gegeben,[870] so daß hier von einer grundsätzlich unzulässigen Mischverwaltung ausgegangen werden muß.

---

866 Siehe dazu auch schon andeutungsweise auf Seite 177 und auf Seite 189.

867 Dittmann, in: Sachs, GG, Art. 83 Rdnr. 4; siehe auch BVerfG, E 11, Urt. v. 10.5.1960, 105 (124); E 39, Urt. v. 4.3.1975, 96 (120).

868 BVerfG, E 32, Beschl. v. 21.10.1971, 145 (156); siehe dazu auch Lerche, in: Maunz/Dürig, Art. 83 Rdnr. 85 f.; Scherer/Hölscher, S. 49 ff. (s. Fn. 759).

869 „Schornsteinfegerentscheidung" des BVerfG, E 63, Beschl. v. 12.1.1983, 1 (39 ff); vgl. Lerche, in: Maunz/Dürig, Art. 83 Rdnr. 85.

870 Siehe auch Scherer/Hölscher, S. 51 ff. (s. Fn. 759).

(cc) Optionen zur Bewältigung des Verbots der Mischverwaltung

Das Bundeskartellamt würde somit als allzuständige Wettbewerbsbehörde nach gegenwärtiger verfassungsrechtlicher Kompetenzlage in unzulässiger Form ihre Aufgaben wahrnehmen, da die Zuständigkeiten zu einem Teil beim Bund, zum anderen bei den Ländern liegen und eine spezieller Verfassungsauftrag für die gemeinsame Wahrnehmung der Verwaltungsaufgaben, der nach der Rechtsprechung des Bundesverfassungsgerichts nötig wäre,[871] nicht vorliegt.[872] Die Schaffung einer allzuständigen Wettbewerbsbehörde, die mit Entscheidungsbefugnissen und nicht nur mit Koordinierungsfunktionen ausgestattet wäre, könnte folglich nur nach einer entsprechenden Verfassungsänderung vorgenommen werden. Auch im Hinblick auf die allgemeinen Regulierungsaufgaben wie die Kontrolle der Inhalte und Übertragungswege wäre es damit erforderlich und wünschenswert, daß in das Grundgesetz eine Bestimmung Aufnahme findet, die die Regulierung der Kommunikation zu einer Gemeinschaftsaufgabe von Bund und Ländern erklärt.

(aaa) Möglichkeit der Erweiterung des Art. 91 a GG

Der Weg zu einer gemeinsamen Wettbewerbsaufsicht von Bund und Ländern könnte über einen schon im Grundgesetz vorhandenen Artikel führen, den Art. 91 a GG, der das Zusammenwirken zwischen Bund und Ländern regelt. Dieser Gedanke wurde von dem Bundestagspräsidenten Wolfgang Thierse erstmals zur Diskussion gestellt.[873] Im Blick hatte dieser zwar nicht ausschließlich die Neuregelung der Wettbewerbsaufsicht im Kommunikationsbereich, sein Ziel war es vielmehr, die gesamte Marktaufsicht über den Kommunikations- und Mediensektor auf eine Bund-Länder-Anstalt zu übertragen. Der Konflikt mit dem Gebot der Vermeidung eines Verstoßes gegen das Verbot der Mischverwaltung bei der allgemeinen Medienaufsicht war Anstoß für diese Überlegung, dieselbe Problematik ergibt sich jedoch wie gesehen auch, wenn man die Neugestaltung der Medienordnung auf die Wettbewerbsaufsicht beschränken würde, so daß dieser Vorschlag auch für den vorliegenden Untersuchungsgegenstand durchaus eine brauchbare Grundlage sein könnte.
Der Vorschlag von Thierse sieht eine Ergänzung des Katalogs der Gemeinschaftsaufgaben in Art. 91 a GG vor, etwa durch eine Komponente „Gewährlei-

871 Vgl. BVerfG, E 63, Beschl. v. 12.1.1983, 1 (39).

872 Beispiele für solche im Grundgesetz niedergelegten Varianten einer Mischverwaltung, die ohne ausdrückliche Grundlage verfassungsrechtlich angreifbar wären, sind etwa in Art. 108 Abs. 4 S. 1 GG für die Finanzverwaltung oder in den Art. 91 a und 91 b GG (Gemeinschaftsaufgaben, z. B. Hochschulbau) zu finden, vgl. auch Lerche, in: Maunz/Dürig, Art. 83 Rdnr. 88.

873 Vgl. Thierse, in: Der Kompetenzwirrwarr ist schädlich für die Entwicklung, Frankfurter Rundschau v. 2.6.1997, S. 9.

stung der informationellen Grundversorgung und des offenen Zugangs zu Informationen für jeden Bürger".[874] Auf diese Weise soll eine gemeinsame Zuständigkeit von Bund und Ländern für die Medien geschaffen werden. Der Kompetenzstreit zwischen Bund und Ländern und die damit verbundene Behinderung der wirtschaftlichen und sozialen Entwicklung soll dadurch vermieden werden.

Fraglich bleibt jedoch, ob auf der Grundlage einer Modifizierung von Art. 91 a GG eine Bund-Länder-Anstalt errichtet werden kann. Dazu muß die Bedeutung der Vorschrift im Gefüge des Grundgesetzes einer näheren Betrachtung unterzogen werden. Art. 91 a GG greift in die Kompetenzverteilung auf dem Gebiet der Gesetzgebung (Art. 70 ff. GG) insofern ein, als er dem Bund besondere Gesetzgebungskompetenzen zuweist. In den Abs. 2 und 4 der Norm wird dem Bund allerdings nur die Zuständigkeit verliehen, die Gemeinschaftsaufgaben näher zu bestimmen und die Rahmenplanung zu regeln. Damit werden aber nur Bund und Länder und nicht der einzelne Bürger gebunden, so daß dem Bund keine materiellen Regelungskompetenzen zukommen.[875] Daher kann der Bund nicht aufgrund dieser speziellen Planungskompetenz Gemeinschaftsaufgaben, die nach der ausdrücklichen Bestimmung in Art. 91 a Abs. 1 GG Landesaufgaben sind, über Art. 87 Abs. 3 GG zu Bundesaufgaben machen.

Die grundsätzliche Bedeutung des Art. 87 Abs. 3 GG besteht u.a. darin, daß er die materielle Verwaltungskompetenz für die Aufgaben begründet, die den nach dieser Vorschrift etablierbaren Behörden zukommen.[876] Diese Kompetenzen können jedoch nur aus den materiellen Gesetzgebungskompetenzen der Art. 70 ff. GG hergeleitet werden. Bund und Länder werden in ihren sich aus Art. 70 ff. GG ergebenden Gesetzgebungskompetenzen durch Art. 91 a GG daher nicht eingeschränkt.[877] Eine selbständige Erfüllung der Gemeinschaftsaufgaben nach Art. 91 a GG durch den Bund scheidet dann aufgrund der ausdrücklichen Definition als Landesaufgaben aus.[878] Die Übertragung von Verwaltungskompetenzen mit Hilfe von Art. 91 a GG auf den Bund ist somit wohl nicht möglich.[879]

Es spricht infolgedessen viel dafür, daß eine Einrichtung des Bundeskartellamt als gemeinsame Bund-Länder-Behörde über eine Modifizierung des Art. 91 a GG nicht möglich ist. Art. 91 a GG verleiht dem Bund abgesehen von der Mitwirkung an der Rahmenplanung keine Exekutivbefugnisse. Die Verwaltungszuständigkeit für die Durchführung der von Bund und Ländern gemeinsam aufge-

---

874 Thierse, in: Der Kompetenzwirrwarr ist schädlich für die Entwicklung, Frankfurter Rundschau v. 2.6.1997, S. 9.

875 Vgl. Maunz, in: Maunz/Dürig, Art. 91 a Rdnr. 7.

876 Sachs, in: Sachs, GG, Art. 87 Rdnr. 11.

877 Maunz, in: Maunz/Dürig, Art. 91 a Rdnr. 7.

878 Siehe Richter/Faber, in: AK-GG, Art. 91 a/91 b Rdnr. 28 a.

879 Vgl. v. Mangoldt/Klein, Das Bonner Grundgesetz, Art. 91 a Anm. II 5 a; Maunz, in: Maunz/Dürig, Art. 91 a Rdnr. 7.

stellten Rahmenpläne liegt daher allein bei den Ländern,[880] an der körperschaftsrechtlichen Zuweisung von Hoheitsrechten ändert sich durch Art. 91 a GG nichts.[881] Die an den Bund durch die Vorschrift gewährten Kompetenzen reichen nicht weit genug zur Errichtung einer gemeinsamen Bund-Länder-Behörde.

(bbb) Modifizierung des Art. 87 f GG

Aus dem wissenschaftlichen Bereich liegt daneben eine weitere Stellungnahme vor, die einen konzeptionellen Vorschlag zur Lösung der angesprochenen verfassungsrechtlichen Fragen anbietet. Die Überlegungen von *Christian Koenig* zielen in erster Linie auf die Errichtung einer Bund-Länder-Gemeinschaftsanstalt „Neue Medien“,[882] weniger auf die Schaffung einer allzuständigen Wettbewerbsbehörde. Fraglich ist daher, ob der Vorschlag einer Modifizierung des Art. 87 f GG auch für die Übertragung der wettbewerbsrechtlichen Zuständigkeiten in publizistischer Hinsicht auf den Bund tauglich ist.
Mit dieser vorgeschlagenen Option würde eine gemeinsame Verwaltungskompetenz von Bund und Ländern für die Neuen Medien geschaffen werden, die aufgrund ihrer Stellung im Grundgesetz klar als Ausnahmeregelung zu erkennen wäre.[883] Zu einer Änderung der Gesetzgebungskompetenzen sieht der Vorschlag keinen Anlaß, die Rundfunkkompetenzen verblieben weiterhin bei den Ländern. Abgrenzungsschwierigkeiten hinsichtlich der Einordnung eines Dienstes als Rundfunk oder Informations- oder Kommunikationsdienst sollen durch ein grundgesetzlich verankertes Entscheidungsrecht der Bund-Länder-Gemeinschaftsanstalt beseitigt werden. Eine konkrete Anregung, wie ein zukünftiger Art. 87 f GG aussehen könnte, ist dem Vorschlag angefügt.[884]
Für eine Änderung auch hinsichtlich der Übertragung wettbewerbsaufsichtlicher Kompetenzen, die die Medien betreffen, erscheint Art. 87 f GG jedoch gänzlich ungeeignet. Art. 87 f GG betrifft die Organisations- und Aufgabenprivatisierung des Postwesens und der Telekommunikation.[885] Für eine die Medienkonzentrationskontrolle betreffende Regelung scheint dies daher ein wenig passender Ort. Zudem verbleiben nach dem Modell von *Koenig* die Rundfunkkompetenzen bei

[880] Maunz, in: Maunz/Dürig, Art. 91 a Rdnr. 13; Liesegang, in: v. Münch/Kunig, Art. 91 a Rdnr. 31.

[881] Zur Ablehnung der Einrichtung einer Bund-Länder-Anstalt für den Bereich der Medienaufsicht über Art. 91 a, b GG kommt auch Koenig, K&R 2000, 1 (6 ff.); in K&R 1998, 417 (420) sehen Koenig/Röder noch die Möglichkeit der Einräumung einer echten Gemeinschaftskompetenz für den Bund und die Länder bei den Neuen Medien über eine Modifizierung von Art. 91 a, b GG.

[882] Koenig, K&R 2000, 1 (6).

[883] Koenig, K&R 2000, 1 (6).

[884] Koenig, K&R 2000, 1 (6).

[885] Vgl. Uerpmann, in: v. Münch/Kunig, Art. 87 f Rdnr. 3; Windthorst, in: Sachs, GG, Art. 87 f Rdnr. 1.

den Ländern, was wegen Art. 87 Abs. 3 GG eine Errichtung einer Bundesoberbehörde, die auch für die Medienkonzentrationskontrolle zuständig wäre, nicht erlauben würde. Das Bundeskartellamt käme daher nicht als zentrale Wettbewerbsbehörde in Frage. Den Anforderungen der Konvergenz wegen wäre jedoch die Errichtung des Bundeskartellamts als allzuständige Wettbewerbsbehörde wünschenswert. Die im Grundgesetz angelegte Systematik verbietet aber überdies die Regelung der Gesetzgebungskompetenzen in Art. 87 f GG. Für die Übertragung der wettbewerbsrechtlichen Zuständigkeiten auf den Bund ist eine Modifizierung des Art. 87 f GG somit ungeeignet.

(ccc) Einfügung einer neuen Kompetenzregelung

Will man dem Bundeskartellamt neben der allgemeinen Wettbewerbsaufsicht auch die Zuständigkeit zur Kontrolle der Medienkonzentration übertragen, ist eine Verfassungsänderung unumgänglich. Dem bisherigen Verlauf der Untersuchung zufolge ist die gewünschte Anpassung nicht durch eine bloße Modifizierung der schon bestehender Grundgesetznormen der Art. 91 a GG und Art. 87 f GG zu leisten. Erforderlich ist demgegenüber die Anpassung der Gesetzgebungszuständigkeiten im Bereich des Rundfunks und der Neuen Medien. Wegen der ausdrücklichen Bestimmung in Art. 87 Abs. 3 S. 1 GG muß dem Bund die Gesetzgebung zustehen, um selbständige Bundesoberbehörden und neue bundesunmittelbare Körperschaften und Anstalten des öffentlichen Rechts durch Bundesgesetz zur Verwaltung der entsprechenden Materie einrichten zu können. Dem Bund muß somit durch eine Verfassungsänderung die Kompetenz zur Kontrolle der Medienkonzentration verschafft werden, damit dieser Regelungsbereich in der Zuständigkeit des Bundeskartellamts aufgehen kann. Systemgerecht erscheint dafür die Einfügung eines neuen Art. 74 b GG im Bereich der Regelungen zur Gesetzgebung der Art. 70 ff. GG. Durch die entsprechende Ergänzung könnte die Gesetzgebungskompetenz des Bundes auf die Kontrolle der publizistischen Vielfalt ausgedehnt werden.
Die Rundfunk- und Medienkompetenz der Länder wäre damit nicht vollkommen ausgehöhlt. Die Rundfunkkompetenzen verbleiben bei diesem Vorschlag zu einem nicht unerheblichen Teil bei den Ländern.
Die entsprechende Einfügung eines Art. 74 b GG könnte wie folgt ausgestaltet sein:

> **Art. 74 b** [Konkurrierende Gesetzgebung und Aufsicht bei Rundfunk- und Kommunikationsdiensten]
> (1) Die konkurrierende Gesetzgebung erstreckt sich weiter auf die Verhütung des Mißbrauchs publizistischer Machtstellung für das Recht des Rundfunks und der Kommunikation, soweit nicht dem Bund nach Art. 73 Nr. 7 die ausschließliche Gesetzgebung zusteht.

(2) Bundesgesetze nach Absatz 1 bedürfen der Zustimmung des Bundesrates.
(3) Nach Maßgabe eines zwischen dem Bund und den Ländern abzuschließenden Staatsvertrages üben Bund und Länder gemeinsam die Aufsicht für denjenigen Bereich der Rundfunk- und Kommunikationsdienste aus, für den dem Bund nicht nach Absatz 1 die Gesetzgebung zusteht. Zu diesem Zweck wird auf der Grundlage des in Satz 1 genannten Staatsvertrages eine Bund-Länder-Gemeinschaftsanstalt errichtet.
(4) Die nach Absatz 3 Satz 1 zu errichtende Anstalt wird dem Geschäftsbereich eines Bundesministers zugeordnet. Das Nähere bestimmt der Staatsvertrag nach Absatz 3 Satz 1.

(dd) Bewertung eines neuen Art. 74 b GG

Der Bund erhielte durch die Einführung dieses neuen Art. 74 b GG die Gesetzgebungskompetenz hinsichtlich der Medienkonzentrationskontrolle, die nach der gegenwärtigen Kompetenzlage bei den Ländern liegt. Nach Art. 87 Abs. 3 GG könnte der Bund in der Folge für diese Angelegenheit eine selbständige Bundesoberbehörde errichten, er könnte demgemäß die Aufgaben der Medienkonzentrationskontrolle ohne weiteres der Bundesoberbehörde Bundeskartellamt übertragen. Das Bundeskartellamt wäre damit umfassend für die Kontrolle des Wettbewerbs zuständig.

(aaa) Gesamtstimmigkeit des Konzepts

Im Zuge der Neuordnung der Wettbewerbsaufsicht erscheint es zudem sinnvoll und wünschenswert, zugleich die allgemeine Aufsicht über den gesamten Bereich der Medien neu zu gliedern. Damit könnte man in einem Schritt den Anforderungen der technischen Konvergenz an den Regelungsrahmen Genüge tun und nur so kann auch ein stimmiges Gesamtkonzept der Medienregulierung erreicht werden. Aus diesem Grund ist die Neuordnung der Wettbewerbsaufsicht in dem Vorschlag des Art. 74 b GG ergänzt um eine Option zur Neuregelung der übrig verbleibenden Medienaufsicht. Zwar könnte man der Regelung der Verwaltungszuständigkeiten in einer Norm im Bereich der Gesetzgebung durchaus entgegenhalten, daß dies nicht unbedingt der Systematik des Grundgesetzes entspreche.[886] Dennoch erscheint eine Neugestaltung, die Zuständigkeiten für einen speziellen, außerhalb der allgemeinen Regeln des Grundgesetzes liegenden Fall in einem einzigen Artikel normiert und damit zur Übersichtlichkeit beiträgt,

[886] Aus diesem Grund hat wohl Koenig seinen Vorschlag zur Neuregelung der Aufsicht über Informations- und Kommunikationsdienste in den schon bestehenden Art 87 f GG eingefügt. Die von ihm gewählte Formulierung ist in die hier zugrundeliegende Empfehlung einer Neuregelung mit eingeflossen, vgl. Koenig, K&R 2000, 1 (6).

durchaus zweckmäßig. Andernfalls müßte man diesen Regelungskomplex in Einzelvorschriften zerteilen, um diesen dann in die jeweils sachgemäßen Abschnitte des Grundgesetzes einreihen zu können. Der Übersichtlichkeit würde damit zugunsten der Systematik eine Niederlage zugefügt. Systemreinheit ist jedoch gerade im Bereich der Kommunikation ohnehin nicht mehr zu erreichen. Man führe sich dazu nur die Ausgestaltung des Art. 87 f GG vor Augen, der in seinem Abs. 1 S. 1 und Abs. 3 der ausschließlichen Gesetzgebungsbefugnis des Bundes aus Art. 73 Nr. 7 GG an die Seite tritt und dem insoweit auch kompetentielle Bedeutung zukommt.[887] Daher erscheint es angemessen, der Übersichtlichkeit den Vorrang einzuräumen und eine geschlossene Vorschrift für die Medienkonzentration in das Grundgesetz einzufügen. Dies entspricht überdies der Stellung als Ausnahmeregelung, die als solche damit klar zu erkennen wäre.

(bbb) Beteiligung der Länder

Das hier vorgeschlagene Modell einer Verfassungsänderung verleiht zwar dem Bund die konkurrierende Gesetzgebungszuständigkeit, jedoch kann er nur Gesetze erlassen, die der Zustimmung des Bundesrates bedürfen. Damit soll dem Fakt Rechnung getragen werden, daß den Ländern durch die Neuregelung ein Teil ihrer Kompetenzen abhanden kommt, wenn auch ein nicht unbeträchtliches Segment der Rundfunkkompetenzen den Ländern erhalten bleibt. Nicht bestritten werden kann wohl, daß durch die Regelung der Medienkonzentration auch Länderinteressen berührt werden, so daß den Ländern durch die Zustimmungsbedürftigkeit der Bundesgesetze ein Stück Einfluß auf die Gesetzgebung zurückbehalten wird.[888] Die Gewährung einer Einwirkungsmöglichkeit der Länder über den Bundesrat dürfte auch deren Bereitschaft erhöhen, einer diesbezüglichen Verfassungsänderung zuzustimmen.

(ccc) Beachtung der Ewigkeitsgarantie des Art. 79 Abs. 3 GG

Die vorgeschlagene Verfassungsänderung führt unter anderem zu einer Reduzierung der den Ländern zur Verfügung stehenden Gesetzgebungskompetenzen. Dies ist unter dem Gesichtspunkt der in Art. 79 Abs. 3 GG festgelegten „ewigen" Grundsätze, nach denen die Gliederung des Bundes in Länder und die grundsätzliche Mitwirkung der Länder bei der Gesetzgebung nicht berührt werden darf, nicht unproblematisch. Nach Art. 79 Abs. 3 GG muß den Ländern mindestens ein Kern eigener Aufgaben verbleiben,[889] woraus im Umkehrschluß

---

[887] Vgl. Lerche, in: Maunz/Dürig, Art. 87 f Rdnr. 13; siehe dazu schon Seite 17 f.

[888] Gut die Hälfte aller Bundesgesetze ist inzwischen zustimmungsbedürftig, obwohl nach der Konstruktion des Grundgesetzes das Einspruchsgesetz der Regelfall ist. Zustimmungsgesetze betreffen dabei in der Regel Vorschriften, die Länderinteressen berühren; vgl. Bryde, in: v. Münch/Kunig, Art. 77 Rdnr. 20 f.

[889] Vgl. BVerfG, E 34, Urt. v. 26.7.1972, 9 (19 f.).

gefolgert wird, daß die Norm keinen Bestandsschutz konkreter Zuständigkeiten der Länder enthält. Sie erklärt nicht jede je bestehende Landeszuständigkeit für unantastbar.[890] Gesetzgebungskompetenzen der Länder können daher grundsätzlich zugunsten des Bundes abgeändert werden.

Ob zu dem unentziehbaren „Hausgut" der Länder, zu dem die freie Bestimmung über ihre Organisation einschließlich der in der Landesverfassung enthaltenen organisatorischen Grundentscheidungen gehören,[891] die Kompetenzen hinsichtlich der Medienkonzentrationskontrolle zu zählen sind, ist schon wegen deren geringen Umfangs wohl mehr als zweifelhaft. Ein Verstoß gegen die Ewigkeitsklausel wegen der Bedrohung der Eigenstaatlichkeit der Länder dürfte daher durch die Übertragung der Kompetenzen in Art. 74 b GG zu verneinen sein.

Diesbezüglich wird wohl auch ein Verstoß wegen der Errichtung einer gemeinsamen Bund-Länder-Anstalt nicht gegeben sein. Denkbar ist nämlich auch, daß eigene Zuständigkeiten der Länder durch die Mitwirkung an Bundesaufgaben ersetzt werden.[892]

Zweifelhaft ist schließlich die Vereinbarkeit der Errichtung einer Bund-Länder-Gemeinschaftsanstalt mit dem unter der Ewigkeitsgarantie stehenden Demokratieprinzip. Dieses umfaßt die grundsätzliche Weisungsgebundenheit der Verwaltung gegenüber der Regierung.[893] Bei einer Bund-Länder-Anstalt ist jedoch fraglich, wessen Weisungen diese untersteht. Üblich ist die Zuordnung einer Landes- oder Bundesverwaltung auf oberster Ebene zum Geschäftsbereich eines Ministers. Möglich wäre bei einer gemeinsamen Behörde damit die Zuordnung zum Geschäftsbereich des Landesministers oder des Bundesministers. Die Zuordnung zu den vielen Landesministerien würde wohl die Handlungsfähigkeit der Anstalt beeinträchtigen, so daß in den Vorschlag des Art. 74 b Abs. 4 S. 1 GG die Zuordnung an einen Bundesminister aufgenommen wurde.[894] Ein Verstoß gegen das Erfordernis der demokratischen Kontrolle der Verwaltung dürfte daher ebenso zu verneinen sein.

---

890 Vgl. Lücke, in: Sachs, GG, Art. 79 Rdnr. 27 f.; Bryde, in: v. Münch/Kunig, Art. 79 Rdnr. 31; v. Mangoldt/Klein, Das Bonner Grundgesetz, Art. 79 Anm. VII 1 d.

891 BVerfG, E 34, Urt. v. 26.7.1972, 9 (20).

892 Vgl. Bryde, in: v. Münch/Kunig, Art. 79 Rdnr. 31; Scherer/Hölscher, S. 69 f. (s. Fn. 759) gehen in ihrem Gutachten davon aus, daß es bei der Bund-Länder-Anstalt gar nicht zu einem Aufgabenverlust käme, es handele sich um eine Querschnittsaufgabe, die nach der Kompetenzverteilung des Grundgesetzes in koordinierter Weise von Bund und Ländern wahrgenommen werden müsse.

893 BVerfG, E 83, Urt. v. 13.10.1990, 60 (72); vgl. auch Scherer/Hölscher, S. 70 (s. Fn. 759).

894 Insoweit folgt die vorliegende Option zur Verfassungsänderung dem Vorschlag von Koenig, K&R 2000, 1 (6).

bb) Europäische Ebene

Die bestehenden Strukturprobleme, die sich durch die technische Konvergenz der Kommunikationsdienste ergeben, werden durch die EU-Kommission als dritte und supranationale Aufsichtsbehörde potenziert. Die Kommission hat stets darauf hingewiesen, daß die Durchsetzung der ordnungsgemäßen Anwendung des Gemeinschaftsrechts in der Zuständigkeit der Kommission liegt und damit auch die Wettbewerbsvorschriften des EG-Vertrages neben den nationalen Wettbewerbsregelungen zu beachten sind.[895] Naturgegeben folgt daraus ein Spannungsverhältnis hinsichtlich der Aufsichtspraxis zwischen der Kommission und den nationalen Wettbewerbsbehörden.

Aufgelöst ist dieses Spannungsverhältnis durch grundsätzlich klar voneinander abgegrenzte Zuständigkeiten. Es gelten die allgemeinen Grundsätze, d. h. parallele Anwendbarkeit und im Kollisionsfall Anwendungsvorrang des europäischen Rechts.[896] Dennoch kann es zu Konfliktfällen des gemeinschaftlichen Wettbewerbsrechts im Bereich der Kommunikation und der nationalen Wettbewerbsregulierung in diesem Sektor kommen, die im Verlauf der Untersuchung schon Gegenstand der Erörterung waren.

So besteht etwa die Gefahr der Uneinheitlichkeit von Entscheidungen im Fusionskontrollverfahren und damit das Problem der Rechtsunsicherheit, wenn das Bundeskartellamt neben der Kommission ebenfalls die Prüfung von eigentlich in die ausschließliche Zuständigkeit der Kommission fallenden Kontrollverfahren wahrnimmt.[897] Spannungen zwischen nationalem Telekommunikationsrecht und dem Gemeinschaftsrecht ergeben sich auch durch die Bestimmung des § 50 GWB.[898] Verwicklungen zwischen Gemeinschaftsrecht und nationalem Recht folgen ebenso aus der Regelung des Art. 21 Abs. 3 FKVO, nach der es den Mitgliedstaaten gestattet ist, neben den ökonomischen Prinzipien des EG-Vertrages, die durch die Kommission gewahrt werden, auch noch die innerstaatlichen Bestimmungen zum Schutz des Meinungspluralismus zur Anwendung zu bringen.[899]

Angesichts der bestehenden Schwierigkeiten zwischen gemeinschaftlicher und nationaler Ebene liegt die Frage nahe, ob nicht durch eine Reform der gemeinschaftlichen Institutionen eine Verbesserung der in komplexer Weise miteinander verwobenen Regulierung erzielt werden kann. Alternativ könnte man auch daran denken, durch Anpassung und Vervollkommnung bestehender Strukturen die gegebenen Konflikte einer Lösung zuzuführen. Jedenfalls existieren bereits

---

895 So z.B. Kommunikationsbericht 1999, Punkt 4.8.1., S. 62 (s. Fn. 743).

896 Anerkannt ist dies seit der grundlegenden Walt-Wilhelm-Entscheidung des EuGH, EuGH, Urt. v. 13.2.1969, Rs. 14/68 – Walt Wilhelm, Slg. 1969, 1, (13 ff.).

897 So geschehen beim Fall Bertelsmann/Kirch/Premiere, vgl. Seite 160.

898 Siehe dazu näher auf Seite 139.

899 Vgl. hierzu Seite 119 ff.

Reformüberlegungen, die in wettbewerbsrechtlicher Hinsicht durchaus beachtenswert sind.

aaa) Europäische Regulierungsbehörde

Vor allem im Bereich der Telekommunikation erfährt das Gemeinschaftsrecht eine besondere Bedeutung. Die EU-Kommission hat die Liberalisierung des europäischen Telekommunikationsmarktes vereinheitlicht, so daß eine effektive Wettbewerbsaufsicht auf europäischer Ebene hier von besonderem Interesse ist.[900] Aus diesem Grund wurde jüngst mehr und mehr die Einführung einer zentralen europäischen Regulierungsbehörde diskutiert.[901]
Eine derartige Behörde könnte bisher größtenteils dezentral organisierte Regulierungsaufgaben übernehmen, daneben wäre auch die Regulierung neuer gemeinschaftsweiter Telekommunikationsmärkte möglich. Einhergehen könnte damit ein effizienteres Eingreifen der EU im Hinblick auf die Einheitlichkeit bei der Umsetzung der Liberalisierung der Telekommunikationsmärkte. In diesem Sinne argumentieren jedenfalls die Befürworter einer von der Kommission institutionell unabhängigen europäischen Regulierungsbehörde.[902]
Zweifelhaft ist jedoch, ob durch eine neue, getrennte Behörde auf EU-Ebene das Ziel einer effizienteren Regulierung in rechtspolitisch und wettbewerbspolitisch sinnvoller Weise erreicht werden kann. Die Errichtung von branchenspezifischen Wettbewerbsbehörden und die Erweiterung ihrer jeweiligen Zuständigkeiten begegnet grundsätzlichen Bedenken. Auf europäischer Ebene lassen sich der Bildung solcher Gremien weitgehend dieselben Argumente entgegenhalten, die auf nationaler Ebene gegen die Errichtung bzw. Beibehaltung einer sektorspezifischen Regulierungsbehörde für die Telekommunikation und für die Übertragung der Kompetenzen auf die allgemeine Wettbewerbsbehörde sprechen.[903]
Auch bei Erlaß des TKG stand man vor der Frage, ob man eine besondere Aufsichtsbehörde einrichten oder die Zuständigkeiten an das Bundeskartellamt zuweisen sollte. Die Entscheidung zur Errichtung einer Regulierungsbehörde führte zwar zum einen dazu, daß der Übergang vom Monopol zum Wettbewerb auf sehr effiziente Weise vollzogen werden konnte, jedoch führt zum anderen die Beibehaltung solch sektorspezifischer Behörden wie gesehen zu einem Zu-

900 Vgl. auch Schaub, MMR 2000, 211.
901 Siehe etwa Möschel, MMR-Beilage 3/1999, 3 (5 f.); v. Meibom/v. d. Bussche, MMR 2000, 206 ff.; Paulweber, ZUM 2000, 11 (27 ff.); ders., Regulierungszuständigkeiten in der Telekommunikation, S. 245 ff.; Kommunikationsbericht 1999, Punkt 2.5., S. 9 (s. Fn. 743).
902 Vgl. etwa Kiessling, S. 217 f. m.w.N. in Fn. 743; siehe dazu auch Paulweber, ZUM 2000, 11 (33).
903 Siehe dazu schon auf Seite 190 ff.

ständigkeitswirrwarr, der wettbewerbspolitisch betrachtet vor allem Entwicklungshemmnisse zur Folge hat. Es würde auch auf europäischer Ebene zu einer Verdopplung der Verantwortlichkeiten kommen, dessen Ergebnis wohl mehr Regulierung anstatt grundsätzlich gewünschter Deregulierung wäre.[904] Darüberhinaus ist noch hinzuzufügen, daß auf nationaler Ebene schon Regulierungsbehörden existieren, die die Liberalisierung der Telekommunikationsmärkte zu einem großen Teil bereits bewerkstelligt haben, so daß die Notwendigkeit einer eigenen europäischen Regulierungsbehörde mangels Vorliegens wirklich erheblicher gemeinschaftsweiter Monopole, deren Auflösung es noch bedürfte und die die Errichtung einer europäischen Regulierungsbehörde rechtfertigen könnten, nicht gegeben ist. Es besteht kein Anlaß zu weiterer Zentralisierung, die Aufgabe der europäischen Ebene, insbesondere der Kommission, ist es weiterhin, durch Aufsicht über die nationalen Regulierungsbehörden die Einhaltung der Wettbewerbsregeln sicherzustellen.[905]
Zentrales Argument gegen die Notwendigkeit einer europäischen Regulierungsbehörde ist daher auch auf europäischer Ebene die Gefahr einer dauerhaften Einrichtung eines zusätzlichen Aufsichtsgremiums, die die Komplexität der Zuständigkeiten nicht verringern, sondern im Gegenteil erhöhen würde. Dies widerspricht dem wünschenswerten Ziel der Deregulierung und wäre auch mit dem hier vertretenen Ansatz der Vereinfachung der Zuständigkeiten und der Trennung der Aufsicht nach Funktionen nicht zu vereinbaren. Daher soll im Rahmen dieser Untersuchung auch nicht der Frage nachgegangen werden, ob für die Errichtung einer europäischen Regulierungsbehörde überhaupt eine normative Grundlage im EG-Vertrag zu finden wäre.[906]

bbb) Weitere institutionelle Veränderungen

Neben der Überlegung, eine neue europäische Regulierungsbehörde zu installieren, kommen weitere institutionelle Veränderungen zur Verbesserung und Intensivierung der Zusammenarbeit zwischen Gemeinschaft und Mitgliedstaaten in Betracht. Vorschläge hierzu gehen in erster Linie aus der Mitte der Kommission hervor, sie haben weit weniger einschneidende Wirkung als die Errichtung einer

---

904 Vgl. auch Kommunikationsbericht 1999, Punkt 2.5., S. 10 (s. Fn. 743); die Kommission kommt dort überdies zu der Feststellung, daß die Schaffung einer europäischen Regulierungsbehörde keinen ausreichenden Mehrwert erzielen würde, der die wahrscheinlich anfallenden Kosten rechtfertigen könnte.

905 Zur (von ihm nicht befürworteten) Notwendigkeit der Errichtung einer europäischen Regulierungsbehörde eingehend Paulweber, ZUM 2000, 11 (33 f.); ders., Regulierungszuständigkeiten in der Telekommunikation, S. 255 ff.; vgl. auch Möschel, MMR-Beilage 3/1999, 3 (6).

906 Zu dieser Frage vgl. etwa Möschel, MMR-Beilage 3/1999, 3 (5 f.); Paulweber, ZUM 2000, 11 (27 f.); ders., Regulierungszuständigkeiten in der Telekommunikation, S. 245 ff.

eigenen sektorspezifischen Wettbewerbsbehörde. Die Kommission schlägt vor, ausgehend von den institutionellen Vorkehrungen, die innerhalb der Gemeinschaft bereits existieren, diese zu reformieren und deren Rolle zu stärken.

(1) Kommunikationsausschuß (COCOM)

Als Ersatz für die bestehenden Gremien „ONP-Ausschuß“ und „Genehmigungsausschuß“ ist die Einführung des Kommunikationsausschusses (COCOM) vorgesehen, der vor allen Dingen beratende und regelnde Funktion haben soll. Er würde sich aus Vertretern der Kommission und den Mitgliedstaaten zusammensetzen und könnte sich mit allen Fragen des neuen Rechtsrahmens, wie Genehmigung, Frequenzen, Zugang und Zusammenschaltung befassen.[907]
Die beratende Funktion des COCOM würde durch Stellungnahmen zu Maßnahmen der Kommission, wie etwa Empfehlungen an die Mitgliedstaaten im Zusammenhang mit der Kommunikationsinfrastruktur ausgefüllt. Regelnd würde er tätig, indem er über Maßnahmenentwürfe verbindlicher Natur für Kommunikationsinfrastruktur und zugehörige Dienste abstimmt, wobei diese Maßnahmen die Form von Entscheidungen hätten.[908]

(2) Hochrangige Kommunikationsgruppe (HLCG)

Als weiteres Gremium denkt die Europäische Kommission an die Einrichtung der Hochrangigen Kommunikationsgruppe (HLCG, High Level Communications Group). Diese würde aus Vertretern der Kommission und der nationalen Regulierungsbehörden bestehen. Entsprechend müßte man wohl bei Abschaffung einer nationalen Regulierungsbehörde – wofür sich wenigstens mittelfristig die vorliegende Untersuchung ausspricht - Vertreter der für die allgemeine Wettbewerbsaufsicht zuständigen Behörde in das Gremium entsenden.
Die HLCG würde die bestehende Hochrangige Gruppe der Regulierer ablösen und wäre dazu aufgerufen, intensiv mit Institutionen auf europäischer Ebene zu kooperieren. Geschehen könnte dies, indem sie die Kommission darin unterstützt, eine möglichst gleichartige Anwendung der nationalen Maßnahmen zu erreichen, die aufgrund gemeinschaftsrechtlicher Richtlinien erlassen wurden.[909]

(3) Expertengruppe für Frequenzpolitik

Schließlich erwägt die Kommission mit der Expertengruppe für Frequenzpolitik ein neues beratendes Gremium auf EU-Ebene einzuführen, das für die Befas-

---

907 Kommunikationsbericht 1999, Punkt 4.8.1., S. 60 (s. Fn. 743).
908 Kommunikationsbericht 1999, Punkt 4.8.1., S. 60 (s. Fn. 743); vgl. dazu Kardasiadou, RTkom 1999, 168 (171).
909 Kommunikationsbericht 1999, Punkt 4.8.1., S. 61 (s. Fn. 743); vgl. dazu Kardasiadou, RTkom 1999, 168 (171).

sung mit Frequenzfragen aus allen Bereichen zuständig sein soll. Die Gruppe hätte in erster Linie politische Funktionen und würde die Arbeit der Hochrangigen Kommunikationsgruppe ergänzen.[910]

ccc) Schlußfolgerungen für die europäische Wettbewerbsaufsicht

Mit den eben dargestellten Vorschlägen zur Reformierung der bestehenden institutionellen Vorkehrungen ist die EU-Kommission auf dem richtigen Weg. Erforderlich ist nicht die Schaffung einer neuen zentralen Regulierungsbehörde bzw. anderer zentraler Wettbewerbsaufsichtsgremien, da dies zu einer weiteren Ausweitung der ohnehin schon komplexen Aufsichtsstrukturen führen würde. Eine Vermehrung der zuständigen Wettbewerbsbehörden ist wettbewerbspolitisch nicht wünschenswert.

Aufgabe der europäischen und nationalen Wettbewerbsbehörden ist es, sicherzustellen, daß der Trend in Richtung eines effektiven Wettbewerbs auf allen Kommunikationsmärkten anhält. Wettbewerbliche Fragestellungen, die in die Kompetenz der Gemeinschaft fallen, können besser durch Anpassung und Vervollkommnung der bestehenden Aufsichtsstrukturen gelöst werden.[911] Auf diese Weise kommt es zu weniger Konflikten und Überschneidungen mit nationalen Kompetenzen, die bisher die Entwicklung der Kommunikationsmärkte in nicht unerheblicher Form beeinträchtigten.

Wie auf nationaler Ebene sollte auch auf europäischer Ebene dem Bestreben Vorrang eingeräumt werden, der zunehmenden Zersplitterung des Wettbewerbsrechts und der damit einhergehenden Verteilung der entsprechenden Aufsichtskompetenzen Einhalt zu gebieten. Die Einführung besonders regulierter Bereiche bei der Kontrolle des Wettbewerbs sollte daher vermieden werden, vorzuziehen ist die Aufsicht über den Wettbewerb durch eine einzige, umfassend zuständige Stelle.

---

910 Kommunikationsbericht 1999, Punkt 4.8.1., S. 62 (s. Fn. 743); vgl. dazu Kardasiadou, RTkom 1999, 168 (171).

911 Gegen eine europäische Regulierungsbehörde und für die Anpassung der bestehenden Strukturen plädiert auch die EU-Kommission, vgl. Kommunikationsbericht 1999, Punkt 2.5., S. 10 (s. Fn. 743).

Die zukünftige Wettbewerbsaufsichtsordnung für den Kommunikationsbereich könnte daher in folgender Weise ausgestaltet sein:

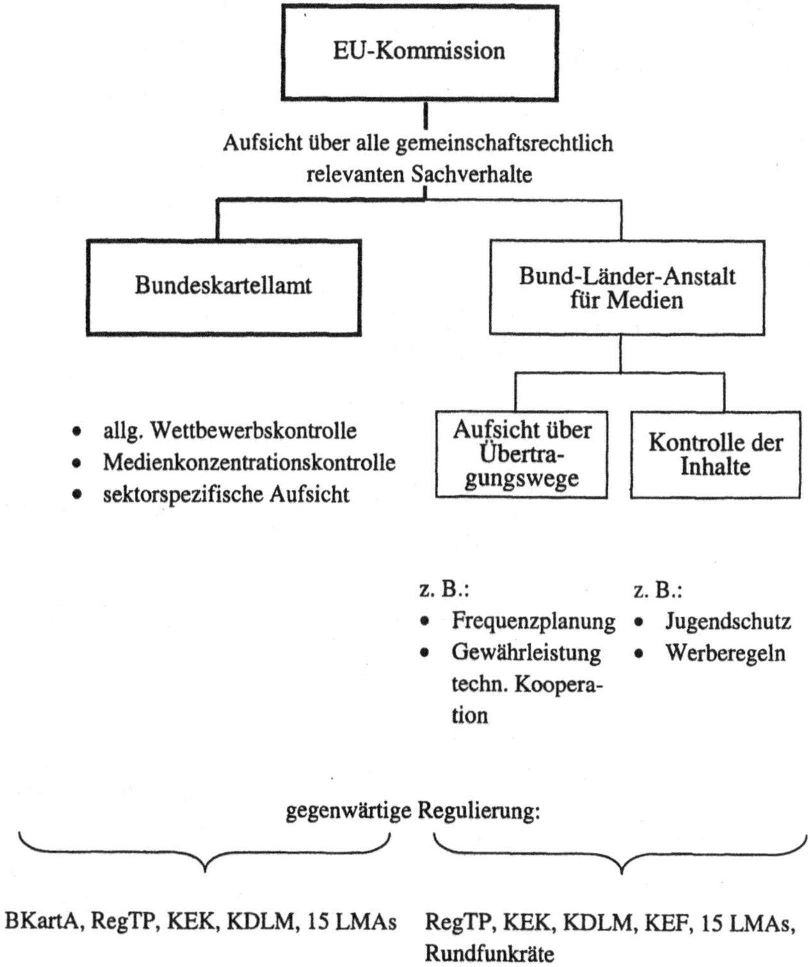

5. Kapitel: Gesamtbetrachtung und rechtspolitischer Ausblick

1. Charakteristik der Problematik

Der Sektor der Kommunikation zeichnet sich durch eine wachsende gesamtwirtschaftliche Bedeutung aus. Die Kommunikationsindustrie nimmt heute eine Schlüsselposition im Wirtschaftsgeschehen entwickelter Volkswirtschaften ein. Die Kommunikationsmärkte sind in den meisten entwickelten Volkswirtschaften Gegenstand ordnungspolitischer Umgestaltungen. Privatisierung, Deregulierung und Wettbewerb sind dabei die hervorstechenden Schlagworte in der wirtschaftspolitischen Diskussion der letzten Jahre. Der Weg hin zu einem „schlankeren Staat" muß indes durch die entsprechende Gesetzgebung begleitet werden. Der Gesetzgeber steht vor der schwierigen Aufgabe, die Regelungen so besonnen zu wählen, daß der wirtschaftliche Fortschritt nicht behindert wird, demgegenüber ist er jedoch auch aufgerufen, die Entfaltung der Kommunikationsmärkte durch Neuregelungen zu fördern.

In der zweiten Hälfte der 90er Jahre war daher das Bemühen von Bund und Ländern zu begrüßen, das neue Kommunikationszeitalter durch aktuelle Spezialregelungen zu begleiten, um Rechtsunsicherheiten und Fehlentwicklungen in diesem komplexen Sektor zu vermeiden. Bundes- und Landesgesetzgeber erließen dabei eine Fülle weitgehend aufeinander abgestimmter gesetzlicher Regelungen, um möglichst umgehend Rechtssicherheit und Einheitlichkeit hinsichtlich rechts- und wirtschaftspolitisch bedeutsamer Fragen zu schaffen. Neu geregelt wurde neben allgemein medien- und kommunikationsrelevanten Problemkreisen insbesondere die Wettbewerbsaufsicht im gesamten Kommunikationsbereich.

Zur Erfüllung all dieser Zwecke wurde vom Bund ein neues Telekommunikationsgesetz (TKG) erlassen und das Informations- und Kommunikationsdienstegesetz (IuKDG) entwickelt. Die Länder hingegen schlossen einen Mediendienstestaatsvertrag (MDStV) und einigten sich auf eine weitreichende Änderung des Rundfunkstaatsvertrags (3. RÄndStV). In der Folge dieser gesetzlichen Neuordnungen existiert neben dem allgemeinen Wettbewerbsrecht eine besondere sektorspezifische Wettbewerbsaufsicht, darüberhinaus war ein spezielles Medienkonzentrationsrecht zur Kontrolle des publizistischen Wettbewerbs geschaffen.

Die Gesetzgeber orientierten sich bei der Neugestaltung des Ordnungsrahmens also nicht an der technischen Konvergenz der Medienmärkte, sondern bewirkten neue gesetzliche Strukturen entlang der technischen Übertragungsplattformen. So traten neben die schon etablierten gesetzlich unterschiedenen Formen wie Rundfunk, Telekommunikationsdienstleistungen oder Presse zusätzlich noch Teledienste und Mediendienste. Erforderlich wurde damit neben der bisher be-

reits unvermeidlichen Unterscheidung zwischen den bekannten Dienstleistungsformen eine weitere Differenzierung in noch detailliertere Kategorien.
Damit unmittelbar einher ging eine Aufblähung der Anzahl der für die Aufsicht über die verschiedenen Dienste zuständigen Behörden. Zur Unterstützung der Bewerkstelligung der Aufsicht hinsichtlich wettbewerbsrechtlicher Fragen wurde die Kommission zur Ermittlung der Konzentration (KEK) mit der Konferenz der Direktoren der Landesmedienanstalten (KDLM) geschaffen und zur Kontrolle des Wettbewerbs im Bereich der Telekommunikation eine Regulierungsbehörde für Telekommunikation und Post (RegTP) errichtet. Für die Kontrolle des allgemeinen Wettbewerbs weiter zuständig blieb das Bundeskartellamt und darüberhinaus auf Gemeinschaftsebene die EU-Kommission.
Ergebnis dieser Vorgehensweise ist jedoch angesichts der fortschreitenden technischen Konvergenz der Kommunikationsdienstleistungen eine Reihe von Abgrenzungsschwierigkeiten, die zu erheblicher Rechtsunsicherheit und zu verringerter Effizienz auf den Kommunikationsmärkten führen.[912] Die nicht selten unklare, teilweise doppelte Zuständigkeit der Aufsichtsbehörden insbesondere im Bereich der Wettbewerbsaufsicht führt zu einem Kompetenzwirrwarr. Ursächlich dafür ist das kaum überschaubare, ineinander verflochtene Regelungsgeflecht aus allgemeinem und sektorspezifischem Wettbewerbsrecht und nationalem Verfassungsrecht. Potenziert wird das Durcheinander der Regelungsordnung noch durch die gemeinschaftsrechtlichen Zuständigkeiten der EU-Kommission. Die Aufsichtsinfrastruktur ist jedoch ein Investitionsfaktor für die Medienunternehmen.[913] Ein übersichtlicher Regulierungsrahmen, der auf das unbedingt zur Erhaltung des wirtschaftlichen Wettbewerbs und der publizistischen Vielfalt erforderliche Aufsichtsinstrumentarium reduziert ist, ist daher für eine funktionierende und prosperierende Volkswirtschaft unentbehrlich.

2. Lösungsoption

Die Märkte für Rundfunk, Telekommunikation und neue Kommunikationsformen werden weiter zusammenwachsen. Schon jetzt sind die jeweiligen Märkte immer schwerer voneinander zu unterscheiden, die bisherige, klare Trennung wird zunehmend von neuen, konvergenten Produkten und Diensten verwischt.
Die gegenwärtige gesetzliche Lage versucht jedoch, die im Markt tatsächlich verschwimmende Trennung von Individual- und Massenkommunikation weiter künstlich aufrechtzuerhalten. Zwar ist anzuerkennen, daß sektorspezifische Regulierung für Märkte, die vom Monopol zum Wettbewerb überführt werden, durchaus ihre Berechtigung hat, was auch am negativen Beispiel anderer nationaler Märkte, die auf bereichsspezifische Regulierung verzichtet haben, plausi-

912 Vgl. dazu vor allem die Ausführungen ab Seite 151 ff.
913 So auch Koenig, K&R 2000, 1 (2).

bel nachvollzogen werden kann.[914] Ist allerdings für größere Teilbereiche dieser Märkte funktionsfähiger Wettbewerb erreicht bzw. in naher Zukunft zu erwarten, so ist es angezeigt, solche Märkte wenigstens mittelfristig aus der sektorspezifischen Regulierung zu entlassen.

Die Beibehaltung längerfristiger sektorspezifischer Regulierung und die angesichts der zunehmenden technischen Konvergenz elektronischer Medien sachfremde, ausgeweitete gesetzliche Unterteilung der Aufsicht nach Übertragungsplattformen, würde einen Schritt in die falsche Richtung darstellen. Die Unterscheidbarkeit der verschiedenen Kommunikationsformen löst sich weiter auf, die gesetzliche Trennung zwischen den Kommunikationsdiensten ist in der Realität des Marktes nicht wiederzufinden. Die für die Wettbewerbsaufsicht relevanten Märkte ordnen sich neu. Dies ist in der Organisationsform der Aufsicht zu berücksichtigen. Überkommen ist daher ein Festhalten an der Marktaufsicht getrennt nach Übertragungsplattformen wie Rundfunk oder Telekommunikation, erforderlich ist eine Trennung der Aufsicht nach funktionalen Aufgabenbereichen.[915]

Zu denken ist somit an eine Trennung der Aufsicht etwa hinsichtlich der Kontrolle des Wettbewerbs, der Aufsicht über die Übertragungswege und der Beobachtung der Inhalte. Die Bildung der Aufsichtsgremien würde sich damit ebenso nicht mehr nach den einzelnen Kommunikationsformen richten, sondern sich an der jeweiligen Aufgabe orientieren.

Es trägt zur Gesamtstimmigkeit des Konzepts bei, die Aufsicht über die publizistische Vielfalt mit der Kontrolle des ökonomischen Wettbewerbs innerhalb einer Behörde zu vereinen. Erforderlich dazu wäre die Übertragung der jeweiligen Kompetenzen auf die allgemeine Wettbewerbsbehörde. Zu bewerkstelligen wäre dies etwa durch die Einfügung medienspezifischer Regelungen in das Gesetz über Wettbewerbsbeschränkungen (GWB).

Der entscheidende Vorteil einer derartigen Neugestaltung läge darin, daß die Vielzahl der gegenwärtigen Zuständigkeiten auf einige wenige reduziert würden. Die Kontrolle des Wettbewerbs würde vollständig auf das Bundeskartellamt übergehen, die Aufsicht über die Übertragungswege und die Inhalte wäre einer neu zu schaffenden Medienbehörde in Form einer gemeinsamen Anstalt von Bund und Ländern zu übertragen. Unterhalb des gemeinsamen Leitungsgremiums der Bund-Länder-Anstalt könnte man zwei Schwesterabteilungen bilden, eine zuständig für die Inhaltskontrolle, die andere für die Übertragungswege. Zur Berücksichtigung regionaler und lokaler Interessen könnte man in Betracht ziehen, regionale Ableger zu errichten, deren Aufgaben etwa die jetzigen Landesmedienanstalten, mit geringerem personellem und sachlichem Aufwand,

914 Vgl. dazu die Ausführungen bei Fn. 830.

915 Siehe zu den Lösungsoptionen eingehend die Seite 184 ff.

wahrnehmen könnten. Als Vorbild für dieses Konzept würde hierbei die Gestaltung der Medienmarktaufsicht in Australien dienen.[916]
Überflüssig wären damit die jetzigen Aufsichtsgremien zur Aufrechterhaltung der publizistischen Vielfalt, die KEK und die KDLM. Ihre Aufgaben würde zukünftig das Bundeskartellamt übernehmen. Die gegenwärtigen Kompetenzen der zahlreichen Landesmedienanstalten würden in der gemeinsamen Bund-Länder-Anstalt aufgehen.
An der Zuständigkeit der EU-Kommission zu Kontrolle des Wettbewerbs für gemeinschaftsrechtlich relevante Sachverhalte würde sich nichts ändern. Auf europäischer Ebene ist dem Bestreben Vorrang einzuräumen, wettbewerbliche Fragestellungen in Zukunft besser durch Anpassung und Vervollkommnung bestehender Aufsichtsstrukturen zu lösen. Die Errichtung einer neuen, zentralen Regulierungsbehörde würde dem wettbewerbspolitischen Zweck der Neuordnung der Wettbewerbsaufsicht widersprechen. Ob eine Reform der bestehenden institutionellen Vorkehrungen, die innerhalb der Gemeinschaft bereits existieren, wünschenswert ist, bedarf weiterer Diskussion. Die gegenwärtigen Bestrebungen der Gemeinschaft weisen jedoch in die richtige Richtung.

3. Umsetzbarkeit der Lösungsoption

Bei der praktischen Verwirklichung der Lösungsoption sind vor allem die verschiedenen Zuständigkeiten und die komplexe Interessenlage der betroffenen Behörden und Medienunternehmen zu bedenken. Zentrale Problematik bei der Errichtung einer gemeinsamen Bund-Länder-Anstalt und der Übertragung der publizistischen Konzentrationskontrolle auf das Bundeskartellamt ist die verfassungsrechtliche Lage in Deutschland. Zu berücksichtigen ist die Umsetzbarkeit daher auf der Basis der Verteilung der Gesetzgebungszuständigkeiten und der Verwaltungskompetenzen.[917]
Ein Kernpunkt der im Rahmen dieser Untersuchung vorgeschlagenen Gestaltungsoption ist die Erweiterung der Aufgaben des Bundeskartellamts. Das Bundeskartellamt ist eine selbständige Bundesoberbehörde im Sinn von Art. 87 Abs. 3 GG und gegenwärtig lediglich für die allgemeine, ökonomische Wettbewerbskontrolle zuständig. Will man ihm auch die sektorspezifische Wettbewerbskontrolle im Bereich der Telekommunikation und die Kontrolle des publizistischen Wettbewerbs überlassen, müßten dem Bund gemäß Art. 87 Abs. 3 GG die für diese Bereiche notwendigen Gesetzgebungskompetenzen obliegen. Für den Sektor der Telekommunikation ist dies wegen Art. 73 Nr. 7 GG der Fall. Die Übertragung der Zuständigkeiten hinsichtlich der sektorspezifischen Wett-

---

916 Eingehender zur Ausgestaltung der Medienbehörde als gemeinsame Bund-Länder-Anstalt auf Seite 187.

917 Siehe zu dieser Problematik Seite 205 ff.

bewerbsaufsicht auf das Bundeskartellamt könnte damit schon durch einfaches Bundesgesetz erfolgen.
Die Aufsicht über den Rundfunk und die Medien ist jedoch Teil der Länderhoheit gemäß den allgemeinen Kompetenzregeln in Art. 30 und 70 GG. Das Recht der Medien fällt somit nicht in seiner Gesamtheit in den Bereich der ausschließlichen oder konkurrierenden Gesetzgebungskompetenz des Bundes. Eine Übertragung der Zuständigkeiten für die Medienkonzentrationskontrolle von den Länderbehörden auf das Bundeskartellamt ist daher aus verfassungsrechtlichen Gründen nicht ohne weiteres möglich.
Man könnte dabei auf den naheliegenden Gedanken kommen, die für den Bund erforderlichen Kompetenzen durch eine einvernehmliche Regelung zwischen Bund und Ländern etwa in einem Bund-Länder-Staatsvertrag zu übertragen. Die Errichtung einer gemeinsamen Verwaltungsstelle ist jedoch auf diese Weise nicht möglich, da alle Formen der Mischverwaltung zwischen Bund und Ländern aufgrund der prinzipiellen Trennung der Verwaltungsräume, die sich aus den Art. 83 ff. GG ergibt, grundsätzlich unzulässig sind.
Kompetenzverschiebungen sind, auch wenn sie in einvernehmlicher Weise zustande kommen würden, nicht zulässig. Bei der Übertragung der Medienkonzentrationskontrolle auf das Bundeskartellamt würden der Bundesoberbehörde zugleich Entscheidungsbefugnisse eingeräumt, so daß hier auch keine ausnahmsweise Zulässigkeit einer Mischverwaltung geltend gemacht werden kann.[918] Zur Überwindung des Verbots der Mischverwaltung könnte man zwar ebenso an die Modifizierung bereits bestehenden Grundgesetznormen denken, etwa der Art. 91 a und 87 f GG, die gewünschte Anpassung der Kompetenzen ist jedoch damit nicht in ausreichendem Maß zu bewerkstelligen.[919] Das Bundeskartellamt als allzuständige Wettbewerbsaufsichtsbehörde ist folglich nur über eine Änderung der verfassungsrechtlichen Kompetenzlage zu erreichen.
Damit der Regelungsbereich der Kontrolle der publizistischen Vielfalt in der Zuständigkeit der Bundesoberbehörde aufgehen kann, ist demzufolge eine Verfassungsänderung notwendig. Systemgerecht erscheint dazu die Einfügung eines neuen Art. 74 b GG im Bereich der Regelungen zur Gesetzgebung der Art. 70 ff. GG.[920] Durch die Übertragung nur der für die Medienkonzentrationskontrolle unbedingt erforderlichen Befugnisse bliebe den Ländern ein Teil ihrer Rundfunk- und Medienkompetenz erhalten, sie wäre damit nicht vollkommen ausgehöhlt.

918 Vgl. hierzu näher auf Seite 207.
919 Siehe dazu eingehend die Erwägungen auf Seite 209 ff.
920 Zum Wortlaut des Vorschlags eines neuen Art. 74 b GG siehe Seite 212.

4. Ausblick

Zweifellos ist die Durchsetzung einer derart fundamentalen Änderung der Medienordnung und insbesondere der Organisation der Wettbewerbsaufsicht im gesamten Kommunikationsbereich mit außerordentlichen Schwierigkeiten verbunden. Will man den bestehenden Kompetenzwirrwarr bei der Aufsicht über die Medien entflechten und zugleich ein gesamtstimmiges Konzept der Wettbewerbsregulierung im Sektor der Medien schaffen, ist eine radikale Neuordnung unabdingbar. Statt vieler Behörden auf Länder- und Bundesebene zur Regelung des gesamten Kommunikationsbereichs bestünden jedoch in Zukunft mit dem Bundeskartellamt und einer Bund-Länder-Anstalt auf nationaler Ebene nur noch zwei Aufsichtskontrollgremien.

Ohne Verfassungsänderung ist ein derartiges Konzept indes nicht zu erreichen. Vor allem die Länder müßten hierbei einen nicht unerheblichen Verlust eines Teils ihrer Kompetenzen hinnehmen. Daß dies nicht leicht fallen dürfte und auf erheblichen Widerstand stoßen wird, dürfte auf der Hand liegen. Aus den Reihen der Ländern und der möglicherweise obsolet werdenden Institutionen sind dementsprechend auch schon Bedenken gegenüber einer Verfassungsänderung laut geworden.[921] In jüngster Zeit scheinen sich jedoch auch die Länder mit dem Gedanken anzufreunden, die Prüfkompetenz der KEK allein auf das Bundeskartellamt zu verlagern. Die Einsicht, daß eine grundsätzliche Neuordnung der Medienaufsicht wegen des bestehenden Kompetenzwirrwarrs überfällig sei, gewinnt zunehmend an Ausmaß, so daß die Länder untersuchen lassen wollen, ob das Medienkonzentrationsrecht der Länder aufgegeben werden könne.[922]

Zur Unterstützung dieser jüngsten Bestrebungen sei noch einmal zu betonen, daß der Wettstreit der verschiedenen Regulierungssysteme, den die EU-Kommission durch ihr Grünbuch zur Konvergenz ins Leben gerufen hat, gewiß nicht durch Zaghaftigkeit und Konfliktscheue zu gewinnen sein wird. Ein großer Teil der Vorbehalte, die vor allem von den Ländern geäußert werden, dürfte seine Motivation lediglich in bloßem Besitzstandsdenken haben, das bei annähernd jedem Reformvorhaben eine bremsende Funktion innehat und das es zu überwinden gilt. Schon aufgrund der Größe seiner Kommunikationsmärkte kommt

---

921 So hatte sich etwa der bayerische Ministerpräsident Stoiber dagegen ausgesprochen, die 15 Landesmedienanstalten zu einer Bundesmedienanstalt zusammenzufassen. Gespannt darf man überdies sein, wie sich die Wahl von Ernst-Joachim Mestmäcker, der als Mitglied des Wissenschaftlichen Beirats beim BMWi an dem beachtlich progressiven Gutachten „Offene Medienordnung" mitgewirkt hat, zum neuen Vorsitzenden der KEK auswirken wird. Er tritt die Nachfolge des im November 1999 verstorbenen Reimut Jochimsen an, der in seiner Funktion ein erklärter Gegner der Abschaffung der KEK war.

922 Die schleswig-holsteinische Ministerpräsidentin Simonis und der bayerische Ministerpräsident Stoiber haben in einem Briefwechsel den Anstoß für eine große Reform der deutschen Medienordnung gegeben, vgl. dazu SZ v. 21.9.2000, Nr. 218, S. 24.

Deutschland eine Vorbildfunktion zu, die es auch in gebührender Weise wahrnehmen sollte.
Das Konvergenzphänomen bei den Medien ist ein außerordentlich schnell fortlaufender Prozeß. Daher ist es angezeigt, daß der Gesetzgeber sich nicht zu lange auf den Lorbeeren für kürzlich im Medienbereich erlassene Gesetzeswerke ausruht und zügig eine neue Regulierungsordnung errichtet. Ziel muß es sein, bereits mittelfristig für die neuen Innovationen, also schon innerhalb der nächsten zwei oder drei Jahre, gewappnet zu sein. Fundamentalen Änderungen in der Technik kann hinsichtlich der Wettbewerbsaufsicht nur mit fundamentalen Umwälzungen im Recht begegnet werden.

Literaturverzeichnis:

Ablasser, Astrid, Medienmarkt und Fusionskontrolle, Köln u. a. 1998

Alber, Siegbert/Widmaier, Ulrich, Die EU-Charta der Grundrechte und ihre Auswirkungen auf die Rechtsprechung, EuGRZ 2000, 497

Arndt, Adolf, Das Werbefernsehen als Kompetenzfrage, JZ 1965, 337

Arndt, Helmut/Ollenburg, Günter, Die Konzentration in der Wirtschaft, Bd. 1, 2. A., Berlin 1971

Astheimer, Sabine, Rundfunkfreiheit – ein europäisches Grundrecht; eine Untersuchung zu Art. 10 EMRK, Baden-Baden 1990

Astheimer, Sabine/Moosmayer, Klaus, Europäische Rundfunkordnung, ZUM 1994, 395

Axster, Oliver, Die Europäische Fusionskontrolle, S. 567, in: Festschrift für Karlheinz Quack zum 65. Geburtstag, hrsg. von Harm Peter Westermann und Wolfgang Rosener, Berlin, New York 1991

- Gemeinschaftsunternehmen als Kooperations- oder Konzentrationstatbestand im EG-Recht, S. 1, in: Festschrift für Alfred-Carl Gaedertz zum 70. Geburtstag, hrsg. von Gisela Wild, Ine-Marie Schulte und Monika Lorenz-Wolf, München 1992

Bartosch, Andreas, Anm. zu EuG, Urt. v. 28.4.1999 - Rs. T-221/95, EuZW 1999, 607

- Das Grünbuch über Konvergenz, ZUM 1998, 209

Bechthold, Rainer, Das neue Kartellgesetz, NJW 1998, 2769

- Die Europäische Fusionskontrolle – Erfahrungen aus der Praxis, S.117, in: Schwarze, Jürgen (Hrsg.), Neuere Entwicklungen auf dem Gebiet des europäischen Wettbewerbsrechts, Baden-Baden 1999
- Fusionskontrolle im EG-Binnenmarkt, S. 45, in: Festschrift für Alfred-Carl Gaedertz zum 70. Geburtstag, hrsg. von Gisela Wild, Ine-Marie Schulte und Monika Lorenz-Wolf, München 1992
- Kartellgesetz, Gesetz gegen Wettbewerbsbeschränkungen, München 1999
- Vorrang und einheitliche Anwendung des Gemeinschaftskartellrechts, S. 251, in: Festschrift für Otfried Lieberknecht zum 70. Geburtstag, hrsg. von Ernst Niederleithinger, Rosemarie Werner, Gerhard Wiedemann, München 1997

Bender, Gunnar, Cross-Media-Ownership – Eine rechtsvergleichende Untersuchung der Kontrolle multimedialer Unternehmenskonzentration in der Bundesrepublik Deutschland und den Vereinigten Staaten von Amerika, Münster 1997

Bertelsmann Stiftung (Hrsg.), Grundsatzpapier der Bertelsmann Stiftung zu Leitlinien der zukünftigen Kommunikationsordnung, S. 12 f., verfügbar unter http://www.stiftung.bertelsmann.de/publika/download/texte/kom2000d.txt

Bethge, Herbert, Landesrundfunkordnung und Bundeskartellrecht, 1. A., Baden-Baden 1991

Bleckmann, Albert, Art. 5 EWG-Vertrag und die Gemeinschaftstreue, DVBl. 1976, 483

Bohl, Christoph, Konzentrationskontrolle in den elektronischen Medien, Baden-Baden 2000

Bohr, Kurt/Albert, Helmut, Die Europäische Union – das Ende der eigenständigen Kulturpolitik der deutschen Bundesländer?, ZRP 1993, 61

Booz, Allen & Hamilton, „Herausforderungen an die deutsche Medien- und Telekommunikationsaufsicht", Teil 1, Mai 1999 (abrufbar unter http://www.stiftung.bertelsmann.de/publika/download/index.htm)

- „Gestaltungsoptionen der Aufsicht für Rundfunk und Telekommunikation", Mai 1999, (abrufbar unter http://www.stiftung.bertelsmann.de/publika/download/index.htm)

Bremer, Eckard/Esser, Michael/Hoffmann, Martin, Der Rundfunk in der Verfassungs- und Wirtschaftsordnung, 1. A., Baden-Baden 1992

Brohm, Winfried, Kompetenzüberschreitungen im Bundesstaat, DÖV 1983, 525

Büchner, Wolfgang u.a. (Hrsg.), Beck´scher TKG-Kommentar, Telekommunikationsgesetz, München 1997

Bullinger, Martin, Der Rundfunkbegriff in der Differenzierung kommunikativer Dienste, AfP 1996, 1

- Multimediale Kommunikation in Wirtschaft und Gesellschaft, ZUM 1996, 749

- Ungeschriebene Kompetenzen im Bundesstaat, AöR 1971, 237

Bullinger, Martin/Mestmäcker, Ernst-Joachim, Multimediadienste: Struktur und staatliche Aufgaben nach deutschem und europäischem Recht, 1. A., Baden-Baden 1997

Bunte, Hermann-Josef, Die 6. GWB-Novelle – Das neue Gesetz gegen Wettbewerbsbeschränkungen, DB 1998, 1748

Burkhardt, Jürgen, Kartellrecht; Gesetz gegen Wettbewerbsbeschränkungen, Europäisches Kartellrecht, München 1995

Calliess, Christian, Der Schlüsselbegriff der „ausschließlichen Zuständigkeit" im Subsidiaritätsprinzip des Art. 3 b II EG, EuZW 1995, 693

Calliess, Christian/Ruffert, Matthias (Hrsg.), Kommentar des Vertrages über die Europäische Union und des Vertrages zur Gründung der Europäischen Gemeinschaft: EUV/EGV, Neuwied u.a. 1999

Caspari, Manfred/Schwarz, Dieter, Europäische Fusionskontrolle – Ein Historienspiel, S. 383, in: Festschrift für Werner Benisch, hrsg. von Clemens-August Andrea, Jochen Kirchhoff, Gerd Pfeiffer, Köln u. a. 1989

Clausen-Muradian, Elisabeth, Konzentrationskontrolle im privaten Rundfunk – Der neue Rundfunkstaatsvertrag (RfStV) 1997, ZUM 1996, 934

- Konzentrationstendenzen und Wettbewerb im Bereich des privaten kommerziellen Rundfunks und die Rechtsprobleme staatlicher Rundfunkaufsicht, Frankfurt a. M. u.a. 1998

Darkow, Michael, Möglichkeiten und Grenzen der kontinuierlichen Fernsehzuschauerforschung, in: Die Landesmedienanstalten (Hrsg.), Zuschaueranteile als Maßstab vorherrschender Meinungsmacht, S. 126, Berlin 1999

Dauses, Manfred A., Die Rechtsprechung des EuGH zum Verbraucherschutz und zur Werbefreiheit im Binnenmarkt, EuZW 1995, 425

Deckert, Martina R./Lilienthal, Nicolas O., Die Rechtsetzungskompetenzen der EG im Privatrecht, EWS 1999, 121

Degenhart, Christoph, Medienrecht und Medienpolitik im 21. Jahrhundert, K&R 2000, 49

- Rundfunkordnung im europäischen Rahmen, ZUM 1992, 449

Delbrück, Jost, Die Rundfunkhoheit der deutschen Bundesländer im Spannungsfeld zwischen Regelungsanspruch der Europäischen Gemeinschaft und nationalem Verfassungsrecht – ein Rechtsgutachten erstattet im Auftrag der deutschen Bundesländer, Frankfurt a. M. 1986

Diederichs, Helmut H., Konzentration in den Massenmedien, München 1973

Dolzer, Rudolf/Vogel, Klaus (Hrsg.), Bonner Kommentar zum Grundgesetz, Heidelberg (Stand: Dez. 1999)

Dörr, Dieter, Die Entwicklung des Medienrechts, NJW 1995, 2263

- Konzentrationstendenzen im Bereich des Rundfunks und ihre Rechtsprobleme, ZUM 1993, 10
- Möglichkeiten und Grenzen europäischer Medienpolitik: Konvergenz und Kompetenz, K&R 1999, 97
- Rundfunkföderalismus auf dem Prüfstand, ZUM 1996, 617
- Vielfaltssicherung durch die EU?, MP 1996, 87

Dörr, Dieter/Beucher, Klaus/Eisenbeis, Jochen/Jost, Eberhard, Die Einflüsse europarechtlicher Entwicklungen auf das Bund-Länder-Verhältnis im Rundfunkwesen, München, Berlin 1992

Dörr, Dieter/Eckl, Judith, Die Entwicklung des Medienrechts, NJW 1999, 1925

Drauz, Götz, Neuere Entwicklungen der EU-Fusionskontrolle unter Einschluß der zum 1. März 1998 eingetretenen Änderungen, S. 103, in: Schwarze, Jürgen (Hrsg.), Neuere Entwicklungen auf dem Gebiet des europäischen Wettbewerbsrechts, Baden-Baden 1999

Dreier, Horst (Hrsg.), Grundgesetz-Kommentar, Bd. II, Artikel 20 – 82, Tübingen 1998

Dreyer, Joachim, Mehr Wettbewerb durch Regulierung, MMR 2000, 121

Dudenredaktion, Wissenschaftlicher Rat (Hrsg.), Duden, Das Fremdwörterbuch, 5. A., Mannheim 1990

Eberhartinger, Michael, Konvergenz und Neustrukturierung der Grundfreiheiten, EWS 1997, 43

Eberle, Carl-Eugen, Das europäische Recht und die Medien am Beispiel des Rundfunkrechts, AfP 1993, 422

- Das Fernsehen im Zugriff des europäischen Rechts, S. 939, in: Festschrift für Werner Thieme zum 70. Geburtstag, hrsg. von Bernd Becker, Hans Peter Bull und Otfried Seewald, Köln u.a. 1993

Ehmke, Horst, Wirtschaft und Verfassung, Karlsruhe 1961

Emmerich, Volker, Kartellrecht, 8. A., München 1999

Engel, Christoph, Der Weg der deutschen Telekommunikation in den Wettbewerb, MMR-Beilage 3/1999, 7

- Vorsorge gegen die Konzentration im privaten Rundfunk mit den Mitteln des Rundfunkrechts – eine Analyse von § 21 Rundfunkstaatsvertrag, ZUM 1993, 557

Engel, Christoph/Knieps, Günter, Die Vorschriften des Telekommunikationsgesetzes über den Zugang zu wesentlichen Leistungen, Baden-Baden 1998

Engel-Flechsig, Stefan, Das Informations- und Kommunikationsdienstegesetz des Bundes und der Mediendienstestaatsvertrag der Bundesländer, ZUM 1997, 231

Engel-Flechsig, Stefan/Maennel, Frithjof A./Tettenborn, Alexander, Neue gesetzliche Rahmenbedingungen für Multimedia: die Regelungen des IuKDG und des MDStV, 1. A., Heidelberg 1998

Engels, Stefan, Verfassungsrechtliche Strukturvorgaben für Rundfunkkonzentrationsregelungen, ZUM 1996, 44

Enquete Kommission „Zukunft der Medien in Wirtschaft und Gesellschaft – Deutschlands Weg in die Informationsgesellschaft“, Erster Zwischenbericht, S. 7 in: Meinungsfreiheit – Meinungsvielfalt – Wettbewerb, Rundfunkbegriff und Regulierungsbedarf bei den Neuen Medien, Enquete Kommission „Zukunft der Medien in Wirtschaft und Gesellschaft - Deutschlands Weg in die Informationsgesellschaft“ Deutscher Bundestag (Hrsg.), Bonn 1997

Eschweiler, Wilhelm, Regulierung der Telekommunikation und erste Entscheidungspraxis der Regulierungsbehörde für Telekommunikation und Post, K&R 1998, 530

Europäische Kommission (Hrsg.), Entwicklung neuer Rahmenbedingungen für elektronische Kommunikationsinfrastrukturen und zugehörige Dienste, Kommunikationsbericht 1999, Mitteilung der Kommission an das Europäische Parlament, den Ministerrat, den Wirtschafts- und Sozialausschuß und den Ausschuß der Regionen, KOM (1999), 539; verfügbar unter: http://www.ispo.cec.be/infosoc/telecompolicy/review99/review99de.pdf.

Europäische Kommission, XXIV. Bericht über die Wettbewerbspolitik 1994, Brüssel u.a. 1995

Europäische Kommission, XXVIII. Bericht über die Wettbewerbspolitik 1998, Brüssel u.a. 1999

Europäisches Medieninstitut, Bericht über die Entwicklung der Meinungsvielfalt und der Konzentration im privaten Rundfunk gemäß § 21 Abs. 6 Staatsvertrag über den Rundfunk im vereinten Deutschland, in: Die Landesmedienanstalten (Hrsg.), Die Sicherung der Meinungsvielfalt, S. 127, Berlin 1995

Everling, Ulrich, Gestaltungsbedarf des Europäischen Rechts, EuR 1987, 214

Ferger, Herbert/Junker, Harald, „Neue Medien“ und Fernmelderecht, DÖV 1981, 439

Flechsig, Norbert P., Speicherung von Printmedien in betriebseigene Datenbankarchive und die Grenze ihrer betrieblichen Nutzung, ZUM 1996, 835

Frank, Angela, Vielfalt durch Wettbewerb? Organisation und Kontrolle privaten Rundfunks im außenpluralen Modell, Frankfurt a. M. 1987

Fröhlinger, Margot, EG-Wettbewerbsrecht und Fernsehen, RuF 1993, 59

Frowein, Jochen Abr./Ulsamer Gerhard, Europäische Menschenrechtskonvention und nationaler Rechtsschutz, Heidelberg 1985

Gabriel-Bräutigam, Karin, Rundfunkkompetenz und Rundfunkfreiheit: Eine Untersuchung über das Verhältnis der Rundfunkhoheit der Länder zu den Gesetzgebungszuständigkeiten des Bundes, Baden-Baden 1990

Gassner, Ulrich M., Grundzüge des Kartellrechts, München 1999

Gerpott, Torsten J., Konsequente Fortsetzung der marktmachtsymmetrischen Regulierung von TK-Netzbetreibern, MMR 2000, 191

Gersdorf, Hubertus, Der verfassungsrechtliche Rundfunkbegriff im Lichte der Digitalisierung der Telekommunikation, Berlin 1995

- Funktionen der Gemeinschaftsgrundrechte im Lichte des Solange II-Beschlusses des Bundesverfassungsgerichts, AöR 1994, 400
- Neue Dienste zwischen den Gesetzgebungskompetenzen von Bund und Ländern, epd/Kirche und Rundfunk v. 8.6.1996, Nr. 44, S. 22
- Rundfunk und E-Commerce, RTkom 1999, 75

Gounalakis, Georgios, Kommunikationsnetze und –dienste: Konvergenz in der Wettbewerbsaufsicht, K&R 1999, 541

Gounalakis, Georgios/Rhode, Lars, Das Informations- und Kommunikationsdienste-Gesetz, K&R 1998, 321

- Elektronische Kommunikationsangebote zwischen Telediensten, Mediendiensten und Rundfunk, CR 1998, 487

Grabitz, Eberhard/Hilf, Meinhard, Kommentar zur Europäischen Union, Band I, EUV, Art. 1-136a EGV, Stand: 12. Ergänzungslieferung Mai 1998, München

Gramlich, Ludwig, Ohne Regulierung kein Wettbewerb, CR 1998, 463

- Die Regulierungsbehörde für Telekommunikation und Post im Jahr 1999, CR 2000, 509

Greiffenberg, Horst, Medienrechtliche und kartellrechtliche Kontrolle der Konzentration im Rundfunk, in: Mestmäcker, Ernst-Joachim (Hrsg.), Offene Rundfunkordnung: Prinzipien für den Wettbewerb im grenzüberschreitenden Rundfunk, S. 311, Gütersloh 1988

Grigolli, Stephan, Die EU-Grundrechte-Charta in der aktuellen Diskussion, The European Legal Forum 2000/01, 2

Groeben, Hans von der/Thiesing, Jochen/Ehlermann, Claus-Dieter, Handbuch des Europäischen Rechts, Systematische Sammlung mit Erläuterungen, hrsg. von Claus-Dieter Ehlermann und Roland Bieber, Baden-Baden, Stand: Oktober 1999

Groeben, Hans von der/Thiesing, Jochen/Ehlermann, Claus-Dieter (Hrsg.): Kommentar zum EU-/EG-Vertrag, Band I, Art. A-F EUV, Art. 1-84 EGV, 5. A., Baden-Baden 1997

- Kommentar zum EU-/EG-Vertrag, Band 2/I, Art. 85 – 87 EGV, 5. A., Baden-Baden 1999
- Kommentar zum EU-/EG-Vertrag, Band 2/II, Art. 88 – 102 EGV, 5. A., Baden-Baden 1999

- Kommentar zum EU-/EG-Vertrag, Band III, Art. 102 a – 136 a EGV, 5. A., Baden-Baden 1999

- Kommentar zum EU-/EG-Vertrag, Band V, Art. H-S EUV, Art. 210-248 EGV, 5. A., Baden-Baden 1997

Hamm, Ingrid/Waltermann, Jens (Hrsg.), Kommunikationsordnung 2000 – Innovation und Verantwortung in der Informationsgesellschaft, Gütersloh 1998

Hartstein, Reinhard/Ring, Wolf-Dieter/Kreile, Johannes/Dörr, Dieter/Stettner, Rupert (Hrsg.), Rundfunkstaatsvertrag: Kommentar zum Staatsvertrag der Länder zur Neuordnung des Rundfunkwesens, 2. A., München 1995

Hefekäuser, Hans-Willi, Telekommunikationsmärkte zwischen Regulierung und Wettbewerb, MMR 1999, 144

Hege, Hans, Konzentrationskontrolle des privaten Fernsehens, AfP 1995, 537

Heinrich, Jürgen, Dominanz der Kirch-Gruppe weiter gestiegen, MP 1993, 267

- Ökonomische und publizistische Konzentration im deutschen Fernsehsektor, MP 1992, 338

Hepach, Stefan, Die Kommission zur Ermittlung der Konzentration im Medienbereich: Verselbständigungstendenzen eines Organs unter Berufung auf das rundfunkspezifische Gebot einer effizienten Konzentrationskontrolle?, ZUM 1999, 603

Hess, Wolfgang, Medienkartellrecht, AfP 2000, 61

- Medienkonzentrationsrecht nach dem neuen Rundfunkstaatsvertrag – Teil 1: Materielles Medienkonzentrationsrecht, AfP 1997, 680

- Medienkonzentrationsrecht nach dem neuen Rundfunkstaatsvertrag – Teil 2: Formelles Medienkonzentrationsrecht und Fragen des Rechtsschutzes, AfP 1997, 777

Hesse, Albrecht, Rundfunkrecht: die Organisation des Rundfunks in der Bundesrepublik Deutschland, München 1990

- Rundfunkrecht und Kartellrecht, JZ 1988, 499

Heyl, Cornelius von, Teledienste und Mediendienste nach Teledienstegesetz und Mediendienste-Staatsvertrag, ZUM 1998, 115

Hilf, Meinhard, Ein Grundrechtskatalog für die Europäische Gemeinschaft, EuR 1991, 19

Hirsbrunner, Simon, Die Entwicklung der Europäischen Fusionskontrolle in den Jahren 1997 und 1998, EuZW 1999, 389

- Die revidierte EG-Fusionskontroll-Verordnung, EuZW 1998, 69

- Verweisung von Unternehmenszusammenschlüssen nach Artikel 9 der EG-Fusionskontrollverordnung, EWS 1998, 233

Hoffmann-Riem, Wolfgang, Der Rundfunkbegriff in der Differenzierung kommunikativer Dienste, AfP 1996, 9

- Rundfunkrecht neben Wirtschaftsrecht: zur Anwendbarkeit des GWB und des EWG-V auf das Wettbewerbsverhalten öffentlich-rechtlichen Rundfunks in der dualen Rundfunkordnung, Baden-Baden 1991

- Rundfunkrecht und Wirtschaftsrecht – ein Paradigmawechsel in der Rundfunkverfassung?, in: Hoffmann-Riem, Wolfgang (Hrsg.), Rundfunk im Wettbewerbsrecht, S. 13-32, 1. A., Baden-Baden 1988

- Zur Innovationstauglichkeit der Multimedia-Gesetze – Vorüberlegungen, K&R 1999, 481

Hoffmann-Riem, Wolfgang/Schulz, Wolfgang/Held, Thorsten, Konvergenz und Regulierung – Optionen für rechtliche Regelungen und Aufsichtsstrukturen im Bereich Information, Kommunikation und Medien, Baden-Baden 2000

Holmes, William C./Holmes, Dawn E., Antitrust Law Sourcebook for the United States and Europe, Deerfield, Ill. 1996

Holthoff-Frank, Klaus/Paulus, Melanie, Wettbewerb auf TK- und Postmärkten?, MMR 2000, 187

Holzhäuser, Michael, Besonderer Netzzugang: Das Verhältnis von § 33 und § 35 TKG, MMR 2000, 466

Holznagel, Bernd, Konzentrationsbekämpfung im privaten Rundfunk, ZUM 1991, 263

- Multimedia zwischen Regulierung und Freiheit, ZUM 1999, 425

- Rundfunkrecht in Europa, Tübingen 1996

Huber, Peter M., Recht der Europäischen Integration, München 1996

Hümmerich, Klaus, Nationale Rundfunkordnung oder Europäischer Medienmarkt?, AfP 1991, 591

Immenga, Ulrich, Entgeltregulierung von Endkundenmärkten als Sicherheitsnetz? Anmerkungen zum Sondergutachten der Monopolkommission, MMR 2/2000, S. V

Immenga, Ulrich/Mestmäcker, Ernst-Joachim, EG-Wettbewerbsrecht: Kommentar, Bd. I, München 1997

Immenga, Ulrich/Mestmäcker, Ernst-Joachim, EG-Wettbewerbsrecht: Kommentar, Bd. II, München 1997

Immenga, Ulrich/Mestmäcker, Ernst-Joachim, EG-Wettbewerbsrecht: Kommentar, Ergänzungsband, München 1997

Immenga, Ulrich/Mestmäcker, Ernst-Joachim, Gesetz gegen Wettbewerbsbeschränkungen: GWB, Kommentar, 2. A., München 1992

Ipsen, Hans Peter, Der „Kulturbereich" im Zugriff der Europäischen Gemeinschaft, in: Fiedler, Wilfried/Ress, Georg (Hrsg.), Gedächtnisschrift für Wilhelm Karl Geck, Köln u.a. 1989

- Europäisches Gemeinschaftsrecht, Tübingen 1972

Isensee, Josef/Kirchhof, Paul (Hrsg.), Handbuch des Staatsrechts der Bundesrepublik Deutschland, Bd. IV, Heidelberg 1990

Jarass, Hans D., Kartellrecht und Landesrundfunkrecht: Die Bewältigung von Konflikten zwischen dem Gesetz gegen Wettbewerbsbeschränkungen und landesrechtlichen Vorschriften, Köln 1991

Jarass, Hans D./Pieroth, Bodo, Grundgesetz für die Bundesrepublik Deutschland: Kommentar, 4. A., München 1997

Jochimsen, Reimut, Medienaufsicht in der Kontroverse – Konzentration, Kontrolle und KEK, K&R 1999, 433

- Regulierung und Konzentration im Medienbereich, AfP 1999, 24

Kahlenberg, Harald, Novelliertes deutsches Kartellrecht, BB 1998, 1593

Kardasiadou, Zoi, Mitteilung der EU-Kommission: Die Reform des Rechtsrahmens für den TK-Sektor, RTkom 1999, 168

Kantzenbach, Erhard, Zum Verhältnis von publizistischem und ökonomischem Wettbewerb aus ökonomischer Sicht, S. 78, in: Hoffmann-Riem, Wolfgang (Hrsg.), Rundfunk im Wettbewerbsrecht, Baden-Baden 1988

Kewenig, Wilhelm, Die europäischen Gemeinschaften und die bundesstaatliche Ordnung der Bundesrepublik Deutschland, JZ 1990, 458

Kiessling, Thomas, Optimale Marktstrukturregulierung in der Telekommunikation: Lehren aus den USA und anderen Ländern für die EU, Baden-Baden 1998

Klein, Christina, Die Liberalisierung des Telekommunikationsmarktes in der Europäischen Union – unter besonderer Berücksichtigung der Universaldienstgewährleistung in Frankreich und in Deutschland, Hamburg 2000

Klein, Eckart/Beckmann, Martina, Neuere Entwicklungen des Rechts der Europäischen Gemeinschaften, DÖV 1990, 179

Kleist, Thomas, Medienmonopoly im Konzentrationsprozeß, ZUM 1993, 503

Klimisch, Annette/Lange, Markus, Zugang zu Netzen und anderen wesentlichen Einrichtungen als Bestandteil der kartellrechtlichen Mißbrauchsaufsicht, WuW 1998, 15

Klotz, Robert, Auf dem Weg zu einem europäischen Multimediarecht, ZUM 1999, 443

Knack, Hans Joachim, Verwaltungsverfahrensgesetz, Kommentar, 5. A., Köln u.a. 1996

Knieps, Günter, Costing und Pricing auf liberalisierten Telekommunikationsmärkten, MMR-Beilage 3/1999, 18

- Funktionsfähiger Wettbewerb auf den TK-Märkten, Eine Kritik des Sondergutachtens der Monopolkommission, MMR 2/2000, S. VI

- Rückführung sektorspezifischer Regulierung auf dem deutschen TK-Markt, MMR 2000, 266

Knothe, Matthias, Konvergenz und Medien aus nationaler Sicht, K&R 1998, 95

- Novellierung des Rundfunkstaatsvertrages, ZUM 1997, 6

Knothe, Matthias/Lebens, Julia, Rundfunkspezifische Konzentrationskontrolle des Bundeskartellamts, AfP 2000, 125

Koch, Frank A., Neues Mediendiensterecht der Länder bedarf der Nachbesserung, NJW-CoR 1997, 302

Koenig, Christian, Medienaufsicht in der Bundesrepublik Deutschland, K&R 2000, 1

- Regulierungsoptionen für die Neuen Medien in Deutschland, MMR-Beilage 12/1998, 1

Koenig, Christian/Haratsch, Andreas, Europarecht, 2. A., Tübingen 1998

Koenig, Christian/Kühling, Jürgen, Funktionsfähiger Wettbewerb und Regulierungsperspektiven auf den Telekommunikationsmärkten, WuW 2000, 516

Koenig, Christian/Pechstein, Matthias, Die EU-Vertragsänderung, in: Europarecht 1998, 130

Koenig, Christian/Röder, Ernst, Plädoyer zur Überwindung der zersplitterten Aufsicht über neue Informations- und Kommunikationsmedien, K&R 1998, 417

Kögel, Rainer, Die Angleichung der deutschen an die europäische Fusionskontrolle, Baden-Baden 1996

König, Eberhard, Die Teletexte, München 1980

Konow, Gerhard, Zum Subsidiaritätsprinzip des Vertrags von Maastricht, DÖV 1993, 405

Köster, Oliver/Nitschke, Hartmut, EU-Grünbuch zur Konvergenz: OFTEL-Stellungnahme, MMR 1998, 400

Kreile, Johannes, Medienkonzentration in Deutschland – Die Regelungen des neuen Rundfunkstaatsvertrages, CR 1998, 24

Kresse, Hermann (Hrsg.), Pluralismus, Markt und Medienkonzentration: Positionen, Berlin 1995

Kröger, Detlef/Moos, Flemming, Mediendienst oder Teledienst? Zur Aufteilung der Gesetzgebungsmaterie Informations- und Kommunikationsdienste zwischen Bund und Ländern, AfP 1997, 675

Kübler, Friedrich, Argumente für ein Werbemarktanteilsmodell, AfP 1995, 48

- Konzentrationskontrolle des bundesweiten Rundfunks, in: Die Landesmedienanstalten (Hrsg.), Die Sicherung der Meinungsvielfalt, S. 287, Berlin 1995
- Medienkonzentrationskontrolle im Streit, MP 1999, 379
- Medienverflechtung – Eine rechtsvergleichende Untersuchung der Marktstrukturprobleme privaten Rundfunks, Frankfurt a. M., Berlin 1982

Kuch, Hansjörg, Das Zuschaueranteilsmodell – Grundlage der Sicherung der Meinungsvielfalt im Fernsehen, ZUM 1997, 12

Kurz, Stefan, Das Verhältnis der EG-Fusionskontrollverordnung zu Artikel 85 und 86 des EWG-Vertrages, Frankfurt a. M. 1993

Lammich, Klaus, Telekommunikationsgesetz: Kommentar, Neuwied u.a. 1997 (Stand: Mai 1999)

Langen, Eugen/Bunte, Hermann-Josef, Kommentar zum deutschen und europäischen Kartellrecht, 7. A., Neuwied u.a. 1994

Langguth, Gerd, Grundrechtsschutz und Politische Union, EuZW 1991, 393

Lenz, Carl Otto, Immanente Grenzen des Gemeinschaftsrechts, EuGRZ 1993, 57

- Kommentar zu dem Vertrag zur Gründung der Europäischen Gemeinschaften, 2. A., Köln 1999

Lerche, Peter, Die Gesetzgebungskompetenz von Bund und Ländern auf dem Gebiete des Presserechts, JZ 1972, 468

- Presse und privater Rundfunk, Berlin 1984

Liehr, Jürgen, Die Niederlassungsfreiheit zum Zwecke der Rundfunkveranstaltung und ihre Auswirkungen auf die deutsche Rundfunkordnung, München 1995

Luyken, Georg-Michael, Das Medienwirtschaftsgefüge der 90er Jahre, MP 1990, 621

Mangoldt, Hermann von/Klein, Friedrich, Das Bonner Grundgesetz, Bd. III, Art. 79 – 91 b GG, 2. A., München 1974

Manssen, Gerrit (Hrsg.), Telekommunikations- und Multimediarecht: ergänzbarer Kommentar zum Telekommunikationsgesetz, Mediendienste-Staatsvertrag, Teledienstegesetz, Teledienstedatenschutzgesetz, Signaturgesetz einschließlich Gesetzes- und Verordnungstexten und europäischen Vorschriften, Berlin 1999 (Stand: August 2000)

- Das Telekommunikationsgesetz (TKG) als Herausforderung für die Verfassungs- und Verwaltungsrechtsdogmatik, Archiv PT 1998, 236

Martenczuk, Bernd, Regulierungsbehörde contra Bundeskartellamt? – Das Verhältnis der Kompetenzen auf dem Gebiet der Telekommunikation, CR 1999, 363

Martinek, Michael, Die Zurechnung von Zuschaueranteilen nach §§ 25 ff. des Rundfunkstaatsvertrags 1996, München 1998

Maunz, Theodor/Dürig, Günter (Hrsg.), Kommentar zum Grundgesetz, Bd. II, Art. 12 – 21 GG, München (Stand: Februar 1999)

Maunz, Theodor/Dürig, Günter (Hrsg.), Kommentar zum Grundgesetz, Bd. IV, Art. 70 – 91 b GG, München (Stand: Februar 1999)

Meibom, Wolfgang von/Bussche, Axel Freiherr von dem, Notwendigkeit einer Rückführung der TK-Regulierung, MMR 2000, 206

Mestmäcker, Ernst-Joachim, Die Anwendbarkeit des Gesetzes gegen Wettbewerbsbeschränkungen auf Zusammenschlüsse zu Rundfunkunternehmen, GRUR Int. 1983, 553

- Meinungsfreiheit und Medienwettbewerb, ZUM 1986, 63
- Regulierende Mißbrauchsaufsicht, S. 557 ff., in: Festschrift für Wolfgang Fikentscher zum 70. Geb., hrsg. von Bernhard Großfeld u.a., Tübingen 1998
- Über den Einfluß von Ökonomie und Technik auf Recht und Organisation der Telekommunikation und der elektronischen Medien, S. 162 ff., in: ders. (Hrsg.), Kommunikation ohne Monopole II, Baden-Baden 1995
- Zum Begriff des Mißbrauchs in Art. 86 des Vertrages über die Europäische Gemeinschaft, S. 441, in: Unternehmen, Recht und Wirtschaftsordnung, Festschrift für Peter Raisch zum 70. Geb., hrsg. von Karsten Schmidt und Eberhard Schwark, Köln u. a. 1995

Miert, Karel van, Probleme der wettbewerblichen Öffnung von Märkten mit Netzstrukturen aus europäischer Sicht, WuW 1998, 7

Monopolkommission (Hrsg.), Wettbewerb auf Telekommunikations- und Postmärkten?, Sondergutachten der Monopolkommission vom 12.11.1999 gemäß § 81 TKG und § 44 PostG, abrufbar unter http://www.monopol kommission.de/sonder.htm.

Möschel, Wernhard, Die deutsche Fusionskontrolle auf dem Prüfstand des europäischen Rechts: „Überflügelung" oder Harmonisierung?, AG 1998, 561

- Europäisches Kartellrecht in liberalisierten Wirtschaftssektoren, WuW 1999, 832
- Recht der Wettbewerbsbeschränkungen, Köln u. a. 1983
- Regelungswirrwarr in der Telekommunikation, MMR-Beilage 3/1999, 3
- Subsidiaritätsprinzip und europäisches Kartellrecht, NJW 1995, 281

Mueller, Milton, On the Frontier of Deregulation: New Zealand Telecommunications and the Problem of Interconnecting Competing Networks, S. 107 ff., in: Gabel, David/Weiman, David F. (eds./Hrsg.), Opening Networks to Competition, The Regulation and Pricing of Access, Boston u.a. 1998

Müller-Using, Detlev/ Lücke, Richard, Neue Teledienste und alter Rundfunkbegriff, Archiv PT 1995, 32

- Neues Recht für Multimedia-Dienste, Archiv PT 1997, 101

Müller, Ulf/Schuster, Fabian, 18 Monate Regulierungsbehörde – eine kritische Bestandsaufnahme, MMR 1999, 507

Münch, Ingo von/Kunig, Philip, Grundgesetz-Kommentar, Bd. 3, Art. 70 – Art. 146, 3. A., München 1996

Neft, Hans, KEK und KDLM – unorthodoxe Organkonfigurationen zur Sicherung der Meinungsvielfalt im Fernsehen, ZUM 1999, 97

- Meinungsdominanz im Fernsehen – Aufgreifkriterien des neuen § 26 Abs. 2 Rundfunkstaatsvertrag (RStV), ZUM 1998, 458

Nicolaysen, Gert, Zur Theorie von den Implied Powers in der Europäischen Gemeinschaft, EuR 1966, 129

Niederleithinger, Ernst, Das Verhältnis nationaler und europäischer Kontrolle von Zusammenschlüssen, WuW 1990, 721

- Wettbewerbsaufsicht und Fachaufsicht in der privaten Telekommunikationswirtschaft, S. 683, in: Festschrift für Ernst-Joachim Mestmäcker zum 70. Geburtstag, hrsg. von Ulrich Immenga, Wernhard Möschel, Dieter Reuter, 1. A., Baden-Baden 1996

Niepalla, Peter, Die Grundversorgung durch die öffentlich-rechtlichen Rundfunkanstalten, München 1991

Niewiarra, Manfred, Die novellierte Europäische Fusionskontrollverordnung, EWS 1998, 113

- Feststellungen zur Medienkonzentration, ZUM 1993, 2

Office of Telecommunications (OFTEL), Response to the European Commission on the Green Paper on the convergence of the telecommunications, media and information technology sectors, and the implications for regulation, abrufbar unter http://www.oftel.gov.uk/broadcast/eu398.htm

- Second Submission, Culture, media and sports select committee inquiry into audio-visual communications and the regulation of broadcasting, „Beyond the telephone, the television and the PC – III", verfügbar unter http://www.oftel.gov.uk/broadcast/dcms398.htm

Oppermann, Bernd H., Medienrecht, Privatrundfunk und Wettbewerb, ZUM 1990, 376

Oppermann, Thomas, Europarecht, München 1991

Ossenbühl, Fritz, Rundfunk zwischen nationalem Verfassungsrecht und europäischem Gemeinschaftsrecht, Frankfurt a. M., Berlin 1986

Paptistella, Gertrud, Zum Rundfunkbegriff des Grundgesetzes, DÖV 1978, 495

Parlasca, Susanne, Medienkonzentration und Medienverflechtung – zur Reichweite des kartellrechtlichen Instrumentariums, WuW 1994, 210

Paulweber, Michael, Eine Super-Medienbehörde in Deutschland?, AfP 1999, 439

- Regulierungszuständigkeiten in der Telekommunikation, Baden-Baden 1999

Pestalozza, Christian, Thesen zur kompetenzrechtlichen Qualifikation von Gesetzen im Bundesstaat, DÖV 1972, 181

Pieper, Antje Karin, Medienrecht im Spannungsfeld von „Broadcasting und Multimedia", ZUM 1995, 552

Pietzker, Jost, Landesbericht Bundesrepublik Deutschland, in: Starck, Christian, (Hrsg.), Zusammenarbeit der Gliedstaaten im Bundesstaat, Baden-Baden 1998

Ress, Georg, Kultur und Europäischer Binnenmarkt, Stuttgart u.a. 1991

Ress, Georg/Bröhmer, Jürgen, Europäische Gemeinschaft und Medienvielfalt: die Kompetenzen der Europäischen Gemeinschaft zur Sicherung des Pluralismus im Medienbereich, Frankfurt a. M. 1998

Richter, Hermann, Pressekonzentration und neue Medien, Göttingen 1989

Ricker, Reinhart/Schiwy, Peter, Rundfunkverfassungsrecht, München 1997

Rittner, Fritz, Wettbewerbs- und Kartellrecht: eine systematische Darstellung des deutschen und europäischen Rechts für Studium und Praxis, 6. A., Heidelberg 1999

Röger, Ralf, Internet und Verfassungsrecht, ZRP 1997, 203

Röper, Horst, Formationen deutscher Medienmultis 1998/99, MP 1999, 345

Röper, Horst/Pätzold, Ulrich, Medienkonzentration in Deutschland, Europäisches Medieninstitut Düsseldorf 1993

Rossen-Stadtfeld, Helge, Medienaufsicht unter Konvergenzbedingungen, ZUM 2000, 36

Roßnagel, Alexander, Neues Recht für Multimediadienste, NVwZ 1998, 1

Rupp, Hans Heinrich, Maastricht – eine neue Verfassung?, ZRP 1993, 211

Sachs, Michael (Hrsg.), Grundgesetz, Kommentar, München 1999

Schaub, Alexander, Europäische Wettbewerbsaufsicht über die Telekommunikation, MMR 2000, 211

Schellenberg, Martin, Europäische Konzentrationskontrolle im Medienbereich, DZWir 1994, 410

Scherer, Joachim, Entwicklungslinien des Telekommunikationsrechts, CR 2000, 35

- „Online" zwischen Telekommunikations- und Medienrecht - Regulierungsprobleme von Online-Systemen im Internet und außerhalb -, AfP 1996, 213

- Postreform II: Privatisierung ohne Liberalisierung, CR 1994, 418

Scherer, Joachim/Hölscher, Frank, Gestaltungsspielräume für eine Reform der Organisation der Telekommunikations- und Medienaufsicht unter dem Grundgesetz, Rechtsgutachten im Auftrag der Bertelsmann Stiftung v. 24.6.1999 (abrufbar unter http://www.stiftung.bertelsmann.de/publika/download/index.htm).

Schlecht, Otto, 40 Jahre im Dienste für die Soziale Marktwirtschaft: Das „Gesetz gegen Wettbewerbsbeschränkungen", WuW 1997, 565

Schmidhuber, Peter M., Das Subsidiaritätsprinzip im Vertrag von Maastricht, DVBl. 1993, 417

Schmidt, André, Die europäische Wettbewerbspolitik nach dem Vertrag von Amsterdam, WuW 1999, 133

Schmidt, Karsten, Europäische Fusionskontrolle im System des Rechts gegen Wettbewerbsbeschränkungen, BB 1990, 719

Schmittmann, Michael, Wettbewerbsrecht in deregulierten Kommunikationsmärkten, K&R 1998, 1

Schnelle, Ulrich/Bartosch, Andreas, Entwicklung der fusionskontrollrechtlichen Kommissionspraxis im Medien- und Telekommunikationssektor, BB 1999, 1933

Scholz, Rupert, Audiovisuelle Medien und bundesstaatliche Gesetzgebungskompetenz, Berlin 1976

- Ausschließliche und konkurrierende Gesetzgebungskompetenz von Bund und Ländern in der Rechtsprechung des Bundesverfassungsgerichts, S. 252, in: Bundesverfassungsgericht und Grundgesetz, Festgabe aus Anlaß des 25jährigen Bestehens des Bundesverfassungsgerichts, hrsg. von Christian Starck, Bd. II, Tübingen 1976

- Wie lange bis „Solange III"?, NJW 1990, 941

Schroeder, Dirk, Telekommunikationsgesetz und GWB, WuW 1999, 14

Schuler-Harms, Margarete, Rundfunkaufsicht im Bundesstaat, 1. A., Baden-Baden 1995

Schulz, Wolfgang, Jenseits der „Meinungsrelevanz" – Verfassungsrechtliche Überlegungen zu Ausgestaltung und Gesetzgebungskompetenzen bei neuen Kommunikationsformen, ZUM 1996, 487

Schuster, Detlev, Meinungsvielfalt in der dualen Rundfunkordnung, Berlin 1990

Schütz, Raimund/Müller, Rolf-Georg, Entgeltregulierung in der Telekommunikation, MMR 1999, 128

Schwappach, Jürgen (Hrsg.), EU-Rechtshandbuch für die Wirtschaft, 2. A., München 1996

Schwartz, Ivo E., Rundfunk, EG-Kompetenzen und ihre Ausübung, ZUM 1991, 155

- Subsidiarität und EG-Kompetenzen – Der neue Titel „Kultur" – Medienvielfalt und Binnenmarkt, AfP 1993, 409

Schweitzer, Heike, Die rechtliche Bedeutung von Angehörigenverhältnissen im Rahmen der Konzentrationskontrolle nach dem Rundfunkstaatsvertrag (RStV), ZUM 1998, 597

Schweitzer, Michael/Hummer, Waldemar, Europarecht: Das Recht der Europäischen Union; das Recht der Europäischen Gemeinschaften (EGKS, EG, EAG); mit Schwerpunkt EG, 5. A., Neuwied u.a. 1996

Schwintowski, Hans Peter, Der Zugang zu wesentlichen Einrichtungen, WuW 1999, 842

Sozialdemokratische Partei Deutschlands, Entwurf eines Zwischenberichts, S. 48, in: Meinungsfreiheit – Meinungsvielfalt – Wettbewerb, Rundfunkbegriff und Regulierungsbedarf bei den Neuen Medien, Enquete Kommission „Zukunft der Medien in Wirtschaft und Gesellschaft - Deutschlands Weg in die Informationsgesellschaft" Deutscher Bundestag (Hrsg.), Bonn 1997

- Von der Utopie zur Wirklichkeit: Aufbruch in die Informationsgesellschaft, Bonn 1997, abrufbar unter http://www.spd.de/aktuell/informat.htm

Spieler, Ekkehard, Fusionskontrolle im Medienbereich, Berlin 1988

Stammler, Dieter, Plädoyer für eine nationale Kommunikationspolitik, epd/Kirche und Rundfunk v. 21.8.1996, Nr. 65, S. 5

Stammler, Dieter, Projekt Kommunikationsrat – Chancen einer effizienten Koordination in der Medienpolitik?, Bonn 2000

Stauffenberg, Franz Ludwig Graf/Langenfeld, Christine, Maastricht – ein Fortschritt für Europa?, ZRP 1992, 252

Steindorff, Ernst, Grenzen der EG-Kompetenzen, Heidelberg 1990

Steinmann, Matthias, Meßinstrumente zur kontinuierlichen Erhebung der Zuschaueranteile – Stand der Meßtechnik, Entwicklungstrends, in: Die Landesmedienanstalten (Hrsg.), Zuschaueranteile als Maßstab vorherrschender Meinungsmacht, S. 79, Berlin 1999

Stender, Jutta, „Staatsferne" und „Gruppenferne" in einem außenpluralistisch organisierten privaten Rundfunksystem, Regensburg 1987

Stern, Klaus, Staatsrecht I, 1977

Stettner, Rupert, Grundfragen einer Kompetenzlehre, Berlin 1989

Stock, Martin/Röper, Horst/Holznagel, Bernd, Medienmarkt und Meinungsmacht – Zur Neuregelung der Konzentrationskontrolle in Deutschland und Großbritannien, Berlin u.a. 1997

Stockenhuber, Peter, Die Europäische Fusionskontrolle, Das materielle Recht, Baden-Baden 1995

Stögmüller, Thomas, Konvergenz in der Telekommunikation, CR 1998, 733

Streinz, Rudolf, Europarecht, 3. A., Heidelberg 1996

Tettenborn, Alexander, Die neuen Informations- und Kommunikationsdienste im Kontext der Europäischen Union, EuZW 1997, 462

- Europäische Union: Rechtsrahmen für die Informationsgesellschaft, MMR 1998, 18

Thorn, Gaston, Fernsehen ohne Grenzen – Plädoyer für eine europäische Rundfunkordnung, S. 585, in: Europarecht, Kartellrecht, Wirtschaftsrecht, Festschrift für Arved Deringer, hrsg. von Ulrich Everling u.a., Baden-Baden 1993

Ulbrich, Martin, Konvergenz der Medien auf europäischer Ebene, K&R 1998, 100

Vesting, Thomas, Fortbestand des Dualen Systems?, K&R 2000, 161

Wallenberg, Gabriela von, Die Regelungen im Rundfunkstaatsvertrag zur Sicherung der Meinungsvielfalt im privaten Rundfunk, ZUM 1992, 387

- Diskriminierungsfreier Zugang zu Netzen und anderen Infrastruktureinrichtungen, K&R 1999, 152

Wagemann, Markus, Die europäische Fusionskontrolle aus der Sicht einer nationalen Wettbewerbsbehörde, S. 129, in: Schwarze, Jürgen (Hrsg.), Neuere Entwicklungen auf dem Gebiet des europäischen Wettbewerbsrechts, Baden-Baden 1999

Wagner, Christoph, Konzentrationskontrolle im Medien-Binnenmarkt der EG, AfP 1992, 1

Wassermann, Rudolf (Gesamthrsg.), Kommentar zum Grundgesetz für die Bundesrepublik Deutschland (Reihe Alternativkommentare), Bd. 1 (Art. 1 – 37), 2. A., Neuwied 1989

Wassermann, Rudolf (Gesamthrsg.), Kommentar zum Grundgesetz für die Bundesrepublik Deutschland (Reihe Alternativkommentare), Bd. 2 (Art. 38 – 146), 2. A., Neuwied 1989

Weisser, Ralf/Meinking, Olaf, Zugang zum digitalen Fernsehkabelnetz außerhalb von must-carry-Regelungen, WuW 1998, 831

Werner, Rosemarie, Internationaler Wettbewerb und Marktabgrenzung bei der Fusionskontrolle, S. 607, in: Festschrift für Otfried Lieberknecht zum 70. Geburtstag, hrsg. von Ernst Niederleithinger, Rosemarie Werner, Gerhard Wiedemann, München 1997

Wiedemann, Gerhard (Hrsg.), Handbuch des Kartellrechts, München 1999

Wissenschaftlicher Beirat beim Bundesministerium für Wirtschaft, Offene Medienordnung, Gutachten vom 18.11.1999, abrufbar unter: http://www.bmwi.de/telekommunikation/weitereinfos.html#1

Witt, Carola, Der Staatsvertrag über den Rundfunk im vereinten Deutschland, MP 1992, 24

Wolfrum, Rüdiger, Indemnität im Kompetenzkonflikt zwischen Bund und Ländern, DÖV 1982, 674

Zuleeg, Manfred, Zum Verhältnis nationaler und europäischer Grundrechte – Funktionen einer EU-Charta der Grundrechte, EuGRZ 2000, 511

Martin Stock

Medienfreiheit in der EU-Grundrechtscharta: Art. 10 EMRK ergänzen und modernisieren!

Frankfurt/M., Berlin, Bern, Bruxelles, New York, Oxford, Wien, 2000. 129 S.
Studien zum deutschen und europäischen Medienrecht. Herausgegeben von Dieter Dörr. Bd. 5
ISBN 3-631-36842-9 · br. DM 39.–*

Die Grundrechtscharta ist ein anspruchsvolles Vorhaben der Europäischen Union. 1999 unter deutscher Präsidentschaft vom Europäischen Rat initiiert, soll sie noch in diesem Jahr feierlich verkündet werden. Derzeit berät ein Brüsseler Konvent unter großem Zeitdruck über den Text der Charta. Dieser Beitrag will dafür mehr öffentliches Interesse wecken und eine breitere Diskussion anregen. Am Beispiel der Medienfreiheit werden ungeklärte konzeptionelle Grundfragen und europapolitische Alternativen aufgezeigt. Der Verfasser wendet sich gegen bisherige Vorschläge, wonach sich die Charta im wesentlichen auf die Freiheit der Meinungsäußerung nach Art. 10 EMRK beschränken soll. Er sieht darin eine Vernachlässigung des öffentlich-rechtlichen Rundfunks und seiner funktional-dienenden Freiheit. Er plädiert dafür, die Rundfunkfreiheit als Funktionsgrundrecht auszugestalten und auf ein leistungsfähiges europäisches duales System zuzuschneiden.
Der Anhang reicht von einschlägigen nationalen und europäischen Dokumenten bis zu aktuellen Entwurfstexten aus dem EU-Grundrechtskonvent.

Aus dem Inhalt: Grundrechtscharta der EU · Art. 10 EMRK und Art. 49 ff. EGV als Grundnormen eines transnationalen Marktrundfunks? · EU-Medienfreiheit nur als Medienunternehmerfreiheit? · Medienfreiheit nach dem Millenium und die Frage des public service · Bisherige Entwurfstexte und eigener neuer Vorschlag für einen Medienfreiheits-Artikel in der Charta

FSC
www.fsc.org
MIX
Papier | Fördert gute Waldnutzung
FSC® C083411

Kolibri 360 GmbH
Ferdinand-Jühlke-Straße 7
99095 Erfurt, Deutschland
produktsicherheit@kolibri360.de

Druck:
CPI Druckdienstleistungen GmbH
im Auftrag der
Kolibri 360 GmbH
Ferdinand-Jühlke-Str. 7
99095 Erfurt